U0793920

普通高等教育机电类专业系列教材

AutoCAD 2014 基础教程及应用实例

主　编　潘苏蓉　梁　迪
参　编　宿苏英　康凤华　李　莉
杨舒宇　刘　飒　王柳燕
韦　杰

机　械　工　业　出　版　社

本书以 AutoCAD 2014 为基础，内容编排由浅入深，采用典型示例介绍 AutoCAD 2014 的功能、绘图过程与应用技巧。

全书共分 12 章，每章学习过程中的注意事项都是作者应用该软件的切身体会。同时，考虑到教师的授课方式及学生与自学者的学习习惯，书中列举了较多的绘图设计实例，并给出详细操作顺序和解题要点，侧重于动手实践和实际应用。读者按本书脉络实践后，能循序渐进地掌握及灵活使用 AutoCAD 2014 软件，进而能够解决相关的工程实际问题。

本书配有电子课件，凡使用本书作教材的教师可登录机械工业出版社教育服务网（http://www.cmpedu.com）下载，或发送电子邮件至 cmp-gaozhi@sina.com 索取。咨询电话：010-88379375。

本书可作为各大院校的 AutoCAD 基础教程及培训班的学习教材，也可供从事计算机辅助设计和相关专业的人员使用，同时也是读者自学 AutoCAD 2014 的实用参考书。

图书在版编目（CIP）数据

AutoCAD2014 基础教程及应用实例/潘苏蓉，梁迪主编. —北京：机械工业出版社，2014.9（2024.9 重印）
普通高等教育机电类专业系列教材
ISBN 978-7-111-47808-9

Ⅰ.①A… Ⅱ.①潘…②梁… Ⅲ.①AutoCAD 软件-高等学校-教材 Ⅳ.①TP391.72

中国版本图书馆 CIP 数据核字（2014）第 200202 号

机械工业出版社（北京市百万庄大街 22 号 邮政编码 100037）
策划编辑：王英杰 责任编辑：薛 礼 王英杰 武 晋
版式设计：霍永明 责任校对：肖 琳
封面设计：鞠 杨 责任印制：郜 敏
北京富资园科技发展有限公司印刷
2024 年 9 月第 1 版第 10 次印刷
184mm×260mm · 16.5 印张 · 396 千字
标准书号：ISBN 978-7-111-47808-9
定价：48.00 元

电话服务	网络服务
客服电话：010-88361066	机 工 官 网：www.cmpbook.com
010-88379833	机 工 官 博：weibo.com/cmp1952
010-68326294	金 书 网：www.golden-book.com
封底无防伪标均为盗版	机工教育服务网：www.cmpedu.com

前 言

AutoCAD 是美国 Autodesk 公司开发的计算机辅助设计（Computer Aided Design，CAD）软件，凭借其强大的设计与开发优势而成为全球工程师的得力助手。每年 Autodesk 公司都会对该软件在功能开发、界面设计和命令操作等方面进行全方位的更新和完善，AutoCAD 2014 是目前的最新版本。由于其功能强、易掌握、使用方便、二次开发性好，受到了世界各国工程设计人员的欢迎，应用于机械、建筑、电子、化工、航天、汽车、轻纺、服装、测绘、广告设计等各领域。

本书由浅入深，详细地介绍了 AutoCAD 2014 的使用方法和功能。在编写上突出实用性的特点，着重介绍 AutoCAD 2014 在绘图方面的使用方法及技巧，做到理论知识浅显易懂，实际训练内容丰富。选取的实例有代表性和针对性，基础知识与实例有机结合，软件命令与实际应用有机结合。每一章后面的思考与练习给出的绘图题，可以供读者自己检测学习效果。

全书共分为 12 章。第 1 章简要介绍 AutoCAD 2014 的用户界面及文件和命令等内容。第 2 章介绍 AutoCAD 2014 的基础操作，主要包括坐标系及坐标输入、视窗显示控制、设置绘图环境、精确绘图辅助功能等内容。第 3 和第 4 章分别介绍二维图形的绘制和编辑方法。第 5 章介绍图层设置与对象特性。第 6 章和第 7 章分别介绍文本标注和表格及尺寸标注。第 8 章介绍图块与外部参照。第 9 章介绍图形输出，包括模型空间与布局、图形打印输出的方法等。第 10 章介绍 AutoCAD 2014 其他功能，包括查询对象信息、设计中心及参数化绘图等内容。第 11 章介绍 AutoCAD 2014 三维图形的绘制基础。第 12 章着重介绍常用的绘图实例，更加突出了该软件在工程应用中的实用价值。

本书第 1、2、12 章由潘苏蓉、王柳燕共同编写，第 3、6 章由韦杰编写，第 4、5 章由宿苏英、李莉共同编写，第 7、8 章由康凤华和杨舒宇共同编写，第 9、10、11 章由梁迪和刘飒共同编写，全书由潘苏蓉统稿。另外，在本书的审核过程中，冯申、黄晓光老师给予了很多宝贵的建议和无私的帮助，在此深表感谢。

本书参考了有关文献资料，在此向这些文献的作者致以衷心的感谢。

由于编者水平有限，书中难免存在不足之处，希望广大读者批评指正。

编 者

目　录

第 1 章　AutoCAD 2014 概述

CAD 是 Computer Aided Design 的缩写，指计算机辅助设计。AutoCAD 2014 是目前应用较广泛的 CAD 软件，具有完善的图形绘制功能、强大的图形编辑功能、较强的数据交换能力，可采用多种方式进行二次开发或用户定制，进行多种图形格式的转换，同时支持多种硬件设备和操作平台，还可以通过多种应用软件适应于建筑、机械、测绘、电子、园林、服装以及航空航天等行业的设计需求。

1.1　AutoCAD 2014 的启动与退出

1.1.1　AutoCAD 2014 的启动

启动 Auto CAD 2014 常用如下几种方式：

1. 桌面快捷方式

AutoCAD 2014 安装完毕后，Windows 桌面上添加一个快捷方式，如图 1-1 所示。双击快捷方式图标即可启动 AutoCAD 2014。

图 1-1　桌面快捷方式

2. 打开“. dwg”类型文件方式

在已安装 AutoCAD 软件的情况下，通过双击已建立的 AutoCAD 图形文件（ *. dwg）可启动 AutoCAD 并打开该文件。

3. 开始菜单方式

AutoCAD 2014 安装完毕后，Windows 系统的“开始” | “程序”项里创建一个名为“AutoCAD 2014”的程序组，单击“AutoCAD 2014”即可启动 AutoCAD 2014。

1.1.2　AutoCAD 2014 的退出

下面是退出 AutoCAD 2014 程序常用的几种方式：

1. 程序按钮方式

单击 AutoCAD 2014 界面右上角的关闭按钮，退出 AutoCAD 2014 程序。

2. 菜单方式

双击“应用程序菜单”按钮，或通过单击“应用程序菜单”按钮 | “退出 AutoCAD 2014”，或单击菜单栏上的“文件” | “退出”，退出 AutoCAD 2014 程序。

3. 命令输入方式

在命令行输入“Quit”或“Exit”后单击“Enter”键，退出 AutoCAD 2014 程序。

1.2　AutoCAD 2014 的用户界面

掌握 AutoCAD 2014 的绘图操作界面的使用方法，才能熟练地运用各种命令绘制所需的图形。AutoCAD 2014 的界面主要包括标题栏、"应用程序菜单"按钮、"快速访问"工具栏、信息中心、功能区、绘图区、导航工具、坐标系、命令窗口、状态栏等内容。

1. 工作空间

不同的工作空间可控制用户界面元素（菜单、工具栏、选项板和功能区控制面板）的显示及显示顺序。

切换工作空间方式为：单击"快速访问"工具栏中的"初始设置工作空间"下拉按钮，在下拉列表中选择；单击状态栏右侧工作空间图标，从弹出的菜单中选择。图 1-2 所示为"初始设置工作空间"的用户界面，图 1-3 所示为"AutoCAD 经典"工作空间的用户界面。

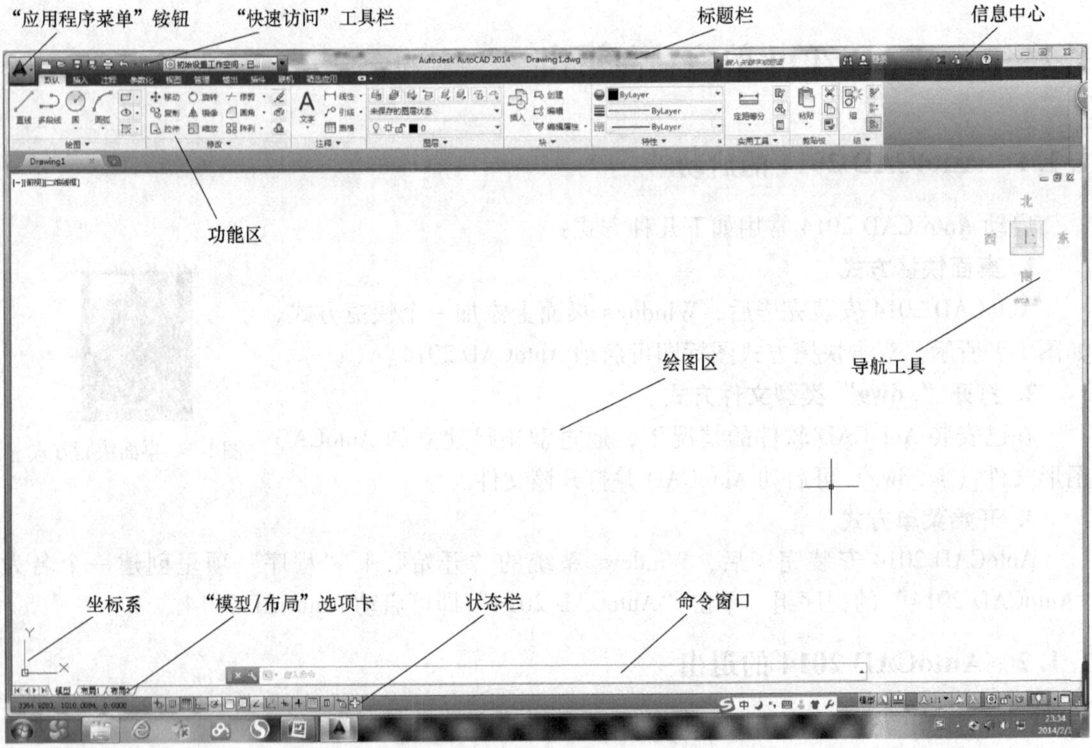

图 1-2 "初始设置工作空间"的用户界面

可以通过下拉列表中"自定义..."选项弹出"自定义用户界面"对话框来管理工作空间。

2. 标题栏

标题栏位于绘图操作界面的最上方，用来显示 AutoCAD 的程序图标和当前正在执行的图形文件的名称，该名称随着用户所选择的图形文件不同而不同。当文件未命名前，AutoCAD 默认设置为 Drawing1、Drawing2、…、Drawing n，其中 n 由新文件数量而定。

标题栏的右侧为搜索窗口、信息中心、收藏夹等按钮。在搜索框内输入命令，如"直线"命令，系统可根据相关提示快速搜索。

标题栏的最右侧是程序的最小化、还原、关闭按钮。

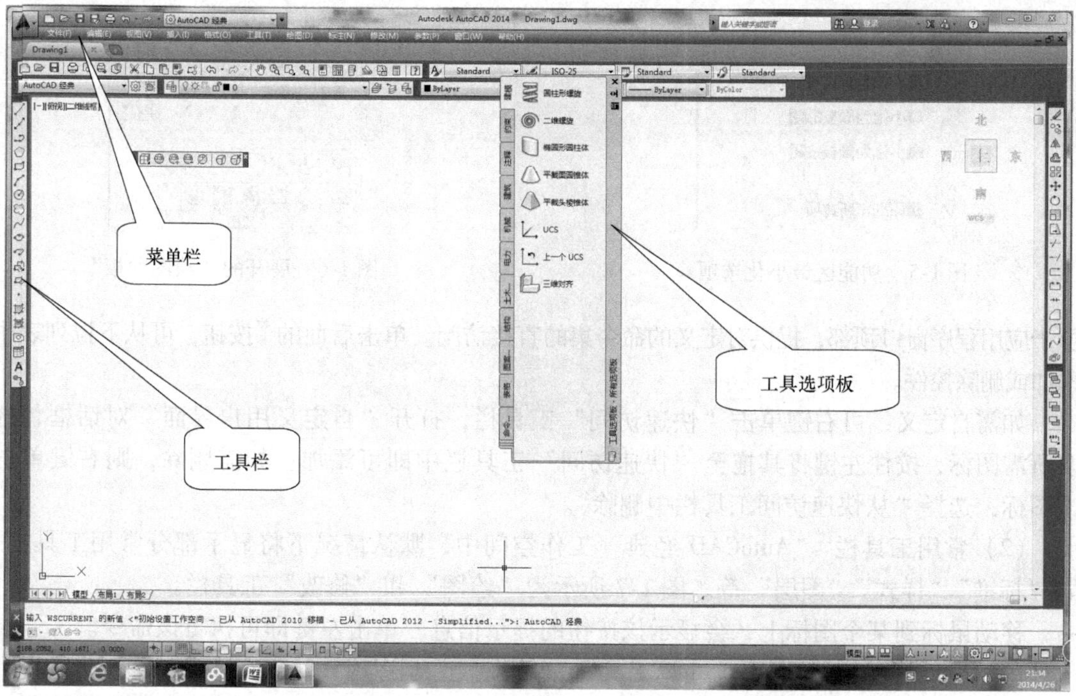

图 1-3 “AutoCAD 经典”工作空间的用户界面

AutoCAD 2014 支持多文档环境，可同时打开多个图形文件。

3. 功能区

功能区由多个选项卡和面板组成，如图 1-4 所示。选项卡包括“默认”“ 插入”“ 注释”“参数化”等，每个选项卡下包含多个面板，如”默认”选项卡包括“绘图”“修改”“ 注释”“图层”等面板。

图 1-4 功能区选项卡

打开功能区可在命令行输入“RIBBON”，关闭功能区可在命令行输入“RIBBON-CLOSE”。

默认情况下功能区显示在窗口顶部。通过选项卡右侧的图标，可设置及显示功能区最小化形式。图 1-5 所示为功能区最小化的选项。

右键单击任一选项卡，可以通过弹出的右键快捷菜单调整功能区的显示范围和功能。

单击面板标题区，可展开该面板所有工具，图 1-6 所示为展开的“绘图面板”。单击按钮变为可固定该面板；单击按钮变为，鼠标移到面板外面即可收回。

4. 工具栏

工具栏以命令按钮的形式列出了用户最常用的命令。

（1）“快速访问”工具栏 “快速访问”工具栏

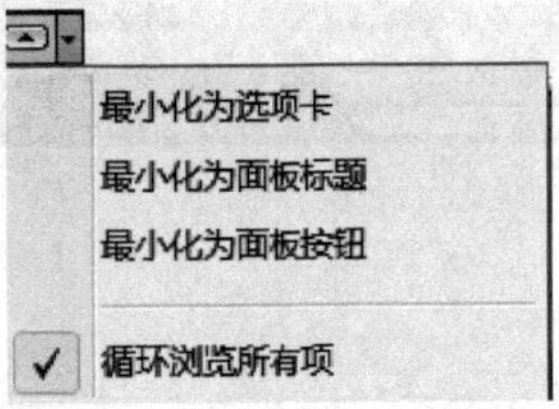

图 1-5　功能区最小化选项

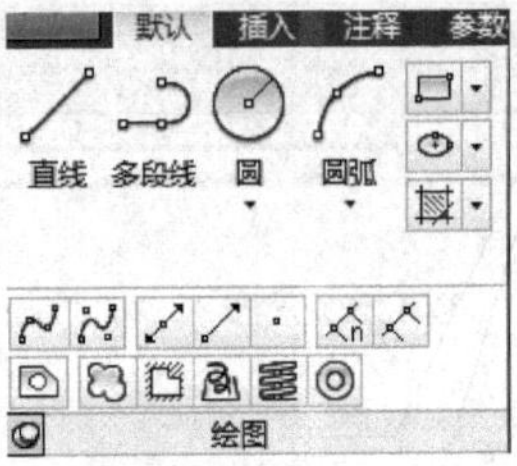

图 1-6　展开的“绘图面板”

位于应用程序窗口顶部，提供对定义的命令集的直接访问。单击后面的▼按钮，可从下拉列表中添加或删除控件。

如需自定义，可右键单击“快速访问”工具栏，打开“自定义用户界面”对话框，选取所需图标，按住左键将其拖至“快速访问”工具栏中即可添加；如需删除，则右键单击该图标，选择“从快速访问工具栏中删除”。

（2）常用工具栏　“AutoCAD 经典”工作空间中，默认情况下将显示部分常用工具栏，如“标准”“样式”“图层”等。图 1-7 所示为“绘图”和“修改”工具栏。

移动鼠标到某个图标上，会显示该按钮的提示信息，单击左键即可执行该命令。

1）显示或关闭工具栏。通过“工具”菜单｜“工具栏”｜“AutoCAD”，或移动鼠标到任意工具栏图标上，单击鼠标右键，在“工具栏”右键菜单上勾选要在屏幕上显示的工具栏，如图 1-8 所示。单击工具栏按钮可关闭该工具栏。

2）移动工具栏。可使用鼠标使浮动的工具栏在屏幕上自由移动。单击鼠标左键按住工具栏的空白、间隙或标题栏，拖动工具栏到屏幕的任意位置，释放鼠标左键即可完成工具栏的移动。

3）锁定工具栏。通过“窗口”菜单｜“锁定位置”，或状态栏右侧的锁定图标可实现工具栏的锁定功能。

4）添加或删除工具栏按钮。执行“视图”｜“工具栏”命令，在“自定义用户界面”对话框中，将命令列表中的命令拖到上面的相应工具栏上，即可添加工具栏按钮。

5. 菜单

（1）“应用程序菜单”按钮　“应用程序菜单”按钮位于标题栏的最左上角，可用于搜索命令、访问常用工具及浏览文档，如图 1-9 所示。单击“选项”按钮可弹出“选项”对话框。

（2）菜单栏　在“AutoCAD 经典”工作空间中，菜单栏位于标题栏的下面。由“文件(F)”“编辑（E）”“视图（V）”等主菜单构成，每个主菜单下又包含子菜单，有些子菜单还包含下一级菜单，用户可运用菜单中各种命令绘制所需的图形。图 1-10 所示为“绘图”菜单。

通过单击“快速访问”工具栏最右侧的下拉按钮▼，在下拉列表中可控制显示或隐藏菜单栏。

在使用菜单进行操作时，应先将鼠标移动到所要选择的菜单项上，然后单击鼠标左键，弹出相应的菜单命令，移动鼠标光标到所需的菜单命令上，被选中的菜单命令将高亮度显示，单击鼠标左键即可执行该命令。

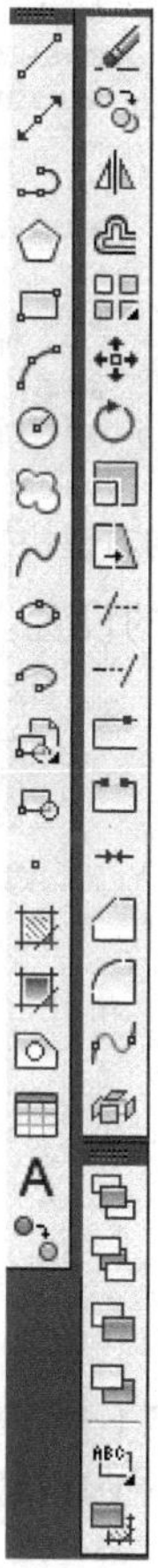

图 1-7 “绘图”和“修改”工具栏

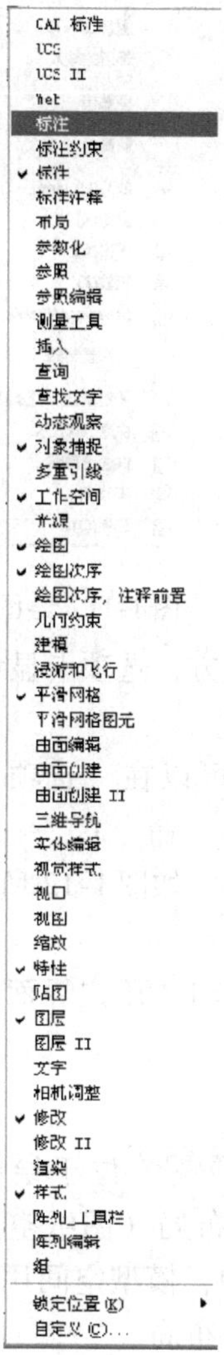

图 1-8 “工具栏”菜单

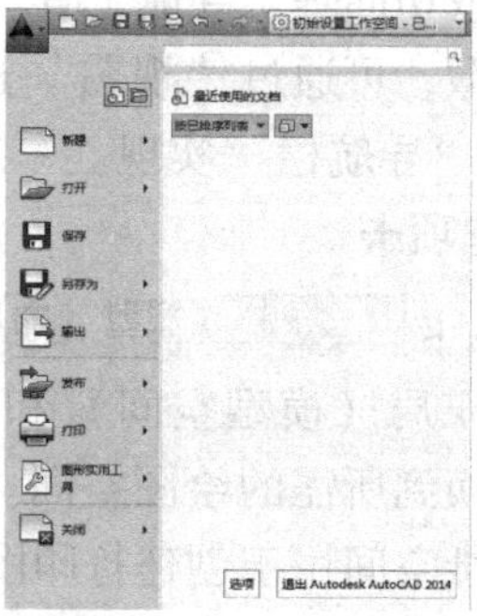

图 1-9 应用程序菜单

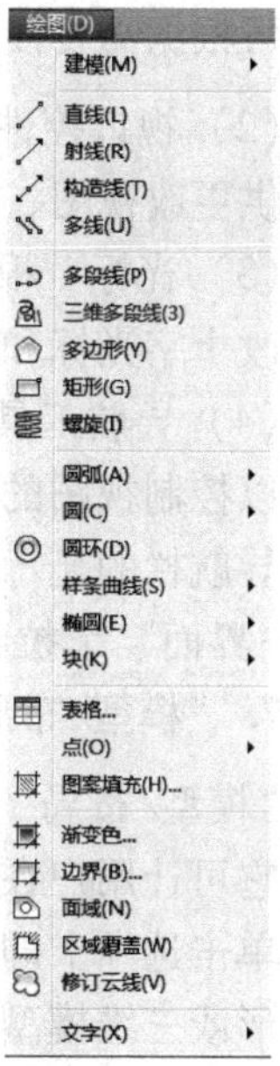

图 1-10 “绘图”菜单

注意：

1）带有“▸”符号的菜单项表示该项还包含下一级子菜单。

2）单击带有“…”符号的菜单项，将打开一个与此命令有关的对话框，用户可按照此对话框的要求执行该命令。

3）如果需要退出菜单命令的选择状态，只需将光标移到绘图区，然后单击鼠标左键或“Esc”键，则菜单命令消失，命令行恢复到等待输入命令的状态。

（3）右键快捷菜单 单击鼠标右键后，光标的位置或该位置附近显示右键快捷菜单。

右键快捷菜单及其提供的选项取决于光标位置和其他条件，如是否选定了对象或是否正在执行命令。

图 1-11 所示分别为在绘图区或命令行单击鼠标右键时，屏幕上弹出的不同的右键快捷菜单。

6. 绘图区

绘图区是用户绘图的地方，绘图区没有边界，利用视图窗口的缩放功能，可使绘图区无限放大或缩小。绘图区的右边和下边分别有两个滚动条，可使视窗上下、左右移动，便于观察。因此，无论多么大的图形，都可以置于其中，这也正是 AutoCAD 的方便之处。绘图区包括 4 个部分：

（1）坐标系　绘图区左下方显示当前绘图状态所在的坐标系。通常，AutoCAD 在绘制新图形时将自动使用世界坐标系（WCS），其 X 轴是水平的，Y 轴是垂直的，Z 轴则是垂直于 XY 平面。用户也可根据需要设置用户坐标系（UCS）。

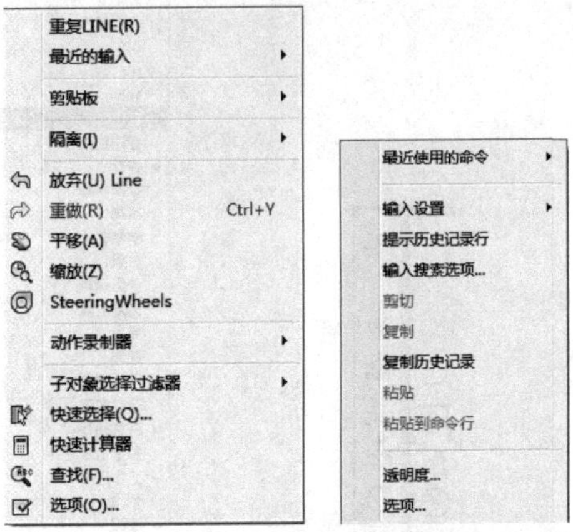

图 1-11　绘图区和命令行的右键快捷菜单

（2）视口控件 [-][俯视][线框] 位于绘图区左上方，选项卡显示当前视口的设置。视口控件提供更改视图、视觉样式和其他设置的便捷方式。

（3）光标　根据操作光标更改不同的外观，可以在“选项”对话框中更改十字光标和拾取框光标的大小（“OPTIONS”命令）。

（4）导航工具　包括 View Cube 工具和导航栏，如图 1-12 所示，通过它可以控制视图的方向或访问基本导航工具。

导航栏的显示或隐藏，可通过“视图”选项卡 | “用户界面”面板 | “用户界面”下拉菜单 | “导航栏”实现。

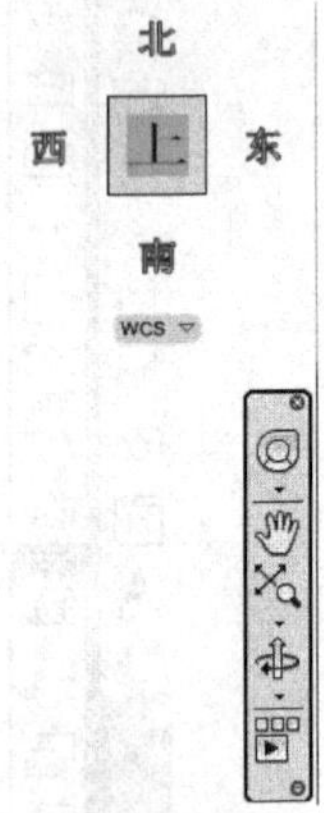

图 1-12　View Cube 工具和导航栏

7. “模型/布局”选项卡

“模型/布局”选项卡 |◀ ◀ ▶ ▶| 模型 / 布局1 / 布局2 / 位于绘图区的左下。它可让用户在模型布局（模型空间）和命名布局（图纸空间）中切换。单击选项卡即可切换到所需的绘图空间。其中，模型空间用于创建二维图形或三维模型，图纸空间用于创建打印图形的布局。

8. 命令窗口及文本窗口

（1）命令窗口　位于“模型/布局”选项卡的下方，主要用于输入命令，如图 1-13 所示。命令执行后命令窗口上方会显示执行的命令及相关信息。用 <Ctrl + 9> 组合键可控制命令窗口的关闭或显示。

AutoCAD 提供了自动完成选项，可以使用户更有效地访问命令。例如在命令行输入“直线”命令的快捷字母键“L”（不区分大小写）后，系统会显示一系列与“L”匹配的命令名称、系统变量和命令别名供用户选择。

命令行的颜色和透明度可以随意改变。它在不停靠的模式下很好使用，同时也做得更小，其半透明的提示历史可显示多达 50 行。

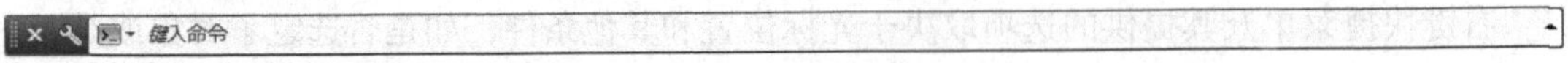

图 1-13　命令窗口

（2）文本窗口　文本窗口是记录 AutoCAD 命令的窗口，是放大的“命令行”窗口，它记录了已执行的命令。

其命令的调用有以下方式：“视图”选项卡｜“用户界面”面板｜用户界面图标下拉按钮｜文本窗口；“视图”下拉菜单｜“显示” ｜“文本窗口”。此外也可通过命令行右侧箭头▲或快捷键 F2 键来打开或关闭文本窗口。

由于 AutoCAD 软件的文本窗口中的内容是只读的，因此不能对其修改，但可以将它们复制并粘贴到命令行用于重复执行前面的操作，或粘贴到其他应用程序中（如 Word 等）。

9. 状态栏

状态栏位于屏幕最下方，包括图形坐标、绘图辅助工具、导航工具以及用于快速查看和注释缩放的工具，如图 1-14 所示。

图 1-14 状态栏

（1）图形坐标 显示光标所在位置的坐标。

（2）绘图辅助工具 包含“推断约束”“捕捉模式”“栅格显示”“正交模式”“极轴追踪”“对象捕捉”“三维对象捕捉”“对象捕捉追踪”“允许/禁止动态 UCS”“动态输入”“显示/隐藏线宽”“显示/隐藏透明度”等按钮。单击这些按钮可打开和关闭常用的绘图辅助工具，通过右键快捷菜单可以轻松地更改这些绘图工具的设置。

（3）快捷特性按钮 启用该按钮后，当光标悬停或选中对象时，显示该对象的快捷特性。

（4）选择循环按钮 启用该按钮允许选择重叠的对象。可对“选择循环”列表框及标题栏的显示设置。

（5）注释监视器按钮 仅用于所有事件或模型文档事件的注释监视。启用该按钮后注释监视器图标被添加到系统托盘中。

（6）模型、布局按钮 预览打开的图形和图形中的布局，并在其间进行切换。

（7）注释缩放按钮 显示注释缩放的若干工具。

（8）工作空间按钮 切换不同的工作空间。

（9）锁定按钮 可锁定工具栏和窗口的当前位置。

（10）硬件加速按钮 包括自适应降级、硬件加速等，可在“自适应降级和性能调节”对话框中设置控制性能的方式。

（11）对象隔离 通过隔离或隐藏选择集来控制对象的显示。

（12）状态栏菜单 向应用程序状态栏添加按钮或从中删除按钮。

（13）全屏显示 将图形显示区域展开为仅显示菜单栏、状态栏和命令窗口。再次单击该按钮可恢复先前设置。

10. 选项板

选项板是在绘图区固定或浮动的界面元素，包括工具选项板、特性选项板等，如图 1-15、图 1-16 所示。

选项板命令调用有以下两种方式：“视图”选项卡｜“选项板”面板；或者“工具”下拉菜单｜“选项板”。

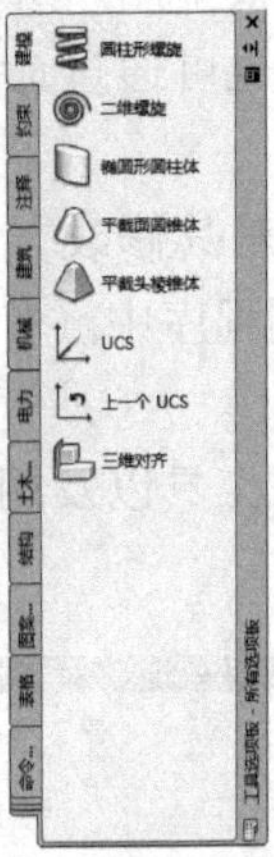

图 1-15 工具选项板

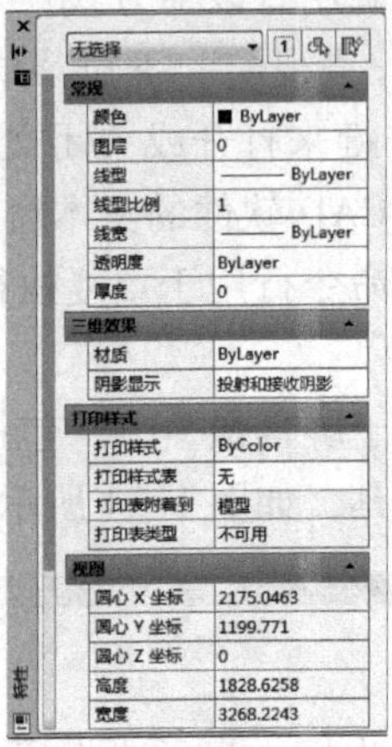

图 1-16 特性选项板

AutoCAD 软件默认创建多个专业选项板，包括公制或英制的螺钉、螺母、焊接符号等常用的机械图块。通过多种方法可以在工具选项板中添加工具，如将对象从图形拖至工具选项板来创建工具。然后可以使用新工具创建与拖至工具选项板的对象具有相同特性的对象，加快和简化工作。

1.3 AutoCAD 2014 的文件操作

1.3.1 新建图形文件

命令调用有以下几种方式：应用程序菜单 ｜“新建”｜“图形”；“文件”下拉菜单｜“新建”；快速访问工具栏的新建按钮 ；标准工具栏的新建按钮 ；在命令行输入“NEW”或“QNEW”。

另外，AutoCAD 2014 版本提供了图形选项卡，它在打开的图形间切换或创建新图形时非常方便。使用“视图”功能区中的“图形选项卡”控件来打开图形选项卡工具条。当文件选项卡打开后，在图形区域上方会显示所有已经打开的图形选项卡 Drawing1* 。文件选项卡是以文件打开的顺序来显示的，可以拖动选项卡来更改它们之间的位置。

可以通过“选择样板”对话框、“创建新图形”对话框，或不使用任何对话框的默认图形样板文件开始创建新图形。由于系统变量的值影响新建图形文件时的提示信息，故可根据不同的需要进行如下设置：

FILEDIA 系统变量为 0，通过命令行提示开始。

FILEDIA 系统变量为 1，从对话框开始。

STARTUP 系统变量为 1，显示“创建新图形”对话框。

STARTUP 系统变量为 0，显示“选择样板”对话框。

1. 从“选择样板”对话框新建图形

样板图是指已有一定绘图环境但未绘制任何实体的图形文件，用户可以利用样板图已有的绘图环境开始绘图（用户样板图的建立详见 12.3 节）。

执行“新建”图形命令（“FILEDIA”系统变量为1，“STARTUP”系统变量为0），显示“选择样板”对话框，如图1-17所示。

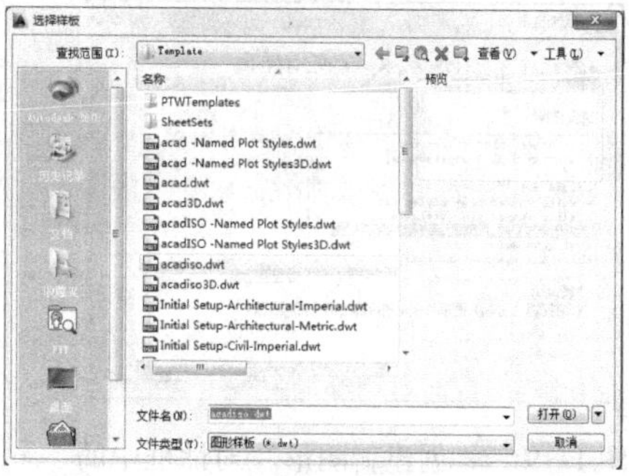

图1-17　“选择样板”对话框

AutoCAD样板文件通常存在AutoCAD目录的Template子目录下，扩展名为“.dwt”，所有可用的样板都在“选择样板”列表中供用户选择。

从列表中选择样板或单击“打开”按钮以默认模板“acadiso.dwt”直接新建文件。使用默认图形样板时，新的图形将自动使用指定文件中定义的设置。

可以使用“选项”对话框指定默认图形样板文件的位置。

如果想不使用样板文件创建新图形，可单击“打开”按钮旁边的下拉箭头，选择列表中的一个“无样板”选项。

2. 从“创建新图形”对话框新建图形

使用“创建新图形”对话框创建新图形时，可以定义图形设置。

当“STARTUP”系统变量为1，“FILEDIA”系统变量也为1时，执行“新建”图形命令，会显示“创建新图形”对话框，如图1-18所示。

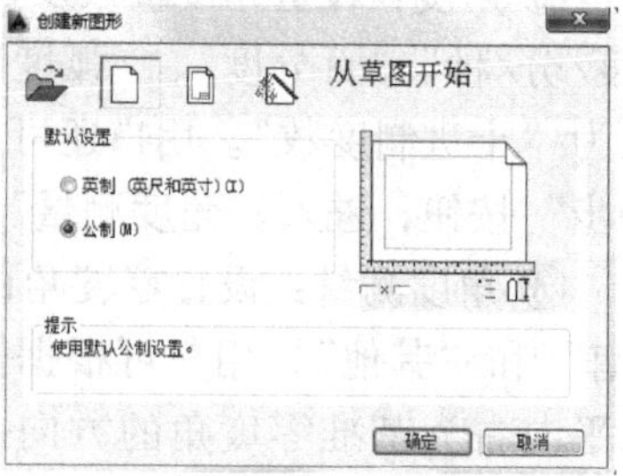

图1-18　“创建新图形”对话框中的“从草图开始”选项

（1）从草图开始　单击“创建新图形”对话框中的第二个按钮，使用“从草图开始”为新图形选择英制单位或公制单位。

选定的设置决定系统变量要使用的默认值，这些系统变量可控制文字、标注、栅格、捕捉以及默认的线型和填充图案文件。

1）英制（英尺或英寸）（I）：采用基于Acad.dwt的基本设置创建新图形，单位为英制，默认栅格显示边界为12in×9in。

2）公制（M）：采用基于Acadiso.dwt的基本设置创建新图形，单位为公制，默认栅格显示边界为420mm×297mm。

（2）使用样板　单击“创建新图形”对话框中的第三个按钮，出现“使用样板”选项，如图1-19所示。

在“选择样板”列表中如果没有用户需要的样板图，或用户要使用自己定制的样板图文件，可单击“浏览”按钮选择其他路径下的模板文件。也可通过Internet选择或查找Web上的模板文件。

（3）使用向导　单击“创建新图形”对话框中的第四个按钮，出现“使用向导”选项，如图1-20所示，用于设置用户绘图所需的绘图环境。

该对话框中的“选择向导”列表框提供了两种方式，即高级设置和快速设置。

1）高级设置。在“选择向导”列表框中选择“高级设置”并单击“确定”按钮后，打开“高级设置”对话框。该对话框各选项功能如下。

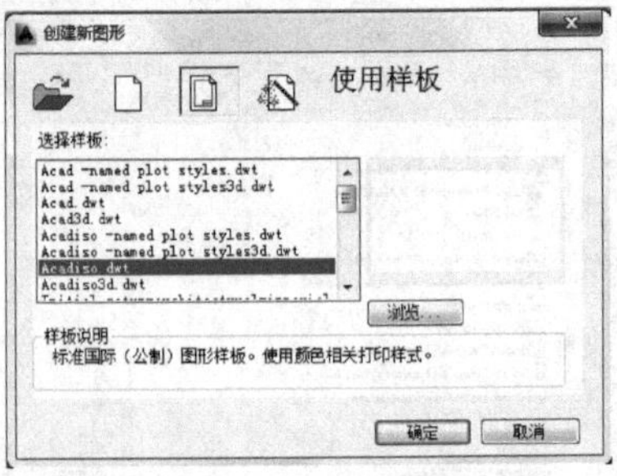

图 1-19 “创建新图形”对话框中的“使用样板”选项

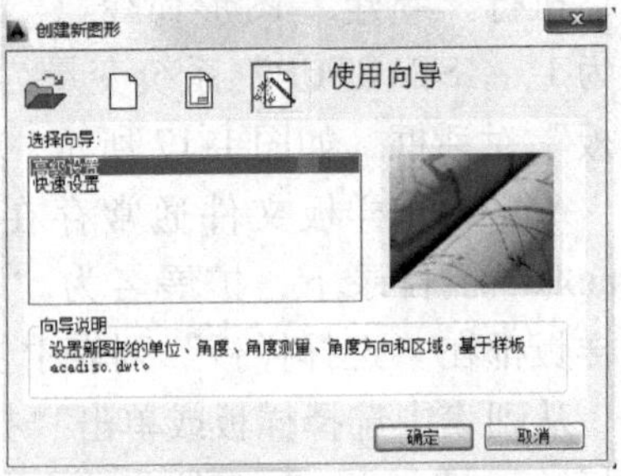

图 1-20 “创建新图形”对话框中的“使用向导”选项

① 单位。设置绘图单位。AutoCAD 提供了五种绘图单位，即“小数”“工程”“建筑”“分数”和“科学”。用户可根据需要选择一种单位。AutoCAD 默认绘图单位为“小数”。完成后单击“下一步”按钮，进入“角度”设置对话框。

② 角度：设置角度输入及显示方式。AutoCAD 软件提供了五种方式，即“十进制度数”“度/分/秒”“百分度”、“弧度”和“勘测”。用户可根据需要选择一种。AutoCAD 软件默认为“十进制度数”。用户还可在“精度”下拉列表框中选择角度的精度。完成后单击“下一步”按钮，进入“角度测量”设置对话框。

③ 角度测量：设置零度角的方向。AutoCAD 提供了五种方式，即“东”“北”“西”“南”和“其他”，用户可根据需要选择其中的一种。AutoCAD 软件默认方向为“东”，即水平向右为基准零度角的方向。完成后单击“下一步”按钮，进入“角度方向”设置对话框。

④ 角度方向：设置角度值增加的方向。AutoCAD 软件提供了两种方式，即“逆时针”和“顺时针”，默认方向为“逆时针”。完成后单击“下一步”按钮，进入“区域”设置对话框。

⑤ 区域：设置绘图区域的宽度和高度，它与“LIMITS”命令功能相同。

所有设置完成后，单击“完成”按钮关闭“高级设置”对话框，AutoCAD 软件将根据用户的设置创建新图形。也可单击“上一步”按钮或“下一步”按钮在页面之间切换，实现对各种设置的修改，或单击“取消”按钮取消快速向导的功能。

2）快速设置。在“选择向导”列表框中选择“快速设置”并单击“确定”按钮后，打开“快速设置”对话框。通过此对话框的引导同样可一步一步地设置用户绘图所需的绘图环境，这里不再赘述。

1.3.2 保存图形文件

对图形文件应进行保存以便日后使用，可以设置自动保存、备份文件以及仅保存选定的对象。

如果要创建图形的新版本而不影响原图形，可以用一个新名称保存。图形文件的文件扩展名为“.dwg”，文件名称（包括其路径）最多可包含 256 个字符。

其命令调用有如下方式：应用程序菜单 | “保存”或“另存为...”；“文件”下拉菜单 | “保存或另存为...”；快速访问工具栏的保存按钮；标准工具栏的保存按钮；

在命令行输入“SAVE”或“SAVE AS”或“QSAVE”。

命令提示中各选项的功能如下：

（1）保存 当图形文件第一次被保存时，使用“保存”命令与使用“另存为”命令相同，系统将打开“图形另存为”对话框，如图1-21所示，提示用户给图形指定一个文件名。如图形已经保存过，执行“保存”命令时，系统会自动按原文件名和文件路径保存。

（2）另存为 执行“另存为”命令后，系统打开“图形另存为”对话框，提示用户给图形指定一个文件名和文件路径，并在“保存类型”下拉列表框中根据需要选择一种图形文件的保存类型。

（3）设置密码 在保存文件时使用设置密码保护功能，可以对文件进行加密保存。在“图形另存为”对话框中单击“工具”按钮，选择“安全选项”，打开“安全选项”对话框，如图1-22所示。在“密码”选项卡的“用于打开此图形的密码或短语”文本框中输入口令即可。单击“确定”按钮，打开“确定口令”对话框，并在“再次输入用于打开此图形的密码”文本框中输入确定密码。为文件设置了密码后，在打开文件时，系统打开“密码”对话框，要求输入正确的密码，否则将无法打开图形文件。因此，用户务必要记住所设置的密码。

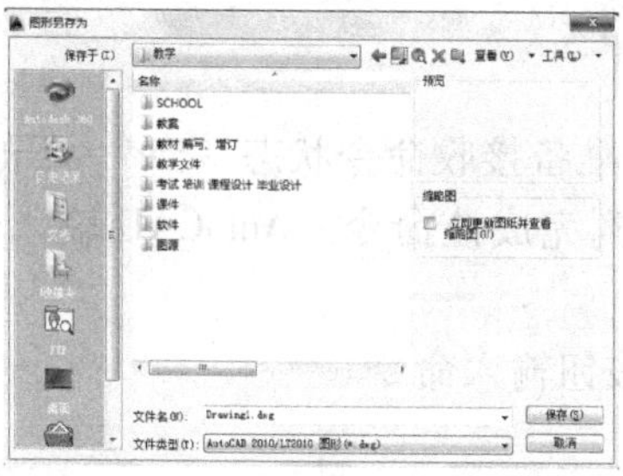

图1-21 “图形另存为”对话框

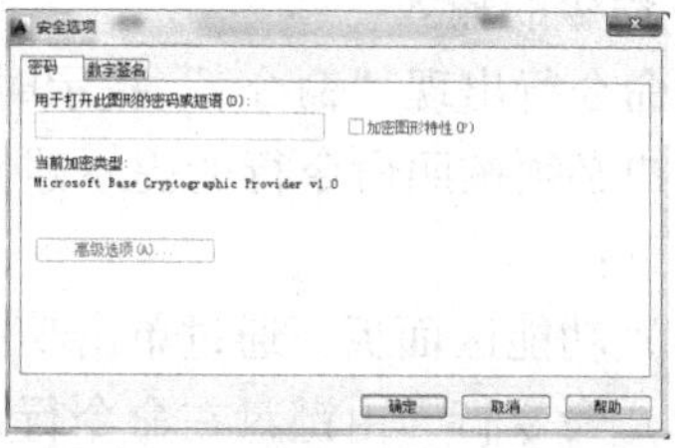

图1-22 “安全选项”对话框

1.3.3 关闭图形文件

关闭当前的图形文件时，命令调用有以下方式：应用程序菜单 |“关闭” | 关闭图形；“文件”下拉菜单 |“退出”；绘图区右上角的关闭按钮；在命令行输入“CLOSE”或“CLOSEALL”。

如果自上次保存图形后又进行过修改，系统会提示用户是要保存还是要放弃修改。

如果未进行过修改或者想放弃修改，可以关闭以只读模式打开的文件。要保存对只读文件所做的修改，必须使用“SAVEAS”命令。

使用“CLOSEALL”命令可关闭所有打开的图形。对于每个未保存的图形都会出现一个消息框，在关闭图形之前可以在消息框中保存任何修改。

1.3.4 打开图形文件

打开已经存在的图形文件时，命令调用有以下方式：应用程序菜单 |“打开” |“打开一个文件”；“文件”下拉菜单 |“打开…”；快速访问工具栏打开按钮；标准工具栏

的打开按钮；在命令行输入“OPEN”。

以上任何一种操作完毕后，屏幕都显示“选择文件”对话框，如图 1-23 所示。选择一个或多个文件后单击“打开”按钮。

如在“选择文件”对话框中，单击“打开”旁边的箭头，然后选择“局部打开”或“以只读方式局部打开”，将弹出“局部打开”对话框，显示可用的图形视图和图层，以指定向选定图形中加载哪些几何图形。

设置了密码的文件，在打开文件时系统会弹出一个对话框，要求用户输入正确的密码，否则将无法打开文件，这对于需要保密的图纸非常重要。

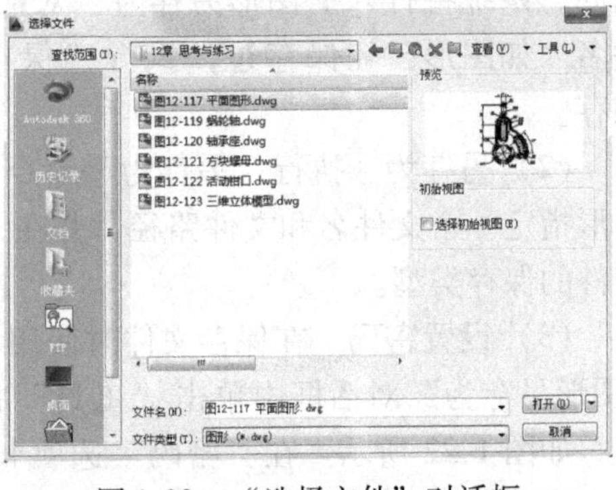

图 1-23 “选择文件”对话框

1.4 命令及简单对象的操作

1.4.1 命令的输入及终止

1. 命令的输入

当命令行出现“命令:”提示时，表示系统正处于准备接收命令状态。当命令开始执行后，用户必须按照命令行的提示进行每一步操作，直到完成该命令。AutoCAD 输入命令的途径如下：

（1）功能区面板　通过单击功能区面板上的相应按钮输入命令。

（2）命令行　由键盘在命令行输入命令。

（3）菜单　通过选择菜单选项输入命令。

（4）工具栏　通过单击工具栏按钮输入命令。

（5）鼠标右键　在不同的区域单击鼠标右键，会弹出相应的菜单，从菜单中选择选项执行命令。

2. 命令选项的输入

（1）[...]　内为可选项，输入选项中所给大写字母并按回车键选择该选项。输入大写或小写字母均可。

（2）<... >　内为默认设置，可直接单击回车键确认该设置。例如“指定圆的半径或 [直径（D）] <30.0000>:”，可直接单击回车键确认该圆半径为 30mm。

3. 重复命令的输入

如要重复执行上一个命令，可通过以下方式实现：

（1）“Enter”键或空格键　当一个命令结束后，直接单击“Enter”键或空格键可重复刚刚结束的命令。

（2）“重复＊＊＊”　在绘图区单击右键，在弹出的右键快捷菜单中选择“重复＊＊＊”。

（3）“最近的输入”　在命令行单击右键，在弹出的右键快捷菜单中选择“最近的输入”，选择最近使用的命令。

4. 命令的终止

常用 AutoCAD 结束命令的方式有以下几种：

（1）“Enter”键或空格键　是最常用的结束命令方式，一般直接单击“Enter”键即可结束命令。除了书写文字外，空格键与“Enter”键的作用是相同的。

（2）鼠标右键　单击鼠标右键，在弹出的右键快捷菜单中选择“确认”或“取消”结束命令。

（3）“Esc”键　“Esc”键功能最强大，无论命令是否完成，都可通过“Esc”键来结束命令。

5. 透明命令的使用

在 AutoCAD 软件中，当启动其他命令时，当前所使用的命令会自动终止。但有些命令可以“透明”使用，即在运行其他命令过程中不终止当前命令的前提下使用的一种命令。

透明命令多为绘图辅助工具的命令或修改图形设置的命令，如“捕捉”“栅格”“极轴”“窗口缩放”等命令。

透明命令不能嵌套使用。

1.4.2　生成简单图形对象

为了更好地理解绘图辅助工具的设置，先来了解一下简单图形对象的绘制方法。

直线是二维图形中最常见、最简单的实体。单击直线按钮，或在命令行中输入“LINE”，都可以绘制直线。

绘制直线时，一次可以画一条线段，也可以连续画多条线段，其中每一条线段彼此间都是独立的。用户可以通过鼠标点取方式或用键盘输入点的坐标方式来确定各点的位置。

【例 1-1】　用“直线”命令绘制任意四条线段，结果如图 1-24 所示。其操作步骤如下：

1）单击直线按钮，执行“直线”命令。
2）_line 指定第一点：　　（在绘图区单击左键任意选择一点）
3）指定下一点或[放弃(U)]：　（在绘图区任意选择一点）
4）指定下一点或[放弃(U)]：　（在绘图区任意选择一点）
5）指定下一点或[闭合(C)/放弃(U)]：（在绘图区任意选择一点）
6）指定下一点或[闭合(C)/放弃(U)]：（在绘图区任意点取一点，然后单击右键，单击“确认”按钮）

1.4.3　删除图形对象

删除所绘制的图形对象，首先要进行对象选择。选择对象的方式很多（目标选择详见第 4 章），既可以利用点选方式逐个选取单个对象，也可以利用窗口方式一次选择多个对象，这里只简单介绍如何将绘制的图形对象删除。

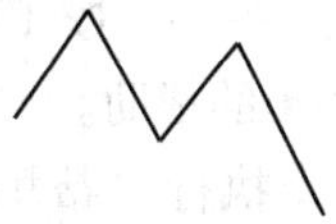

图 1-24　绘制任意四条线段

（1）单个选取选择方式　用鼠标点取对象直接选择。可以连续点取多个对象进行选择。

（2）窗口（Window）选择方式　用鼠标从左向右点取两点围成一个矩形窗口，将所要选择的对象框住，凡是在窗口内的目标均被选中，而与窗口相交的实体不被选中。

（3）窗交（Crossing）选择方式　此选项的操作方法和窗口选择方式几乎完全相同，所不同的是操作时从右向左选取，凡在此窗口内或与此窗口四边相交的图形都将被选中。

【例 1-2】 用“删除”命令删除上例所绘制的线段。

1）单击删除按钮，执行“删除”命令。

2）选择对象：（鼠标变为小方框，点选任意线段，选中线段亮显）

找到 1 个

3）选择对象：　　　　　　（重复步骤 2 操作，选中另一线段）

找到 1 个　总计 2 个

4）选择对象：　　　　　　（重复步骤 2 操作，选中另一线段）

找到 1 个　总计 3 个

5）选择对象：　　　　（重复步骤 2 操作，选择第 4 条线段，单击右键，退出命令，所选线段被删除）

注意：

① 例 1-2 中可直接通过鼠标来实现一次多选对象。由左向右点取两点围成蓝色实线框，则系统默认为窗口方式，如图 1-25a 所示，只有右侧两条线段被选中；由右向左点取两点围成绿色虚线框，则系统默认为窗交方式，如图 1-25b 所示，四条线段都被选中。

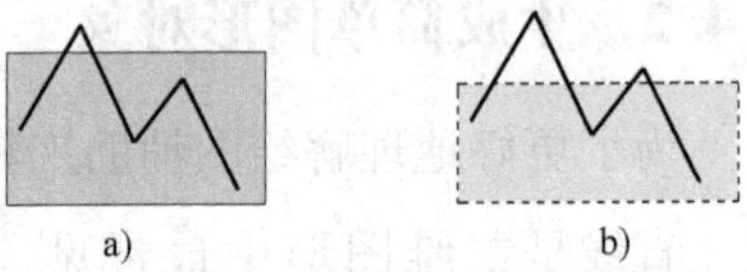

图 1-25　窗口选择方式与窗交选择方式
a）窗口选择方式　b）窗交选择方式

② 也可以先选对象再执行“删除”命令。当目标被选中，其特征点将显示蓝色小方块，执行“删除”命令或单击“Delete”键，即可删除所选对象。

1.5　调用 AutoCAD 2014 的帮助系统

AutoCAD 2014 提供了使用帮助的完整信息。

命令调用有以下几种方式：单击标题栏右侧信息中心的帮助按钮；单击“帮助”菜单|“帮助”；在命令行输入“HELP”。

另外，按 F1 键也可获得 AutoCAD 2014 的帮助。

执行“帮助”命令后，弹出“帮助”窗口，如图 1-26 所示。左侧窗格中提供了 2 个选项卡，包括“搜索”和“收藏夹”选项卡。

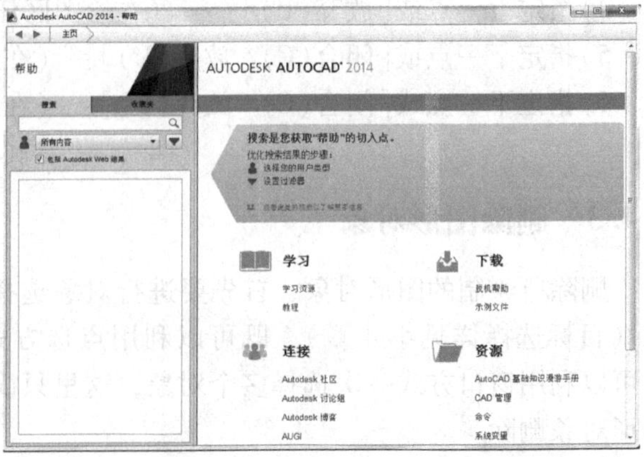

图 1-26　帮助窗口

（1）“搜索”选项卡　允许用户输

入关键字搜索。通过此选项卡，用户可以对特定的单词或词组进行搜索。如图 1-27 所示，在搜索栏输入“line”后，单击搜索按钮，显示“line”命令相关内容。如单击右上角的收藏按钮☆，可将此搜索内容添加入“收藏夹”。

（2）“收藏夹”选项卡　快速查找收藏夹中的内容，或者将不用的搜索内容删除。

注意：

1）在使用菜单或按钮命令时，鼠标悬停 3s，即可显示即时帮助。

2）当命令处于活动状态时，按 F1 键将显示该命令的帮助。

3）在对话框中按 F1 键，将显示关于该对话框的帮助。

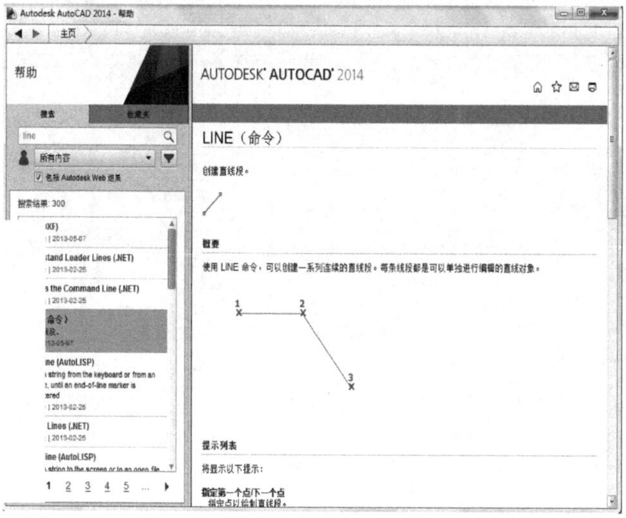

图 1-27　“直线”命令的帮助信息

1.6　实例解析

图 1-28　绘制并保存图形

【例 1-3】 新建图形文件，绘制一个简单图形，如图 1-28 所示，将其保存到 D 盘，文件名为“apple”（说明：以下“↙”代表回车键）。

1）执行“新建”命令。

2）执行“圆”命令。

3）命令：_circle 指定圆的圆心或[三点(3P)/两点(2P)/切点、切点、半径(T)]：（鼠标点取任意一点作为大圆中心）

4）指定圆的半径或[直径(D)]：　（鼠标移至合适位置点取一点，与圆心距离即为大圆半径，完成大圆的绘制）

5）命令：↙（直接回车重复执行“圆”命令）

6）命令：_circle 指定圆的圆心或[三点(3P)/两点(2P)/切点、切点、半径(T)]：（步骤同上，绘制两小圆）

7）执行“直线”命令，完成两条线段的绘制。

8）执行“保存”命令。

9）显示“图形另存为”对话框，在“保存于”后下拉列表选择 D 盘，在“文件名”后文本框输入“apple”，单击“保存”按钮完成图形绘制。

思考与练习

1. AutoCAD 2014 用户界面由哪几部分组成？
2. AutoCAD 2014 中响应和结束命令的方式有哪些？
3. “工作空间”可以帮助用户实现何种功能？
4. 如何新建、保存、关闭或打开 AutoCAD 图形文件？

第 2 章　AutoCAD 2014 的基础操作

应用 AutoCAD 2014 软件设计和绘制图形时,有时要求按照给定的尺寸进行精确绘图。此时,既可通过输入指定点的坐标来绘制图形,也可以灵活应用系统提供的捕捉、栅格、极轴、对象捕捉、对象追踪等功能,快速、精确地绘制图形。

2.1　坐标系及坐标输入

2.1.1　AutoCAD 2014 的坐标系

在 AutoCAD 中,坐标系分为世界坐标系(WCS)和用户坐标系(UCS)。

默认情况下,当前坐标系为世界坐标系,它是 AutoCAD 的基本坐标系,有三个相互垂直并相交的坐标轴。X 轴的正向是水平向右,Y 轴的正向是垂直向上,Z 轴的正向是由屏幕垂直指向用户。默认坐标原点在绘图区的左下角,在其上有一个方框标记,表明是世界坐标系。在绘制和编辑图形过程中,世界坐标系(WCS)的坐标原点和坐标轴方向都不会改变,所有的位移都是相对于原点计算的,如图 2-1 所示。

为了方便用户绘制图形,AutoCAD 还可将世界坐标系改变原点位置和坐标轴方向,此时就形成了用户坐标系(UCS)。在默认情况下,用户坐标系和世界坐标系重合,用户可在绘图过程中根据具体需要来定义用户坐标系。尽管用户坐标系中 3 个轴之间仍然互相垂直,但是在方向及位置的设置上却很灵活,用户坐标系的原点以及 X 轴、Y 轴、Z 轴方向都可以移动及旋转,甚至可以依赖于图形中某个特定的对象。用户坐标系没有方框标记,如图 2-2 所示。

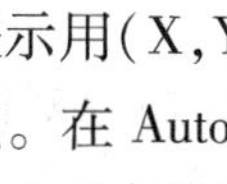

图 2-1　世界坐标系(WCS)

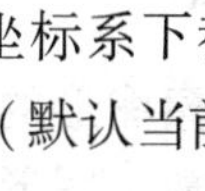

图 2-2　用户坐标系(UCS)

2.1.2　坐标的输入

点坐标值的表示用(X,Y,Z),是最基本的方法,在上述两种坐标系下都可以通过输入点坐标来精确定位点。在 AutoCAD 中,常用的坐标输入方式有四种(默认当前屏幕为 XY 平面,Z 坐标始终为 0,故 Z 坐标可省略不输入)。

(1)绝对直角坐标　以坐标原点(0,0)为基点来定位所有点的位置。用户可通过输入(X,Y)坐标值来定位一个点在坐标系中的位置,各坐标值之间用逗号隔开。

(2)相对直角坐标　以某点作为参考点来定位点的相对位置。用户可通过输入点的坐标增量来定位它在坐标系中的位置,其输入格式为(@ΔX,ΔY)。

(3)绝对极坐标　以原点为极点,输入一个长度距离,后跟一个“<”符号,再加一个角度

值。例如:10 <30,表示该点离极点的距离为 10 个长度单位,该点和极点的连线与 X 轴正向夹角为 30°。规定 X 轴的正向为 0°,Y 轴的正向为 90°;逆时针角度为正,顺时针角度为负。

(4)相对极坐标　以上一操作点为参考点来定位点的相对位置。例如:@ 10 <30,表示相对上一操作点距离 10 个单位,点和极点的连线与 X 轴正向夹角为 30°的点的位置。

注意:

① 状态栏左侧显示光标的坐标值。单击此处可在三种模式间切换,即动态直角坐标(坐标值随着光标移动而改变)、静态直角坐标(单击选定点后改变坐标值)、动态极坐标(坐标值随着光标移动而改变,以极坐标形式显示)。

② “,”和“@”只能是半角符号。

【例 2-1】 用“直线”命令绘制长为 100mm、宽为 50mm 的长方形 ABCD(各点用坐标方式输入),A 点坐标为(100,100),结果如图 2-3 所示。其操作步骤如下:

(“↙”代表回车键,后面不再另加说明)

1)执行“直线”命令。

2)命令:_line 指定第一点:100,100↙　(输入 A 点绝对坐标)

3)指定下一点或[放弃(U)]:@ 100,0↙　(输入 B 点相对坐标)

4)指定下一点或[放弃(U)]:@ 0,50↙　(输入 C 点相对坐标)

5)指定下一点或[闭合(C)/放弃(U)]:@ -100,0↙　(输入 D 点相对坐标)

6)指定下一点或[闭合(C)/放弃(U)]:C↙　(输入选项“C”封闭图形)

注意:

① 输入点如未出现在绘图区，可不必退出直线命令，直接执行“ZOOM”命令，选择“全部”选项，全部显示当前设置的绘图区域（详见 2. 2 节）。

② B、C 点也可用相对极坐标方式确定：B 点的相对极坐标为“@ 100 <0↙”，C 点的相对极坐标为“@ 50 <90↙”，D 点的相对极坐标为“@ 100 <180↙”。

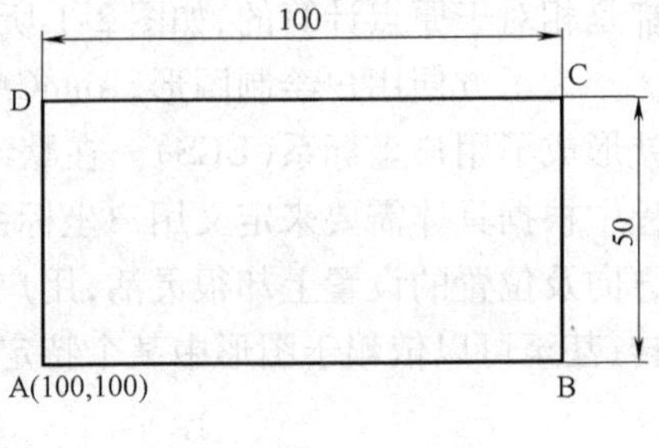

图 2-3　绘制长方形 ABCD

2. 2　视窗显示控制

在工程设计中，如何控制图形的显示，是设计人员必须要掌握的技术。AutoCAD 提供了多种视图显示方式，以观察绘图窗口中所绘制的图形。

2. 2. 1　图形缩放

为了有效地观察图形的整体或细节，就需使用“图形缩放”命令对图形进行缩放，这种缩放只是显示缩放，图形在坐标系中的位置和真实大小并未改变。

“缩放”命令调用有以下方式：“视图”选项卡|“二维导航”面板|范围；绘图区“导航栏”|缩放按钮；“视图”下拉菜单|“缩放”；标准工具栏的缩放按钮；在命令行输入“ZOOM”。

“视图”选项卡|“二维导航”面板、绘图区“导航栏”及“缩放”工具栏如图 2-4 所示。

启动“ZOOM”命令后，系统提示：“指定窗口的角点，输入比例因子（nX 或 nXP），

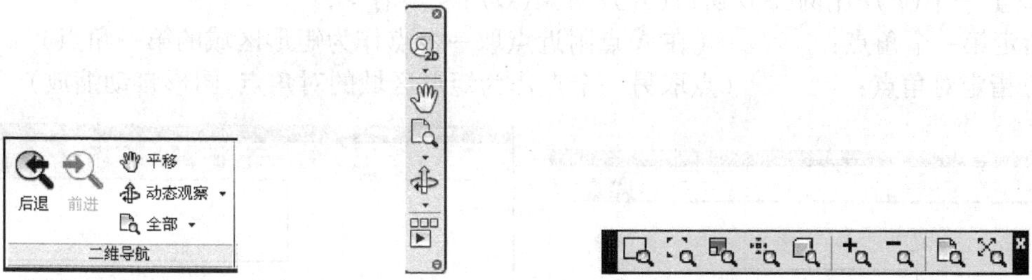

图 2-4　“视图”选项卡 | “二维导航”面板、绘图区“导航栏”及“缩放”工具栏

或者［全部（A）/中心（C）/动态（D）/范围（E）/上一个（P）/比例（S）/窗口（W）/对象（O）］<实时>:”，其中各选项含义如下：

（1）全部（A）　在当前视窗中显示整个图形的内容，包括绘图界限以外的图形，此选项同时对图形进行“重新生成”操作。

（2）中心（C）　以指定点为屏幕中心进行缩放，同时输入新的缩放倍数，缩放倍数可用绝对值和相对值。

（3）动态（D）　对图形进行动态缩放。启动此选项后屏幕上显示几个不同颜色的方框，白色方框中“×”代表显示中心，单击鼠标左键将出现一个位于右边框的箭头，可调整窗口的大小。

（4）范围（E）　将当前窗口中的图形尽可能大地显示在屏幕上，同时进行“重新生成”操作。

（5）上一个（P）　恢复前一幅视图的显示。

（6）比例（S）　根据输入的比例值缩放图形，此项有三种比例值的输入方法。例如输入“3”，则显示原图的 3 倍；输入“3x”，则将当前图形放大 3 倍；输入“3XP”则将模型空间中的图形以 3 倍的比例显示在图纸空间中。

（7）窗口（W）　全屏显示以两个对角点确定的矩形区域。

（8）对象（O）　显示图形文件中的某一个部分，选择该模式后，单击图形中的某个部分，该部分将显示在整个图形窗口中。

（9）实时　默认选项，交互地缩放显示图形。此时屏幕上出现放大镜光标，按住鼠标左键向上移动则图形放大；向下移动则图形缩小。如果要退出缩放，可单击“Esc”键、“Enter”键或单击鼠标右键在弹出的快捷菜单中选择“退出”选项。

注意：

① 如果在“ZOOM”命令启动后，直接用鼠标在绘图区拾取两对角点，则系统以窗口方式（第一角点位于左边，第二角点位于右边）或窗交方式（第一角点位于右边，第二角点位于左边）进行缩放。如果直接输入比例系数，则以比例方式进行缩放。

② 该命令为透明命令，在其他命令的执行过程中可执行。

③“缩放”命令中的“放大”和“缩小”选项，是相对于当前图形放大 1 倍和将当前图形缩小 1/2 倍。

④ 没有选定对象时，在绘图区域单击鼠标右键并选择“缩放”选项可进行实时缩放。

【例 2-2】　用“ZOOM”命令的窗口（W）方式，将图 2-5a 所示图形的 A 点处放大为图 2-5b 所示，操作步骤如下：

1）执行“ZOOM”命令。

2）指定窗口的角点，输入比例因子（nX 或 nXP），或者［全部（A）/中心（C）/动态（D）/范围(E)/上一个(P)/比例(S)/窗口(W)/对象(O)] <实时>：

指定第一个角点：　　　　（在 A 点附近点取一个点作为矩形区域的第一角点）

3)指定对角点：　　　　（点取另一个点作为矩形区域的对角点,图形自动缩放）

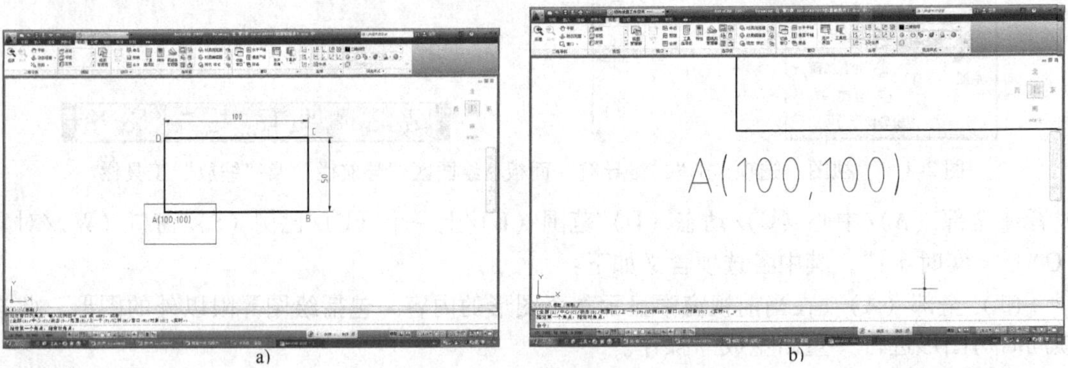

a)　　　　b)

图 2-5 “窗口缩放”视图

a）缩放前　b）缩放后

2.2.2 图形平移

该命令用于平移视图，以便观察当前图形上的其他区域。但该命令并不改变图形在绘图区域中的实际位置。使用平移命令平移视图时，视图的显示比例不变。除了可以上、下、左、右平移视图外，还可以使用“实时”和“定点”命令平移视图（“视图”菜单|“平移”）。

“实时平移”命令调用有以下方式：“视图”标签|“二维导航”面板|平移；绘图区“导航栏”|平移按钮；“视图”下拉菜单|“平移”；标准工具栏的实时平移按钮；在命令行输入“PAN”。

注意：

① 如果使用滚轮鼠标，可以在按住滚轮按钮的同时移动鼠标。

② 要退出命令，请单击“Enter”键或“Esc”键，或单击鼠标右键选择“退出”。

【例 2-3】 用“PAN”命令使图形从图 2-6a 所示位置移动后，得到图 2-6b 所示的效果，操作步骤如下：

1）执行“平移”命令。

2）显示手形光标提示时，按住左键拖动到合适位置松开即可。

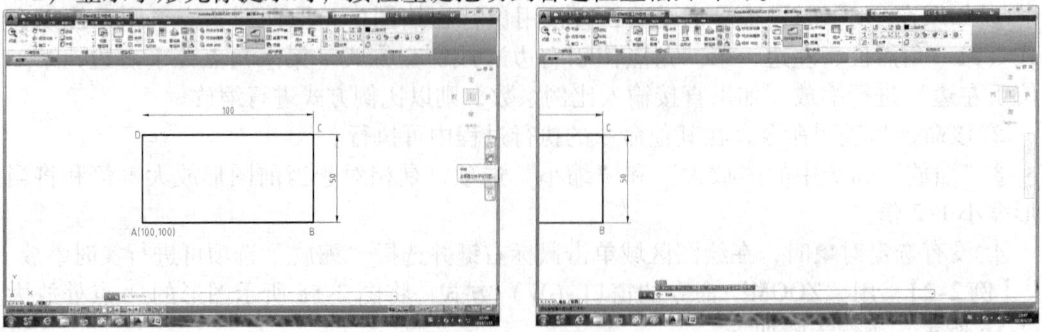

a)　　　　b)

图 2-6　“平移”视图

a）平移前　b）平移后

2.3 设置绘图环境

通常情况下，利用 AutoCAD 绘图需要首先确定图纸幅面、绘图比例、绘图单位等。默认情况下，中文 AutoCAD 的绘图单位是毫米（mm），精度为小数点后 8 位数。绘图界限是 A3（420 ×297 绘图单位）图纸大小。

2.3.1 设置绘图单位

AutoCAD 可以根据不同的行业、不同国家的单位制，使用不同的度量单位，还可以根据绘图精度的要求设置不同的精度。利用“图形单位”对话框为图形设置长度、角度单位和精度，如图 2-7 所示，根据具体需要设置单位类型和数据精度。

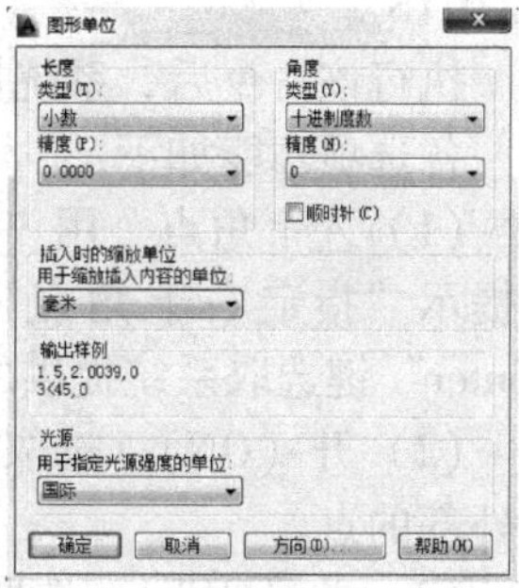

图 2-7 “图形单位”对话框

命令调用有以下方式：“格式”下拉菜单 | “单位”；在命令行输入“UNITS”（UN）。

各选项功能如下：

（1）长度 设置长度单位的类型和精度。类型用来设置单位的当前格式，其中包括“建筑”“小数”“工程”“分数”和“科学”五种格式，“工程”和“建筑”格式以英制方式显示。精度用来设置当前长度单位的精度。默认情况下，长度类型为“小数”，精度为小数点后 4 位。

（2）角度 设置角度单位的类型和精度。类型用来设置当前角度单位的格式，其中包括“十进制度数”“度/分/秒”“弧度”“勘测单位”和“百分度”五种格式。精度用来设置当前角度单位的精度。“顺时针”选项用来设置角度是逆时针方向旋转还是顺时针方向旋转，当该复选框未被选中时，即以逆时针方向旋转为正。默认情况下，角度类型为“十进制”，精度为小数点后 0 位。

（3）插入时的缩放单位 在“用于缩放插入内容的单位”的下拉列表框中，可以选择设计中心块的图形单位，默认单位为“毫米”。当用户从 AutoCAD 设计中心插入块的单位与在此选项中指定的单位不同时，块将按比例缩放到指定单位。

（4）输出样例 该区域用于显示和说明当前单位和角度设置下的输出样例。

注意：

① 设置绘图单位并不意味着自动设置尺寸标注的单位。只要需要，可以把尺寸标注单位的类型和精度设置得与绘图单位不同。

② 角度测量方位及方向影响坐标定位及角度测量，建议不要改动。

③ 我国采用的是米制单位，一般长度单位设置为小数制，角度单位设置为十进制，逆时针方向为正。

【例 2-4】 设定长度尺寸单位为小数制，格式为小数点后显示 0 位；角度单位为“度/分/秒”，精度为 0，起始方向为东，逆时针方向为正。操作步骤如下：

1）执行“UNITS”命令。

2）在弹出的“图形单位”对话框中，单击“长度”区域的“类型”列表框，选取“小数”，设置长度单位为小数制，单击“精度”列表框，选取“0.”项，小数点后显示 0 位小数。

3）单击“角度”区域的“类型”列表框，选取“度/分/秒”项，设置角度单位为“度/分/秒”制，单击“角度”区域的“精度”列表框，选取“0”，角度单位小数点后无小数。默认逆时针方向为正，基准角度起始方向为东。

4）单击“确定”按钮，关闭对话框，结束单位设置。

2.3.2 设置绘图界限

“LIMITS” 命令用于设置绘图空间的矩形绘图边界，这相当于绘图时确定图幅的大小。

“LIMITS” 命令调用有以下方式：“格式” 下拉菜单 | “ 图形界限”；在命令行输入 “LIMITS”。

执行该命令后，系统提示 “指定左下角点或 [开 (ON)/关 (OFF)] <当前值>:”。

各选项功能如下：

(1) 左下角点　用户可在屏幕上点取一点作为图形界限矩形区域的左下角点，接着系统提示 “指定右上角点 <当前值>:”，此时用户可在屏幕上指定另一角点，也可按 “Enter” 键选取系统提供的点。

(2) 开 (ON)　选取该项可打开图形界限检查功能，此时，AutoCAD 拒绝输入图形界限外部的点。

(3) 关 (OFF)　选取该项可关闭图形界限检查功能。

注意：

① 设置绘图界限时，AutoCAD 软件将输入坐标值的两点构成一个矩形区域，同时也确定了能显示栅格点的绘图区域。

② 图形界限检查只检测绘图界限内的输入点，所以对象的某些部分可能会延伸出界限。

③ 当使用 “快速设置” 或 “高级设置” 向导来创建新图形时，可在模型空间中设置图形界限。

④ 当启动图纸空间时，图纸的背景或边距被显示时，不能使用 “LIMITS” 命令设置绘图界限。在这种情况下，图形界限由布局按所选图纸尺寸自动计算出来并进行设置。

【例 2-5】　设置机械图纸国家标准的 A0 图幅，绘图界限范围为 1189mm × 841mm，操作步骤如下：

1）执行“LIMITS”命令。

2）指定左下角点或 [开(ON)/关(OFF)] <0.0000,0.0000>: ↙（默认绘图区域左下角点为(0,0)）

3）指定右上角点 <420,297>:　1189,841 ↙（设置绘图区域右上角点）

2.4 精确绘图辅助功能

AutoCAD 提供了精确绘图的辅助功能，包括捕捉、栅格、极轴追踪、对象捕捉、对象捕捉追踪、动态输入等，避免了用户进行繁琐的坐标计算和坐标输入。

2.4.1 捕捉和栅格

1. 捕捉

“捕捉” 命令用于设置光标指针一次可以移动的最小间距。

打开或关闭捕捉功能可通过以下方式：状态栏 | 捕捉模式按钮；按功能键 F9；命令行输入 “SNAP”。

设置捕捉参数可通过 “草图设置” 对话框中的 “捕捉和栅格” 选项卡进行设置，如图

2-8 所示。

"草图设置"对话框可通过以下方式打开："工具"下拉菜单 | "草图设置"；右键单击状态栏的"捕捉"按钮，选择右键快捷菜单中的"设置..."。

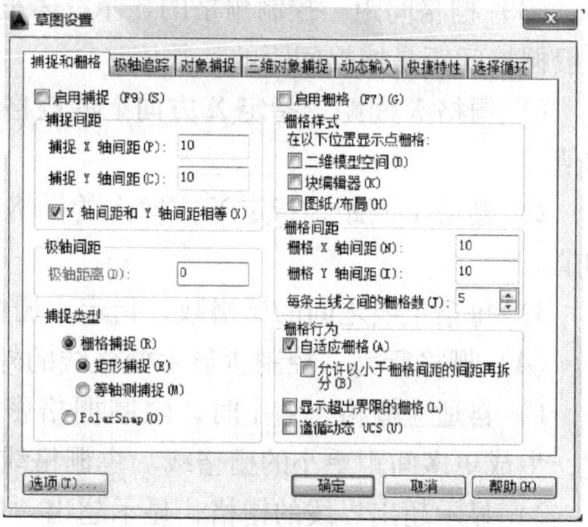

图 2-8　"草图设置"对话框中的"捕捉和栅格"选项卡

各选项功能如下：

（1）启用捕捉　用于打开或关闭捕捉方式。

（2）捕捉间距　输入需要的间距值。

1）捕捉 X 轴间距，指定 X 方向的捕捉间距。间距值必须为正实数。

2）捕捉 Y 轴间距，指定 Y 方向的捕捉间距。间距值必须为正实数。

3）X 和 Y 间距相等，为捕捉间距和栅格间距强制使用同一 X 和 Y 间距值。捕捉间距可以与栅格间距不同。

（3）极轴间距　控制 PolarSnap 增量距离。

极轴距离，选定 PolarSnap 时，通过此参数设置捕捉增量距离。

（4）捕捉类型　设置捕捉样式和捕捉类型。

1）栅格捕捉，设置栅格捕捉类型。如果指定点，光标将沿垂直或水平栅格点进行捕捉。

① 矩形捕捉，将捕捉样式设置为标准矩形捕捉模式。当捕捉类型设置为"栅格捕捉"，并且打开"捕捉"模式时，光标将捕捉矩形捕捉栅格。

② 等轴测捕捉，将捕捉样式设置为"等轴测捕捉"模式。当捕捉类型设置为"栅格捕捉"，并且打开"捕捉"模式时，光标将捕捉等轴测捕捉栅格。

2）PolarSnap，将捕捉类型设置为 PolarSnap。如果启用了"捕捉"模式并在极轴追踪打开的情况下指定点，光标将沿在"极轴追踪"选项卡上相对于极轴追踪起点设置的极轴对齐角度进行捕捉。

注意："捕捉"模式不能控制由键盘输入的坐标点，只能控制由鼠标拾取的点。

2. 栅格

栅格"GRID"命令用于显示和设置栅格，该命令的功能是按用户设置的间距在屏幕上显示栅格，相当于用户在坐标纸上画图一样，有助于用户快速、精确地定位对象。

打开或关闭栅格显示功能有如下方式：在状态栏中单击栅格显示按钮；单击功能键 F7；在命令行输入"GRID"。

设置栅格也是通过"草图设置"对话框的"捕捉和栅格"选项卡进行的。选项功能如下：

（1）启用栅格　打开或关闭栅格的显示。

（2）栅格样式　在二维模型空间中设定栅格样式。

1）二维模型空间，将二维模型空间的栅格样式设定为点栅格。

2）块编辑器，将块编辑器的栅格样式设定为点栅格。

3）图纸/布局，将图纸和布局的栅格样式设定为点栅格。

（3）栅格间距　控制栅格的显示。若栅格的 X 轴和 Y 轴间距设置太密，则不显示栅格。一般栅格间距是捕捉间距的整数倍。

1）栅格 X 间距，指定 X 方向上的栅格间距。如果该值为 0，则栅格采用捕捉 X 轴间距的值。

2）栅格 Y 间距，指定 Y 方向上的栅格间距。如果该值 为 0，则栅格采用捕捉 Y 轴间距的值。

3）每条主线之间的栅格数，指定主栅格线相对于次栅格线的频率。

（4）栅格行为　控制所显示栅格线的外观。

1）自适应栅格，缩小时，限制栅格密度，允许以小于栅格间距的间距再拆分。放大时，生成更多间距更小的栅格线。主栅格线的频率确定这些栅格线的频率。

2）显示超出界线的栅格，显示超出“LIMITS”命令指定区域的栅格。

3）遵循动态 UCS，更改栅格平面以跟随动态用户坐标系（UCS）的 XY 平面。

注意：

① 如果栅格点未全部显示出来，可用“ZOOM”命令“ALL”选项，显示全部当前设置的绘图区域。

② 用栅格命令设置的栅格仅作显示和观察图形用，图形输出时其本身并不绘出。

2.4.2　正交模式

使用“ORTHO”命令可以将光标约束在 X 轴（水平）和 Y 轴（垂直）方向上移动，且移动受当前栅格旋转角的影响，即进入正交模式。

可以在状态栏中单击正交按钮，或使用功能键 F8 打开或关闭正交模式。

也可以按 <Ctrl + L> 键进行“打开/关闭”正交模式的转换。

注意：

① 打开正交模式后，系统限制鼠标的移动，鼠标只能在（X，Y）两个方向上拾取点。

②“正交”模式不能控制由键盘输入的坐标点，只能控制鼠标拾取点的位置。

2.4.3　对象捕捉

为了保证绘图的精确性，AutoCAD 提供了对象捕捉功能。设置对象捕捉后，可准确地捕捉到图形上的特征点。默认情况下，当系统请求输入一个点时，可将光标移至对象特征点附近，此时，在十字光标的中心位置会出现一个捕捉框，即可迅速、准确地捕捉到对象上的特殊点，从而精确地绘制图形。

可以在状态栏中单击对象捕捉按钮，或使用功能键 F3 打开或关闭自动捕捉模式。

1. 对象捕捉类型

绘图时用户所需捕捉特征点有不同的类型，应掌握每种捕捉方式的适用范围，现介绍如下：

（1）端点　可捕捉到圆弧、椭圆弧、直线、多线、多义线等最近的端点。如果指定了对象厚度，则可捕捉对象的边的端点，也可捕捉三维实体和面域的边的端点。

（2）中点　可捕捉到圆弧、椭圆弧、直线、多线、多义线、实体填充线、样条曲线等对象的中点。如果给定了直线或圆弧的厚度，则可捕捉对象的边的中点，也可捕捉三维实体和面域的边的中点。当选择样条曲线或椭圆弧时，此方式将捕捉对象起点和端点之间的中点。

（3）圆心　可捕捉到圆弧、圆或椭圆的圆心，也可捕捉到实体或面域中圆的圆心。

（4）节点　可以捕捉到用“POINT”（点）命令绘制的点或用“DIVIDE”（定数等分）命令和“MEASURE”（定距等分）命令放置的点对象。

（5）象限点　可捕捉到圆弧、圆或椭圆最近的象限点，如 0°、90°、180°、270°的点。

（6）交点　可捕捉到圆弧、圆、椭圆、椭圆弧、直线、多线、多段线、射线、样条曲线或构造线等对象之间的交点。

（7）插入点　可以捕捉到块、文字、属性或属性定义等的插入点。

（8）垂足　可以捕捉到与圆弧、圆、构造线、椭圆、椭圆弧、直线、多线、多段线、射线、实体和样条曲线等正交的点，也可以捕捉到对象的外观延伸垂足。

（9）切点　可以在圆或圆弧上捕捉到与上一点相连的点，这两点形成的直线与该圆或圆弧相切。如果所绘制直线的第一点始于圆或圆弧之外，则直线的第一点与捕捉的最后一点与圆或圆弧相切。

（10）最近点　可以捕捉到对象与指定点距离最近的点。

（11）外观交点　可捕捉到两个对象在三维空间不相交但在视图显示看来相交的点。

（12）平行线　此捕捉方式用于绘制与某直线平行的直线。

2. 自动捕捉（运行捕捉）

自动捕捉方式是指当绘图过程中需要捕捉特征点时，系统会根据设置进行自动捕捉。在绘图过程中使用对象捕捉频率很高时，设置自动捕捉方式可大大提高工作效率。

自动捕捉方式设置由“草图设置”对话框的“对象捕捉”选项卡来设置，如图 2-9 所示。

命令调用可通过以下方式：“工具”下拉菜单 |“草图设置” |“对象捕捉”；右键单击状态栏的“对象捕捉”按钮，选择“设置...”；在右键单击“对象捕捉”按钮时弹出的菜单中直接设置，如图 2-10 所示。

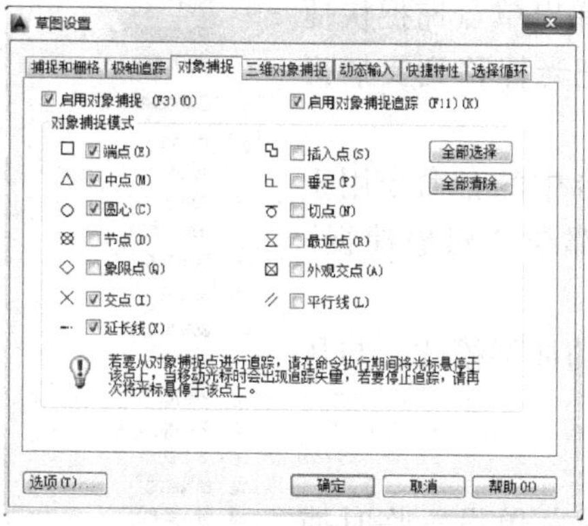

图 2-9　“草图设置”的“对象捕捉”选项卡

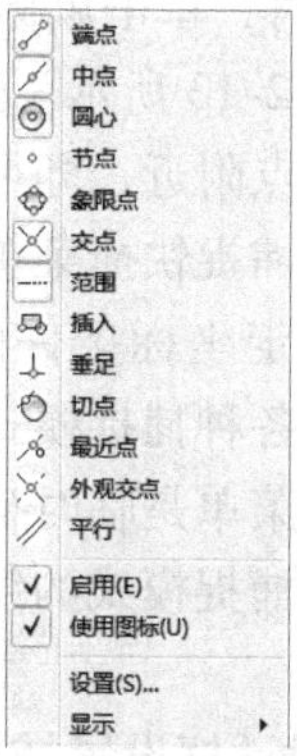

图 2-10　状态栏“对象捕捉”右键菜单

各命令主要提示及选项说明如下：

（1）启用对象捕捉　打开对象捕捉模式，在该模式下选定的对象捕捉是激活的。

（2）启用对象捕捉追踪　打开对象捕捉追踪模式，当在命令中指定点时，光标可以沿基于其他对象捕捉点的对齐路径进行追踪。要使用对象捕捉追踪，必须打开一个或多个对象捕捉。该功能打开后，系统会通过捕捉到的特征点，以设置的极坐标追踪角度为方向作一条临时捕捉线，同时还可捕捉到第二个特征点，以设置的极坐标追踪角度为方向作另一条临时捕捉线，用户则可拾取到这两条临时捕捉线的交点。

（3）对象捕捉模式　设置对象捕捉方式，用户可根据前面的介绍和绘图的需要进行选用对话框中具体的捕捉方式。在进行精确绘图时对象捕捉非常有用，但有时也会造成一些不必要的麻烦，应根据需要选用单点捕捉方式。

（4）选项（T）...　可调用“选项”对话框的“绘图”选项卡，如图 2-11 所示。对自动捕捉、自动追踪区域、靶框大小等进行设置。

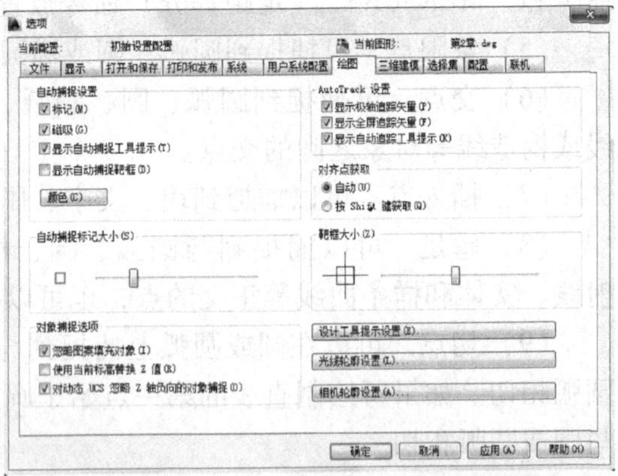

图 2-11　“选项”对话框的“绘图”选项卡

3. 单点捕捉（临时捕捉）

单点捕捉是指在命令行提示下需要输入一个点时，临时启动对象捕捉的方法。当用户执行某个命令时，如果需要捕捉一些特征点，即可启动单点捕捉方式，该方式仅对本次捕捉点有效。可使用“对象捕捉”工具栏和快捷菜单打开或关闭单点捕捉方式。

（1）“对象捕捉”工具栏　“对象捕捉”工具栏及各按钮说明如图 2-12 所示。在绘图过程中，当系统要求指定特殊点时，可单击“对象捕捉”工具栏中相应的特征点图标，再把光标移到要捕捉对象上的特征点附近，即可捕捉到相应的对象特征点。

图 2-12　“对象捕捉”工具栏

（2）快捷菜单　当系统要求用户输入点时，可在按下 Shift 键或者 Ctrl 键的同时，单击鼠标右键，系统在光标显示位置弹出单点捕捉快捷菜单，如图 2-13 所示。选择需要的子菜单命令，再把光标移到要捕捉对象的特征点附近，即可捕捉到相应对象的特征点。

在对象捕捉快捷菜单中，“点过滤器”子菜单命令中的各命令用于捕捉满足指定坐标条件的点。除此之外的其余各项都与“对象捕捉”工具栏中的各种捕捉模式相对应。

弹出的菜单是临时捕捉模式，它可覆盖正在使用的捕捉模式，与从命令行输入捕捉模式的缩写形式的命令效果相同。

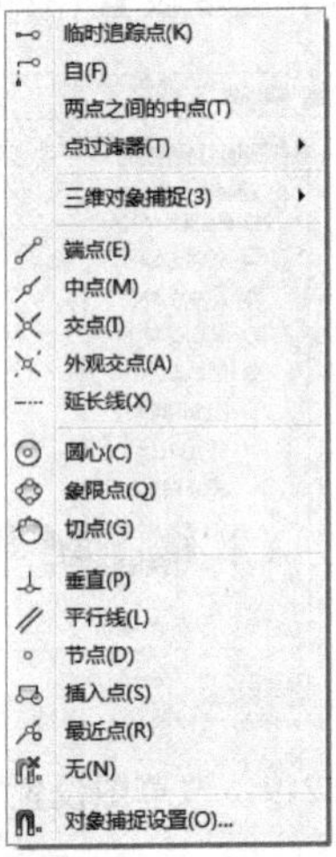

图 2-13　单点捕捉快捷菜单

注意：

① 用对话框设置捕捉模式后，当采用弹出的快捷菜单设置临时捕捉目标时，将暂时屏蔽对话框设置的捕捉模式，但弹出快捷菜单所设置的捕捉模式仅起一次作用。

② 执行“OSNAP”命令也可以弹出“草图设置”对话框。

【例 2-6】 用“直线”命令绘制矩形 ABCD 内的菱形，如图 2-14 所示。操作步骤如下：

1）执行“直线”命令。

2）先绘制矩形 ABCD。

3）右键单击状态栏的“对象捕捉”按钮，选择“设置”选项，打开“草图设置”对话框，在“对象捕捉”选项卡中勾选“中点”选项。

4）重复“直线”命令。

5）提示“指定点：”时，分别选择各边中点，完成菱形及小矩形的绘制。

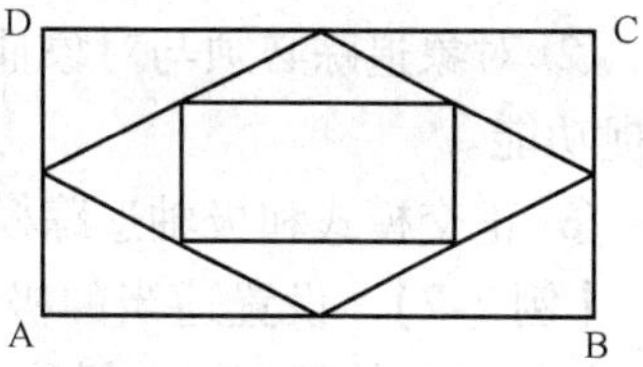

图 2-14　绘制矩形 ABCD 及内部的图形

2.4.4　极轴追踪与对象捕捉追踪

极轴追踪是非常有用的绘图辅助工具，可按事先给定的角度增量来追踪特征点。而对象捕捉追踪则按与对象的某种特定关系来追踪。如果事先知道要追踪的方向，则使用极轴追踪；如果事先不知道具体的追踪方向，但知道与其他对象的某种关系，则使用对象捕捉追踪。

在状态栏中单击极轴追踪按钮，或按功能键 F10 可以打开或关闭极轴追踪功能。在状态栏中单击对象捕捉追踪按钮，或按功能键 F11 可以打开或关闭对象捕捉追踪功能。

极轴追踪参数可通过“草图设置”对话框的“极轴追踪”选项卡进行设置，如图 2-15 所示。

命令调用可通过以下方式：“工具”下拉菜单｜“草图设置”｜“极轴追踪”；右键单击状态栏的栅格按钮，选择快捷菜单中的“设置...”。

各命令主要提示及选项说明如下：

（1）启用极轴追踪（F10）　该复选框用于打开或关闭自动捕捉追踪功能。

（2）极轴角设置　该区域参数用于设置自动捕捉追踪的极轴角度。其中“增量角”下拉列表用于设置极轴追踪的预设角度；如果该列表中的角度不能满足需要，用户可选择“附加角（D）”复选框，然后按“新建（N）”按钮，即可添加新的极轴追踪角度增量。选择某一角度增量，单击“删除”按钮，可删除极轴追踪角度增量。

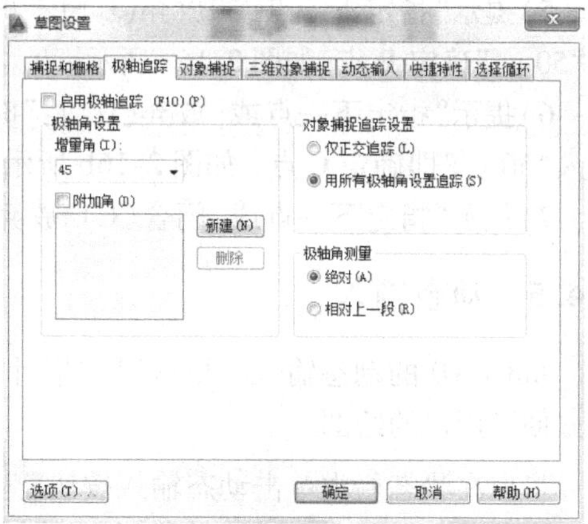

图 2-15　“草图设置”的“极轴追踪”选项卡

（3）对象捕捉追踪设置　该区域参数用于设置自动捕捉追踪方式。其中“仅正交追踪”单选框用于极坐标追踪角度增量为 90°的对象，即只能在水平线和铅垂线方向建立临时捕捉追踪线；“用所有极轴角设置追踪”用于所设置的极坐标角度增量追踪。

（4）极轴角测量　该区域参数用于设置极轴角测量的坐标系统。其中“绝对”表示采用绝对坐标计量角度值；“相对上一段”则表示以上一个角度为基准采用相对坐标计量角度。

注意：

① 极轴追踪功能可以在系统要求指定一个点时，按预先设置的角度增量显示一条无限延伸的辅助线，这时就可以沿辅助线追踪得到光标点。

② 对象追踪必须与对象捕捉同时工作，即在追踪对象捕捉到点之前，必须先打开对象捕捉功能。

③ 正交模式和极轴追踪模式不能同时打开，若一个打开，另一个会自动关闭。

【例 2-7】 设置适当的极轴角，用“直线”命令、“极轴追踪”方式绘制一个边长为50mm的正三角形ABC。操作步骤如下：

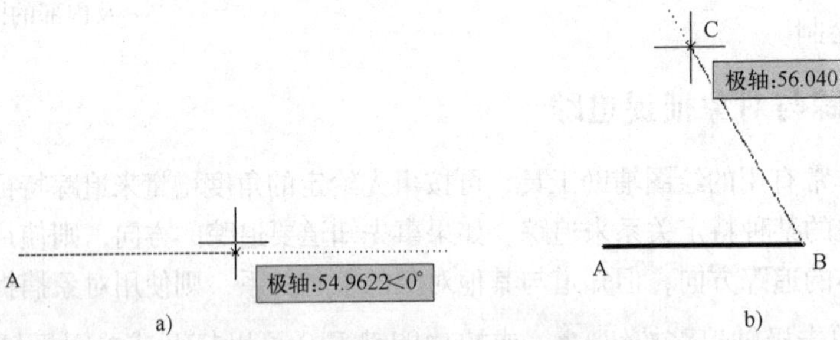

图 2-16 用“极轴追踪”方式绘制正三角形
a) 确定B点 b) 确定C点

1)右键单击状态栏的“极轴追踪”,弹出右键快捷菜单。

2)启用“极轴追踪”功能。设置极轴增量角为30°。

3)执行“直线”命令。

4)提示“指定第一点”时,鼠标指定任意一点为A点。

5)提示“指定下一点或[放弃(U)]:”时,向水平方向移动光标,出现极轴角0°提示时,输入“50 ↙”确定B点,如图2-16a所示。

6)提示“指定下一点或[放弃(U)]:”时,向左上方向移动光标,出现极轴角120°提示时,输入“50 ↙”即确定C点，如图2-16b所示。

7)提示“指定下一点或[闭合(C)/放弃(U)]:”时,输入闭合选项“C ↙”封闭图形。

2.4.5 动态输入

AutoCAD的动态输入是指可以在指针位置处显示标注输入和命令提示等信息，这极大地方便了用户的绘图。

可以在状态栏中单击动态输入按钮 或按功能键F12打开或关闭动态输入功能。

极轴追踪参数可通过“草图设置”对话框的“动态输入”选项卡进行设置，如图2-17所示。

“动态输入”命令调用可通过以下方式：“工具”下拉菜单|“草图设置”|“动态输入”；右键单击状态栏的“动态输入”，选择右键快捷菜单中的“设置...”。

各命令主要提示及选项说明如下：

(1)“启用指针输入”复选框 启用指针输入功能，可单击“设置”按钮，设置输入第二点或后续点的指针格式和可见性。第二个点和后续点的默认设置为相对极坐标，如果需要使用绝对坐标，要用“#”作为前缀。

（2）“可能时启用标注输入”复选框　启用标注输入功能，可单击“设置”按钮，设置标注输入的可见性。

（3）动态提示　选中“在十字光标附近显示命令提示和命令输入”复选框，可在光标附近显示命令提示。

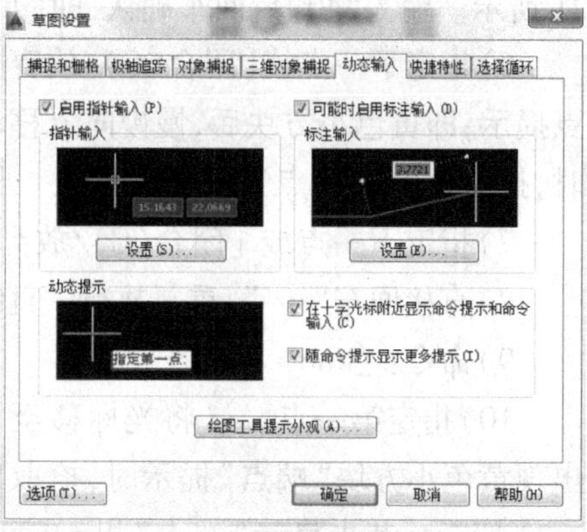

图 2-17　“草图设置”的“动态输入”选项卡

【例 2-8】　用“直线”命令、“动态输入”方式绘制图 2-18 所示的图形 ABCD。操作步骤如下：

1)设置状态栏的“动态输入”按钮为开。

2)执行“直线”命令。

3)提示“指定第一点”时，鼠标指定任意一点为 A 点。

4)提示“指定下一点或[放弃(U)]:”时，输入距离值“30↙”，单击“Tab”键，输入极轴角“90”，确定 B 点。

5)提示“指定下一点或[放弃(U)]:”时，输入距离值“30↙”，单击“Tab”键，输入极轴角“26”，确定 C 点。

6)提示“指定下一点或[闭合(C)/放弃(U)]:”时，输入距离值“50”，单击“Tab”键，输入极轴角“-38”，确定 D 点。

7)提示“指定下一点或[闭合(C)/放弃(U)]:”时，输入闭合选项“C↙”封闭图形。

注意：

① 在输入字段中输入值并单击“Tab”键后，该字段将显示一个锁定图标，并且光标会受用户输入的值约束。随后可以在第二个输入字段中输入值。

② 第二个点和后续点的默认设置为相对极坐标时，不需要输入“@”符号。如果需要使用绝对坐标，需使用“#”作为前缀。

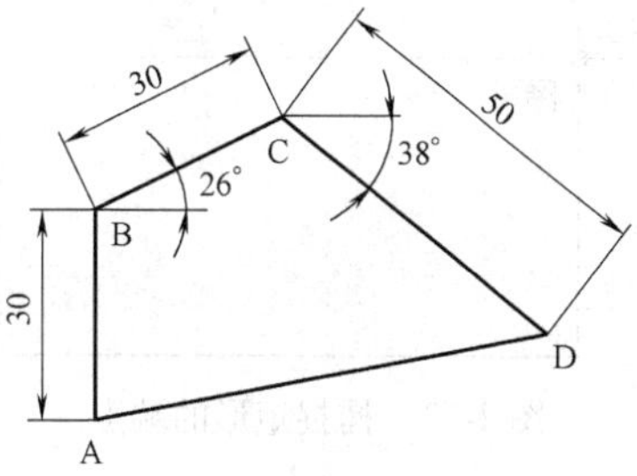

图 2-18　用“动态输入”方式绘制平面图形 ABCD

2.5　实例解析

【例 2-9】　绘制图 2-19 所示的平面图形。操作步骤如下：

1) 打开状态栏的“极轴追踪”“对象捕捉”“对象捕捉追踪”按钮。

2)命令：_line　　　　（执行“直线”命令）

3)指定第一个点：　　　　（拾取任意一点作为 A 点）

4)指定下一点或［放弃(U)]:　　　　（将光标沿极轴角为零度的方向移动，此时出现一条水平辅助线，如图 2-20 所示，输入“80”后回车确认，即“80↙”，确定 B 点）

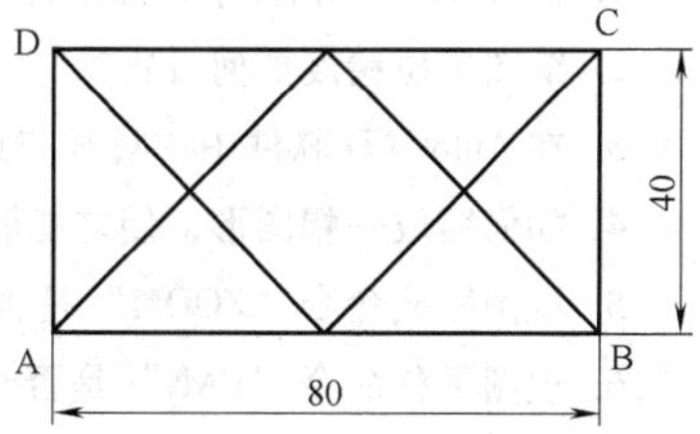

图 2-19　平面图形

5)指定下一点或[放弃(U)]:　　　　（将光标沿极轴角为 90°方向移动，此时出现一条垂直辅助线，如图 2-

21 所示。输入“40”后回车确认,即“40 ↙”,确定 C 点)

6)指定下一点或[闭合(C)/放弃(U)]: (将光标移动至矩形起点处,出现端点提示,即黄色小方块后,慢慢向上移动,当与水平方向辅助线交叉点出现图 2-22 所示的提示时,拾取以确定 D 点)

7)指定下一点或[闭合(C)/放弃(U)]: (输入“C ↙”,封闭矩形)

8)直接回车“ ↙”,重复执行“直线”命令。

9)命令: _line

10)指定第一点: (将光标移至矩形的角点附近,当出现黄色小方块“端点”提示时,拾取以确定第一点,如图 2-23 所示。若未显示“端点”提示,可右键单击状态栏的“对象捕捉”,在其右键快捷菜单中选中“端点”和“中点”)

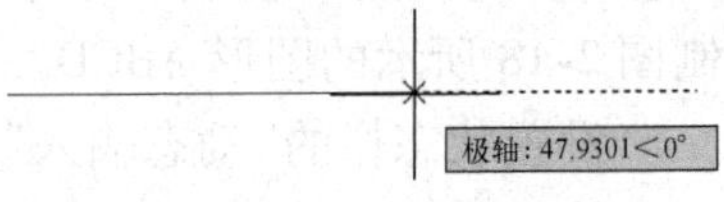

图 2-20 极轴水平追踪确定 B 点

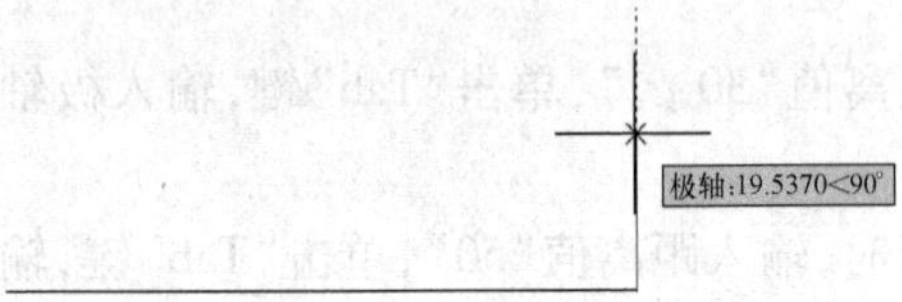

图 2-21 极轴垂直追踪确定 C 点

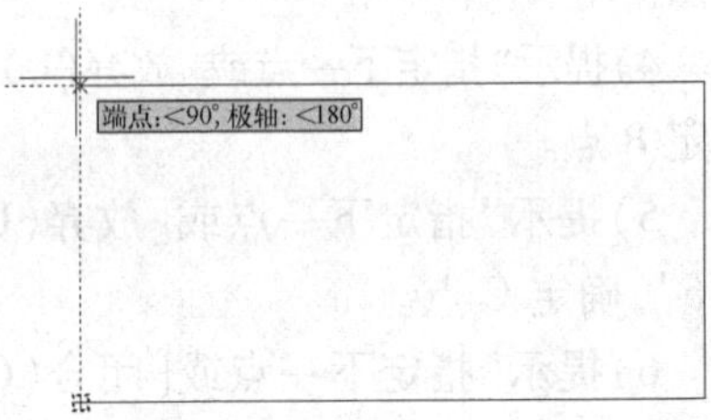

图 2-22 极轴垂直水平追踪确定 D 点

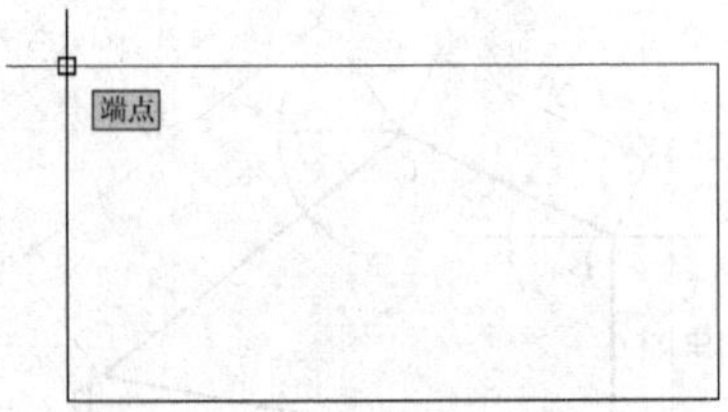

图 2-23 捕捉矩形的端点

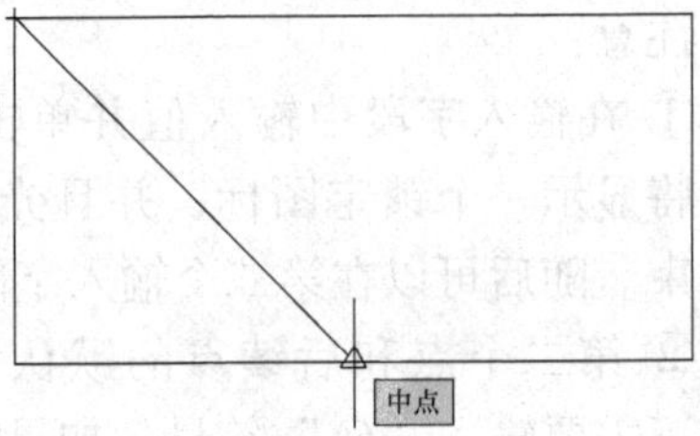

图 2-24 捕捉中点

11)指定下一点或[放弃(U)]: (将光标移至对边中点附近,当出现黄色小三角“中点”提示时,拾取以确定该中点,如图 2-24 所示)

12)捕捉其他各点完成图形。

思考与练习

1. 在 AutoCAD 软件中,点坐标的输入有哪几种方法?
2. 绘图单位精度如何设置?
3. 在 AutoCAD 软件中,重画与重新生成命令有何区别?
4. 如何缩放一幅图形,使之能够最大限度地充满当前视图窗口?
5. 视图缩放命令“ZOOM”是否改变了图形的真实大小?
6. 视图平移命令“PAN”是否改变了图形在绘图区的位置?
7. 利用点的相对直角坐标和相对极坐标,并使用自动追踪和自动捕捉功能,绘制图 2-25、图 2-26 所示的图形(不标注尺寸)。

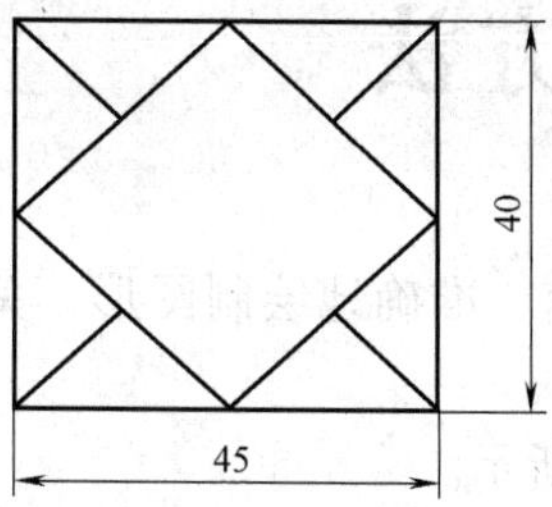

图 2-25　图形 1

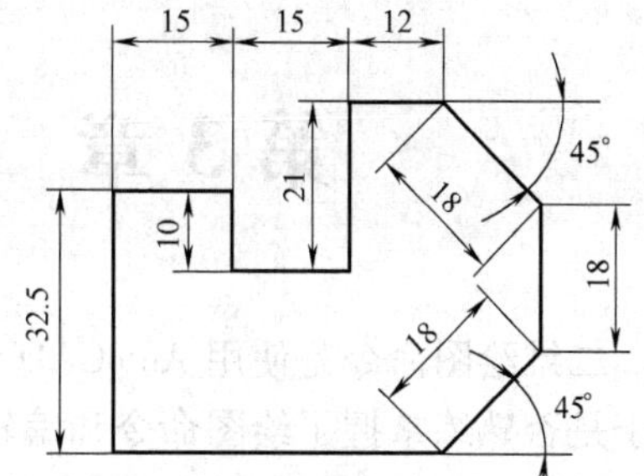

图 2-26　图形 2

第 3 章　二维图形绘制方法

二维绘图命令是使用 AutoCAD 绘图的基础。能否灵活、快速、准确地绘制图形，关键在于是否熟练掌握了绘图命令和编辑命令的使用方法和技巧。

“默认”选项卡的“绘图”面板及“绘图”工具栏如图 3-1 所示。

图 3-1　“绘图”面板及“绘图”工具栏

3.1　线的绘制

线的绘制命令主要包括“直线”“构造线”“射线”等命令。

3.1.1　直线

直线是图形中最常见、最简单的图形。“直线”命令用于在两点之间绘制直线，用户可通过鼠标或键盘来确定线段的起点和终点。

“直线”命令调用有以下方式：“默认”选项卡 | “绘图”面板 | 直线；“绘图”下拉菜单 | “直线”；“绘图”工具栏的直线按钮；在命令行输入“LINE”（L）。

命令提示中各选项功能如下：

（1）闭合（C）　如果绘制多条线段，最后要形成一个封闭图形时，应在命令过程中输入选项“C↙”，则最后一个端点与第一条线段的起点重合形成封闭图形。

（2）放弃（U）　撤销刚绘制的线段。在命令过程中输入选项“U↙”，则最后绘制的线段被删除。

注意：

① 用“直线”命令绘制的每一条线段都是一个独立的对象，可进行单独编辑。

② 使用“直线”命令过程中调用“UNDO”命令，可依次取消刚才所绘制的线段。如果结束命令后调用“UNDO”命令，则取消使用“直线”命令所绘制的全部线段。

③ 在提示指定第一点时，如果直接回车，则以前面所绘直线段的终点作为新线段的起点继续绘制直线段。

【例 3-1】　用“直线”命令绘一个边长为 100mm 的正三角形 ABC，A 点坐标为（50，

50)，结果如图3-2所示。操作步骤如下：

1)启用状态栏的“极轴追踪”“对象捕捉”和“对象捕捉追踪”。

2)设置极轴增量角为30°或60°均可。

3)执行“直线”命令。

4)提示“指定第一点”时,输入A点坐标“50,50↙”。(如A点未显示在绘图区,执行透明命令“ZOOM”的“ALL”选项即可)

5)提示“指定下一点或[放弃(U)]:”时,向水平方向移动光标,出现极轴角0°提示时,输入“100↙”,确定B点。

6)提示“指定下一点或[放弃(U)]:”时,向左上方向移动光标,出现极轴角120°提示时,输入“100↙”,即确定C点。

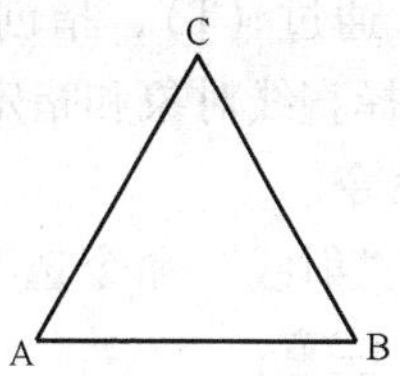

图3-2 正三角形

7)提示“指定下一点或[闭合(C)/放弃(U)]:”时,输入闭合选项“C↙”封闭图形。

3.1.2 构造线和射线

“构造线”命令用于绘制无限长的直线，“射线”命令可绘制起于一点无限延长的线。这类线通常作为绘图过程中的辅助线使用。

“构造线”命令调用有如下方式：“默认”选项卡|“绘图”面板|构造线；“绘图”下拉菜单|“构造线”；“绘图”工具栏的构造线按钮；在命令行输入“XLINE”（XL）。

“射线”命令调用有如下方式：“默认”选项卡|“绘图”面板|射线；“绘图”下拉菜单|“射线”；在命令行输入“RAY”。

执行“构造线”命令后，系统提示“指定点或［水平（H）/垂直（V）/角度（A）/二等分（B）/偏移（O）］:”，其各选项功能如下：

（1）指定点 指定一点，即可用无限长直线所通过的两点定义构造线的位置。

（2）水平（H） 创建一条通过选定点的水平参照线。

（3）垂直（V） 创建一条通过选定点的垂直参照线。

（4）角度（A） 以指定的角度创建一条参照线。执行该选项后，系统提示“输入参照线角度（0）或［参照（R）］:”，这时可指定一个角度或输入“R”选择参考选项。

1）参照线角度（0），系统初始角度是0°。使用该功能所绘制的参照线是相对于水平线具有一定角度放置的。在这种情况下，参照线的方向已知，所以系统提示“指定通过点”，则AutoCAD会创建通过指定点的参照线，并使用指定角度。

2）参照（R），指定与选定直线之间的夹角，从而绘制出与选定直线成一定角度的参照线。执行该选项后，系统会提示“选择直线对象”，这时用户应选择一条直线、多段线、射线或参照线，系统会继续提示“输入参照线角度和指定通过点”。

在指定参照线角度时，输入正值，绘制的参照线相对于标准逆时针方向转动指定的角度；输入负值，绘制的参照线相对于标准顺时针方向转动指定的角度。

（5）二等分（B） 绘制角平分线。执行该选项后，系统提示“指定角的顶点、角的起点、角的端点”，从而绘制出该角的角平分线。

（6）偏移（O） 创建平行于另一个对象的参照线。执行该选项后，系统提示“指定偏移距离或［通过（T）］<当前值>”，用户输入偏移距离后，系统继续提示“选择直线对象”，此时用户应选择一条直线、多段线、射线或参照线，最后系统提示“指定要偏移的边”，用户可以指定一点并单击“Enter”键终止命令。

通过（T），指创建一条直线偏移并通过指定点的参照线。执行该选项后，系统提示“选择直线对象和指定通过点”，此时用户应该指定参照线要经过的点并单击“Enter”键终止命令。

“射线”命令选项较简单，只包括“指定点”和“通过点”。

注意：

①“构造线”命令、“射线”命令所绘制的辅助线可以用“修剪”、“旋转”等编辑命令进行编辑。

②“构造线”命令、“射线”命令仅用于作绘图辅助线。绘图时可将这些构造线集中绘制在某一图层上，输出图形时，可以将该图层关闭。

【例3-2】 用“构造线”命令绘制已知角A的平分线，如图3-3所示。具体操作步骤如下：

1)执行“构造线”命令。

2)提示“指定点或[水平(H)/垂直(V)/角度(A)/二等分(B)/偏移(O)]:”时，输入“B↙”，选择绘制角平分线方式。

3)提示“指定角的顶点:”时，鼠标捕捉顶点A。

4)提示“指定角的起点:”时，鼠标捕捉起点B。

5)提示“指定角的端点:”时，鼠标捕捉端点C。

6)提示“指定角的端点:”时，↙结束命令。

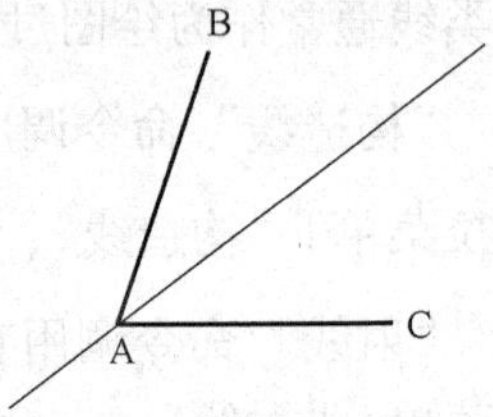

图3-3 角平分线的绘制

3.2 弧形的绘制

绘制弧形的命令包括“圆”（CIRCLE）、“圆弧”（ARC）、“椭圆或椭圆弧”（ELLIPSE）等命令。

3.2.1 圆

圆也是绘图中最常用的一种基本图形之一，“圆”命令用于绘制没有宽度的圆形，AutoCAD提供了6种绘制圆形的方式，如图3-4所示。

“圆”命令调用有以下方式：“默认”选项卡|“绘图”面板|圆；“绘图”下拉菜单|“圆”；“绘图”工具栏的圆按钮；在命令行输入“CIRCLE”（C）。

执行“圆”命令后，系统提示“指定圆的圆心或[三点（3P）/两点（2P）/相切、相切、半径（T）]:”，

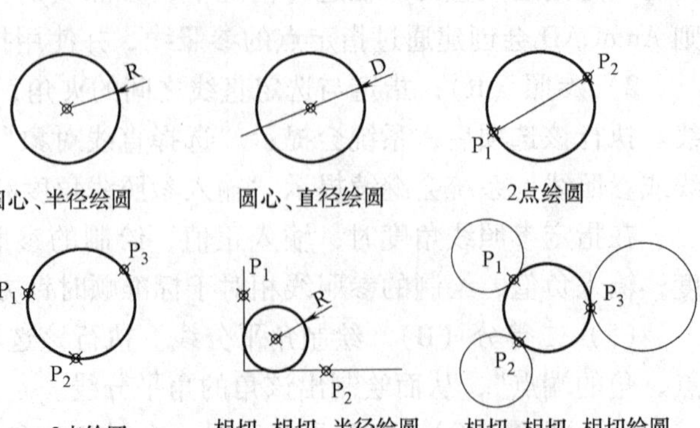

图3-4 6种方式绘圆

指定圆心后，系统提示“指定圆的半径或［直径（D）］ <当前值>：”，输入半径或选择“D”以直径方式绘圆。其选项功能如下：

（1）三点（3P） 通过圆周上的三个点来绘制圆。按系统提示分别指定圆上的任意三个点。

（2）两点（2P） 通过确定直径上的两个点绘制圆。按系统提示分别指定圆的直径的两个端点。

（3）相切、相切、半径（T） 通过两条切线和半径绘制圆。按系统提示分别指定与圆相切的切线上的点以及圆的半径。

“绘图”面板下拉菜单如图 3-5 所示，其各项含义及功能分别如下：

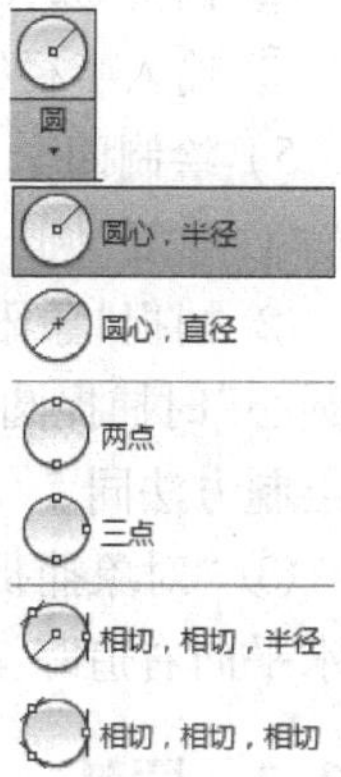

图 3-5 “绘图”面板下拉菜单

1）圆心、半径，用圆心和半径方式绘制圆。

2）圆心、直径，用圆心和直径方式绘制圆。

3）两点，两点绘圆。此两点为圆直径的两个端点。

4）三点，三点绘制圆。

5）相切、相切、半径，用切线、切线、半径的方式绘圆。

6）相切、相切、相切，用切线、切线、切线方式绘圆。

注意：

① 在用“相切、相切、半径”选项绘制圆时，须在与圆相切的对象上捕捉切点，如果半径不合适，系统提示信息“圆不存在”。

② 在用“相切、相切、相切”选项绘制圆时，拾取相切对象的位置点不同，得到的结果也不相同。

③“圆”命令绘制的圆不能用“分解”命令进行分解。

④ 圆有时显示成多段折线，即圆的光滑度与“VIEWRES”值有关，其值越大，圆越光滑，但显示与出图无关，即无论其值多大均不影响出图后圆的光滑度。

【例 3-3】 用“圆”命令作三角形 ABC 的内切圆，如图 3-6 所示。具体步骤如下：

1）可用“绘图”面板下拉菜单，选择“相切、相切、相切”方式执行“圆”命令。

2）提示“指定圆的圆心或［三点（3P）/两点（2P）/相切、相切、半径（T）］：-3P 指定圆上的第一点：_tan 到：”时，指定圆的第一条切线 AB 上任意一点。

3）提示“指定圆上的第二点：_tan 到：”时，指定圆的第二条切线 BC 上任意一点。

4）提示“指定圆上的第三点：_tan 到：”时，指定圆的第三条切线 AC 上任意一点。

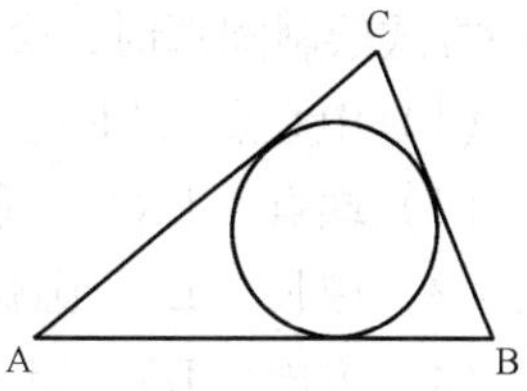

图 3-6 任意三角形 ABC 内切圆的绘制

【例 3-4】 用“圆”命令绘制图 3-7 所示的法兰盘。

1）状态栏的“极轴”“对象捕捉”“对象捕捉追踪”均设置为启用状态。

2）绘制最外侧的 ϕ240mm 大圆。

① 单击按钮，执行“圆”命令。

② 在图形窗口内任意拾取一点为圆心，输入半径为“120↙”。

3）绘制内侧的 φ180mm 的圆。

① 可直接回车，重复“圆”命令。

② 捕捉 φ240mm 圆心为内圆圆心。

③ 输入半径“90↙”。

4）绘制 φ210mm 的圆。

① 重复“圆”命令。

② 捕捉 φ240mm 圆心为圆心。

③ 输入半径“105↙”。

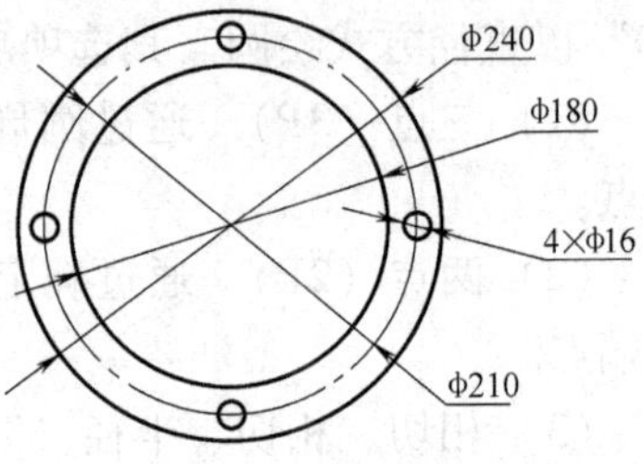

图 3-7 法兰盘

5）绘制四个 φ16mm 的小圆。

① 重复“圆”命令。

② 捕捉“象限点”方式：将状态栏的“对象捕捉”中的“象限点”设为启用状态，当提示“输入圆心”时捕捉圆 φ210mm 的象限点即为 φ16mm 圆的圆心，再输入小圆半径“8↙”。其他小圆绘制方法同。

③“对象捕捉追踪”方式：如绘右侧小圆，当提示“指定圆心”时，鼠标捕捉 φ240mm 圆心后水平向右追踪至 φ210mm 的圆周上，出现交点提示时拾取，即为右侧小圆圆心。

3.2.2 圆弧

AutoCAD 提供多种绘制圆弧的方式，这些方式都是由起点、方向、中点、包角、终点、弧长等参数来确定的。

“圆弧”命令调用有以下方式：“默认”选项卡 | “绘图”面板 | 圆弧；“绘图”下拉菜单 | “圆弧”；绘图工具栏的圆弧按钮；在命令行输入“ARC”（A）。

执行“圆弧”命令后，系统提示“指定圆弧的起点或［圆心（CE）］:”，指定起点后，系统提示“指定圆弧的第二点或［圆心（CE）/端点（EN）］:”，指定第二点，系统继续提示“指定圆弧的端点:”，指定圆弧端点，即通过指定圆弧上的三点完成圆弧绘制。当以某一方式绘制圆弧时，会出现如下一些选项：

（1）中心点（CE） 圆弧的中心。

（2）端点（EN） 圆弧的终点。

（3）弦长（L） 圆弧的弦长。

（4）方向（D） 定义圆弧起始点的切线方向。

“绘图”面板下拉菜单如图 3-8 所示，其中各选项含义及功能如下：

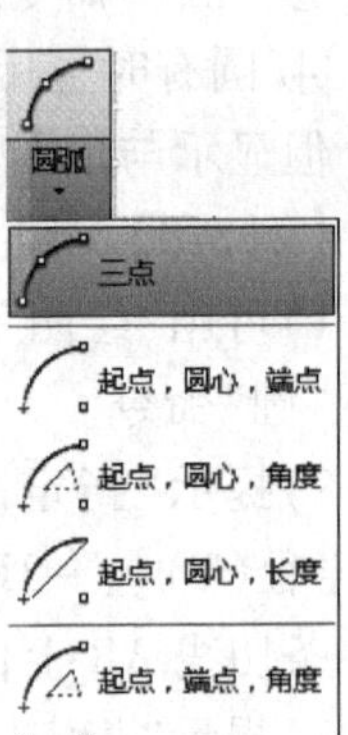

图 3-8 绘制圆弧方式

1）三点，三点确定一条圆弧。

2）起点、圆心、端点，以起点、圆心、端点绘制圆弧。

3）起点、圆心、角度，以起点、圆心、圆心角绘制圆弧。

4）起点、圆心、长度，以起点、圆心、弦长绘制圆弧。

5）起点、端点、角度，以起点、终点、圆心角绘制圆弧。

6）起点、端点、方向，以起点、终点、圆弧起点的切线方向绘制圆弧。

7）起点、端点、半径，以起点、终点、半径绘制圆弧。

8）圆心、起点、端点，以圆心、起点、终点绘制圆弧。

9）圆心、起点、角度，以圆心、起点、圆心角绘制圆弧。

10）圆心、起点、长度，以圆心、起点、弦长绘制圆弧。

11）连续：从一段已有的线或弧开始绘弧。用此选项绘制的圆弧与原有线或弧终点沿切线方向相接。

注意：

① 圆弧的半径有正、负之分。当半径为正值时，绘制小圆弧；若为负值时，绘制大圆弧。

② 圆弧的角度也有正、负之分。当角度为正值时，系统向逆时针方向绘制圆弧；当角度为负值时，则向顺时针方向绘制圆弧。以弦长方式绘制圆弧时，输入正值画小弧；输入负值画大弧。

③ 圆弧有时显示成多段折线，即其光滑度与“VIEWRES”值有关。其值越大，圆弧越光滑，但显示与出图无关，即无论其值多大均不影响出图后圆弧的光滑度。可以用“视图快速缩放（VIEWRES）”命令和“视图重生（REGEN）”命令控制。

④ 按 Ctrl 键切换到所要绘制的圆弧的方向，这样可以轻松地绘制不同方向的圆弧。

【例 3-5】 用“圆弧”命令从 A 点绘制 90°弧线，如图 3-9 所示。具体操作步骤如下：

1)执行“圆弧”命令。

2)提示“指定圆弧的起点或[圆心(CE)]:”时,选择“圆心”选项“CE↙”。

3)提示“指定圆弧的圆心:”时,指定圆心 O。

4)提示“指定圆弧的起点:”时,指定起点 A。

5)提示“指定圆弧的端点或[角度(A)/弦长(L)]:”时,选择角度选项“A↙”。

6)提示“指定包含角:”时,输入圆弧角度“90↙”。

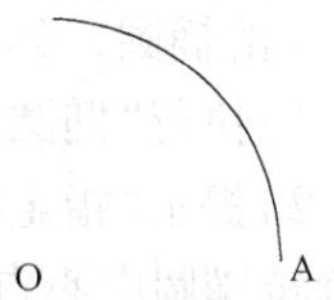

图 3-9　圆弧的绘制

3.2.3　椭圆和椭圆弧

“椭圆”和“椭圆弧”命令相同，都是“ELLIPSE”，但命令行提示不同。椭圆主要由中心、长轴、短轴三个参数来描述，绘制椭圆弧则要求确定起始点和终止点。

“椭圆”命令调用有以下方式：“默认”选项卡|“绘图”面板|椭圆；“绘图”下拉菜单|“椭圆”；绘图工具栏的椭圆按钮、；在命令行输入“ELLIPSE”（EL）。

1. 绘制椭圆

执行“椭圆”命令后，系统会提示“指定椭圆的轴端点［圆弧（A)/中心点（C)]:”，指定轴端点后，系统提示“指定轴的另一个端点:”，指定轴的另一个端点后，系统继续提示“指定另一条半轴长度:”，则输入长度值或指定第三点，系统根据中心点和第三点之间的距离决定椭圆另一轴的半轴长度。其他各选项含义及功能如下：

（1）中心点（C）　以指定椭圆中心及一个轴（主轴）的端点、另一个轴的半轴长度绘制椭圆。

（2）旋转（R） 输入角度，将一个圆绕着长轴方向旋转成椭圆，若输入“0”，则绘制出圆。

2. 绘制椭圆弧

执行“椭圆”命令后，系统会提示“指定椭圆的轴端点［圆弧（A）/中心点（C）］:”，选择“A”选项用于绘制椭圆弧。系统继续提示“指定椭圆弧的轴端点或［中心点（C）］:”，则指定轴端点或输入“C”选择“中心点”选项。各选项含义及功能如下：

（1）另一条半轴长度 输入长度值或指定第三点，决定椭圆弧的另一条半轴长度。

（2）旋转（R） 输入角度，绕长轴旋转成的椭圆弧。

（3）指定起点角度 给定椭圆弧的起点角度。

（4）指定端点角度 给定椭圆弧的端点角度。

（5）包含角度（I） 指定椭圆弧包含角的大小。

（6）参数（P） 确定椭圆弧的起始角。

执行“椭圆弧”命令后，系统提示“指定椭圆的轴端点［圆弧（A）/中心点（C）］: a 指定椭圆弧的轴端点或［中心点（C）］:”，指定轴端点或输入“C”选择“中心点”选项。各选项含义及功能同上：

注意：“椭圆”命令绘制的椭圆、椭圆弧同圆一样，不能用“EXPLODE”、“PEDIT”等命令修改。

【例 3-6】 用“椭圆”命令绘制一个中心为（100，100），长轴为 100mm，短轴为 60mm 的椭圆，如图 3-10 所示。操作步骤如下：

1）执行“椭圆”命令。

2）提示“指定椭圆的轴端点［圆弧（A）/中心点（C）］:”时，选择确定椭圆中心点选项“C↙”。

3）提示“指定椭圆的中心点:”时，输入中心点的坐标“100，100↙”。

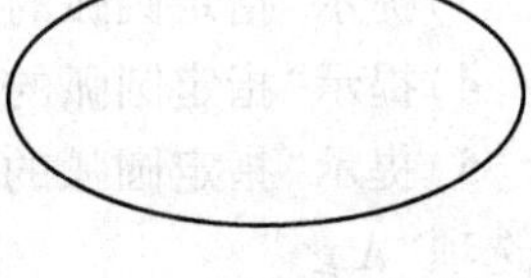

图 3-10 椭圆的绘制

4）提示“指定轴的端点:”时，相对中心点输入椭圆一轴端点坐标“@50,0↙”。

提示“指定另一条半轴长度或［旋转（R）］:”时，相对中心点输入椭圆另一轴端点坐标“@0,30↙”。

3.3 多段线的绘制

“多段线”命令用于绘制由若干直线和圆弧连接而成的不同宽度的曲线或折线，且该多段线中含有的所有直线或圆弧都是一个实体，可以用“修改”|“对象”|“多段线”命令对其进行编辑。

“多段线”命令调用有以下方式：“默认”选项卡|“绘图”面板|多段线；“绘图”下拉菜单|“多段线”；“绘图”工具栏的多段线按钮；在命令行输入“PLINE”（PL）。

执行“多段线”命令，指定多段线的起点后，系统提示“指定下一点或［圆弧（A）/

闭合（C）/半宽（H）/长度（L）/放弃（U）/宽度（W）]:"。命令提示中各选项功能如下。

（1）圆弧（A）输入“A”，以绘圆弧的方式绘制多段线。系统提示“指定圆弧的端点或[角度（A）/圆心（CE）/闭合（CL）/方向（D）/半宽（H）/直线（L）/半径（R）/第二点（S）/放弃（U）/宽度（W）]:"，其选项功能如下：

1）角度（A），指定圆弧的圆心角绘制圆弧。

2）圆心（CE），指定圆弧的圆心绘制圆弧。

3）闭合（CL），自动将多段线闭合，即将选定的最后一点与多段线的起点连起来，并结束命令。

4）方向（D），取消直线与弧的相切关系设置，改变圆弧的起始方向。

5）半宽（H），指定多段线的起点与终点的半宽度值。

6）直线（L），返回绘制直线方式。

7）半径（R），指定圆弧半径绘制圆弧。

8）第二点（S），指定三点绘制圆弧。

9）放弃（U），取消刚绘制的一段多段线。

10）宽度（W），设置起点与终点的宽度值。

（2）长度（L） 指定绘制的多段线的长度，系统按照上一段线的方向绘制。若上一段是圆弧，将绘制出与此圆弧相切的线段。

主提示下其余选项功能同上。

注意：

① 可用“分解”命令将多段线分解为多个单一实体的直线和圆弧，且分解后宽度信息将会消失。

② 要闭合一有宽度的多段线，必须输入“C↙”，即选择“闭合”选项才能使其完全封闭，否则会出现缺口。

③“填充”FILL 命令用于控制宽多段线、实体填充和平行多线的显示。该命令“开(ON)/关（OFF）”选项直接影响“多段线”“多线”“二维填充”“圆环”“矩形”和“多边形”等命令绘制的带宽度对象的显示。

【例 3-7】 用“多段线”命令绘制图 3-11 所示的图形。操作步骤如下：

1)执行“多段线”命令。

2)当提示“指定起点:”时,可用鼠标指定起始点 A。

3)当提示“指定下一点或[圆弧(A)/闭合(C)/半宽(H)/长度(L)/放弃(U)/宽度(W)]:”时,输入“W↙”,设置多段线线宽。

4)当提示“指定起点宽度 <0.0000>:”时,输入指定起点线宽“2↙”。

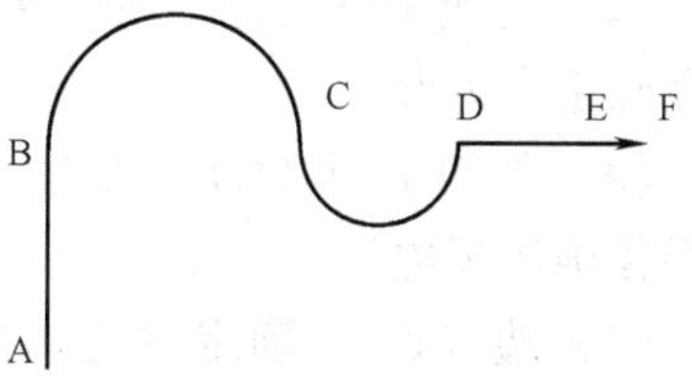

图 3-11 “多段线”命令的应用

5)当提示“指定终点宽度 <2.0000>:”时,直接回车默认终点线宽也为 2mm。

6)当提示“指定下一点或[圆弧(A)/闭合(C)/半宽(H)/长度(L)/放弃(U)/宽度(W)]:”时,鼠标指定端点 B。

7)当提示“指定下一点或[圆弧(A)/闭合(C)/半宽(H)/长度(L)/放弃(U)/宽度

(W)]:"时,输入"A↙",转成圆弧方式。

8)提示"指定圆弧端点或[角度(A)/圆心(CE)/闭合(CL)/方向(D)/半宽(H)/直线(L)/半径(R)/第二点(S)/放弃(U)/宽度(W)]:"时,分别输入或鼠标指定C、D点。

9)提示"指定圆弧端点或[角度(A)/圆心(CE)/闭合(CL)/方向(D)/半宽(H)/直线(L)/半径(R)/第二点(S)/放弃(U)/宽度(W)]:"时,输入"L↙",转成直线方式,指定E点。

10)提示"指定下一点或[圆弧(A)/闭合(C)/半宽(H)/长度(L)/放弃(U)/宽度(W)]:"时,输入"W↙",设置多段线线宽。

11)当提示"指定起点宽度<0.0000>:"时,输入指定起点线宽"5↙"。

12)当提示"指定终点宽度<3.0000>:"时,输入终点线宽"0↙"。

13)当提示"指定下一点或[圆弧(A)/闭合(C)/半宽(H)/长度(L)/放弃(U)/宽度(W)]:"时,输入或鼠标指定F点。

14)当提示"指定下一点或[圆弧(A)/闭合(C)/半宽(H)/长度(L)/放弃(U)/宽度(W)]:"时,直接回车结束命令。

3.4 多边形的绘制

除了使用"直线"命令、"多段线"命令定点绘制多边形外,还可以用"正多边形"命令、"矩形"命令很方便地绘制正多边形和矩形。

3.4.1 正多边形

"正多边形"命令用于绘制3~1024条边的正多边形。

"正多边形"命令调用有以下方式:"默认"选项卡|"绘图"面板|正多边形;"绘图"下拉菜单|"正多边形";"绘图"工具栏的正多边形按钮;在命令行输入"POLYGON"(POL)。

执行命令后会提示"输入边的数目:",指定多边形边数,系统默认设置为4,即正方形。可输入3~1024之间任意一个数字,然后系统提示"指定多边形的中心点或[边(E)]:"。各选项功能如下所述。

(1)中心点 确定多边形的中心。

(2)内接于圆(I) 用外接圆方式来定义多边形,是以中心点到多边形端点的距离为半径确定多边形。

(3)外切于圆(C) 用内切圆方式来定义多边形,是以中心点到多边形各边垂直距离为半径确定多边形。

(4)边(E) 确定多边形的一条边来绘制正多边形,它由边数和边长确定。输入E后,出现提示:"指定边的第一个端点"和"指定边的第二个端点",以确定多边形的第一条边的起始点及终点。

注意:

① 当再次输入"正多边形"命令时,提示的默认值是上次所给的边数。

② 正多边形是封闭的多义线,可以用"多段线编辑"命令对其进行编辑。用"分解"命令分解后将成为单个对象的直线段。

③ 以同样的半径，内切圆方式比外接圆方式绘制的正多边形要大。

④ 因为正多边形实际上是多义线，所以不能用“中心”捕捉方式来捕捉一个已存在的多边形的中心。

【例 3-8】 用“正多边形”命令绘制图 3-12 所示的正六边形，操作步骤如下：

1）执行“正多边形”命令。

2）提示“输入边的数目 <4>：”时，输入多边形边数“6↙”。

3）提示“指定多边形的中心点或［边(E)］：”时，鼠标指定多边形的中心点。

4）提示“输入选项［内接于圆(I)/外切于圆(C)］<I>：”时，输入“C↙”，选择内切圆方式绘多边形，如图 3-12a 所示，如果输入“I↙”，选择外接圆方式绘多边形，绘制的多边形如图 3-12b 所示。

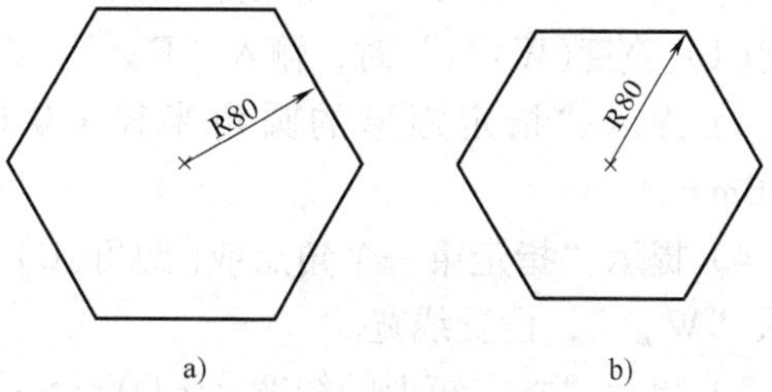

图 3-12 正六边形的绘制

a）内切正六边形 b）外接正六边形

5）提示“指定圆的半径：”时，输入圆半径“80↙”。

3.4.2 矩形

“矩形”命令以指定两个对角点的方式绘制矩形，当两对角点形成的边长相同时则生成正四边形。

“矩形”命令调用方式：“默认”选项卡｜“绘图”面板｜矩形 ；“绘图”下拉菜单｜“矩形”；“绘图”工具栏的矩形按钮 ；在命令行输入“RECTANG”（REC）。

执行“矩形”命令后，系统会提示“指定第一个角或［倒角(C)/标高(E)/圆角(F)/厚度(T)/宽度(W)］：”，默认指定第一个对角点。各选项功能如下：

（1）倒角（C） 设定矩形的倒角距离，从而生成倒角的矩形。

（2）标高（E） 设定矩形在三维空间中的基面高度。

（3）圆角（F） 设定矩形的倒圆半径，从而生成倒圆的矩形。

（4）厚度（T） 设定矩形的厚度，即三维空间 Z 轴方向的高度。

（5）宽度（W） 设置矩形的线条宽度。

（6）面积（A） 按指定的面积创建矩形。

（7）尺寸（D） 按指定的长、宽尺寸创建矩形。

（8）旋转（R） 按指定的旋转角度创建矩形。

注意：

① 选择对角点时，没有方向限制，可以从左到右，也可以从右到左。

② 可以绘制带圆角、切角矩形，也可以根据面积或长和宽绘制矩形。

③ 用“矩形”命令绘制出的矩形是一条封闭的多段线，可以用“多段线编辑”命令对其进行编辑，或者用“分解”命令分解成单一线段后分别进行编辑。

④“矩形”命令实际上是综合倒角、圆角和部分三维、多段线的功能。注意对应相关的二维编辑命令和三维绘图命令进行了解。

【例3-9】 用“矩形”命令绘一个圆角半径为10mm、长100mm、宽50mm的矩形，矩形线宽为1mm，如图3-13所示。具体操作步骤如下：

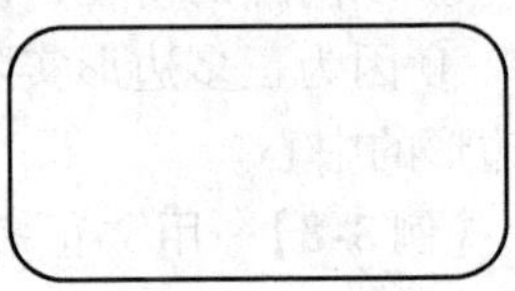

图3-13 有宽度的圆角矩形

1）执行“矩形”命令。

2）提示“指定第一个角点或[倒角(C)/标高(E)/圆角(F)/厚度(T)/宽度(W)]:”时，输入“F↙”，设置圆角方式。

3）提示“指定矩形的圆角半径<0.0000>:”时，输入“10↙”，设置圆角半径为10mm。

4）提示“指定第一个角点或[倒角(C)/标高(E)/圆角(F)/厚度(T)/宽度(W)]:”时，输入“W↙”，设置线宽。

5）提示“指定矩形的线宽<0.0000>:”时，输入“1↙”，设线宽为1mm。

6）提示“指定第一个角点或[倒角(C)/标高(E)/圆角(F)/厚度(T)/宽度(W)]:”时，鼠标指定矩形第一角点。

7）提示“指定另一个角点:”时，输入“@100，50↙”，确定矩形相对的第二角点。

3.5 样条曲线的绘制

“样条曲线（SPLINE）”命令用于绘制二次或三次样条曲线，它可以由起点、终点、控制点及偏差来控制曲线，可用于表达机械图形中断裂线及地形图标高线等。

“样条曲线”命令调用有以下方式：“默认”选项卡|“绘图”面板|样条曲线；“绘图”下拉菜单|“样条曲线”；“绘图”工具栏的样条曲线按钮；在命令行输入“SPLINE”(SPL)。

执行“样条曲线”命令后，系统提示“当前方式的设置”及相关选项，说明如下：

(1) 方式（M） 控制是使用拟合点还是使用控制点来创建样条曲线。其中“拟合(F)”选项是通过指定必须经过的拟合点来创建3阶B样条曲线。“控制点（CV）”选项是通过指定控制点来创建样条曲线，效果比移动拟合点的更好。

(2) 节点（K） 指定节点参数化，是一种计算方法，用来确定样条曲线中连续拟合点之间的零部件曲线如何过渡。

(3) 对象（O） 将二维或三维的二次或三次样条曲线拟合多段线转换成等效的样条曲线。

(4) 起点相切（T） 指定样条曲线起始点处的切线方向。

(5) 端点相切（T） 指定样条曲线终点处的切线方向。

(6) 公差（L） 指定样条曲线可以偏离指定拟合点的距离。值越大，曲线越远离指定的点；值越小，曲线离指定点越近。

(7) 闭合（C） 生成一条闭合的样条曲线。

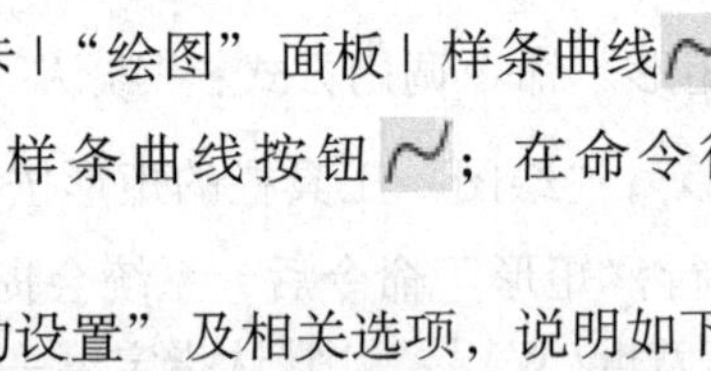

图3-14 样条曲线的绘制

【例3-10】 用“样条曲线”命令绘制图3-14所示的样条曲线。具体操作步骤如下：

1）执行“样条曲线”命令。

2）系统提供当前默认设置：

当前设置：方式 = 拟合　节点 = 弦

指定第一个点或[方式(M)/节点(K)/对象(O)]：_M

输入样条曲线创建方式［拟合(F)/控制点（CV)］<拟合>：_FIT

当前设置：方式 = 拟合　节点 = 弦

3）提示“指定第一个点或[方式(M)/节点(K)/对象(O)]：”时，鼠标指定曲线起点A。

4）提示“输入下一个点或[起点切向(T)/公差(L)]：”时，鼠标指定曲线第二拟合点B。

5）提示“输入下一个点或[端点相切(T)/公差(L)/放弃(U)]：”时，鼠标指定曲线第三拟合点C。

6）提示“输入下一个点或[端点相切(T)/公差(L)/放弃(U)/闭合©]：”时，鼠标指定曲线第四拟合点D。

7）提示“输入下一个点或[端点相切(T)/公差(L)/放弃(U)/闭合(C)]：”时，↙结束拟合点输入。

3.6　多线的绘制

“多线”命令用于绘制多条相互平行的线，每条线的颜色和线型可以相同，也可以不同，且其线宽、偏移、比例、样式和端点封口都可以用“MLINE”命令和“MLSTYLE”命令控制。“多线（MLINE)”命令在建筑工程上常用于绘制墙线。

“多线”命令调用有以下方式：“绘图”下拉菜单|“多线”；“绘图”工具栏的多线按钮；在命令行输入“MLINE”（ML)。

执行“多线”命令后，系统提示“指定起点或[对正(J)/比例(S)/样式(ST)]：”，各选项功能如下。

(1) 对正（J）　该选项用于决定多线相对于用户输入端点的偏移位置，选择对正选项后，系统继续提示“输入对正类型[上(T)/无(Z)/下(B)] <下>：”，其中各选项含义如下：

1）上（T)，多线上最顶端的线将随着光标进行移动。

2）无（Z)，多线的中心线将随着光标点移动。

3）下（B)，多线上最底端的线将随着光标点移动。

(2) 比例（S）　控制定义的平行多线绘制时的比例，相同的样式用不同的比例绘制时，平行多线的宽度会不一样，如果是负比例，偏移顺序相反。

(3) 样式（ST）　绘制多线时使用的样式，默认线型样式为“STANDARD”。若选择该选项，可在“输入多线样式名或［?]”提示后输入已定义的样式名，输入“?”则显示当前图中已定义多线样式。

注意：

①“多线”命令的默认模式为双线，线宽为1mm，如使用其他样式，须先用“多线样式”命令定义样式。

② 只能绘制由直线段组成的平行多线，多条平行线是一个整体。

③ 如对多线进行偏移、倒角、倒圆、修剪等操作，必须先使用“分解”命令将其分解为单个实体。

【例 3-11】 用“多线”命令绘制图 3-15 所示的图形，操作步骤如下：

1）执行“多线”命令。

2）提示“指定起点或[对正(J)/比例(S)/样式(ST)]:”时，指定起始点 A。

3）提示“指定下一点:”时，指定点 B。

4）提示“指定下一点或[闭合(C)/放弃(U)]:”时，依次指定点 C、点 D、点 E。

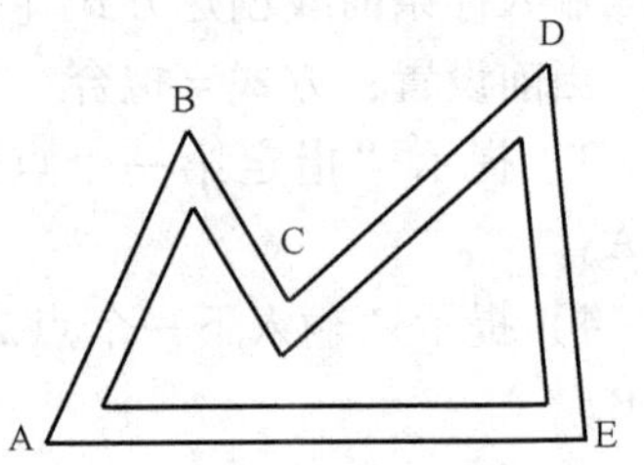

图 3-15 用“多线”命令绘制图形

5）提示“指定下一点或[闭合(C)/放弃(U)]:”时，输入“C↙”闭合平行多线。

3.7 点的绘制

点作为实体，同样具有各种实体属性，可以被编辑。绘点命令主要包括“点”命令、“定数等分”命令、“定距等分”命令。

3.7.1 点

1.“点样式”命令

点的样式和大小可由“点样式（DDPTYPE）”命令或系统变量“点样式（PDMODE）”及“点大小（PDSIZE）”控制。

默认情况下，点对象仅被显示成小圆点。

“点样式”命令调用有以下方式：“格式”下拉菜单|“点样式”；在命令行输入“DDPTYPE”。

执行“点样式”命令，打开“点样式”对话框，如图 3-16 所示。在该对话框中可以设置点的样式和大小。对话框中选择说明如下：

（1）相对于屏幕设置大小　设置点相对尺寸，用“缩放（ZOOM）”命令放大或缩小图样时，点也会放大或缩小。

（2）按绝对单位设置大小　设置点绝对尺寸，当用“缩放”命令放大或缩小图样时，点的大小不会受到影响，但是使用“缩放”命令后，先要用“重生成”命令重生图样才能看出结果。

2.“点”命令

“点”命令可生成单个或多个点，这些点可用作标记点、标注点等。

“点”命令调用有以下方式：“默认”选项卡|“绘图”面板|点 ▫ ▾；“绘图”下拉菜单|“单点或多点”；“绘图”工具栏的点按钮 ▫；在命令行输入“POINT”（PO）。

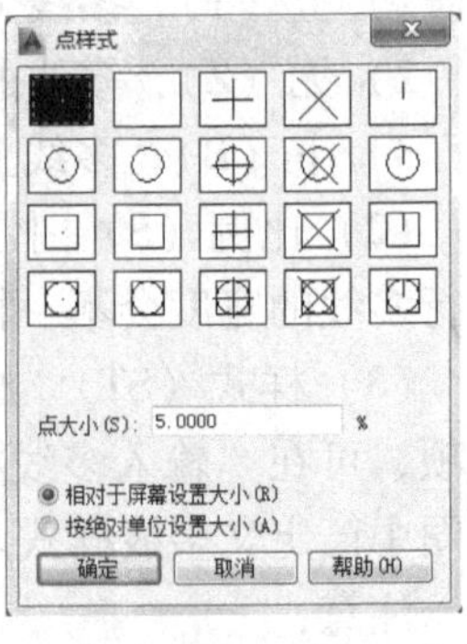

图 3-16 “点样式”对话框

执行“点”命令后，系统提示“当前点模式：PDMODE = 0　PDSIZE = -3.0000　指定点：”，各命令主要提示项如下：

（1）点样式（PDMODE）　控制点样式的系统变量。

（2）点大小（PDSIZE）　控制点大小的系统变量。当“PDSIZE”的值为正值时，它的值为点的绝对大小，即实际大小；当“PDSIZE”的值为负值时，则表示点的大小为相对视图大小的百分比。

注意：

① 点作为实体可以使用编辑命令进行编辑。

② 由工具栏和命令行执行“点”命令时，一次只能绘制一个点。

③ 连续绘制点命令“Multiple POINT”执行过程中，单击“Esc”键可以终止该命令。

④ 系统在生成相关尺寸标注时也会生成点，这些定义点放在名为“Defpoint”的图层上。

⑤ 改变系统变量“点样式”和“点大小”的值后，只影响以后绘制的点，而已绘好的点不会发生改变，只有在用“重生成”命令或重新打开图形时才会改变。

【例3-12】 改变点的样式和大小，绘制图3-17所示的点（可将捕捉、栅格打开辅助定点）。具体操作如下：

1）打开“点样式”对话框，并将点样式设置成，将点大小设置成5。

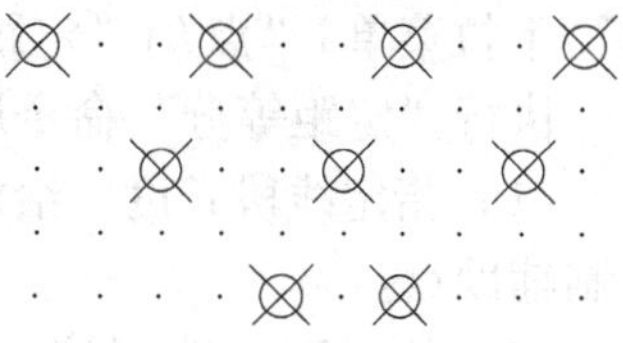

图3-17　点的绘制

2）执行“点”命令。

3）提示“当前点模式：PDMODE = 35　PDSIZE = 0.0000　指定点：”时，依次指定各点的位置。

3.7.2　定数等分

“定数等分”命令以等分长度放置点或图块。被等分的对象可以是直线、圆、圆弧、多义线等实体，等分点只是按要求在等分对象上定出点标记。

“定数等分”命令调用有以下方式：“默认”选项卡｜“绘图”面板｜点 定数等分；“绘图”下拉菜单｜“点”｜“定数等分”；在命令行输入“DIVIDE”（DIV）。

执行“定数等分”命令后，系统会提示“输入线段数目或［块（B）］：”，其各选项功能如下：

（1）输入线段数目　输入线段的等分段数，系统自动将所选实体分为给定段数，并在分段处放置点对象。

（2）块（B）　选择该选项，以给定段数将所选的实体分段，并放置给定图块。

注意：

①“定数等分”命令生成的点对象可作为“Node”对象的捕捉点。其点标记并没有把实体断开。

② 编辑由“定数等分”命令等分的原实体时，如果没有选中点目标，点不会发生变化。

③ 用“定数等分”命令等分插入点时，点的形式应预先定义。

【例3-13】 将图3-18a所示指定线段进行定数四等分。操作步骤如下：

1）执行“定数等分”命令。

2）提示“选择要定数等分的对象:”时，用鼠标拾取要等分的对象。

3）提示“输入线段数目或［块（B）］:”时，输入等分的数目“4↙”，结果如图3-18b所示。

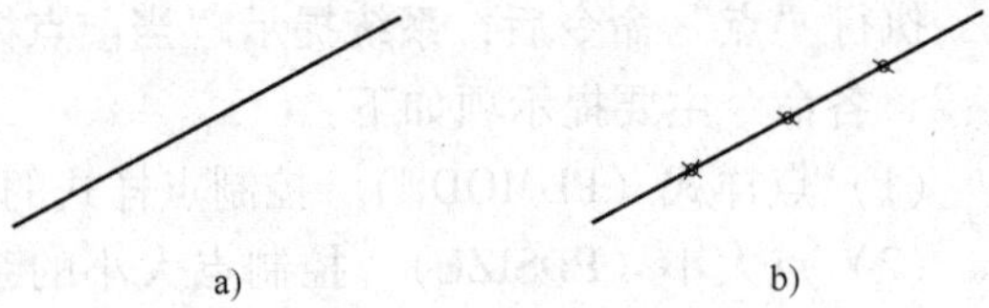

图3-18 定数等分
a）等分前 b）等分后

3.7.3 定距等分

“定距等分”命令用于在选择对象上用给定的距离放置点或图块。

与“定数等分”命令相比，后者是给定数目等分所选对象，而“定距等分”命令则是以给定单元段长度在所选对象上插入点或块标记，直到不足一个间距为止。

“定距等分”命令调用可通过：“默认”选项卡 | “绘图”面板 | 点 定数等分；的“绘图”下拉菜单 | “点” | “定距等分”；在命令行输入“MEASURE”（ME）。

执行“定距等分”命令后，系统提示“指定线段长度或［块（B）］:”，各项功能如下：

（1）指定线段长度 给定单元段长度，系统自动测量实体，并以给定单元段长度等距绘制辅助点。

（2）块（B） 选择该选项，以给定单元段长度等距插入给定图块。

注意：

①“定距等分”命令每次仅适用于一个对象，将点的位置放置在离拾取对象最近的端点处，从此端点开始，以相等的距离计算度量点，直到余下部分不足一个间距为止。

②“定距等分”命令并未将实体断开，而是在相应位置上标注辅助对象点。

③ 编辑由“MEASURE”命令等距插入的原实体时，如果没有选中点目标，点不会发生变化。

④“定距等分”命令用于定距插点时，点的形式应预先定义。

【例3-14】 用“定距等分”命令将图3-19a所示的弧线以指定距离插入点，间距为45mm，结果如图3-19b所示。操作步骤如下：

1）执行“定距等分”命令。

2）提示“选择要定距等分的对象:”时，选择要定距插入的对象。

3）提示“指定线段长度或［块（B）］:”时，输入定距插入的间距“45↙”。

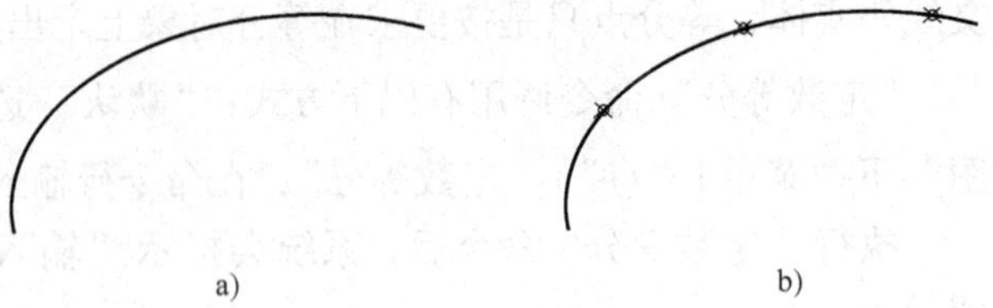

图3-19 定距等分
a）等分前 b）等分后

3.8 面域

“面域”是具有物理特性（例如质心）的二维封闭区域。可以将现有面域合并为单个复合面域来计算面积。

“面域”命令调用有以下方式：“默认”选项卡|“绘图”面板|面域按钮；“绘图”下拉菜单|“面域”“绘图”工具栏的面域按钮；在命令行输入“REGION”。执行命令时，系统提示“选择对象:”。该选项表示使用形成闭合环的对象创建二维闭合区域。

注意：

①“面域”是使用形成闭合环的对象创建的二维闭合区域。

② 组成环的对象必须闭合或通过与其他对象共享端点而形成闭合的区域，环可以是直线、多段线、圆、圆弧、椭圆、椭圆弧和样条曲线的组合。

【例3-15】 将图3-20所示的图形创建为“面域”，操作步骤如下：

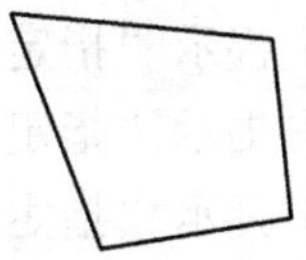

图3-20　创建“面域”

1）绘制图形。

2）执行“面域”命令。

3）提示“选择对象:”时，框选所绘图形。

4）提示“找到4个 选择对象:”时，回车结束选择。

5）提示“已提取1个环”，表示已创建1个面域。

3.9　圆环

“圆环”命令用于绘制指定内、外直径的圆环或填充圆。

“圆环”命令调用有以下方式：“默认”选项卡|“绘图”面板|圆环；“绘图”下拉菜单|“圆环”；在命令行输入“DONUT”（DO）或“DOUGHOUT”。

执行“圆环”命令后，系统提示“指定圆环的内径＜默认值＞:”，输入圆环内径，此时如果输入“0”，再输入一个不为“0”的外径，即可绘制一个实心圆。命令行选项含义如下。

（1）指定圆环的外径＜默认值＞　输入圆环外径。

（2）指定圆环的中心点＜退出＞　指定圆环的中心或单击“Enter”键结束命令。

1）中心点，指定圆环的圆心。

2）退出，结束“圆环”命令。

注意：

① 输入内径为0，外径为大于0的数值，可绘制实心圆，如图3-21a所示。

a)　b)　c)

图3-21　“圆环”命令绘制图形

a）绘制实心圆　b）修剪圆环　c）绘制圆环

② 用“圆环”命令在绘制完一个圆环后，“指定圆环的中心点＜退出＞:”会不断出现，用户可继续绘制多个相同的圆环，直到按“Enter”键结束为止。

③“圆环”命令绘制的圆环实际上是多段线，因此可以用“多段线编辑”命令的“宽（W）”选项修改圆环的宽度，“圆环”命令生成的图形可以被修剪，如图 3-21b 所示。

④ 无论是用系统变量“FILLMODE”或“填充”命令，当改变填充方式后，都必须用“重生”命令重生图形，才能将填充的结果显示出来。

⑤ 系统变量“FILLMODE”控制是否填充，当系统变量 FILLMODE = 0 时，图形不填充。当系统变量 FILLMODE = 1 时，图形填充。

【例 3-16】 用“圆环”命令绘制一个内径为 5mm，外径为 10mm 的圆环，如图 3-21c 所示，具体操作步骤如下：

1）执行“圆环”命令。

2）提示“指定圆环的内径 <0.5000>：”时，输入圆环内径“5↙”。

3）提示“指定圆环的外径 <1.0000>：”时，输入圆环外径“10↙”。

4）提示“指定圆环的中心点 <退出>：”时，指定圆环的中心。

5）提示“指定圆环的中心点 <退出>：”时，回车结束命令。

3.10 图案填充、渐变色和边界

3.10.1 图案填充

图案填充是将某种图案填充到某一封闭区域，用来更形象地表示零件剖面图形，以体现材料种类、表面纹理等。

1. 创建图案填充

“图案填充”命令调用有以下方式：“默认”选项卡 |“绘图”面板 | 图案填充；“绘图”下拉菜单 |“图案填充”；“绘图”工具栏的图案填充按钮；在命令行输入“BHATCH”（H 或 BH）/HATCH。

如果功能区处于活动状态，显示“图案填充创建”选项卡，如图 3-22 所示。如果功能区处于关闭状态，或选择“图案填充”命令中的“设置（T）”选项，显示“图案填充和渐变色”对话框，如图 3-23 所示。

图 3-22 “图案填充创建”选项卡

（1）类型和图案

1）类型：图案的种类。

① 预定义，使用 AutoCAD 预先定义的在文件 ACAD. PAT 中的图案。

② 用户定义，使用当前线型定义的图案。

③ 自定义，选用定义在其他 PAT 文件（不是 ACAD. PAT）中的图案。

2）图案：选择具体图案。

① 列表框，打开列表框，列出各种图案名称。

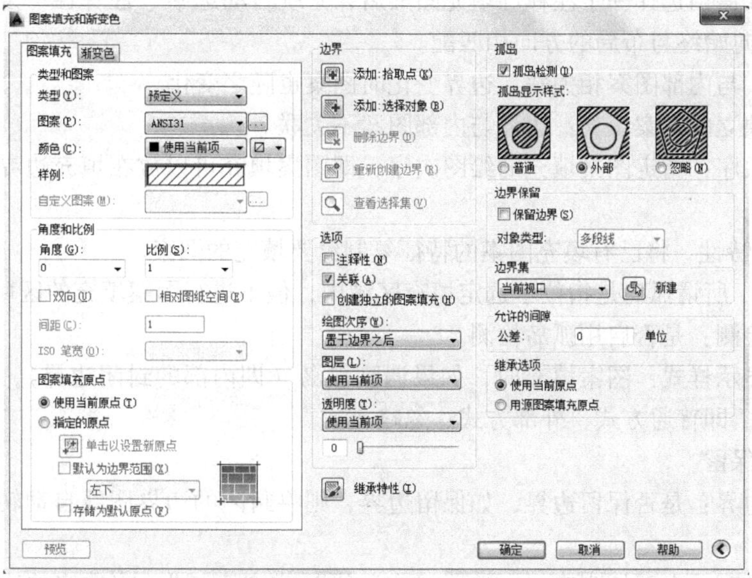

图3-23 “图案填充和渐变色”对话框的“图案填充”选项卡

② ... 按钮，弹出“填充图案选项板”，选取所需要的图案。

3）样例：显示所选图案的预览图形。

4）自定义图案：显示用户自己定义的图案。

（2）角度和比例

1）角度：输入填充图案与水平方向的夹角。

2）比例：选择或输入一个比例系数，控制图线间距。

3）间距：使用“用户定义”类型时，设置平行线的间距。

4）ISO 笔宽：使用 ISO 图案时，在该下拉框中选择图线间距。

（3）图案填充原点

1）使用当前原点：使用当前 UCS 的原点（0,0）作为图案填充原点。

2）指定的原点：指定填充图案原点。

① 单击以设置新原点，在绘图区选择一点作为填充图案原点。

② 默认为边界范围，以填充边界的左下角、右下角、左上角、右上角点或圆心作为填充图案原点。

③ 存储为默认原点，将指定点存储为默认的填充图案原点。

（4）边界

1）拾取点：单击该按钮，临时关闭对话框，拾取边界内的一点，单击“Enter”键，系统自动计算包围该点的封闭边界，返回对话框。

2）选择对象：从待选的边界集中，拾取要填充图案的边界。该方式忽略内部孤岛。

3）删除边界：临时关闭对话框，删除已选中的边界。

4）重新创建边界：重新创建填充图案的边界。

5）查看选择集：亮显图中已选中的边界集。

（5）选项

1）注释性：当选择一个注释性填充图案后，系统自动选中“注释性”复选框。注释性图案填充的方向始终与布局的方向相匹配。

2）关联：与内部图案相关联，边界变化时图案也随之变化。

3）创建独立的图案填充：边界与内部图案不关联。

4）绘图次序：指定图案填充的绘图次序，即图案填充可以放在填充边界及其他对象之前或之后。

（6）继承特性　将已有填充图案的特征复制给要填充的图案。

（7）孤岛　所谓孤岛是指位于选定填充区域内，但不进行图案填充的区域。

1）孤岛检测：是否启用孤岛检测。

2）孤岛显示样式：图案填充时，如果遇到孤岛（即内部的封闭边界），选择图案的填充方式有三种，即普通方式、外部方式、忽略方式。

（8）边界保留

1）保留边界：是否保留边界，如保留边界，则将封闭的边界图线自动转化为多段线或面域。

2）对象类型：在下拉列表中，选择“多段线”或“面域”，将选定的边界转换为多段线或面域。

（9）边界集　单击“新建”按钮指定待选的边界。

（10）允许的间隙　以公差形式设置允许的间隙大小，默认值为 0，这时填充边界是完全封闭的区域。

（11）继承选项　使用当前原点或使用源图案填充的原点继承特性。

（12）预览　预览填充的图案，若不合适可方便地修改。

注意：

① 填充图案时，边界必须封闭。如果系统提示“无效边界”，则应检查各连接点处是否封闭。

② 填充图案的关联性不是固定的，有些操作可破坏关联性。

③“Undo”选项被加入到命令行中。

【例 3-17】 将图 3-24a 所示的图形进行“图案填充”，结果如图 3-24b 所示。操作步骤如下：

1）执行“图案填充”命令。

2）选取图案类型为“ANSI31”。

3）单击“拾取点”按钮，返回到绘图界面。

4）拾取所要填充的区域内部一点（即大圆与矩形之间任意一点），返回“图案填充”对话框。

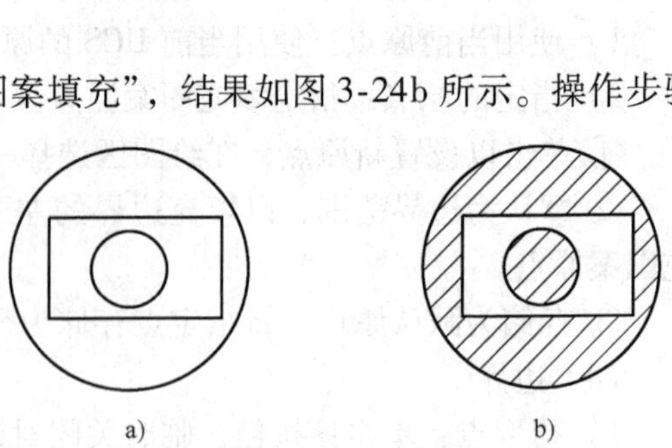

a)　　b)

图 3-24　图案填充示例

a）填充前　b）填充后

5）孤岛样式选择“普通”。

6）单击“预览”按钮，如不合适可作调整（拾取键或单击“Esc”键返回到图案填充对话框）<单击鼠标右键接受图案填充>）。

7）如返回到对话框，单击“确定”按钮完成图案填充。

2. 图案填充的编辑

对已填充的图案进行修改，可通过以下几种方式：“默认”选项卡 | “修改”面板 | 编辑图案填充；“修改”下拉菜单 | “对象” | “图案填充”；修改Ⅱ工具栏的编辑图案填充按钮；在命令行输入“HATCHEDIT”。

另外，也可用夹点功能编辑图案填充。激活图案中的夹点，然后进行相关的编辑操作。此外，还可利用“特性”对话框实现对填充图案的编辑。

执行“编辑图案填充”命令后，出现“图案填充编辑器”选项卡或“编辑图案填充”对话框，格式与“创建图案填充”的选项卡或对话框相同，操作方法也相同。

【例3-18】 绘制并填充图3-25a所示的图案，再进行“图案填充编辑”，结果如图3-25b所示。操作步骤如下：

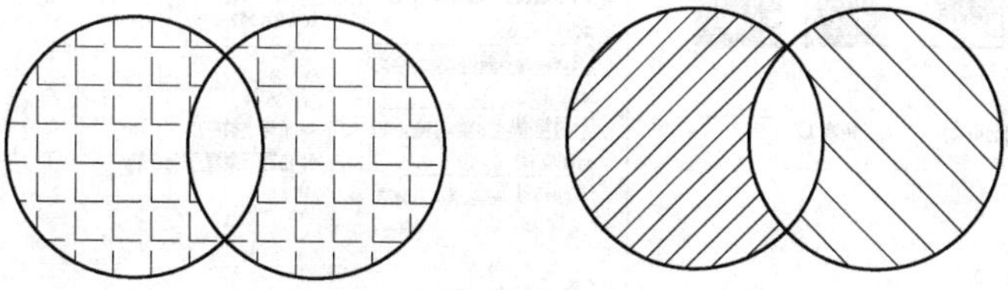

a)　　　　b)

图3-25　图案填充编辑示例

a）编辑前　b）编辑后

1）执行“图案填充编辑”命令，完成图案填充，如图3-25a所示。

2）拾取图案后，单击右键选择右键菜单中的“图案填充编辑”或“特性”选项，打开“图案填充编辑”编辑图案。

3）勾选“独立的图案填充（H）”，单击“确定”按钮，将两个图案独立以便分别编辑。

4）选择左侧图案，执行“图案填充编辑”命令。

5）选择图案类型为“ANSI31”，“角度”为0°，“比例”为1，单击“确定”按钮完成左侧图案的修改。

6）右侧图案的编辑方法同上。选取图案类型为“ANSI31”。“角度”改为90°。“比例”改为2。单击“确定”按钮完成右侧图案的修改。

3.10.2　渐变色

使用渐变色可填充封闭区域或选定对象。

“渐变色”命令调用有以下方式：“默认”选项卡 | “绘图”面板 | 渐变色；“绘图”下拉菜单 | “渐变色”；绘图工具栏的渐变色按钮；在命令行输入“GRADIENT”。

执行命令后，弹出“图案填充和渐变色”对话框，选择打开“渐变色”选项卡如图3-26所示。

（1）单色　用一种颜色从深色到浅色均匀过渡填充，单击浏览按钮，弹出“选择颜色”对话框，用户可自选颜色。

（2）双色　两种颜色间的均匀过渡渐变填充图案。

（3）居中　对称的渐变颜色填充。

（4）角度　相对当前用户坐标系（UCS）指定的渐变填充角度，与指定给图案填充的角度间无关联。

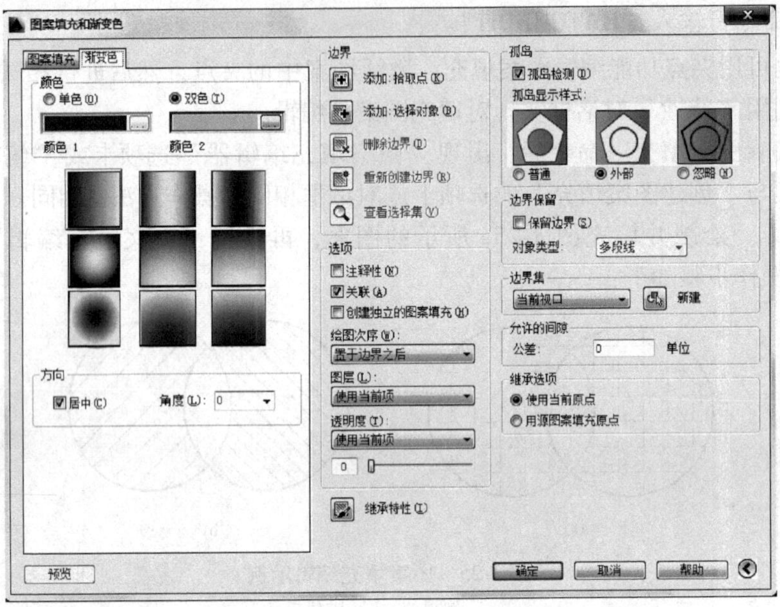

图 3-26　“图案填充和渐变色”对话框的“渐变色”选择卡

（5）其他选项功能　与“图案填充”选项卡中其他选项功能同。

3.10.3　边界

从封闭区域创建面域或多段线。使用由对象封闭的区域内的指定点，定义用于创建面域或多段线的对象类型、边界集和孤岛检测方法。

“边界”命令调用有以下方式：“默认”选项卡 I “绘图”面板 I 图案填充 I 边界；“绘图”下拉菜单 I “边界”；在命令行输入“BOUNDARY”。

执行命令后，弹出“边界创建”对话框，如图 3-27 所示。各选项含义及功能如下：

（1）拾取点　根据围绕指定点构成封闭区域的现有对象来确定边界。

（2）孤岛检测　控制是否检测内部闭合边界，该边界称为孤岛。

（3）对象类型　控制新边界对象的类型，将边界作为面域或多段线对象创建。

（4）边界集　定义通过指定点定义边界时要分析的对象集。

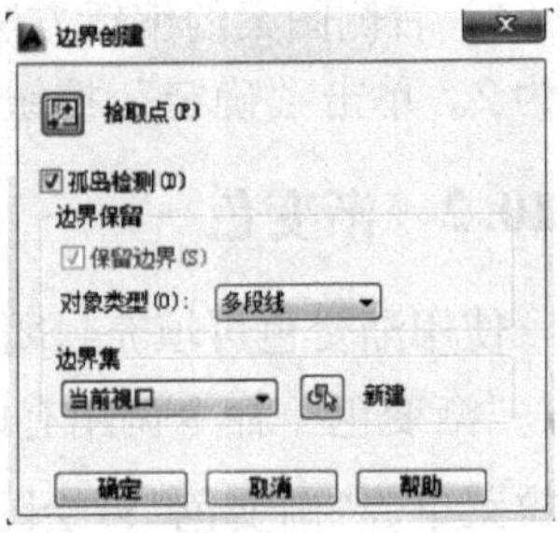

图 3-27　“边界创建”对话框

（5）当前视口　根据当前视口范围中的所有对象定义边界集，选择此选项将放弃当前所有边界集。

(6) 新建提示用户选择用来定义边界集的对象，仅包括可以在构造新边界集时用于创建面域或闭合多行段的对象。

【例 3-19】　绘制图 3-28 所示的图形并将其创建为多段线的边界，操作步骤如下：

1）执行“圆弧”命令绘制图形。

2）执行“边界”命令，打开“边界创建”对话框。

3）单击“拾取点”按钮。

4）返回绘图区，选择图形内部一点。

5）单击“确定”按钮，结束命令。

6）提示“…BOUNDARY 已创建 1 个多段线”。

注意：在封闭的图形对象区域内指定点后所形成的多段线或面域边界，是与源对象重合的。可以利用“移动”命令显示出源对象的边界。

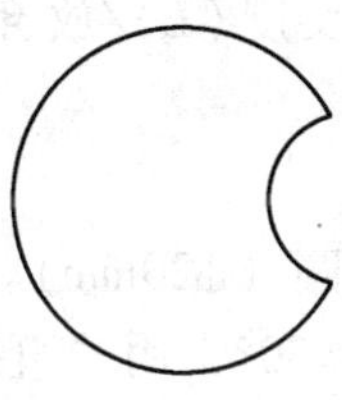

图 3-28　创建“边界”

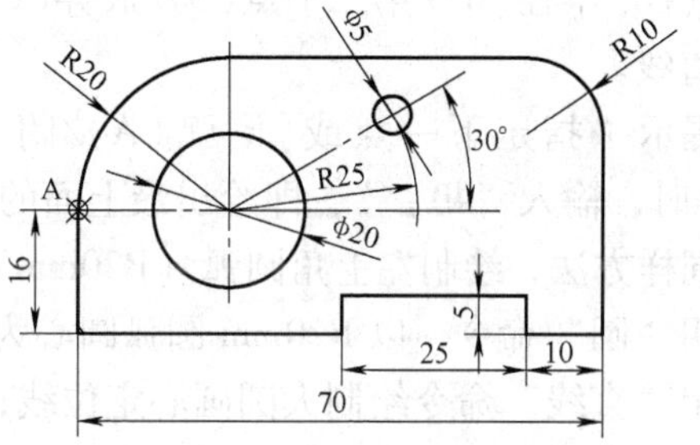

图 3-29　平面图形

3.11　实例解析

【例 3-20】　绘制图 3-29 所示的平面图形。

提示：可用“直线”命令、“圆”命令、“圆弧”命令、“多段线”命令绘制。本例用“多段线”命令绘制外形。

1）状态栏的“极轴”选项、“对象捕捉”选项、“对象追踪”选项均设置为“开”状态。

2）执行“多段线”命令。

3）提示“指定起点：”时，可用鼠标在绘图区任意选取 A 点开始。

4）提示“当前线宽为 0.0000　指定下一个点或[圆弧(A)/半宽(H)/长度(L)/放弃(U)/宽度(W)]：”时，鼠标垂直向下拉动，当出现图 3-30a 所示提示时输入“16↙”，即垂直“极轴追踪”绘出最左侧线段。

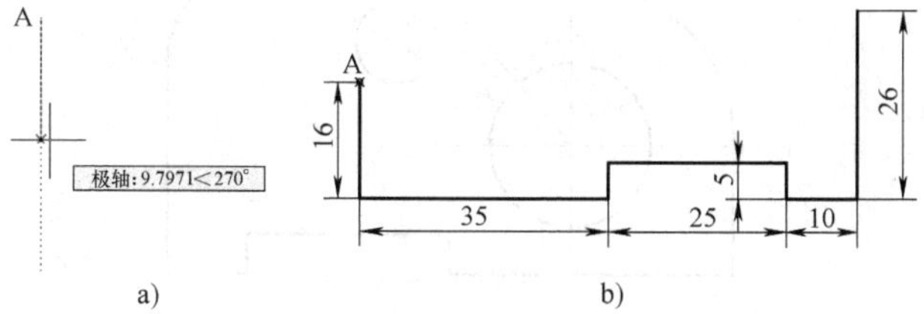

图 3-30　绘制各直线段

5）与此方法同，极轴追踪绘出各水平、垂直的直线段，如图3-30b所示。

6）提示“指定下一点或[圆弧(A)/闭合(C)/半宽(H)/长度(L)/放弃(U)/宽度(W)]:”时，输入“A↙”，转成圆弧选项绘圆弧。

7）提示“指定圆弧的端点或[角度(A)/圆心(CE)/闭合(CL)/方向(D)/半宽(H)/直线(L)/半径(R)/第二个点(S)/放弃(U)/宽度(W)]:”时，输入“A↙”，采用角度选项方式绘弧。

8）提示“指定包含角:”时，输入“90↙”，指定圆弧包含的角度。

9）提示“指定圆弧的端点或[圆心(CE)/半径(R)]:”时，输入“CE↙”，指定圆弧的圆心。十字光标显示图3-31所示时，输入“10↙”，即采用“对象追踪”，从右侧端点水平向左10mm确定圆心，同时绘制出1/4圆弧。

10）提示“指定圆弧的端点或[角度(A)/圆心绘制(CE)/闭合(CL)/方向(D)/半宽(H)/直线(L)/半径(R)/第二个点(S)/放弃(U)/宽度(W)]:”时，输入“L↙”，转成直线选项绘直线。

11）提示“指定下一点或[圆弧(A)/闭合(C)/半宽(H)/长度(L)/放弃(U)/宽度(W)]:”时，输入“40↙”，即绘出最上面的线段。

12）同样方法，绘制左上角圆弧（R20mm）。

13）用“圆”命令，以R20mm圆弧圆心为圆心，直接绘制大圆（ϕ20mm）。

14）用“直线”命令绘制大圆圆心定位线，设置极轴增量角为30°，用“直线”命令绘制小圆圆心定位直线。

15）用“圆”命令，相对大圆圆心30°方向输入“25↙”确定小圆圆心，如图3-32所示，再输入半径“2.5↙”，绘制小圆。

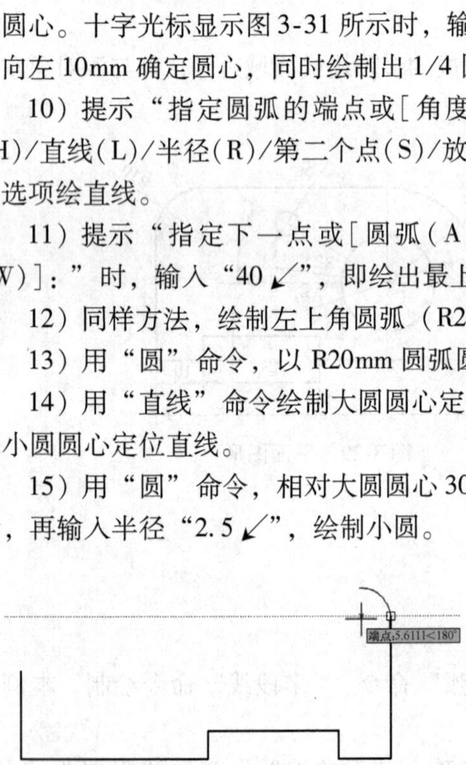

图3-31 “对象追踪”确定圆弧的圆心

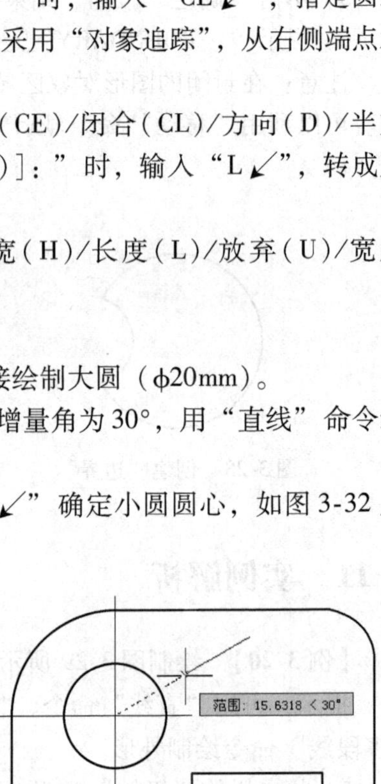

图3-32 “极轴追踪”确定小圆圆心

16）小圆定位弧线（圆弧R25mm）可用“圆弧”命令，采用“绘图”下拉菜单|“起点、圆心、角度”方式绘制。可先绘一侧，以小圆圆心为圆弧起点、大圆圆心为圆弧圆心、角度可约取20°左右（或直接在合适位置点取），如图3-33所示。

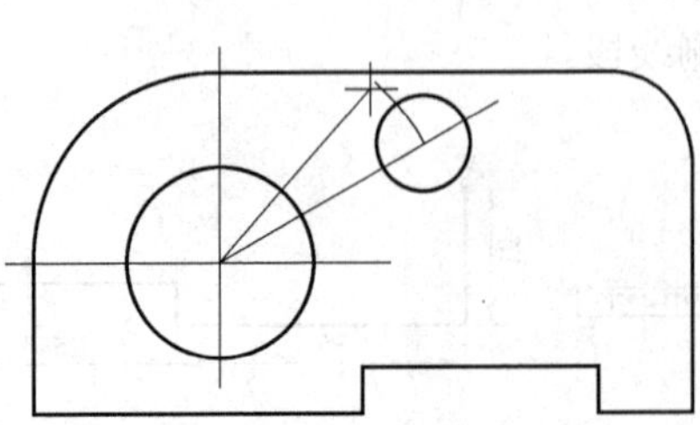

图3-33 小圆定位弧线的绘制

思考与练习

1. 圆弧有时显示成多段折线，与出图是否有关？可以用什么命令控制显示？
2. 用什么命令可实现在选择的实体上用给定的距离放置点或图块？
3. 填充图案时，如果系统提示“无效边界”，则应如何处理？
4. 请练习绘制图3-34～图3-40所示平面图形。

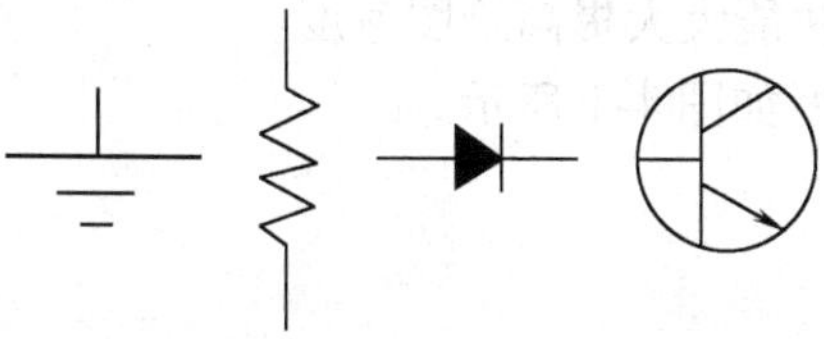

图3-34　电器元件

图3-35　小汽车

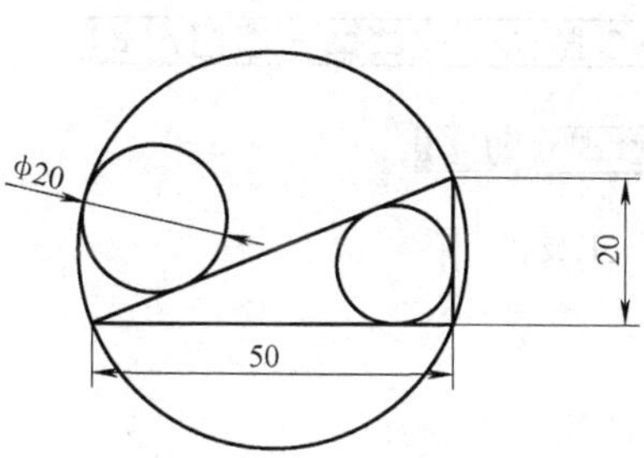

图3-36　平面图形1

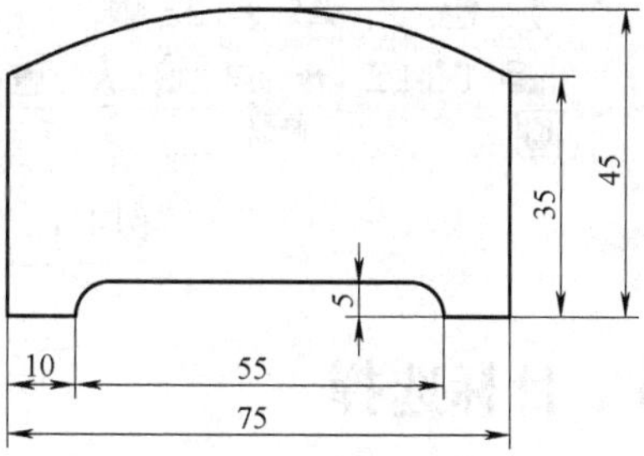

图3-37　平面图形2

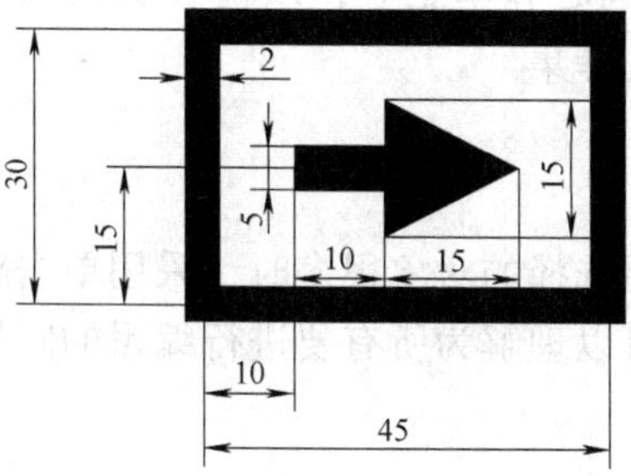

图3-38　多段线生成路标

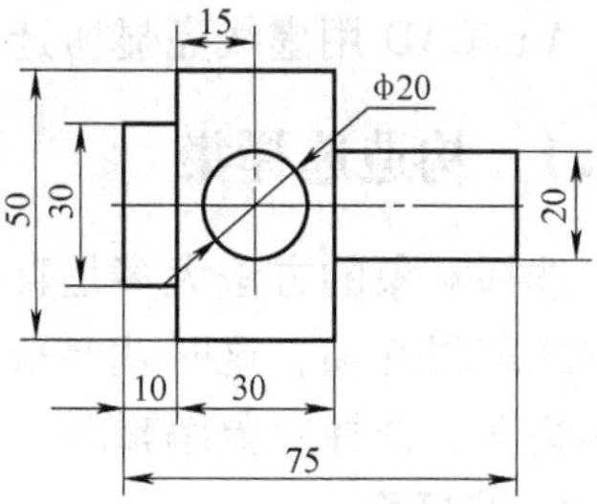

图3-39　平面图形3

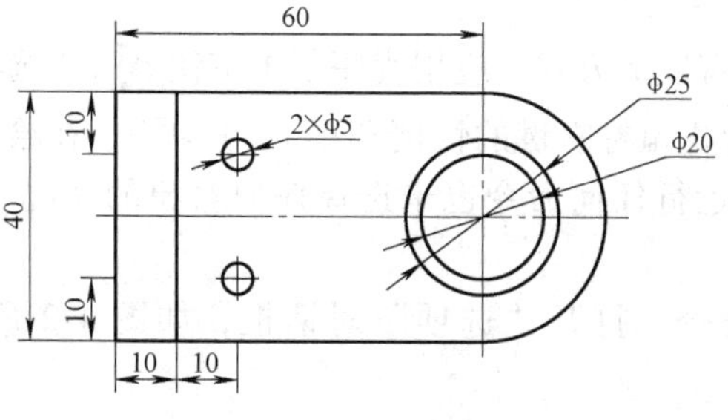

图3-40　平面图形4

第 4 章　图形编辑方法

图形编辑就是对图形对象进行移动、旋转、缩放、复制、删除和参数修改等操作的过程。本章介绍了常用的编辑方法，熟练地运用这些方法能大大提高绘图速度。

“默认”选项卡的“修改”面板及“修改”工具栏如图 4-1 所示。

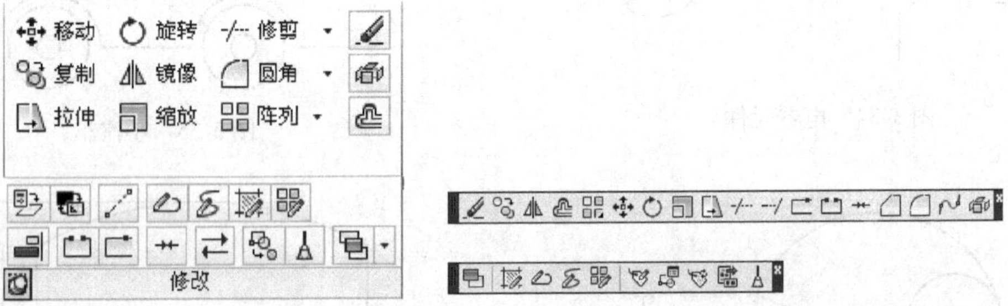

图 4-1　“修改”面板及“修改”工具栏

4.1　目标选择

在对图形对象进行编辑、修改前，首先要对图形对象进行选择，然后才能操作。精确绘图操作时，还必须捕捉对象上特殊的几何点，如端点、圆心和垂足等，以精确定位图形对象。AutoCAD 用虚线亮显所选的对象，这些对象就构成选择集。

4.1.1　构造选择集

选择对象的方法大多是直接在图形上单击，如果需要选择的对象很多时，采用单击对象的方式就很麻烦，这时就要采用选择集的方式。选择集可以理解为所有要进行编辑的图形对象的集合。选择对象编辑时，用户可以进行多种选择。

1. 选择集

利用“选项”对话框的“选择集”选项卡，可设置对象的选择模式，包括设置拾取框的大小、选择集模式、夹点功能等。

“选择集”命令调用有以下方式：应用程序菜单按钮 |“选项”；“工具”下拉菜单 |“选项”；在命令窗口中单击鼠标右键的快捷菜单 |“选项”；在绘图区域中单击鼠标右键的快捷菜单 |“选项”（未运行任何命令也未选择任何对象的情况下）；在命令行输入“OPTIONS”。

执行“OPTIONS”命令，打开“选项”对话框，如图 4-2 所示，单击“选择集”选项卡。

“选择集”选项卡各命令主要提示及选项说明如下：

（1）拾取框大小　控制拾取框的显示大小。

（2）选择集预览　当拾取框光标滚动过对象时，亮显对象。

（3）选择集模式　控制与对象选择方法相关的设置。

1）先选择后执行，允许在启动命令之前选择对象。

2）用“Shift”键添加到选择集，按“Shift”键选择对象时，可以向选择集中添加对象或从选择集中删除对象。

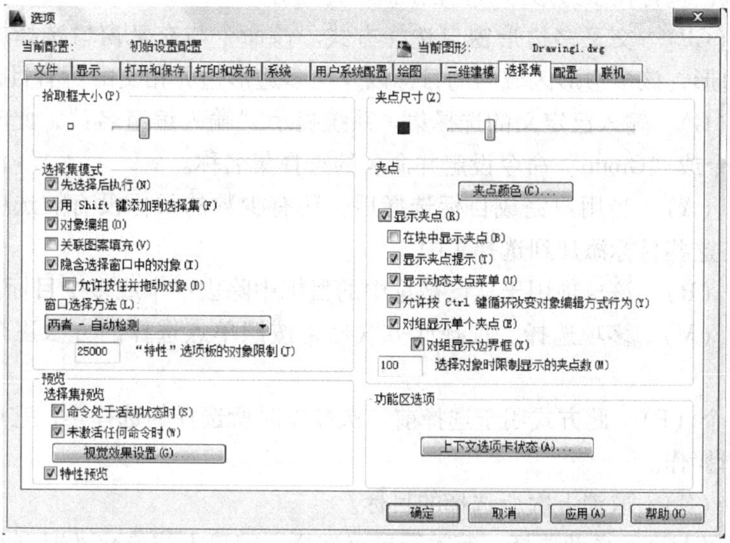

图4-2　“选项”对话框的“选择集”选项卡

3）对象编组，选择编组中的一个对象就选择了编组中的所有对象。使用“GROUP”命令，可以创建和命名一组选择对象。

4）关联图案填充，确定选择关联填充时将选定哪些对象。

5）隐含选择窗口中的对象，在对象外选择了一点时，初始化选择窗口中的图形。

（4）夹点尺寸　控制夹点的显示大小。

（5）夹点　控制与夹点相关的设置。在对象被选中后，其上将显示的小方块即夹点。

（6）功能区选项　通过“上下文选项卡状态”按钮，显示“功能区上下文选项卡状态选项”对话框，可以为功能区上下文选项卡的显示设置对象选择设置。

2. 目标选择方式

当用户需要对图形进行编辑、修改或查询时，系统会提示“选择对象:”，光标也由十字光标变为方形的目标选择框，此时可以直接在此提示后输入一种选择方式进行选择。

要查看所有选项，可以在提示后直接输入问号“？↙”，系统在命令行显示 AutoCAD 的各种选择方式，主要提示选项说明如下：

（1）窗口（W）　窗口选择方式。即用一个矩形窗口将所要选择的对象框住，凡是在窗口内的目标均被选中，而与窗口相交的实体不被选中，命令行将显示被选中目标的数目。

（2）上一个（L）　此方式是将用户最后绘制的图形作为选择的对象。

（3）窗交（C）　交叉窗口选择方式。此选项的操作方法和窗口选择方式几乎完全相同，所不同的是凡在此窗口内或与此窗口四边相交的图形都被选中。

（4）框（BOX）　矩形框选择方式。其作用相当于窗口选择和交叉窗口选择方式的综合应用。

(5) 全部 (ALL) 全选方式。利用该方式会选取当前窗口中的所有实体。

(6) 栏选 (F) 围线选择方式。用户可用此选项构造任意折线，凡是与该折线相交的实体均被选中。

(7) 圈围 (WP) 多边形窗口方式。该选项与窗口选择方式相似，但它可构造任意形状的多边形区域，包含在多边形区域内的图形均被选择。

(8) 圈交 (CP) 交叉多边形窗口选择方式。该命令与交叉窗口选择方式相似，但它可构造任意多边形，该多边形区域内的目标以及与多边形边界相交的所有目标均被选中。

(9) 编组 (G) 输入已定义的选择集。系统提示“输入编组名:”，此时用户可输入已用“Select”命令或“Group”命令设定并命名的选择集名称。

(10) 添加 (A) 当用户完成目标选择后，还有少数的目标没有被选中，这时用户可以使用此命令将这些目标添加到选择集中。

(11) 删除 (R) 该选项用于从已被选中的目标中除去一个或多个目标。

(12) 多个 (M) 多项选择。选择此方式后，按照单点选择的方法逐个选取所要选择的目标即可。

(13) 前一个 (P) 此方式用于选择前一次操作时所选择的选择集，它可对同一组目标进行连续的编辑操作。

(14) 放弃 (U) 取消上次所选择的目标。

(15) 自动 (AU) 自动选择，等效于单点选择、窗口方式或交叉窗口方式。

(16) 单个 (SI) 单一选择。选择一个实体后，即退出实体选择状态，常与其他选择方式联合使用。

(17) 子对象 (SU) 使用户可以逐个选择复合实体的一部分或三维实体上的顶点、边和面。

(18) 对象 (O) 结束选择子对象的功能，使用对象选择方法。

注意:

① 执行窗口选择方式和交叉窗口选择方式可直接通过鼠标来实现。从左向右绘制选择窗口将选择完全处于窗口边界内的对象。从右向左绘制选择窗口将选择处于窗口边界内和与边界相交的对象。可由“选项”|“选择集”的“隐含选择窗口中的对象”复选框控制。

② 锁定和冻结图层上的目标将不被选中，采用“ALL”方式可选中关闭图层上的对象。

4.1.2 快速选择

“快速选择”是指根据对象类型和特性等条件创建选择集。

“快速选择”命令调用有以下方式:“默认”选项卡|“实用工具”|快速选择按钮；在命令行输入“QSELECT”。执行“QSELECT”命令，打开“快速选择”对话框，如图 4-3 所示。命令主要提示及选项说明如下:

(1) 应用到 将过滤条件应用到整个图形或当前选择集。

(2) 选择对象 临时关闭“快速选择”对话框，选择要对其应用过滤条件的对象。按“Enter”键返回到“快速选择”对话框。

（3）对象类型　指定要包含在过滤条件中的对象类型。

（4）特性　指定过滤器的对象特性。

（5）运算符　控制过滤的范围。

（6）值　指定过滤器的特性值。

（7）如何应用　指定符合过滤条件的对象“包括在新选择集中”或“排除在新选择集之外”。

（8）附加到当前选择集　指定是选择集替换还是附加到当前选择集。

注意：

① 只有选择了“包括在新选择集中”并清除“附加到当前选择集”选项时，“选择对象”按钮才可用。

②“QSELECT”命令支持自定义对象（其他应用程序创建的对象）及其特性。

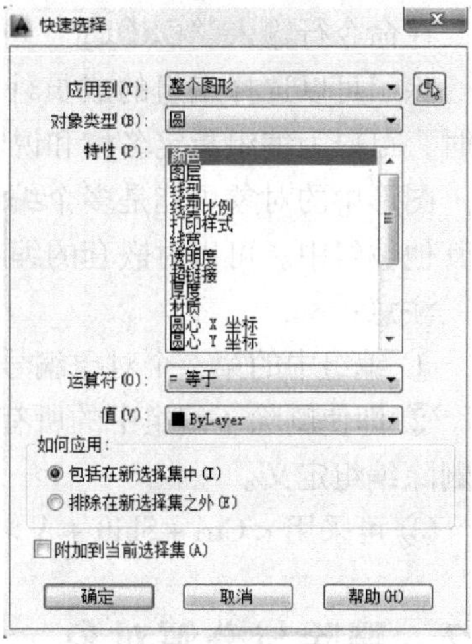

图 4-3　“快速选择”对话框

【例 4-1】　快速选择所有半径大于 20mm 的圆，如图 4-4a 所示。其操作步骤如下：

1）执行“快速选择”命令，打开“快速选择”对话框，在“对象类型”下拉列表中选择“圆”，在“特性”下拉列表中选择“半径”，“运算符”选择“大于”，“值”中输入“20”，如图 4-4b 所示。

2）单击“确定”按钮，选择结果如图 4-3c 所示，所有半径大于 20mm 的圆被选中。

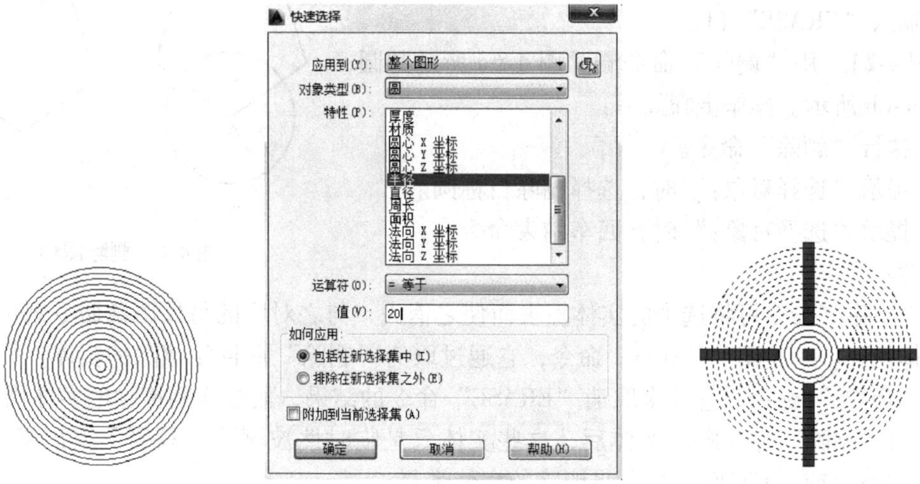

a)　b)　c)

图 4-4　“快速选择”对话框

a）选择前　b）“快速选择”对话框　c）选择完毕

4.1.3　对象编组

编组是保存的对象集，可以根据需要同时选择和编辑这些对象。“组”面板如图 4-5 所示。

打开传统“对象编组”对话框有以下方式：“默认”选项卡 |“组”面板 | ▾ | 编组

管理器；在命令行输入“CLASSICGROUP”。

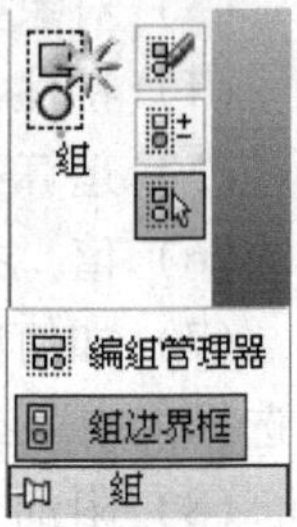

图 4-5 “组”面板

在命令行输入“GROUP”可创建和管理已保存的对象集，即为编组。

除了可以选择编组的成员外，还可以为编组命名并添加说明。创建编组时，可以为编组指定名称和说明。

图形中的对象可能是多个编组的成员，同时这些编组本身也可能嵌套于其他编组中。可以对嵌套的编组进行解组，以恢复其原始编组配置。

注意：

① 编组中的第一个对象编号为 0 而不是 1。

② 即使删除了编组中的所有对象，编组定义依然存在。可以使用“分解”选项从图形中删除编组定义。

③ 可采用 <Ctrl + Shift + A> 组合键来控制编组的开和关。

4.2 删除与分解对象

4.2.1 删除

“删除”命令用于删除绘图区中的实体。

“删除”命令调用有以下方式：“默认”选项卡 | “修改”面板 | 删除；“修改”下拉菜单 | “删除”；“修改”工具栏的删除按钮；在命令行输入“ERASE”（E）。

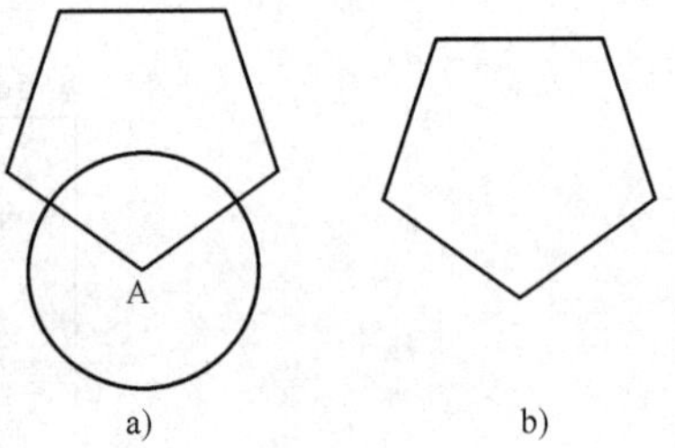

图 4-6 删除图形

【例 4-2】 用“删除”命令删除图 4-6a 所示的圆，结果图 4-6b 所示。操作步骤如下：

1）执行“删除”命令。

2）提示“选择对象：”时，选择删除目标圆。

3）提示“选择对象：”时，回车结束命令。

注意：

①“删除”命令可将选中的实体擦去而使之消失，与之对应的另外两条命令则可将刚擦除的实体恢复。一是用“UNDO”命令，它通过取消“删除”而恢复擦除的实体；另一种形式是用“OOPS”命令，它并未取消“ERASE”命令的结果，而是将刚擦除的实体恢复。

② 用“删除”命令删除实体后，这些实体只是临时性被删除，只要不退出当前图形，可用“OOPS”或“UNDO”命令将删除的实体恢复。

4.2.2 分解

“分解”命令可以把多段线、尺寸和块等由多个对象组成的实体分解成单个对象。

“分解”命令调用有以下方式：“默认”选项卡 | “修改”面板 | 分解；“修改”下拉菜单 | “分解”；“修改”工具栏的分解按钮；在命令行输入“EXPLODE”（X）。

注意：

① 可以分解的对象包括块、多段线及面域等。

② 任何分解对象的颜色、线型和线宽都可能会改变。

③ 分解的对象不同分解的结果也不同。分解复合对象将根据复合对象类型的不同而有所不同。

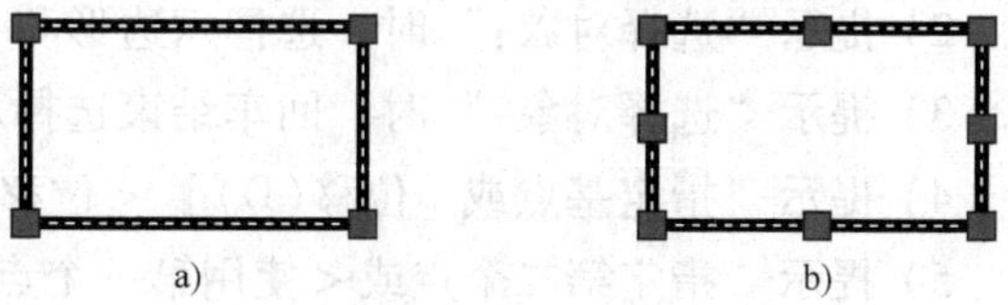

图 4-7　分解矩形
a）分解前　b）分解后

【例 4-3】　绘制图 4-7a 所示矩形并用“分解”命令将其分解为四段直线，结果如图 4-7b 所示。操作步骤如下（可用夹点查看结果）：

1）执行“矩形”命令，绘制一矩形。

2）执行“分解”命令。

3）提示“选择源对象:”时，指定矩形。

4）提示“选择源对象:”时，回车结束选择。

5）提示“找到 1 个”。

4.3　移动与旋转对象

4.3.1　移动

“移动”命令用于把单个对象或多个对象从它们当前的位置移至新位置，这种移动并不改变对象的尺寸和方位。

“移动”命令调用有以下方式：“默认”选项卡 | “修改”面板 | 移动；“修改”下拉菜单 | “移动”；“修改”工具栏的移动按钮；在命令行输入“MOVE”（M）。

执行“移动”命令后，系统提示“指定基点或位移”，即有两种平移方法：基点法和相对位移法，功能如下：

（1）基点　确定对象的基准点，基点可以指定在被复制的对象上，也可以不指定在被复制的对象上。

（2）位移　指定的两个点（基点和第二点）定义了一个位移矢量，它指明了被选定对象的距离和移动方向。

注意：

① 如果选择“位移”选项来移动图形对象，这时移动量是指相对距离，不必使用@ 。

②“拉伸”命令在对实体进行完全选择时也可以实现与“移动”命令相同的效果。

③ 选择要移动的对象后，右键拖动到某位置释放，可弹出快捷菜单，选择“移动到此处”移动对象。

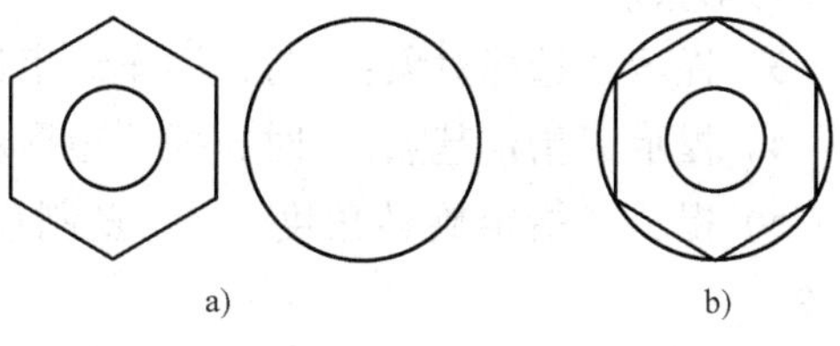

图 4-8　移动图形
a）移动前　b）移动后

【例 4-4】　用“移动”命令将图 4-8a 中的六边形和小圆移至大圆内，结果如图 4-8b 所示。操作步骤如下：

1）执行“移动”命令。

2）提示“选择对象：”时，选择六边形和小圆。

3）提示“选择对象：”时，回车结束选择对象。

4）提示“指定基点或［位移(D)］ <位移>：”时，指定小圆的中心点。

5）提示“指定第二个点或<使用第一个点作为位移>：”时，选择大圆的中心点。

4.3.2 旋转

“旋转”命令用于旋转单个或一组对象并改变其位置。该命令需要先确定一个基点，所选实体绕基点旋转。

“旋转”命令调用有以下方式：“默认”选项卡|“修改”面板|旋转；“修改”下拉菜单|“旋转”；“修改”工具栏的旋转按钮；在命令行输入“ROTATE”（RO）。

执行“旋转”命令时，系统提示的各项功能如下。

（1）ANGDIR 系统变量。用于设置相对当前UCS（用户坐标系）以0度为起点的正角度方向。

（2）ANGBASE 系统变量。用于设置相对当前UCS的0度基准角方向。

（3）基点 输入一点作为旋转的基点，可以输入绝对坐标，也可是相对坐标。指定基点后，系统提示“指定旋转角度或［参照（R）］：”，各项功能如下：

1）旋转角度，对象相对于基点的旋转角度，有正、负之分。当输入正角度值时，对象将沿逆时针旋转；反之沿顺时针方向旋转。

2）参照（R），执行该选项后，系统指定当前参照角度和所需的新角度。可以使用该选项放平一个对象或者将它与图形中的其他要素对齐。

注意：

① 基点选择与旋转后的图形的位置有关。因此，应根据绘图需要准确捕捉基点，且基点最好选择在已知的对象上，这样不容易引起混乱。

②“旋转”命令的R选项可用参考角度来控制旋转角。若不知道实体的当前角度，又需将其旋转到一定角度，则可使用R选项，此时应注意参考角度第一点和第二点的顺序。

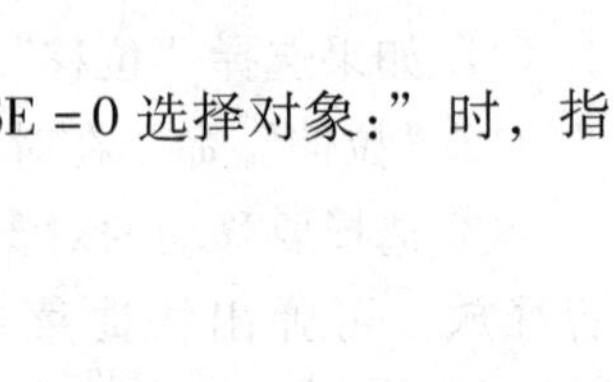

图4-9 旋转图形

【例4-5】 用“旋转”命令旋转图4-9所示的图形。操作步骤如下：

1）执行“旋转”命令。

2）提示“UCS当前的正角方向：ANGDIR=逆时针 ANGBASE=0 选择对象：”时，指定矩形对象。

3）提示“选择对象：”时，回车结束选择对象。

4）提示“指定基点：”时，捕捉矩形左下角点为基点。

5）提示“指定旋转角度，或［复制(C)/参照(R)］<0>：”时，输入“C↙”复制对象。

6）提示“指定旋转角度，或［复制(C)/参照(R)］<0>：”时，输入“30↙”，即顺时针旋转30°。

4.4 修剪与延伸对象

4.4.1 修剪

“修剪”命令用于修剪目标，待修剪的目标沿一个或多个实体所限定的切割边处被剪掉，被修剪的对象可以是直线、圆、弧、多段线、样条曲线、射线等。使用时首先要选择切割边或边界，然后再选择要剪裁的对象。

“修剪”命令调用有以下方式：“默认”选项卡 | “修改”面板 | 修剪-/--；“修改”下拉菜单 | “修剪”；“修改”工具栏修剪按钮-/--；在命令行输入“TRIM”（T）。

执行“修剪”命令后，系统提示的主要提示选项说明如下：

（1）选择修剪对象　选定对象来修剪其他对象。可以选择多个修剪对象，单击“Enter”键退出命令。

（2）按住“Shift”键选择要延伸的对象　修剪和延伸之间切换的简便方法。延伸选定对象。

（3）选择要延伸的对象　指定要延伸的对象。单击“Enter”键结束命令。

（4）栏选（F）　选择与选择栏相交的所有对象。选择栏是一系列临时线段，它们是用两个或多个栏选点指定的。选择栏不构成闭合环。

（5）窗交（C）　选择矩形区域内部或与之相交的对象。

（6）投影（P）　指定修剪对象时使用的投影方法。

（7）边（E）　确定对象是在另一对象的延长边处进行修剪，还是仅在三维空间中与该对象相交的对象处进行修剪。

（8）删除（R）　删除选定的对象。用来删除不需要的对象的简便方式，而无需退出“修剪”命令。

（9）放弃（U）　放弃最近由修剪所做的更改。

注意：

①“修剪”命令还可以剪切尺寸标注线。

② 被修剪对象本身也可以是剪切边。

③“修剪”命令允许修剪同一边界内外侧的多个实体。

【例4-6】　修剪图4-10a所示的图形，结果如图4-10b所示。操作步骤如下：

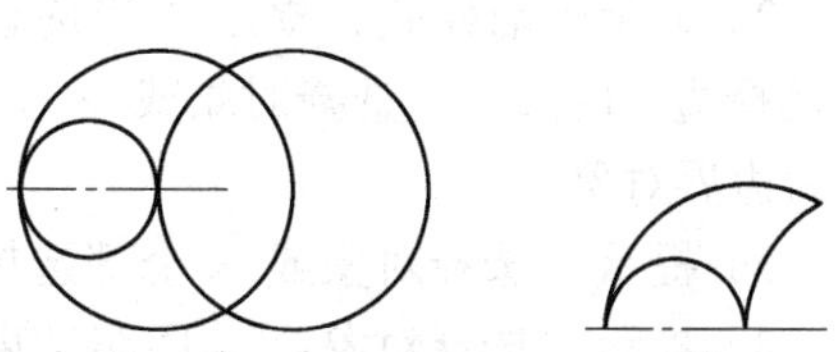

图4-10　修剪图形
a）修剪前　b）修剪后

1）执行“修剪”命令。

2）显示当前模式为“当前设置：投影 = UCS，边 = 无选择剪切边…”。

3）提示“选择对象或 <全部选择> ：”时，选择三个圆。

4）提示“选择对象：”，回车结束边界选择。

5）提示“选择要修剪的对象，或按住“Shift”键选择要延伸的对象，或[栏选(F)/窗交(C)/投影(P)/边(E) /删除(R)/放弃(U)]:”，分别选择每个圆的修剪部分。

6）提示“选择要修剪的对象，或按住“Shift”键选择要延伸的对象，或[栏选(F)/窗交(C)/投影(P)/边(E) /删除(R)/放弃(U)]:”，回车结束命令。

4.4.2 延伸

“延伸”命令用于把直线、弧和多段线等的端点延长到指定的边界，这些边界可以是直线、圆弧或多段线。

“延伸”命令调用有以下方式：“默认”选项卡 | “修改”面板 | 延伸；“修改”下拉菜单 | “延伸”；“修改”工具栏的延伸按钮；命令行输入“EXTEND”（D）。

执行“延伸”命令后系统提示中各选项含义及功能如下：

(1) 选择边界对象　使用选定对象来定义对象延伸到的边界。

(2) 选择要延伸的对象　指定要延伸的对象。按“Enter”键结束命令。

(3) 栏选（F）　选择与选择栏相交的所有对象。选择栏是一系列临时线段，它们是用两个或多个栏选点指定的。选择栏不构成闭合环。

(4) 窗交（C）　选择矩形区域（由两点确定）内部或与之相交的对象。

(5) 投影（P）　指定延伸对象时使用的投影方法。

(6) 边（E）　将对象延伸到另一个对象的隐含边，或仅延伸到三维空间中与其实际相交的对象。

(7) 放弃（U）　放弃最近由“EXTEND”命令所做的更改。

注意：

① 修剪和延伸之间切换的简便方法是按住“Shift”键选择要修剪的对象，将选定对象修剪到最近的边界而不是将其延伸。

② 延伸一个相关的线形尺寸标注时，延伸操作完成后，其尺寸值会自动修正。

③ 有宽度的多段线以其中心作为延伸的边界线，以中心线为准延伸到边界。

④ 延伸过程中，可随时使“UNDO”命令取消上一次的延伸操作。

⑤ 使用此命令时，一次可选择多个实体作为边界，但每个延伸对象只能相对于一个延伸边界延伸。选择被延伸的实体时应单击靠近边界的一端，否则可能出错。

【例4-7】 用“延伸”命令将图4-11a中两条线延伸到矩形边线上，结果如图4-11b所示。操作步骤如下：

1）执行“延伸”命令。

2）显示当前模式，提示“当前设置：投影 = UCS，边 = 无选择边界的边... 选择对象或 ＜全部选择＞：”，选择矩形A为边界对象。

3）提示“选择对象或 ＜全部选择＞：找到一个。”

4）提示“选择对象：”，回车结束边界选择。

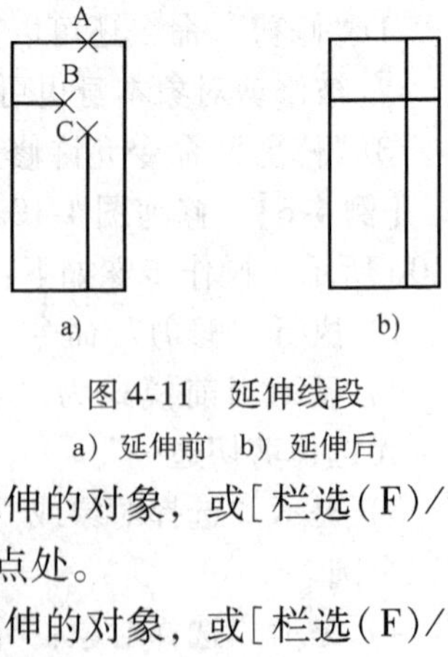

a)　　b)

图4-11　延伸线段

a）延伸前　b）延伸后

5）提示“选择要延伸的对象，或按住“Shift”键选择要延伸的对象，或[栏选(F)/窗交(C)/投影(P)/边(E)/放弃(U)]:”，选择需延伸线段靠近B点处。

6）提示“选择要延伸的对象，或按住“Shift”键选择要延伸的对象，或[栏选(F)/窗交(C)/投影(P)/边(E)/放弃(U)]:”，选择需延伸线段靠近C点处。

7）回车结束命令。

4.5 复制、镜像、拉伸与缩放对象

4.5.1 复制

“复制”命令用来复制一个已有的对象。用户可对所选的对象进行复制，将其放到指定的位置，并保留原来的对象。

“复制”命令调用可以通过：“默认”选项卡 | “修改”面板 | 复制、下拉菜单的“修改” | “复制”、修改工具栏的复制按钮，或在命令行输入 COPY（CO/CP）。

命令提示中各选项功能如下：

（1）基点 指定对象的基准点，基点可以指定在被复制的对象上，也可以不指定在被复制的对象上。

（2）位移 当用户指定基点后，系统继续提示指定位移的第二点或 <用第一点作位移>，用户要指定第二点，则第一点和第二点之间的距离为位移。

（3）重复（M） 替代“单个”模式设置。在命令执行期间，将 COPY 命令设置为自动重复。

注意：

① 如果选择“位移”选项来复制图形对象，这时的位移量是指相对距离，不必使用@。

②“复制”命令默认的是 Multiple（多次）模式，系统会一直重复提示复制下去，直至按回车键结束。

③ 用“COPYCLIP”命令可将用户选择的图形复制到 Windows 剪贴板上，应用于其他应用软件中。

【例4-8】 用“COPY”命令将图形从中心位于 O_1 的位置复制到中心位于 O_2 的位置，结果如图4-12所示。操作步骤如下：

1）执行“COPY”命令。

2）提示“选择对象:”时，选择目标。

3）提示“选择对象:”时，回车结束选择。

4）提示“指定基点或［位移（D）］ <位移>：”时，指定基点 O_1。

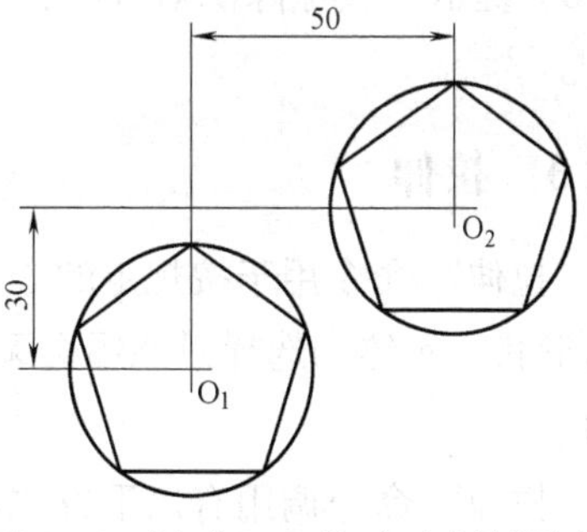

图4-12 用“COPY”命令复制图形

5）提示“第二个点或 <使用第一个点作为位移>：”时，输入“@50，30”。

6）提示“指定第二个点或［退出(E)/放弃(U)］<退出>：”时，回车结束命令。

4.5.2 镜像

“镜像”命令用于生成所选实体的对称图形，操作时需指出对称轴线。对称轴线可以是任意方向的，原实体可以删去或保留。

“镜像”命令调用有以下方式：“默认”选项卡 | “修改”面板 | 镜像；“修改”下拉菜单 | “镜像”；“修改”工具栏的镜像按钮；在命令行输入“MIRROR”（MI）。

执行“镜像”命令后，系统提示的主要提示选项说明如下：

（1）选择对象　选取镜像目标。

（2）指定镜像线的第一点　输入对称线第一点。

（3）指定镜像线的第二点　输入对称线第二点。

（4）是否删除源对象？［是(Y)/否(N)］〈N〉　提示选择从图形中删除或保留原始对象，默认值是保留原始对象。

注意：

① 对称轴线的方向是任意的，方向不同，对称图形的位置则不同，利用这一特性可绘制一些特殊图形。

② 对于文字、属性和属性定义，其文字的可读性取决于系统变量“MIRRTEXT”的值。该值为 0，镜像后文字的方向可读；该值为 1，则文字方向相反，即不可读。

【例 4-9】 用“镜像”命令将左侧图形镜像生成对称的右侧部分，如图 4-13 所示。操作步骤如下：

1）执行“MIRROR”命令。

2）提示“选择对象：”时，选择左侧所有镜像对象。

3）提示“选择对象：”时，回车结束选取镜像对象。

4）提示“指定镜像线的第一点：”时，指定镜像线的第一点 A。

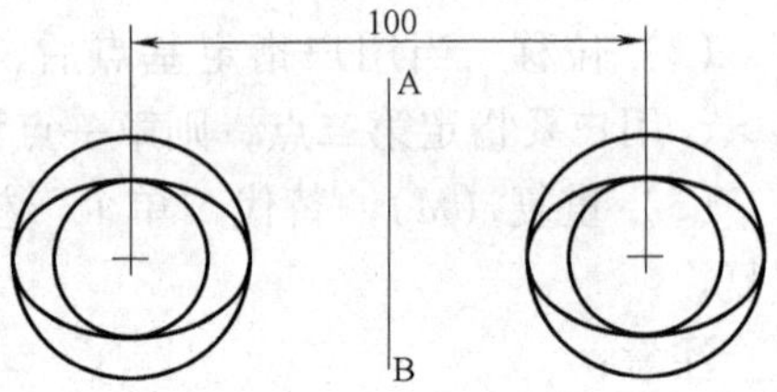

图 4-13　镜像图形

5）提示“指定镜像线的第二点：”时，指定镜像线的第一点 B。

6）提示“要删除源对象吗？［是(Y)/否(N)］<N>：”时，回车不删除源对象，结束命令。

4.5.3　拉伸

“拉伸”命令用于按规定的方向和角度拉长或缩短实体。它可以拉长、缩短或者改变对象的形状，实体的选择只能用交叉窗口方式，与窗口相交的实体被拉伸，窗口内的实体随之移动。

“拉伸”命令调用有以下方式：“默认”选项卡 |“修改”面板 | 拉伸；“修改”下拉菜单 |“拉伸”；“修改”工具栏的拉伸按钮；在命令行输入“STRETCH”（ST）。

执行“拉伸”命令后，系统提示的各选项含义及功能如下：

（1）选择对象　以交叉窗口或交叉多边形方式选择对象。

（2）指定基点或位移　指定拉伸基点或位移。

（3）指定位移的第二点　指定一点以确定位移大小。

注意：

① 使用“拉伸”命令时，若所选实体全部在交叉框内，则移动实体等同于“移动”命令；若所选实体与选择框相交，则实体将被拉长或缩短。

② 若只对图形内某个实体使用“拉伸”命令，而选择实体又不可避免地选上了其他实

体，这时可在“选择对象”后输入“R”，以单选方式来取消对这些对象的选择。

③ 能被拉伸的实体有线段、弧、多段线，但该命令不能拉伸圆、文字、块和点（当其在交叉窗口之内时可以移动）。

④ 对于宽线、圆环、二维填充实体等，可对各个点进行拉伸，其拉伸结果可改变这些实体的形状。

⑤ 若在目标选择时未进行交叉窗口方式，则对实体移动。

【例 4-10】 用“拉伸”命令将图 4-14a 所示的图形拉伸为图 4-14c 所示的图形。操作步骤如下：

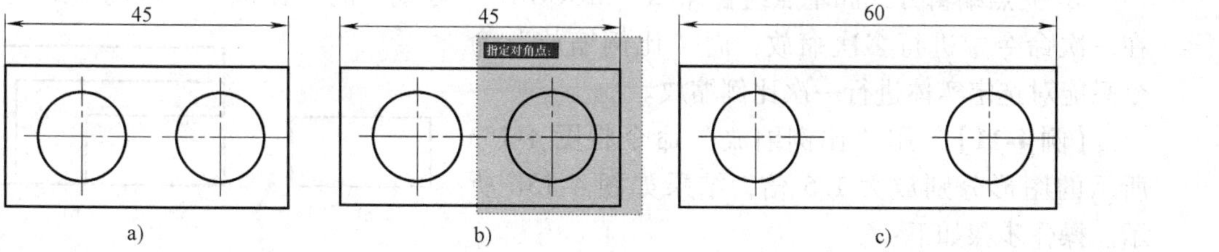

图 4-14　拉伸图形

a）拉伸前　b）选择拉伸对象　c）拉伸后

1）执行“拉伸”命令。

2）提示“以交叉窗口或交叉多边形选择要拉伸的对象... 选择对象：”时，以交叉窗口方式选择对象，如图 4-14b 所示。

3）提示“选择对象：”时。回车结束选择对象。

4）提示“指定基点或［位移（D）］＜位移＞：”时，选择矩形右侧角点。

5）提示“指定第二个点或＜使用第一个点作为位移＞：”时，向右侧拉伸输入“15↙”。

4.5.4　比例缩放

“比例缩放”命令可以改变实体的尺寸大小。该命令可以把整个对象或者对象的一部分沿 X、Y、Z 方向以相同的比例放大或缩小。由于三个方向的缩放率相同，保证了缩放实体的形状不变。

“比例缩放”命令调用有以下方式：“默认”选项卡｜“修改”面板｜比例；“修改”下拉菜单｜“比例”；“修改”工具栏的比例按钮；在命令行输入“SCALE”（SC）。

执行“比例缩放”命令后，系统提示中各选项说明如下：

（1）基点　是指在比例缩放中的基准点（即缩放中心点）。一旦选定基点，拖动光标时图像将按移动光标的幅度（光标与基点的距离）放大或缩小。另外，也可以输入具体比例因子进行缩放。

（2）比例因子　按指定的比例缩放选定对象。大于 1 的比例因子使对象放大，介于 0 和 1 之间的比例因子使对象缩小。

（3）参照（R）　用参考值作为比例因子缩放操作对象。输入“R”，执行该选项后，系统继续提示“指定参考长度＜1＞：”，其默认值是 1。这时如果指定一点，系统提示“指定第二点”，则两点之间决定一个长度；系统又提示“指定新长度”，则这新长度值与前一长度值之间的比值决定缩放的比例因子。此外，也可以在“指定参考长度 <1>：”的提示下输入参考长度值，系统继续提示“指定新长度”，则参考长度和新长度的比值决定缩放的比例因子。

注意：

① 比例因子大于 1 时，放大实体；大于 0 小于 1 时，缩小实体。比例因子可以用分数表示。

② 基点可选在图形上任何地方，当目标大小变化时，基点保持不动。基点的选择与缩放后的位置有关。最好选择在实体的几何中心或特殊点，这样缩放后，目标仍在附近位置。

③ 夹点编辑方式和基点组合编辑“MOCORO”方式中的“比例”选项均可对同一实体在一次命令中进行多次缩放，而“比例缩放”命令只能对选定实体进行一次比例缩放。

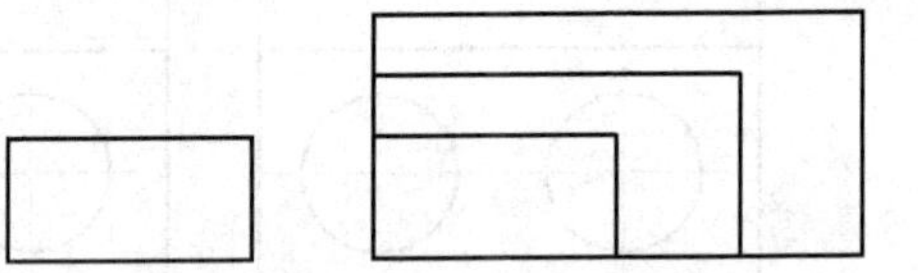
a)　b)

图 4-15　图形缩放

a）放大前　b）放大后

【例 4-11】 用“比例缩放”命令将图 4-15a 所示的图形分别放大 1.5 倍，结果如图 4-15b 所示。操作步骤如下：

1）执行“比例缩放”命令。

2）提示“选择对象：”，选择矩形。

3）提示“选择对象：”，回车结束目标选择。

4）提示“指定基点：”，拾取矩形左下角点为基点位置。

5）指定比例因子或[复制(C)/参照(R)] <1.0000>：　输入“C↙”复制对象。

6）指定比例因子或[复制(C)/参照(R)] <1.0000>：输入“1.5↙”，即放大 1.5 倍。

7）重复以上操作，继续缩放并复制矩形。

4.6　倒角和圆角

4.6.1　倒角

“倒角”命令用于将两条非平行直线或多段线做出有斜度的倒角。使用时应先设定倒角距离，然后再指定倒角线。

“倒角”命令调用有以下方式：“默认”选项卡 | “修改”面板 | 倒角；“修改”下拉菜单 | “倒角”；“修改”工具栏倒角按钮；在命令行输入“CHAMFER”（CHA）。

执行“倒角”命令后，系统提示的各选项功能如下：

（1）多段线（P）　在二维多段线的所有顶点处倒角。

（2）距离（D）　指定第一、第二倒角距离。

（3）角度（A）　以指定一个角度和一段距离的方法来设置倒角的距离。

（4）修剪（T）　被选择的对象或者在倒角线处被剪裁或者保留原来的样子。

（5）方法（M）　在“距离”和“角度”两个选项之间选择一种方法。

注意：

① 若指定的两直线未相交，“倒角”命令将延长它们使其相交，然后再倒角。

② 若选择“修剪”选项，则倒角生成时已存在的线段被剪切；若不设置“修剪”，则线段不会被剪切。

③ 用户须提供从两线段的交点到倒角边端点的距离，但如果倒角距离为0，则对两直线倒角就相当于修尖角，它与“圆角”命令中半径为0时的效果相同。

④“倒角”命令会自动把上次命令使用时的设置保存直至修改。

⑤“倒角”命令可以对直线、多段线进行倒角，但不能对弧、椭圆弧倒角。

【例4-12】 用“倒角”命令将如图4-16a 所示的图形右上角进行 C3 的倒角，结果如图4-16b 所示。操作步骤如下：

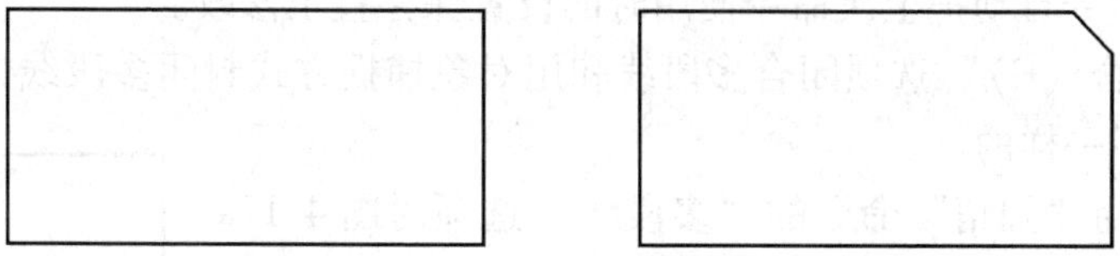

a)　　　　b)

图4-16　图形倒角

a）倒角前　b）倒角后

1）执行“倒角”命令。

2）提示默认裁剪模式：“当前倒角距离 1 = 0. 0000，距离 2 = 0. 0000”。

3）提示“选择第一条直线或[放弃(U)/多段线(P)/距离(D)/角度(A)/修剪(T)/方法(M)]：”，设置倒角距离，输入“D↙”。

4）提示“指定第一个倒角距离 <0. 0000>：”，输入第一倒角距离“3↙”。

5）提示“指定第二个倒角距离 <5. 0000>：”，直接回车，默认第二倒角距离为 3mm。

6）提示“选择第一条直线或[多段线(P)/距离(D)/角度(A)/修剪(T)/方法(M)]：”，拾取上面直线。

7）提示“选择第二条直线：”，拾取右侧直线，完成倒角。

4.6.2　圆角

“圆角”命令用来对两个对象进行圆弧连接，它还能对多段线的多个顶点进行一次性倒圆。此命令应先指定圆弧半径，再进行倒圆。“圆角”命令可以选择性地修剪或延伸所选对象，以便更好地圆滑过渡。

“圆角”命令调用有以下方式：“默认”选项卡 | “修改”面板 | 圆角；“修改”下拉菜单 | “圆角”；“修改”工具栏圆角按钮；在命令行输入“FILLET”(F)。

执行“圆角”命令后，系统提示中主要选项功能如下：

(1) 多段线 (P)　给二维多段线中的每个顶点处倒圆角。输入“P”，执行该选项后，可在“选择二维多段线”的提示下角点选的方法选中一条多段线，系统会在多段线的各个顶点处倒圆角，其倒角的半径可以使用默认值，也可用上面提示中的“半径 (R)”选项进行设置。

(2) 半径 (R)　指定倒圆角的半径。输入“R”执行该选项后，系统会提示“指定圆角半径 <10. 0000>：”，这时可直接输入半径值。

(3) 修剪 (T)　控制系统是否修剪选定的边使其延伸到圆角端点。执行该选项后的操作与“倒角”命令相同。

注意：

① 两条平行线可以倒圆角，无论圆角半径多大，AutoCAD 会自动绘一个直径为两平行线垂直距离的一个半圆。

② 对多段线倒圆时，“多段线”选项设定的圆弧半径对多段线所有有效顶点倒圆。

③ 圆角半径的大小决定圆角弧度的大小。如果圆角半径为0，可使两个实体相交。若圆角半径特别大，两实体不能容纳这么大的圆弧，AutoCAD 无法进行倒圆。太短而不可能形成圆角的线及在图形边界外才相交的线不可倒圆。

④“圆角”命令自动把上次命令使用时的设置保存直至修改。

⑤ 采用“闭合（C）”选项闭合多段线和用对象捕捉方式封闭多段线方式绘制的多段线倒圆角后结果是不一样的。

【例 4-13】 用“圆角”命令的“多段线”选项对图 4-17a 所示的多段线倒圆角，半径 $R=10$mm，其结果是所有的角均被倒圆，如图 4-17b 所示。操作步骤如下：

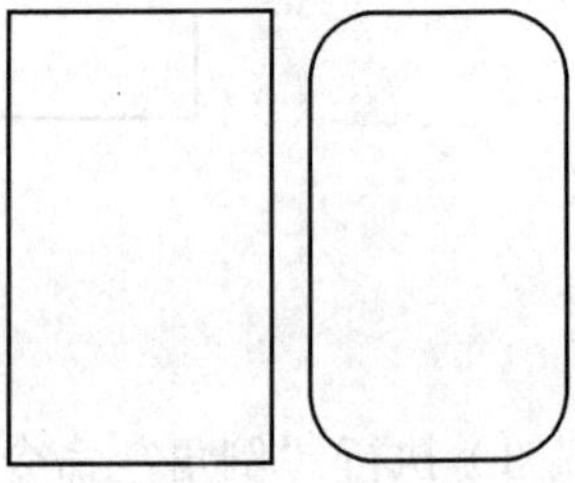

图 4-17 图形倒圆角

1）执行“圆角”命令。

2）提示默认裁剪模式：“当前设置：模式 = 修剪，半径 = 0.0000”。

3）提示“选择第一个对象或[放弃(U)/多段线(P)/半径(R)/修剪(T)/多个(M)]：”，输入“R↙”。

4）提示“指定圆角半径 <0.0000>：”，输入“10↙”。

5）提示“选择第一个对象或[放弃(U)/多段线(P)/半径(R)/修剪(T)/多个(M)]：”，输入“P↙”。

6）提示“选择二维多段线：”，选择矩形。

7）提示“4 条直线已被圆角”，回车结束命令。

4.7 偏移与阵列对象

4.7.1 偏移

“偏移”命令用于建立一个与选择对象相似的另一个平行对象。当等距偏移一个对象时，需指出等距偏移的距离和偏移方向，也可以指定一个偏移对象通过的点。“偏移”命令可以平行复制圆弧、直线、圆、样条曲线和多段线。若偏移的对象为封闭体，则偏移后图形被放大或缩小，原实体不变。

“偏移”命令调用有以下方式：“默认”选项卡 | “修改”面板 | 偏移；“修改”下拉菜单 | “偏移”；“修改”工具栏偏移按钮；在命令行输入“OFFSET”（O）。

执行“偏移”命令时，系统提示中的主要选项说明如下：

（1）偏移距离　指定偏移的距离（用于复制对象时，距离值必须大于0）。

（2）通过（T）　指定偏移对象通过的点。

（3）删除（E） 设置是否删除源对象。

（4）图层（L） 设置是否在源对象所在图层偏移。

注意：

① 偏移多段线或样条曲线时，将偏移所有选定顶点控制点，如果把某个顶点偏移到样条曲线或多段线的一个锐角内时，则可能出错。

② 点、图块、属性和文字不能被偏移。

③“偏移”命令每次只能用直接单击的方式一次选择一个实体进行偏移复制，若要多次用同样距离偏移同一对象，可使用“阵列”命令。

【例4-14】 用“偏移”命令将图4-18所示的矩形及圆向内或向外偏移5mm。操作步骤如下：

1）执行“偏移”命令。

2）提示“当前设置：删除源 = 否 图层 = 源 OFFSETGAPTYPE = 0 指定偏移距离或[通过(T)/删除(E)/图层(L)] <通过>：”时，输入偏移距离“5↙”。

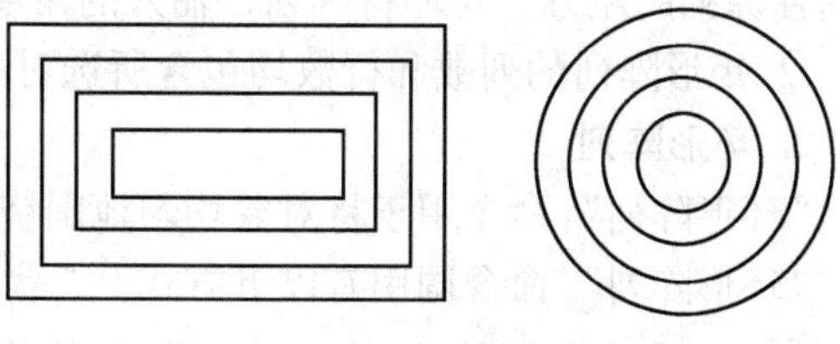

图4-18 偏移图形

3）提示“选择要偏移的对象，或[退出(E)/放弃(U)] <退出>：”时，选取偏移对象。

4）提示“指定要偏移的那一侧上的点，或[退出(E)/多个(M)/放弃(U)] <退出>：”时，选取内侧或外侧点。

5）提示“选择要偏移的对象，或[退出(E)/放弃(U)] <退出>：”时，再次选取偏移对象。

6）提示“指定要偏移的那一侧上的点，或[退出(E)/多个(M)/放弃(U)] <退出>：”时，继续选取内侧或外侧点。

7）提示“选择要偏移的对象，或[退出(E)/放弃(U)] <退出>：”时，回车结束偏移命令。

4.7.2 阵列

AutoCAD提供的“阵列”命令，包括矩形阵列、环形阵列及路径阵列。

1. 矩形阵列

“矩形阵列”命令用于将所选对象分布到行、列和标高的任意组合。

“矩形阵列”命令调用有以下方式：“默认”选项卡|“修改”面板|阵列；“修改”下拉菜单|“阵列”；“修改”工具栏的阵列按钮；在命令行输入“ARRAY rect”（AR）。

执行“矩形阵列”命令，在选择了阵列对象后，功能区会出现相应的“阵列创建”选项卡的“矩形阵列”各面板，如图4-19所示，用户可以对阵列各选项进行设置，绘图区显示预览阵列，设置完成后单击“关闭阵列”按钮。

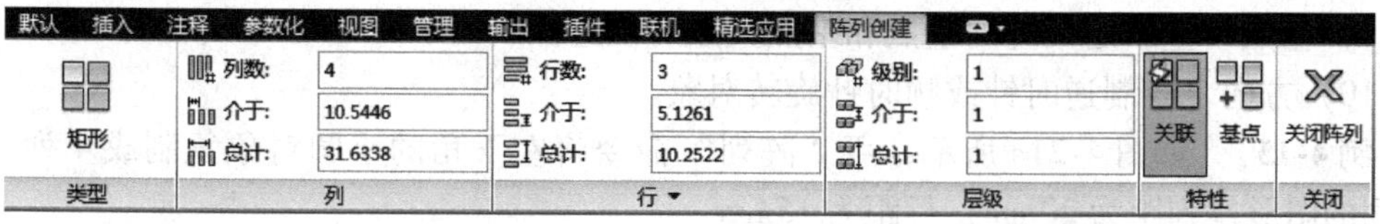

图4-19 “阵列创建”选项卡的“矩形阵列”各面板

主要提示选项说明如下：

（1）行数　输入矩形阵列的行数。

（2）列数　输入矩形阵列的列数。

（3）级别　指定三维阵列的层数。

（4）介于　输入矩形阵列的行间距或列间距。

（5）总计　输入矩形阵列的总计行间距或列间距。

（6）基点　定义阵列基点和基点夹点的位置。

（7）关联　指定阵列中的对象是关联的还是独立的。

注意：① 矩形阵列时，输入的行距和列距若为负值，则加入的行在原行的下方，加入的列在原列的左方。对环行阵列，输入的角度为负值，即为顺时针方向旋转。

② 矩形阵列的列数和行数均包含所选对象，环形阵列的复制份数也包括原始对象在内。

2. 环形阵列

“环形阵列”命令用于将对象均匀地围绕中心点或旋转轴分布。

“环形阵列”命令调用有以下方式：“默认”选项卡|“修改”面板|阵列|环形阵列按钮；“修改”下拉菜单|“阵列”；“修改”工具栏的阵列按钮；在命令行输入“ARRAYPOLAR”。

执行“环形阵列”命令，在选择对象及指定阵列中心点后，功能区会出现相应的“阵列创建”选项卡的“环形阵列”各面板，如图4-20所示，用户可以对阵列各选项进行设置，绘图区显示预览阵列，设置完成后单击“关闭阵列”按钮。

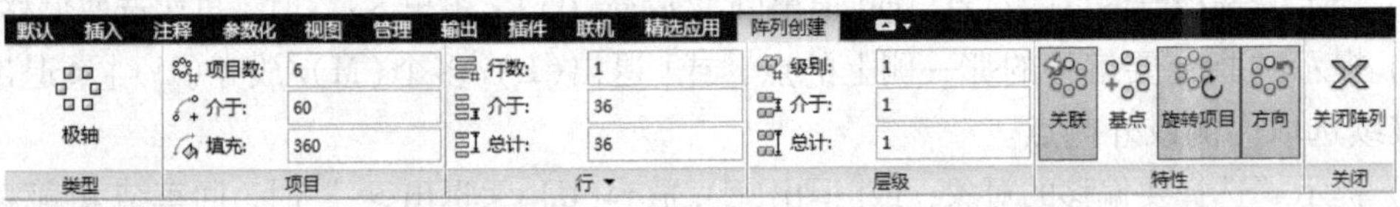

图4-20 “阵列创建”选项卡的“环形阵列”各面板

主要提示选项说明如下：

（1）极轴　在绕中心点或旋转轴的环形阵列中均匀分布对象副本。

（2）项目数　输入环形阵列复制份数。

（3）介于　输入项目之间的角度。

（4）填充　通过总角度和阵列对象之间的角度来控制环形阵列。还可以拖动箭头夹点来调整填充角度。

（5）行数　指定阵列中的行数、它们之间的距离以及行之间的增量标高。

（6）层级　指定（三维阵列的）层数和层间距。

（7）旋转项目　控制在排列项目时是否旋转对象。

（8）关联　指定阵列中的对象是关联的还是独立的。

（9）基点　重新定义阵列基点和基点夹点的位置。

（10）方向　控制逆时针或顺时针旋转对象。

【例4-15】　如图4-21a所示，用“阵列”命令将左下角的小圆对象复制成4列3行矩形排列的图形，列距为20mm，行距为15mm。

1）命令：_arrayrect　　　　（执行“矩形阵列”命令）

2）选择对象：指定对角点：找到 1 个　　　　　　　　（选择左下角的小圆对象）

3）选择对象：↙　　　　　　　　　　　　　　　　　（回车结束对象选择）

4）类型 = 矩形　关联 = 是

5）选择夹点以编辑阵列或[关联(AS)/基点(B)/计数(COU)/间距(S)/列数(COL)/行数(R)/层数(L)/退出(X)]<退出>：

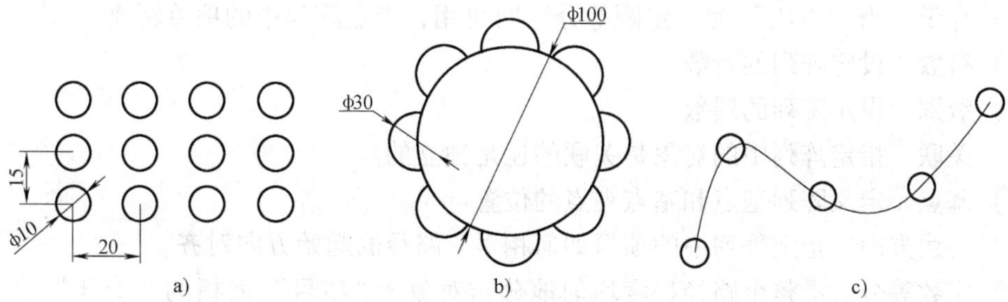

图 4-21　阵列图形

6）输入列数：4，介于：20，行数：3，介于：15，其他选项为默认值。

7）单击“关闭阵列”按钮，结束命令。

【例 4-16】 用“阵列”命令将左侧小圆作环形阵列，结果如图 4-21b 所示。

1）命令：_arraypolar　　　　　　　　　　　　　　（执行“环形阵列”命令）

2）选择对象：　　　　　　　　　　　　　　　　　（选择左侧的小圆对象）

3）找到 1 个

4）选择对象：↙　　　　　　　　　　　　　　　　　（回车结束对象选择）

5）类型 = 极轴　关联 = 是

6）指定阵列的中心点或[基点(B)/旋转轴(A)]：　　　（拾取大圆中心点）

7）选择夹点以编辑阵列或[关联(AS)/基点(B)/项目(I)/项目间角度(A)/填充角度(F)/行(ROW)/层(L)/旋转项目(ROT)/退出(X)]<退出>：（此时，可在图 4-20 所示的“阵列创建”选项卡/“环形阵列”面板中操作）

8）输入项目数：8，填充角度：360，“旋转项目”按钮为启用状态。

9）单击“关闭阵列”按钮，结束命令。

3. 路径阵列

“路径阵列”命令可将对象将均匀地沿路径或部分路径分布。沿路径分布的对象可以测量或分割。

“路径阵列”命令调用有以下方式：“默认”选项卡|“修改”面板|阵列|；“修改”下拉菜单|“阵列”;“修改”工具栏的阵列按钮；在命令行输入“ARRAYPATH”。

执行“路径阵列”命令，在选择了阵列对象及路径后，功能区会出现相应的“阵列创建”选项卡的“路径阵列”各面板，如图 4-22 所示，用户可以对阵列各选项进行设置，绘图区会显示预览阵列，设置完成后单击“关闭阵列”按钮。

命令主要提示及选项说明如下：

（1）路径　路径可以是直线、多段线、三维多段线、样条曲线、螺旋、圆弧、圆或椭圆。

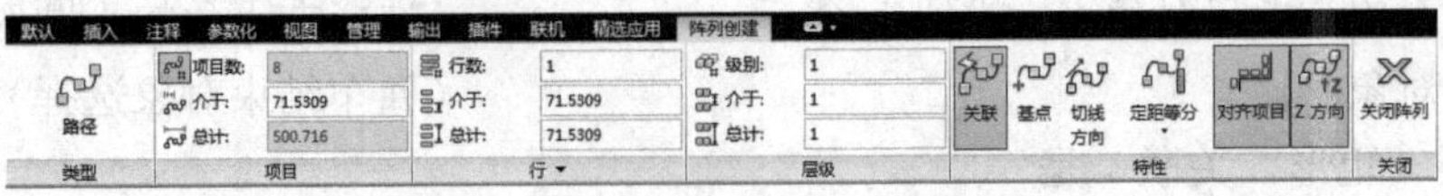

图 4-22 “阵列创建”选项卡的“路径阵列”各面板

(2) 项目数　当“方法”为“定数等分”时可用，指定阵列中的项目数。

(3) 介于　当“方法”为“定距等分”时可用，指定阵列中的项目距离。

(4) 行数　设定阵列的行数。

(5) 级别　设定阵列的层数。

(6) 关联　指定阵列中的对象是关联的还是独立的。

(7) 基点　定义阵列基点和基点夹点的位置。

(8) 切线方向　指定阵列中的项目如何相对于路径的起始方向对齐。

(9) 定数等分　沿整个路径长度均匀地分布对象。“项目”面板的“介于”文本框灰显，禁止输入。

(10) 定距等分　以特定间隔分布对象。“项目”面板的“项目数”文本框灰显，禁止输入。

(11) 对齐项目　指定是否对齐每个项目以与路径的方向相切。

(12) Z 方向　控制是否保持项目的原始 Z 方向或沿三维路径自然倾斜项目。

【例 4-17】　绘制一个小圆及一条曲线，用“路径阵列”命令将小圆沿着样条曲线作路径阵列，如图 4-21c 所示。

1) 命令：_arraypath　　（执行“路径阵列”命令）

2) 选择对象：　　（选择左侧的小圆对象）

3) 找到 1 个

4) 选择对象：↙　　（回车结束对象选择）

5) 类型 = 路径　关联 = 是

6) 选择路径曲线：　　（选择样条曲线对象）

7) 选择夹点以编辑阵列或[关联(AS)/方法(M)/基点(B)/切向(T)/项目(I)/行(R)/层(L)/对齐项目(A)/Z 方向(Z)/退出(X)] <退出>：（此时，可在图 4-20 所示的“阵列创建”选项卡/“环形阵列”面板中操作）

8) 选择“路径阵列”|“特性”面板的“定数等分”，输入项目数“5 ↙”。

9) 单击“关闭阵列”按钮，结束命令。

4.8 打断与合并

4.8.1 打断

“打断”命令可将直线、弧、圆、多段线、椭圆、样条线、射线分成两个实体或删除某一部分。该命令可通过指定两点、选择物体后再指定两点这两种方式断开实体。

“打断”命令调用有以下方式：“默认”选项卡 |“修改”面板 | 打断；“修改”下

拉菜单|“打断”；“修改”工具栏的打断按钮；在命令行输入“BREAK”（BR）。

执行“打断”命令后，系统提示的各选项功能如下：

（1）第二个打断点　指定用于打断对象的第二个点。

（2）第一点（F）　用指定的新点替换原来的第一个打断点。

注意：

① 若对“指定第二个打断点”选项输入“@”，则表示第二个断开点与第一个断开点是同一点，虽然看不见，实际上实体已被无缝隙断开。

②“选择对象”选项，可以是默认情况下断开的第一点，也可以通过“F”选项重新确定待断开目标第一个断开点与第二个断开点。

③ 对圆或圆弧进行断开操作时，一定要按逆时针进行操作，即第二点应相对于第一点逆时针方向，否则可能会把不该剪掉的部分剪掉。

【例4-18】 用“打断”命令断开如图4-23a所示的水平直线，结果如图4-23b所示。操作步骤如下：

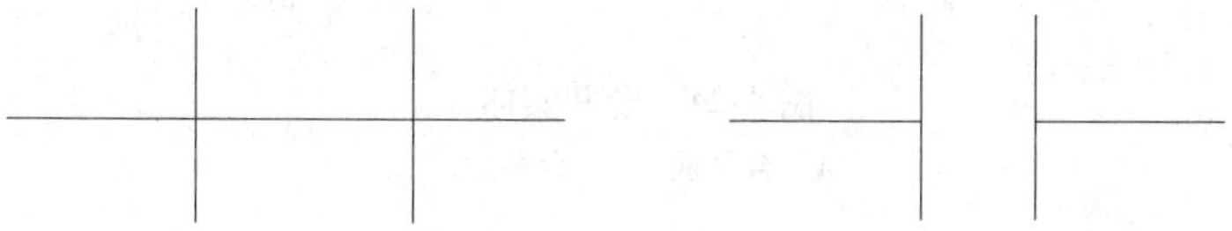

a)　b)

图4-23　打断实体

a）打断前　b）打断后

1）执行“打断”命令。

2）提示“选择对象”时，指定待断开的水平直线。

3）提示“指定第二个打断点或［第一点（F）］：”时，选择选项“F↙”，以重新指定第一个打断点，否则系统默认选择对象的拾取点为第一个打断点。

4）提示“指定第一个打断点：”时，拾取需断开的左侧交点。

5）提示“指定第二个打断点：”时，拾取需断开的右侧交点。

4.8.2　合并

将选定的对象合并形成一个完整的对象。

“合并”命令调用有以下方式：“默认”选项卡|“修改”面板|合并；“修改”下拉菜单|“合并”；“修改”工具栏的合并按钮；在命令行输入“JOIN”。

执行“合并”命令后，系统提示的各选项功能如下：

（1）选择源对象　可以是直线、多段线、圆弧、椭圆弧、样条曲线或螺旋。

（2）选择要合并到源的对象　对象可以是直线、多段线或圆弧、椭圆弧、样条曲线或螺旋。根据选定的源对象，要合并到源的对象有所不同。

1）直线，可选择一条或多条直线合并到源，所选择直线对象必须共线，但是它们之间可以有间隙。

2）多段线，对象可以是直线、多段线或圆弧，对象之间不能有间隙，并且必须位于与用户坐标系（UCS）的 XY 平面平行的同一平面上。

3）圆弧，选择一个或多个圆弧或输入“L”闭合将源圆弧转换成圆。圆弧对象必须位于同一假想的圆上，但是它们之间可以有间隙。

4）椭圆弧，选择椭圆弧以合并到源，或输入“闭合”选项将源椭圆弧闭合成完整的椭圆。椭圆弧必须位于同一椭圆上，但是它们之间可以有间隙。

5）样条曲线，选择要合并到源的样条曲线。样条曲线对象必须相接（端点对端点）。

6）螺旋，选择要合并到源的螺旋。螺旋对象必须相接（端点对端点）。

注意：

① 合并两条或多条圆弧时，将从源对象开始按逆时针方向合并圆弧。

② 注意合并两条或多条椭圆弧时，将从源对象开始按逆时针方向合并椭圆弧。

【例 4-19】 用“合并”命令将图 4-24a 所示的直线 AB 和 CD 合并为一条直线，结果如图 4-24b 所示。操作步骤如下：

图 4-24　合并实体

a）合并前　b）合并后

1）执行“合并”命令。

2）提示“选择源对象：”时，指定直线 AB。

3）提示“要合并到源的直线：”时，指定直线 CD。

4）提示“找到 1 个”。

5）提示“要合并到源的直线：”时，回车结束选择。

6）提示“已将 1 条直线合并到源”。

4.9　拉长与对齐对象

4.9.1　拉长

“拉长”命令用于更改对象的长度或圆弧的包含角。

“拉长”命令调用有以下方式：“默认”选项卡 | “修改”面板拉长按钮；“修改”下拉菜单 | “拉长”；在命令行输入“LENGTHEN”。

执行“拉长”命令后，系统提示的各选项功能如下：

（1）选择对象　显示对象的长度或圆弧的包含角。

（2）增量　从距离选择点最近的端点处开始以指定的增量修改对象的长度。

1）长度差值，以指定的增量修改对象的长度。

2）角度，以指定的角度修改选定圆弧的包含角。

（3）百分数　通过指定对象总长度的百分数设置对象长度。

（4）全部　通过指定从固定端点测量的总长度的绝对值来设置选定对象的长度。选择“全部”选项后，系统也按照指定的总角度设置选定圆弧的包含角。

1）总长度，将对象从离选择点最近的端点拉长到指定值。

2）角度，设置选定圆弧的包含角。

（5）动态　打开动态拖动模式。通过拖动选定对象的端点之一来改变其长度。

注意：

① 增量值为正值时则拉长对象，负值时修剪对象。

② 提示将一直重复，直到按“Enter”键结束命令。

【例 4-20】　用“拉长”命令将如图 4-25a 所示的图形拉伸为如图 4-25b 所示的图形。操作步骤如下：

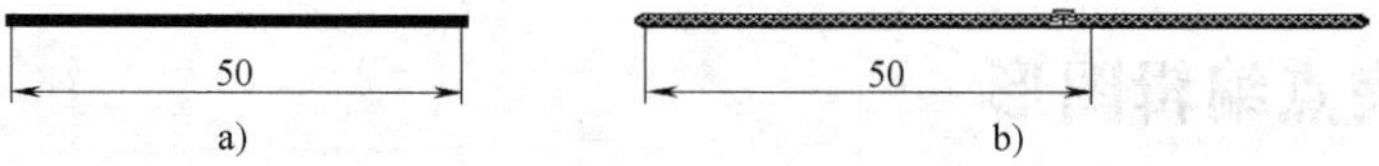

图 4-25　拉长图形

a）拉长前　b）拉长后

1）执行“拉长”命令。

2）提示“选择对象或［增量(DE)/百分数(P)/全部(T)/动态(DY)］:”时，输入“DE↙”。

3）提示“输入长度增量或［角度（A)］<0.0000>：”时，输入“30↙”。

4）提示“选择要修改的对象或［放弃（U)］”时，选择直线右侧。

5）回车结束命令。

4.9.2　对齐

“对齐”命令用于在二维和三维空间中将对象与其他对象对齐。

“对齐”命令调用有以下方式：“默认”选项卡 |“修改”面板对齐按钮；“修改”下拉菜单 |“三维空间”|“对齐”；在命令行输入“ALIGN”。

执行“对齐”命令后，系统提示中的各选项功能如下：

（1）选择对象　选择要对齐的对象。

（2）源点、目标点　指定一对、两对或三对源点和目标点，选定对象将在二维或三维空间从源点移动到目标点对齐选定对象。

注意：

① 只有使用两对点对齐对象时才有缩放提示。缩放对象将以第一目标点和第二目标点之间的距离作为缩放对象的参考长度。

② 当选择三对点对齐对象时，选定对象可在三维空间移动和旋转，使之与其他对象对齐。

【例 4-21】　用“对齐”命令对齐图 4-26 所示的图形。操作步骤如下：

1）执行“对齐”命令 。

2）提示“选择对象:”时，选择右侧对象。

3）提示“选择对象:”时，回车

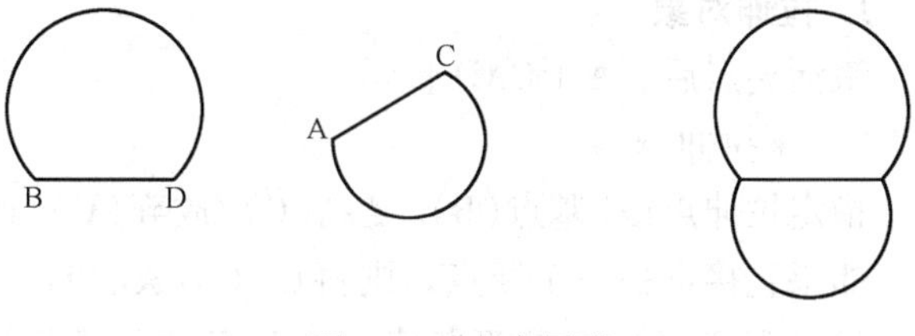

图 4-26　对齐图形

结束选择。

4）提示“第一个源点：”时，捕捉 A 点。

5）提示“第一个目标点：”时，捕捉 B 点。

6）提示“第二个源点：”时，捕捉 C 点。

7）提示“第二个目标点：”时，捕捉 D 点。

8）提示“指定第三个源点或＜继续＞：”时，回车结束捕捉。

9）提示“是否基于对齐点缩放对象？［是（Y）/否（N）］＜否＞：Y”时，输入“Y↙”，缩放对齐对象。

4.10 使用夹点编辑图形

夹点是一种十分快捷的选择实体的方式，熟练地使用夹点功能，能大大提高绘图效率。

在没有执行任何命令的时候用鼠标单击绘图区一个或多个实体，这些被选中的实体变为亮显图线并在图线上出现蓝色小方块（未激活夹点），这就是对象夹点。各种实体的夹点形式如图 4-27 所示。

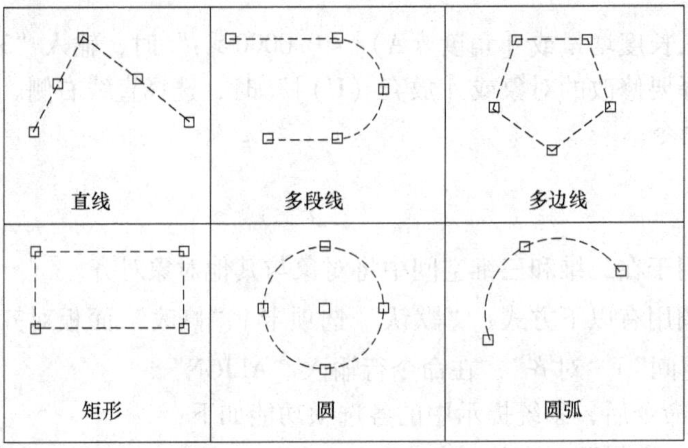

图 4-27 夹点的形式

夹点激活后，夹点由蓝色变为红色小方块（激活夹点）。

若单击对象的蓝色夹点，可将其变为红色激活夹点进行相关的编辑操作：在右键快捷菜单中选择有关操作；按空格键或“Enter”键循环选择五种操作，即拉伸、移动、缩放、旋转、镜像。

多功能夹点命令支持直接操作，即在某些夹点上悬停即可查看相关命令和选项。该功能应用于直线、弧线、椭圆弧、多段线、尺寸和多重引线等对象上。

1. 拉伸对象

激活夹点后，AutoCAD 提示

“＊＊拉伸 ＊＊

指定拉伸点或［基点（B）/复制（C）/放弃（U）/退出（X）］：”

如果直接选择一个新点，则将点（即激活的夹点）拉伸到该点。其他选项说明如下：

（1）基点（B） 重新指定一个基点，新基点可以不在夹点上。

（2）复制（C） 允许多次拉伸，每次拉伸都生成一个新对象。

（3）放弃（U） 取消上次操作。

（4）退出（X） 退出编辑模式。

2. 移动对象

激活夹点后，AutoCAD 提示为拉伸模式，按空格键或“Enter”键后，进入移动模式，AutoCAD 提示

“＊＊移动＊＊

指定移动点或[基点(B)/复制(C)/放弃(U)/退出(X)]:”

这些选项的含义和拉伸模式下含义基本相同。

3. 旋转对象

进入旋转模式，AutoCAD 提示

“＊＊旋转＊＊

指定旋转角度或[基点(B)/复制(C)/放弃(U)/参照(R)/退出(X)]:”

如果指定一个旋转角度，系统会以选中的夹点为基点来旋转对象。其他选项说明如下：

（1）基点（B） 重新指定一个基点，新基点可以不在夹点上。

（2）复制（C） 允许多次旋转，每次旋转后都生成一个新对象。

（3）放弃（U） 取消上次操作。

（4）参照（R） 使用参照方式确定旋转角度。

（5）退出（X） 退出编辑模式。

4. 缩放对象

进入缩放模式，AutoCAD 提示

“＊＊比例缩放＊＊

指定比例因子或[基点(B)/复制(C)/放弃(U)/参照(R)/退出(X)]:”

如果在此提示下直接输入一个数，图形对象会以该数为比例因子进行缩放。其他选项的含义及功能同“旋转对象”命令的。

5. 镜像对象

进入镜像模式，AutoCAD 提示

“＊＊镜像＊＊

指定第二点或[基点(B)/复制(C)/放弃(U)/退出(X)]:”

如果此时指定一点，系统会用该点和基点（激活的夹点）确定镜像轴，执行镜像操作。其他选项的含义及功能同“旋转对象”命令的。

注意：

① 通过“选项”对话框的“选择集”选项卡，可设置夹点的相关特性。

② 夹点可用“Esc”键消除。

③ 夹点可用于三维实体的选取。

【例 4-22】 利用夹点的操作练习。使用夹点选取如图 4-28a 所示的竖直点画线，将其缩短至如图 4-28b 所示。操作步骤如下：

1）单击竖直点画线，出现蓝色夹点。

2）单击竖直点画线的上端点，夹点变为红色。

3）缩短至合适位置单击鼠标。

4）下面点画线缩短的操作与上面步骤相同。

【例 4-23】 画出如图 4-29a 所示的图形，用激活夹点作镜像编辑，结果如图 4-29b 所示。

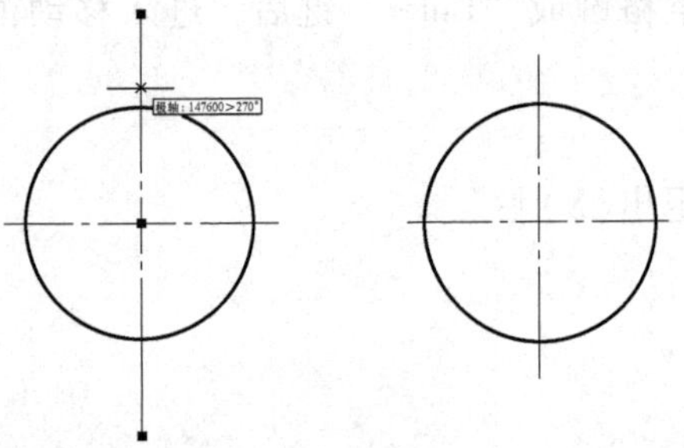

a)　　　　b)

图 4-28　使用夹点缩短竖直点画线

a）缩短前　b）缩短后

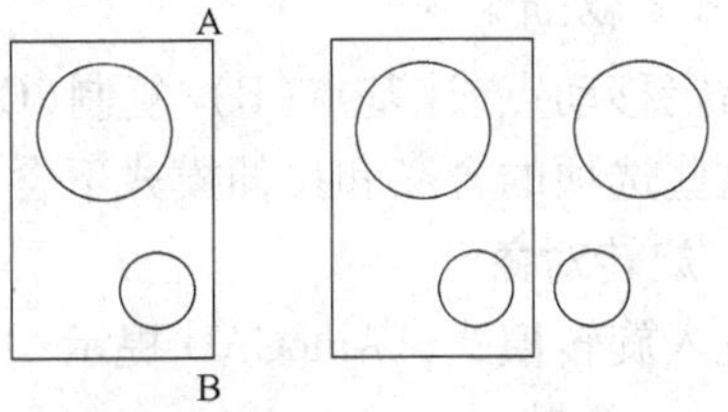

a)　　　　b)

图 4-29　使用夹点镜像小圆

a）镜像前　b）镜像后

1）单击两个小圆，使其出现蓝色夹点。

2）单击圆周上任一蓝色夹点，使其变为红色，激活夹点。

3）连续敲击空格键，直至命令行提示为“＊＊镜像＊＊”。

4）输入“C↙”选项，镜像复制对象。

5）输入“B↙”选项，重新设置镜像线基点。

6）用光标拾取 A、B 两点为镜像线。

7）输入“X↙”或右键单击退出。

8）按“Esc”键清除夹点。

4.11　线性编辑

4.11.1　编辑多段线

“编辑多段线”命令可以对多段线整体进行编辑（如改变线宽、拟合曲线等），还可以移动、删除顶点等。

1. 编辑单个多段线

“编辑多段线”命令调用有以下方式：“默认”选项卡 |“修改”面板 | 编辑多段线；“修改”下拉菜单 |“对象”|“多段线”；“修改Ⅱ”工具栏的编辑多段线按钮；在命令行输入“PEDIT”命令。

另外，直接双击要编辑的多段线，或选择多段线后，在右键快捷菜单选项中都可“编辑多段线”。

执行“编辑多段线”命令后，系统提示中各主要选项说明如下：

（1）闭合（C）/打开（O）　将多段线端点闭合。如果多段线已经闭合，而选项为“打开（O）”，执行命令后闭合的多段线被断开。

（2）合并（J） 将与该多段线端点相连接的另一多段线、线段或圆弧合并为一条多段线，并继承该多段线的属性（图层、颜色、线型等）。如果其中有已经拟合的曲线，则合并后恢复原状。

（3）宽度（W） 设置多段线的统一宽度。

（4）拟合（F） 通过各个顶点将多段线拟合成一条光滑曲线。

（5）样条曲线（S） 多段线拟合成B样条曲线。

（6）非曲线化（D） 将拟合的曲线恢复原状。

（7）线型生成（L） 控制线型生成器开/关。例如，已经设置了某种线型的多段线并将其样条曲线化，当线型关闭时其中一段曲线不显示原线型。线型打开时，才显示原定义线型。

（8）放弃（U） 取消上次操作。

（9）编辑顶点（E） 进入该选项后，AutoCAD会在多段线起点处显示一个“×”表示当前顶点，并在命令行列出有关选项，说明如下：

1）下一个（N）/上一个（P），上下移动，改变当前点。

2）打断（B），在当前点A选择该项后，移动顶点到点B，选择“执行（G）”，则A、B两点间所有的线段被删除。如只在一点打断，选择“执行（G）”后，原多段线被分为两段。

3）插入（I），在当前点A选择该项后，拾取一个新点，即在点A和上一点之间插入了这个新顶点。

4）移动（M），移动当前顶点。

5）重生成（R），重新生成多段线。

6）拉直（S），在当前点A选择该项后，移动顶点到点B，选择“执行（G）”原A、B点之间图线被拉直为AB直线。

7）切向（T），作曲线拟合时，在当前点设置曲线的切线方向。可拾取一个点与当前点的连线即为切线，也可输入角度值。

8）宽度（W），改变当前点到下一点线段的宽度。

9）退出（X），退出顶点编辑状态。

注意：

① 该命令可编辑矩形，还能将普通直线、圆弧转换成多段线进行编辑。

② 使用“合并（J）”选项时，两条线必须起点或终点相交，否则无效。

③ 编辑顶点时，当前点不能用光标拾取，只能用键盘的方向键上、下移动取点。

④ 顶点编辑要在命令行中，选择“执行（G）”才能完成操作。

【例4-24】 绘制如图4-30a所示的多段线，然后进行编辑练习，如图4-30b所示。

操作一：编辑顶点。

1）执行“编辑多段线”命令。

2）输入“E↙”编辑顶点。

3）连续单击回车键，将当前顶点“×”移至A处。

4）输入“S”↙，命令行提示“输入选项”。

5）连续单击回车键，将当前顶点“×”移至B处。

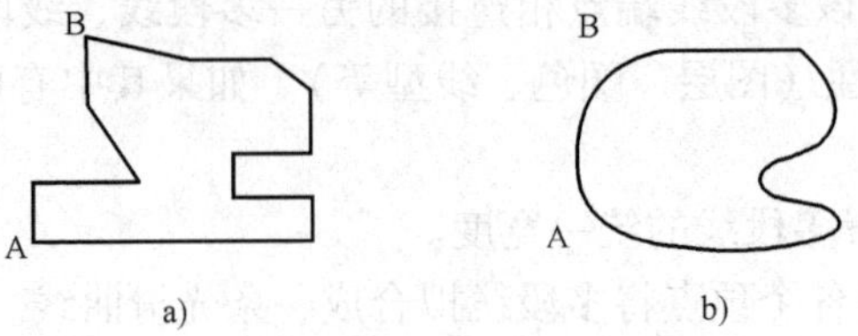

图 4-30 编辑多段线
a）编辑前 b）编辑后

6）输入“G↙”，完成拉直操作。

操作二：转换为样条曲线。

1）输入“X↙”，退出顶点编辑。

2）输入“S↙”，原多段线转换为样条曲线。

2. 编辑多重多段线

“编辑多段线”命令还可以对多个多段线进行整体编辑。

激活“编辑多段线”命令后，在命令行的提示中，选择“多条（M）”，然后在图形上拾取多个多段线，即可进行整体编辑。命令主要提示及选项说明如下。

（1）模糊距离〈缺省值〉 输入合并两个多段线的有效距离。

（2）合并类型（J） 选择合并类型，有三个选项：

1）延伸（E）在给定的模糊距离内，延伸或剪切图线，使两个多段线在端点的位置连线合并。

2）添加（A）：过两个多段线的端点添加一条直线，使其合并。

3）两者都（B）：先使用延伸方式，其次使用添加方式，使多段线合并。

注意：

① 模糊距离是指两个多段线要合并点的最小距离。

② 多重多段线编辑与多段线编辑的方法基本相同，主要区别只是编辑数量的多少。

③ 合并时，只能在两条多段线的起始端点处合并，其他节点无效。

【例 4-25】 绘制图 4-31a 所示的两条多段线（A、B 两点的距离要小于 100mm），然后进行编辑练习，如图 4-31b 所示。操作步骤如下：

1）执行“编辑多段线”命令。

2）输入“M↙”，编辑多条多段线。

3）用拾取框分别选取图中两条多段线。

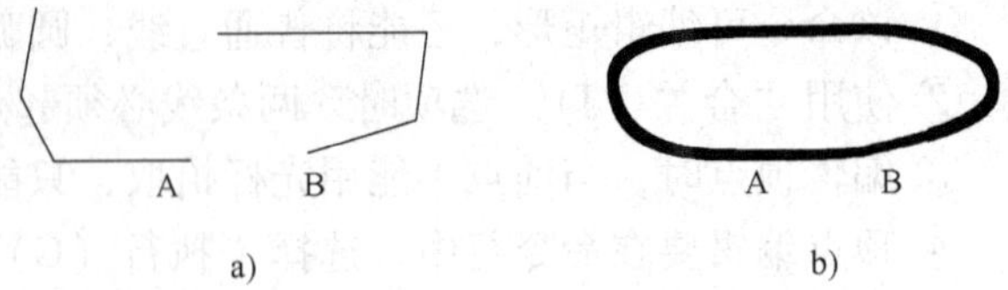

图 4-31 编辑合并两条多段线

4）输入“W↙”，改变线宽。

5）输入“1↙”，两条多段线的宽度同时改变为 1mm。

6）输入“J↙”，调用“合并”命令。

7）输入“J↙”，设置合并类型。

8）输入“A↙”，选择添加类型。

9）输入“100↙”，设置模糊距离。A、B 间添加一条线段。

10）改变线宽为“2↙”。

11）输入“S↙”，拟合样条曲线。

12）回车结束编辑。

4.11.2 编辑样条曲线

“编辑样条曲线”命令可以编辑样条曲线，或者将样条曲线拟合为多段线。

“编辑样条曲线”命令调用有以下方式：“默认”选项卡|“修改”面板|编辑样条曲线；“修改”下拉菜单|“对象”|“样条曲线”；“修改Ⅱ”工具栏的编辑样条曲线按钮；在命令行输入“SPLINEDIT”。

另外，直接双击要编辑的样条曲线，或选择多段线后在右键快捷菜单选项中，都可“编辑样条曲线”。

执行“编辑样条曲线”命令后，系统提示中的主要选项说明如下：

（1）拟合数据　使用下列选项编辑拟合数据。

1）添加，在样条曲线中增加拟合点，通过新点重新拟合样条曲线。

2）闭合/打开，闭合开放的样条曲线或打开闭合的样条曲线。如果选定的样条曲线为闭合，则“闭合”选项将由“打开”选项替换。

3）删除，从样条曲线中删除拟合点，并且用其余点重新拟合样条曲线。

4）扭折，在样条曲线上的指定位置添加节点和拟合点，这不会保持在该点的相切或曲率连续性。

5）移动，把拟合点移动到新位置。

6）清理，从图形数据库中删除样条曲线的拟合数据。

7）切线，编辑样条曲线的起点和端点切向。

8）公差，使用新的公差值将样条曲线重新拟合至现有点。

9）退出，返回到主提示。

（2）闭合/打开　闭合开放的样条曲线或打开闭合的样条曲线。

（3）编辑顶点　重新定位样条曲线的控制顶点并清理拟合点。

1）添加，增加控制部分样条的控制点数。

2）删除，删除选定的控制点。

3）提高阶数，增加样条曲线上控制点的数目。

4）移动，重新定位选定的控制点。

5）权值，修改不同样条曲线控制点的权值。较大的权值将样条曲线拉近其控制点。

6）退出，返回到主提示。

（4）反转　反转样条曲线的方向。此选项主要适用于第三方应用程序。

（5）转换为多段线　将样条曲线转换为多段线。

指定精度，精度值决定结果多段线与源样条曲线拟合的精确程度，有效值为0～99的整数。

（6）放弃　取消上一编辑操作。

注意：

① 可以删除样条曲线的拟合点，也可增加拟合点以提高精度。

② 公差越小，样条曲线与拟合点越接近。

【例 4-26】 绘制图 4-32a 所示的样条曲线，将其拟合公差修改为 30mm，结果如图 4-32b所示。操作步骤如下：

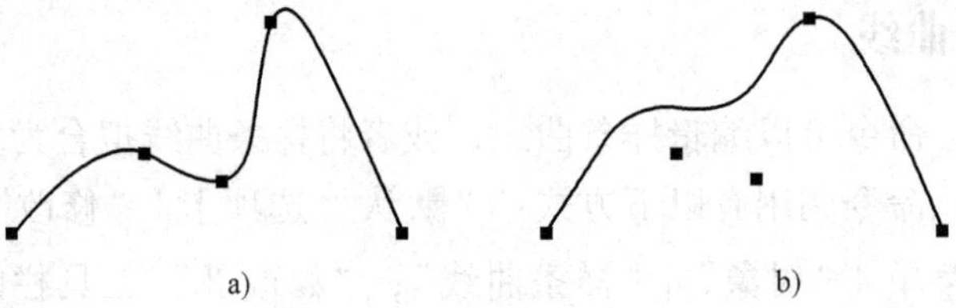

图 4-32 编辑样条曲线

a）编辑前 b）编辑后

1）执行“样条曲线”命令，绘制样条曲线。

2）双击该样条曲线，编辑样条曲线。

3）在“特性”选项板中将“拟合公差”修改为“30”，完成编辑。

4.12 实例解析

【例 4-27】 绘制图 4-33 所示的“密封板”。

密封板为对称图形，所以只需绘制四分之一的图形，再用“镜像”命令完成全图。

具体绘制步骤简述如下：

1）可设置状态栏中的“极轴”功能、“对象捕捉”功能、“对象捕捉追踪”功能处于启用状态。

2）用“圆”命令、“直线”命令绘制 φ40mm 和 φ25mm 的两圆及圆心定位线。再绘制右侧的 φ10mm 小圆，如图 4-34 所示。

3）用“直线”命令绘制右上侧图形，如图 4-35 所示。

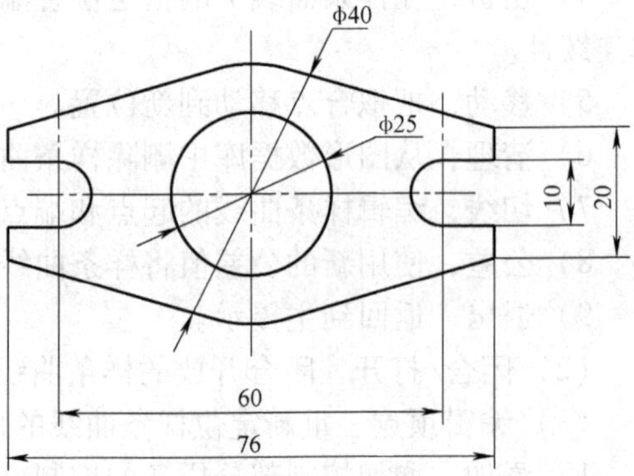

图 4-33 密封板

4）用“修剪”命令剪掉多余图线，完成右上侧带切口部分图形剪切，如图 4-36 所示。

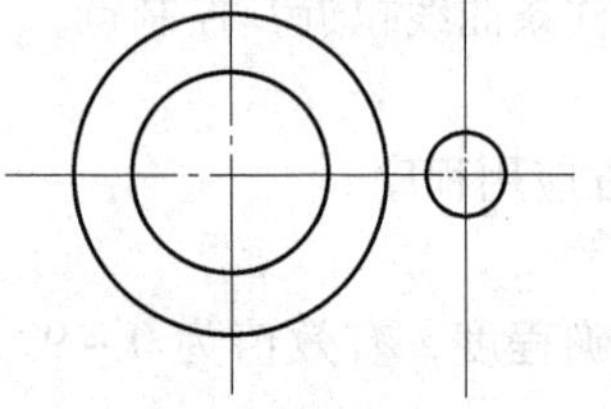

图 4-34 绘制圆

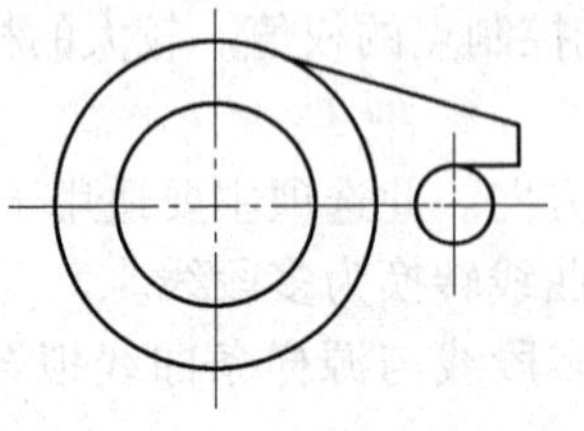

图 4-35 绘制右上侧图形图

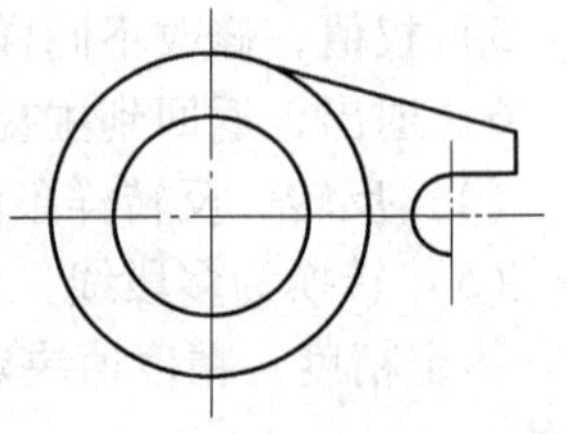

图 4-36 “修剪”完成切口图形

5）用“镜像”命令完成一半图形轮廓镜像，如图 4-37 所示。

6）用“镜像”完成全部图形轮廓，如图 4-38 所示。

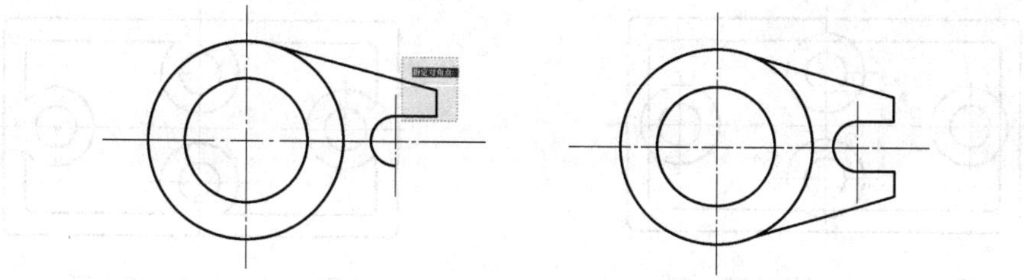

图 4-37　“镜像”成一半图形轮廓

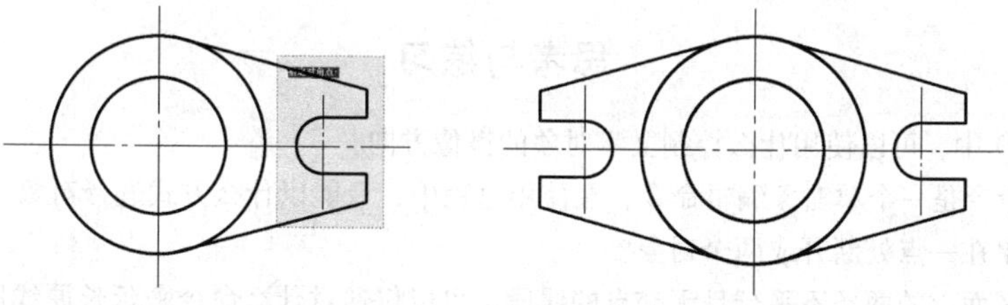

图 4-38　“镜像”成全部图形轮廓

7）“修剪”并完成全部图形。

【例 4-28】　绘制图 4-39 所示的平面图形。

使用“偏移”、“复制”、“镜像”、“修剪”、“圆角”等命令绘制，步骤如下：

1）设置状态栏的“极轴追踪”功能、“对象捕捉”功能、“对象捕捉追踪”功能处于启用状态。

2）用“矩形”命令绘制外侧矩形（长 150mm、宽 80mm）及中心线。

3）用“偏移”命令绘制内侧矩形，偏移距离为 8mm，如图 4-40 所示。

4）用“圆角”命令绘制内外矩形圆角，圆角半径为 3mm。

5）绘制左侧直径为 16mm 和 30mm 的同心圆，如图 4-41 所示。

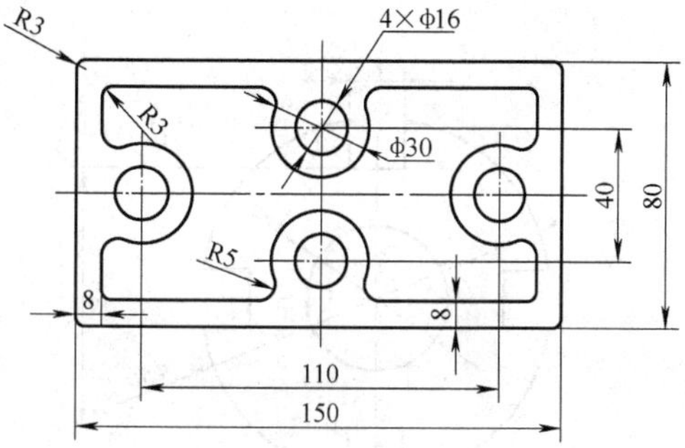

图 4-39　平面图形

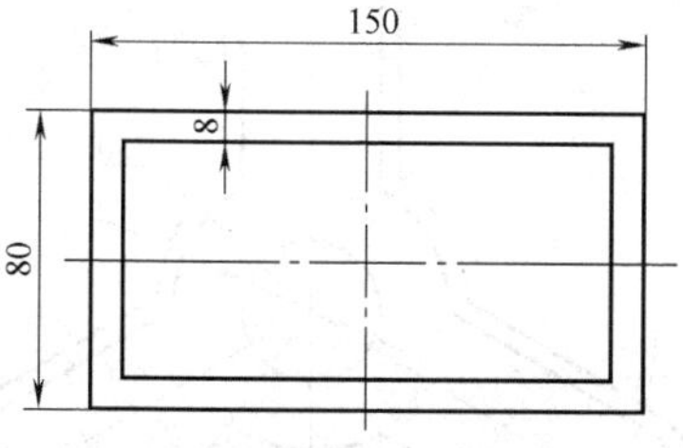

图 4-40　绘制、偏移矩形

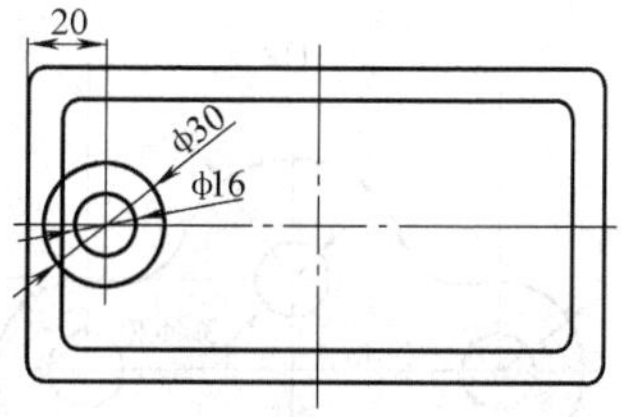

图 4-41　绘制左侧同心圆

6）“复制”绘制另三处同心圆，结果如图 4-42 所示。

7）“修剪”内侧矩形与同心圆相交处，如图 4-43 所示。

8）用“分解”命令将内侧矩形各拐角多段线线框分解。

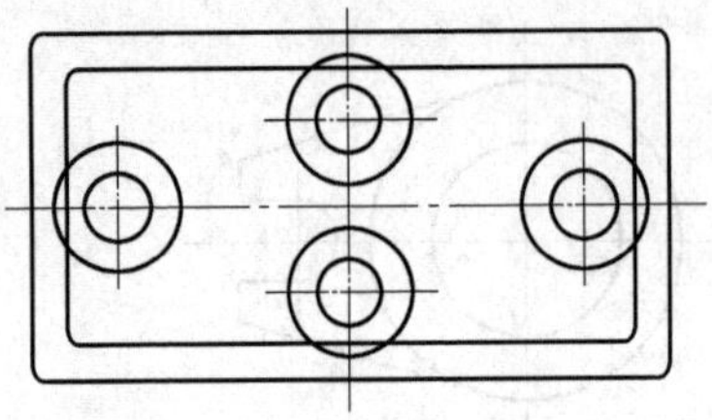

图 4-42　复制其他同心圆

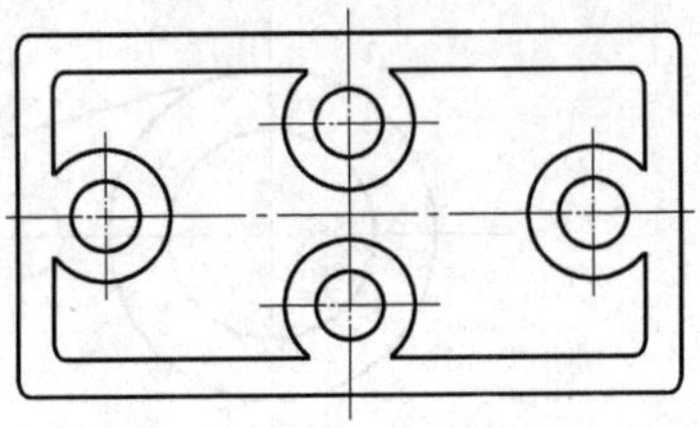

图 4-43　修剪内侧矩形

9）用“圆角”命令完成半径为 5mm 的内部圆角，完成全部图形，如图 4-39 所示。

思考与练习

1. 在 AutoCAD 中，可以使用什么控制文字对象的镜像方向?

2. “偏移”命令是一个单对象编辑命令，在使用过程中，只能以什么方式选择对象?

3. 如何将对象在一点处断开成两个对象?

4. 对于同一平面上的两条不平行且无交点的线段，可以仅通过什么命令来延长原线段使两条线段相交于一点?

5. 练习绘制图 4-44 ~ 图 4-50 所示图形。

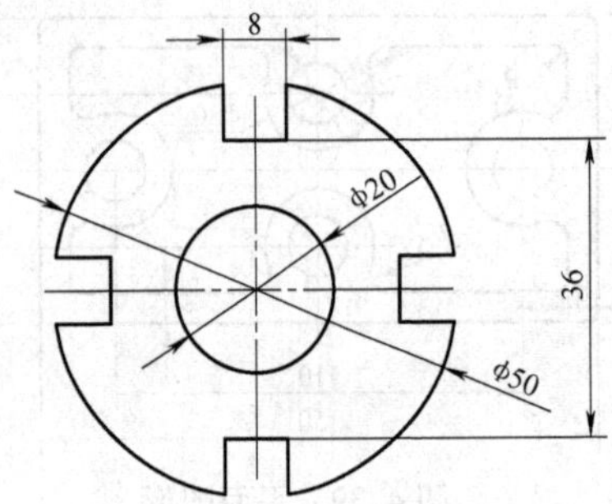

图 4-44　平面图形 1

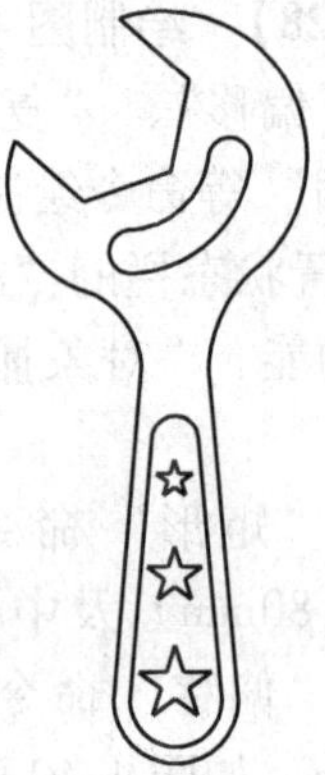

图 4-45　平面图形 2

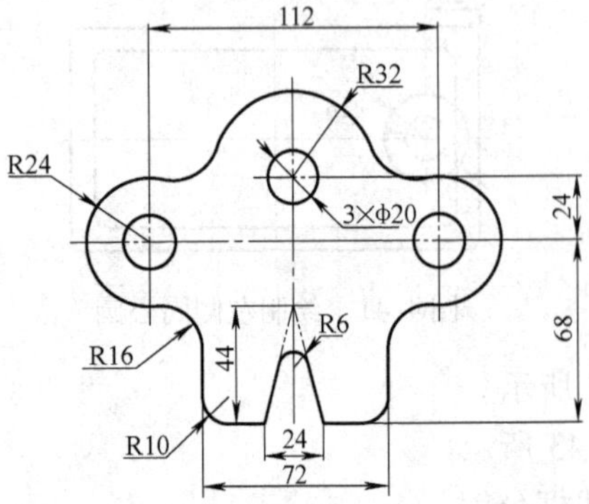

图 4-46　平面图形 3

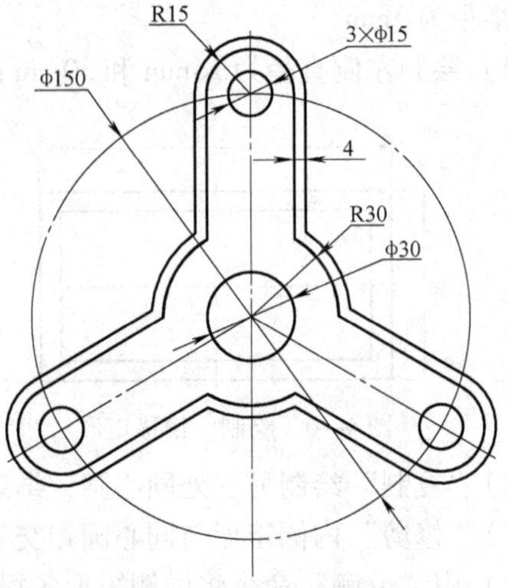

图 4-47　平面图形 4

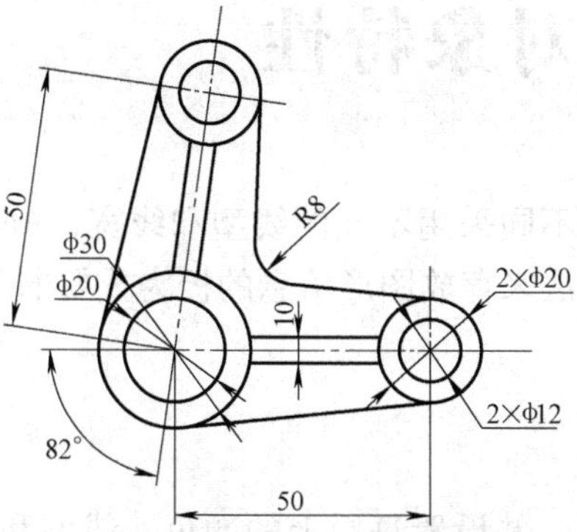

图 4-48　平面图形 5

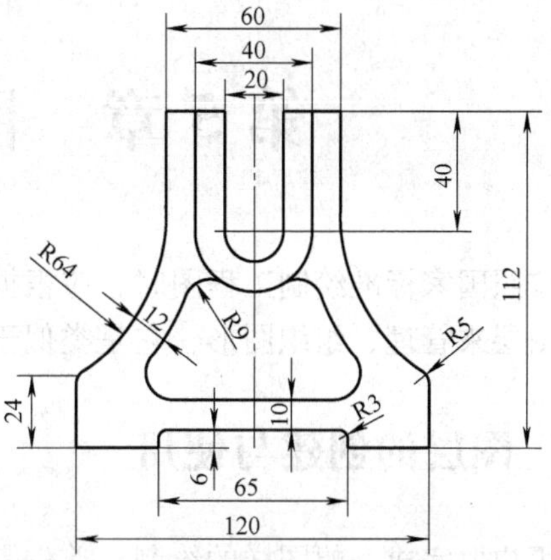

图 4-49　平面图形 6

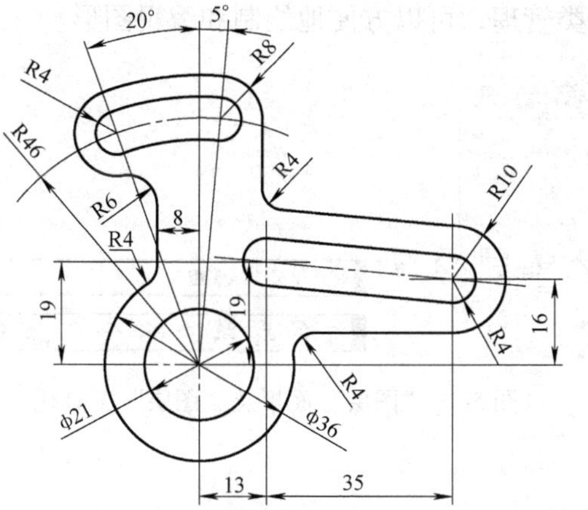

图 4-50　平面图形 7

第 5 章　图层与对象特性

按照国家标准绘制工程图时，应根据图形内容的不同采用不同的线型和线宽，AutoCAD 采用图层来管理、组织图形，它是类似于用叠加的方法来存放图形信息的极为重要的工具。

5.1　图层的创建与使用

用户要完成一幅图样的绘制，首先需要创建图层，并设置每层上的颜色、线型和线宽，而在该层上创建的对象则默认地采用这些特性。用户通过“图层”面板及“图层”工具栏（图 5-1）对图形进行分类管理，可以方便地绘制和编辑图形。

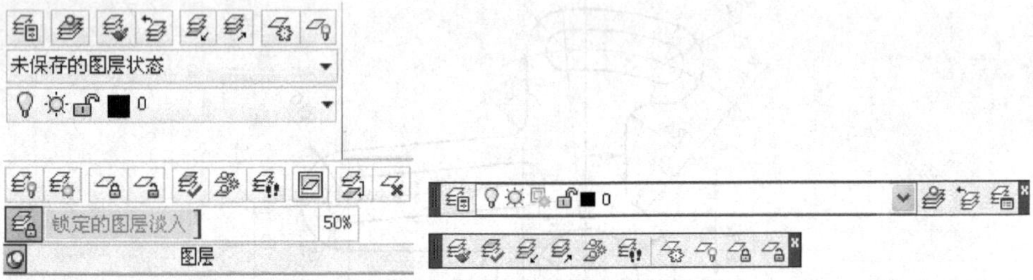

图 5-1　“图层”面板及“图层”工具栏

5.1.1　创建图层

图层的创建可利用“图层特性管理器”对话框来进行。利用此对话框，用户可以方便、快捷地设置图层的特性及控制图层的状态。

“图层”命令调用有以下方式：“默认”选项卡 | “图层”面板 | 图层；“格式”下拉菜单 | “图层”；“图层”工具栏的图层特性管理器按钮；在命令行输入“LAYER”（LA）。

执行“图层”命令后，弹出“图层特性管理器”对话框，如图 5-2 所示。

当开始绘一幅新图时，系统自动生成名为“0”的图层，这是 AutoCAD 的默认图层，默认的 0 层线型为连续线（Continuous），颜色为白色（7）。

对话框中各主要选项功能如下：

（1）“新特性过滤器”按钮　打开“图层过滤器特性”对话框。在过滤器定义列表中，可以设置过滤条件，如图层名称、状态和颜色等。

（2）“新组过滤器”按钮　创建图层过滤器，显示对应的图层信息。

（3）“图层状态管理器”按钮　单击该按钮，打开“图层状态管理器”对话框，可以将图层的当前特性设置保存到一个命名图层状态中，以后可以再恢复这些设置。

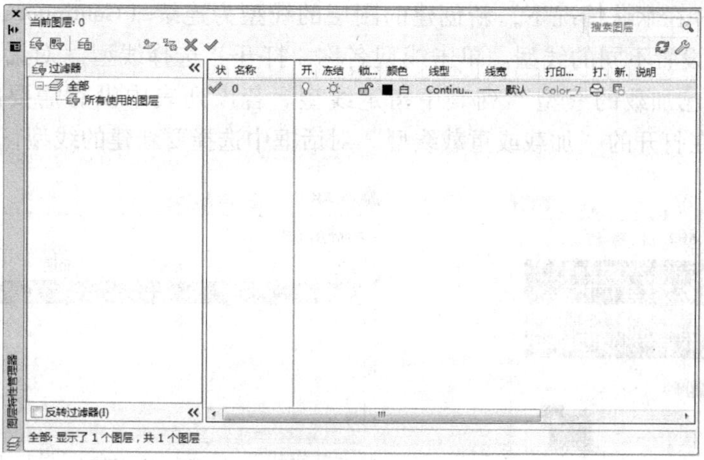

图 5-2 “图层特性管理器”对话框

（4）“新建图层”按钮 在绘图过程中，用户可通过单击该按钮随时创建新图层。AutoCAD 会根据 0 层的特性来生成新层，新创建的图层默认为“图层 1”“图层 2”等，依次类推。如果在此之前已选择了某个层，则根据所选图层的特性来生成新图层。

（5）“在所有视口中都被冻结的新图层视口”按钮 单击该按钮可创建新图层，并在所有现有布局视口中将其冻结。

（6）“删除图层”按钮 要删除不使用的图层，可先从列表框中选择一个或多个图层，单击该按钮，AutoCAD 将从当前图形中删除所选的图层。在对话框中同时按住“Shift”键可选择连续排列的多个图层，若同时按住“Ctrl”键则可选择不连续排列的多个图层。删除包含对象的图层时，需要删除此图层中的所有对象，然后再删除此图层。

（7）“置为当前”按钮 选中一个图层，然后单击对话框上的“置为当前”按钮，就可以将该层设置为当前层。当前层的图层名会出现在列表框的顶部。

（8）状态 显示图层的状态。

（9）名称 显示图层名。用户可以选择图层名，停顿后单击鼠标左键，输入新图层名，实现对图层的重命名。

（10）开/关 用于打开或关闭图层。当图层打开时，灯泡为亮色，该层上的图形可见，可以进行打印；当图层关闭时，灯泡为暗色，该层上的图形不可见，不可进行编辑，不能进行打印。

（11）冻结/解冻 图层被冻结，显示为雪花图标，该层上图形不可见，不能进行重生成、消隐及打印等操作；当图层解冻后，为太阳图标，该层上图形可见，可进行重生成、消隐和打印等操作。

（12）锁定/解锁 图层被锁定时，锁被锁上，该层上的图形实体仍可以显示和绘图输出，但不能被编辑；当图层解锁后，锁被打开，该层上的图形可以编辑。

（13）颜色 用于改变选定图层的线型颜色。单击颜色按钮，打开“选择颜色”对话框选择颜色，如图 5-3 所示。

（14）线型　在默认情况下，新创建的图层的线型为连续（Continuous）线。用户可以根据需要为图层设置不同的线型。单击线型名称，打开“选择线型”对话框，如图5-4所示。用户可在“已加载的线型”列表中指定线型。若该列表中没有需要的线型，可单击“加载”按钮，在打开的“加载或重载线型”对话框中选择要新建的线型，如图5-5所示。

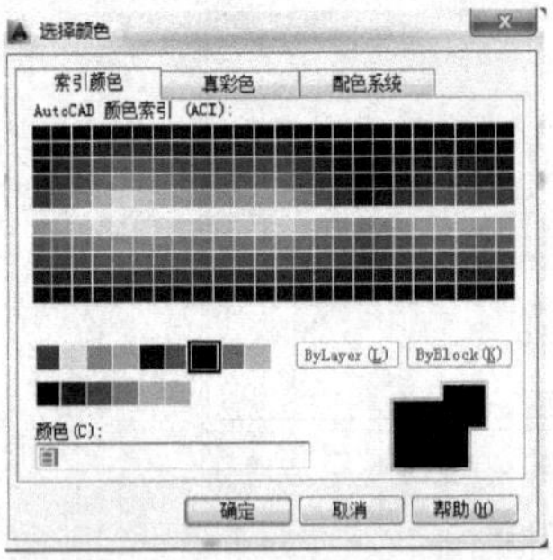

图5-3　“选择颜色”对话框

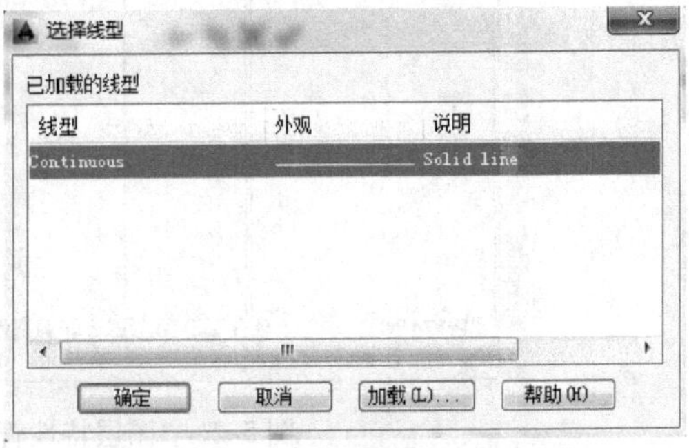

图5-4　“选择线型”对话框

（15）线宽　单击线宽名称，打开“线宽”对话框，如图5-6所示，用户可在此选择合适的线宽。

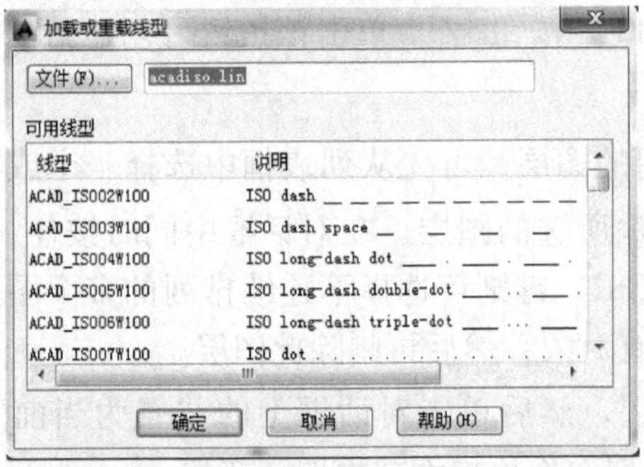

图5-5　“加载或重载线型”对话框

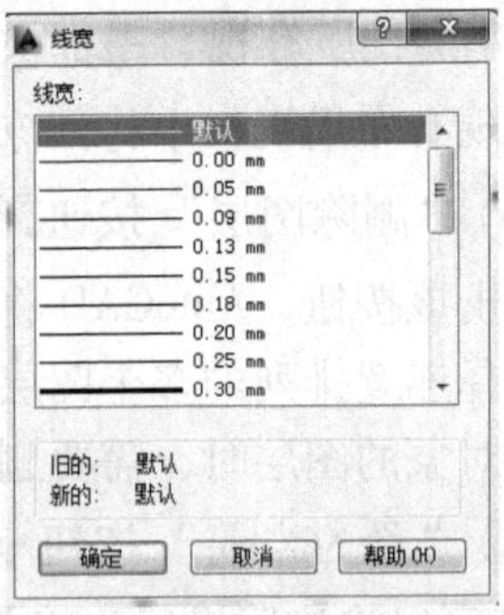

图5-6　“线宽”对话框

（16）打印样式　用于改变选定图层的打印样式，用户可根据自己的要求改变图层的打印样式。

（17）打印　控制该层对象是否打印（打印、不打印），新建的图层默认为可打印。

注意：

① 0层不能被删除或重命名，但用户可以对其特性（线型、线宽、颜色等）进行编辑、修改。

② 不能冻结当前层，也不能将冻结层改为当前层。

③ 不能锁定当前层、0层。

④ 可以只将需要进行操作的图层显示出来，而关闭或冻结暂时不操作的图层，这样可以加快图形的显示速度。

【例5-1】　创建新图层，名称为“中心线”层，颜色为红色，线型为“CENTER2”，线宽为0.25mm，并将其设置为当前层。操作步骤如下：

1）执行“图层”命令，弹出“图层特性管理器”对话框。

2）单击“新建”按钮，在亮显的“图层1”框中输入“中心线”。

3）单击“颜色”图标■白，在打开的“选择颜色”对话框中选取“红色”，单击“确定”按钮返回“图层特性管理器”对话框。

4）单击“线宽”图标——默认，在“线宽”对话框中选取0.25，单击“确定”按钮返回“图层特性管理器”对话框。

5）单击“线型”图标，在“线型”对话框中单击“加载”按钮，加载线型“CENTER2”，单击“确定”按钮后返回“选择线型”对话框中，选取线型“CENTER2”，再单击“确定”按钮返回“图层特性管理器”对话框。

6）单击“置为当前”按钮，将其设置为当前层，完成设置，结果如图5-7所示。

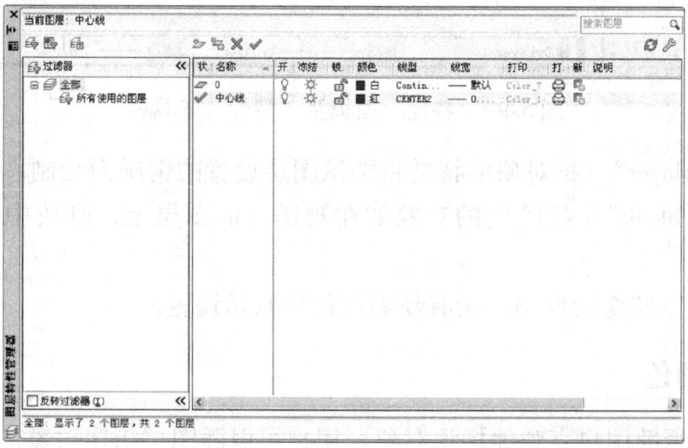

图5-7　创建新图层

5.1.2　使用图层

当前正在使用的图层称为当前层，绘制实体都是在当前图层中进行的。

绘图时，可通过“图层”面板或工具栏中的“图层控制下拉列表框”按钮，进行图层的切换，如图5-8所示。只需选择要置为当前层的图层名称即可，而不必打开“图层特性管理器”对话框再操作。

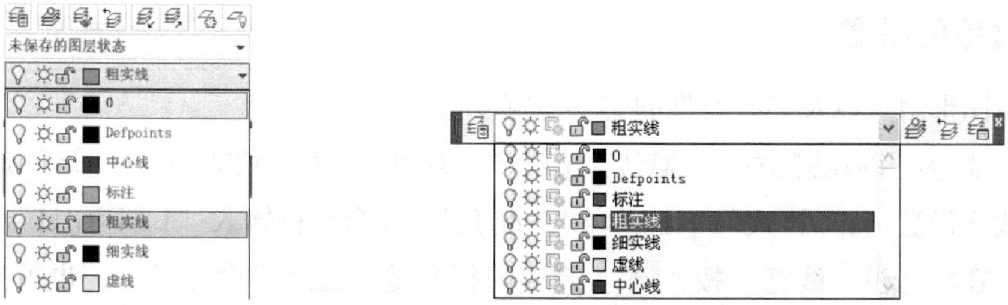

图5-8　在“图层”面板或工具栏中控制图层

绘图中如想改变图层的状态（置为当前、打开/关闭、冻结/解冻、锁定/解锁等），可直接在下拉列表中点取图标进行相应的设置。

5.2 对象的特性

对象的全部特性显示在“特性”对话框中，可以进行查看或编辑。在默认情况下，对象的颜色、线型、线宽等信息都使用当前图层的设置，但这些特性也可以不依赖图层，用户可通过“特性”面板或“特性”工具栏明确指定对象的特性，如图5-9所示。

标准设置包括随层“Bylayer”、随块“Byblock”和“默认”设置。

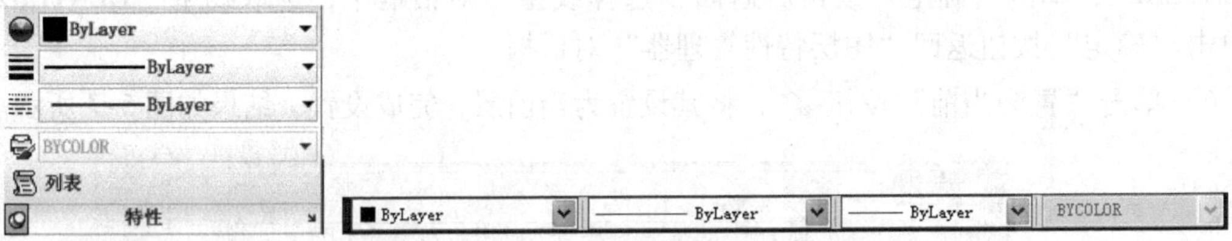

图5-9 “特性”面板及“特性”工具栏

（1）随层“Bylayer” 指对象的特性将随该图层设置的情况而绘制。

（2）随块“Byblock” 指绘制的对象如在被插入的图层上，则块中的对象将继承插入时的特性。

（3）默认 由系统变量控制，所有新图层使用默认设置。

5.2.1 对象的颜色

可以使用颜色帮助用户直观地标识对象。用户可以随图层指定对象的颜色，也可以不依赖图层明确指定对象的颜色。

“颜色”命令调用有以下方式：“默认”选项卡|“特性”面板|对象颜色 ByLayer 下拉列表|选择颜色；“格式”下拉菜单|“颜色”；在命令行输入“COLOR”。

通过“选择颜色”对话框可设置当前对象颜色。

注意：

① 随图层指定颜色可以使用户轻松识别图形中的每个图层。

② 明确指定颜色会使同一图层的对象之间产生其他差别。

5.2.2 对象的线宽

指定给图形对象以及某些类型的文字的宽度值。

“线宽”命令调用有以下方式：“默认”选项卡|“特性”面板|线宽 ByLayer 下拉列表|线宽设置…；“格式”下拉菜单|“线宽”；在命令行输入“LWEIGHT”。

另外，在状态栏“线宽”按钮上单击鼠标右键，选择“设置...”，也可打开“线宽设置”对话框。

通过“线宽设置”对话框设置当前对象的线宽、设置线宽单位、控制线宽的显示和显示比例，以及设置图层的默认线宽值，如图5-10所示。

具有线宽的对象将以指定线宽值的精确宽度打印。这些值的标准设置包括“Bylayer”

（随层）、“Byblock”（随块）和“默认”。它们可以以 in 或 mm 为单位显示，默认单位为 mm。

注意：

① 所有图层初始设置为 0.25mm，由“LWDEFAULT”系统变量控制。

② 除非选择了状态栏上的“显示/隐藏线宽”按钮，否则将不显示线宽。

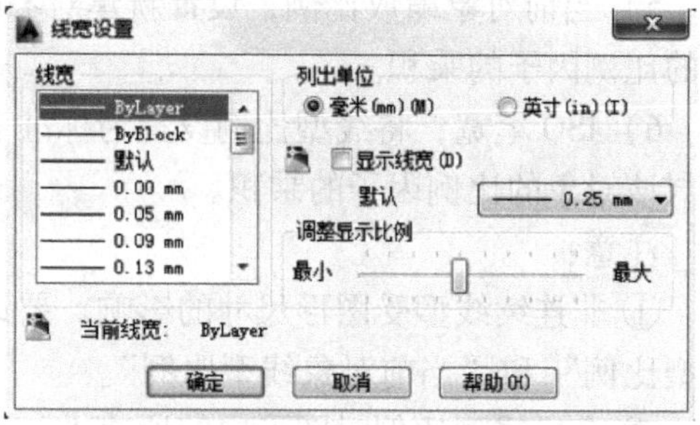

图 5-10　“线宽设置”对话框

5.2.3　对象的线型

系统除提供了连续线型外，还提供了大量的非连续线型（如中心线、虚线等）。用户可利用“线型管理器”对话框加载线型和设置当前线型，如图 5-11 所示。

“线型”命令调用有以下方式：“默认”选项卡 | “特性”面板 | 线型 ——ByLayer ▾ 下拉列表 | 其他…；“格式”下拉菜单 | “线型”；在命令行输入“LINETYPE”。

执行“线型”命令后，系统提示的各选项功能如下：

（1）线型过滤器　确定在线型列表中显示哪些线型。

（2）反转过滤器　根据与选定的过滤条件相反的条件显示线型。

（3）加载　显示“加载或重载线型”对话框，可以从中选定线型加载到图形并将它们添加到线型列表。

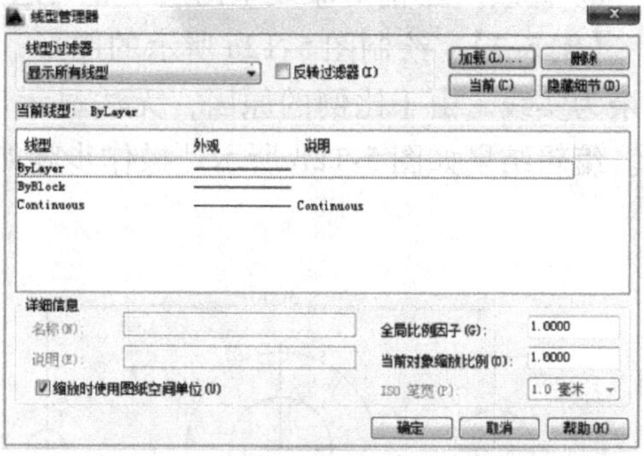

图 5-11　“线型管理器”对话框

（4）当前　将选定线型设置为当前线型。

（5）删除　从图形中删除选定的线型。此功能只能删除未使用的线型，不能删除随层、随块和连续线型。

（6）显示细节或隐藏细节　控制是否显示线型管理器的“详细信息”部分。

（7）当前线型　显示当前线型的名称。

（8）线型列表　在“线型过滤器”中，根据指定的选项显示已加载的线型。要迅速选定或清除所有线型，可在线型列表中单击鼠标右键以显示快捷菜单。

（9）线型　显示已加载的线型名称。

（10）外观　显示选定线型的样例。

（11）说明　显示线型的说明，可以在“详细信息”区中进行编辑。

（12）详细信息　各选项功能如下：

1）名称，显示选定线型的名称，可以编辑该名称。

2）说明，显示选定线型的说明，可以编辑该说明。

3）缩放时使用图纸空间单位，按相同的比例在图纸空间和模型空间缩放线型。当使用多个视口时，该选项很有用。

4）全局比例因子，显示用于所有线型的全局缩放比例因子。

5）当前对象缩放比例，设置新建对象的线型比例。生成的比例是全局比例因子与该对象的比例因子的乘积。

6）ISO 笔宽，将线型比例设置为标准 ISO 值列表中的一个，生成的比例是全局比例因子与该对象的比例因子的乘积。

注意：

① 非连续线型受图形尺寸的影响。要改变非连续线型的外观，可调整系统变量“全局线型比例”和“当前对象线型比例”。

② 全局线型比例对图形中的所有非连续线型有效，其值的改变将影响所有已存在的对象及以后要绘制的新对象。

③“当前对象线型比例”即局部线型比例，是指每个对象可具有不同的线型比例。每个对象最终的线型比例等于对象自身线型比例（CELTSCALE）与全局线型比例（LTSCALE）之积。

④ 全局线型比例因子默认值为 1。如果图中非连续线线型显示的间距较大，则输入小于 1 的值，反之则输入大于 1 的值。

⑤ 修改“当前对象线型比例”也可通过“特性”选项板来实现。

【例 5-2】 绘制图 5-12a 所示的图形，其中内侧圆设置为虚线，对称线设置为点画线，其余为实线。由于比例的原因，无法显示出虚线和点画线。修改线型比例，显示出线型效果。编辑结果如图 5-12b 所示。操作步骤如下：

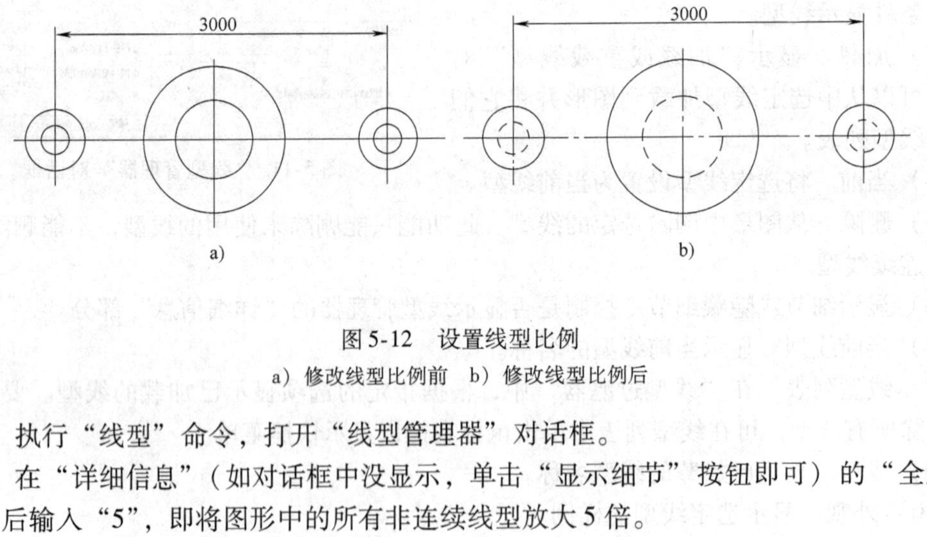

图 5-12 设置线型比例

a）修改线型比例前 b）修改线型比例后

1）执行“线型”命令，打开“线型管理器”对话框。

2）在“详细信息”（如对话框中没显示，单击“显示细节”按钮即可）的“全局比例因子”后输入“5”，即将图形中的所有非连续线型放大 5 倍。

3）关闭对话框，结束操作。

5.2.4 特性选项板

“特性”命令是一个功能很强的综合编辑命令，不仅可以修改各种实体的颜色、线型、线型比例、图层，还可以对图形对象的坐标、大小、视点设置等特性进行修改。

“特性”命令调用有以下方式：“视图”选项卡 | “选项板”面板 | 特性；“默认”选

项卡 |“特性”面板 | ；“修改”下拉菜单 |“特性”；标准工具栏的特性按钮 ；在命令行输入“PROPERTIES”。

另外，直接双击要编辑的对象；或选择对象后，在右键快捷菜单中选择“特性...”，都可以打开“特性”选项板，如图5-13所示。

该对话框根据选择实体的不同，列出的特性内容也不同。未选定任何对象时，仅显示常规特性的当前设置。右击“特性”窗口蓝色标题栏，弹出快捷菜单，可用来控制窗口的固定与浮动、隐藏等。

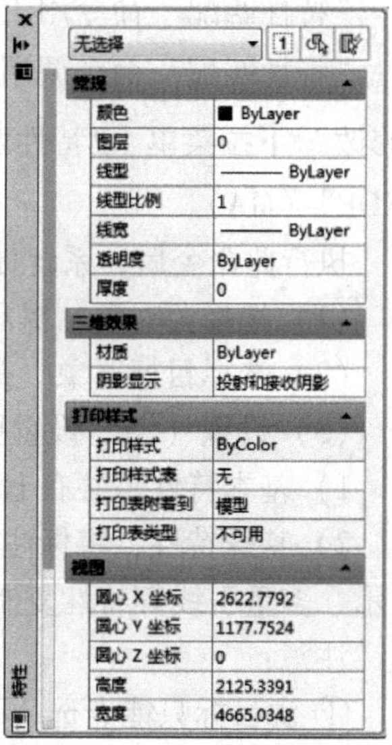

图5-13 “特性”选项板

“特性”选项板中主要选项说明如下：

1. 顶部框格及选项

（1）顶部框格　显示已选择的实体，单击下拉按钮后可选择其他已定义的选择集。未选定任何对象时，显示为“无选择”，表示没有选择任何要编辑的对象。此时列表窗口显示了当前图形的特性，如图层、颜色、线型等。

（2）按钮切换系统变量“PICKADD”的值。即新选择的实体是添加到原选择集，还是替换原选择集。

（3）“快速选择”按钮　用快速选择方式选择要编辑的选择集。

（4）“选择对象”按钮　用光标方式选择要编辑的实体。

2. 其他选项

（1）常规　显示对象的普通特性，包括颜色、图层、线型、线型比例、线宽、透明度、厚度等。

（2）打印样式　显示图形输出特性。

（3）视图　显示图形特征。

（4）其他　UCS坐标系等特征。

注意：

① 可以在打开“特性”窗口之前选择对象，也可以在打开“特性”窗口之后，选择对象。

② 关闭“特性”窗口后，如果不显示编辑后的效果，可使用“Esc”键取消夹点，即可显示编辑后的效果。

【例5-3】 绘制任意大小的一个圆，利用“特性”选项板将其面积修改为200mm²，如图5-14所示。操作步骤如下：

1）绘制任意一个圆。

2）打开“特性”选项板。

3）在“几何图形”的“面积”一栏输入“200”。

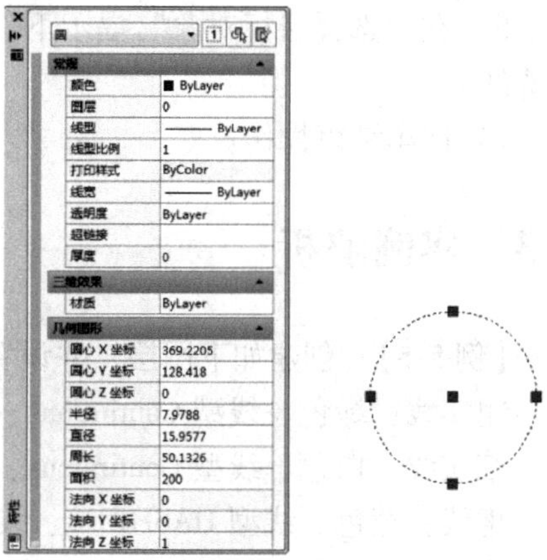

图5-14 用“特性”编辑图形

4）在绘图区空点一下，圆变为面积为 200mm^2 的圆。

5）单击“Esc”键，取消夹点，结束操作。

5.2.5 特性匹配

“特性匹配”命令用于将源实体的特性（如图层、颜色、线型等），复制给目标实体。

“特性匹配”命令调用有以下方式：“常用”选项卡|“剪贴板”面板|特性匹配；“修改”下拉菜单|“特性匹配”；标准工具栏的特性匹配按钮；在命令行输入“MATCHPROP”（MA）。

执行此命令后，系统提示的主要选项说明如下：

（1）选择源对象　提示拾取一个源对象，其特性可复制给目标对象。

（2）选择目标对象　提示选择欲赋予特性的目标对象。

（3）设置（S）　设置要复制的有关选项。

1）基本特性，共有七个复选项，可勾选所需的选项。

2）特殊特性，将标注样式、文字样式、填充图案、多段线、视口、表格、材质、阴影显示、多重引线等特性复制给相应的目标对象。

注意：

① 源目标只能点选，不能用框选。

②“当前活动设置”默认设置是所有选项均打开。如果用户不需要某些选项，可在提示中重新设置。

【例 5-4】　利用“特性匹配”命令，将图 5-15a 所示的小圆定位线改成点画线圆，小圆轮廓线改为粗实线。编辑后的图形如图 5-15b 所示。操作步骤如下：

1）执行“特性匹配”命令。

2）拾取大圆点画线为源对象。

3）在“选择目标对象”提示下，拾取小圆的定位圆。

4）回车结束操作。

5）用光标拾取大圆轮廓线为源对象。

6）在“选择目标对象”提示下，用光标拾取小圆轮廓线。

7）回车结束操作。

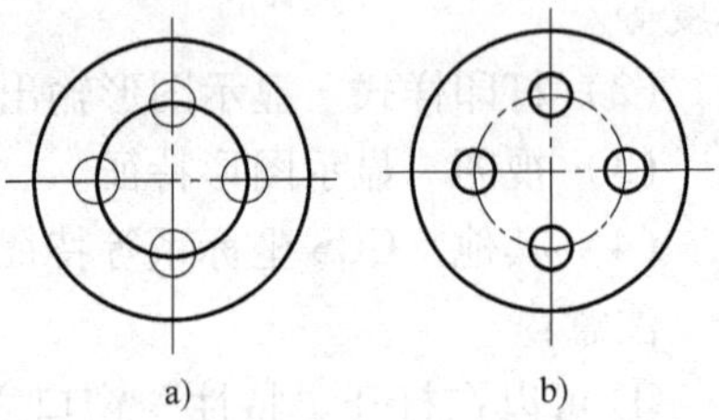

图 5-15　用“特性匹配”编辑图形
a）编辑前　b）编辑后

5.3 实例解析

【例 5-5】　创建如下图层，并设置“中心线”层为当前层，如图 5-16 所示。

粗实线：绿色、线型 Continuous、线宽 0.50mm；

细实线：白色、线型 Continuous、线宽 0.25mm；

虚线：黄色、线型 DASHED2、线宽 0.25mm；

中心线：红色、线型 CENTER2、线宽 0.25mm；

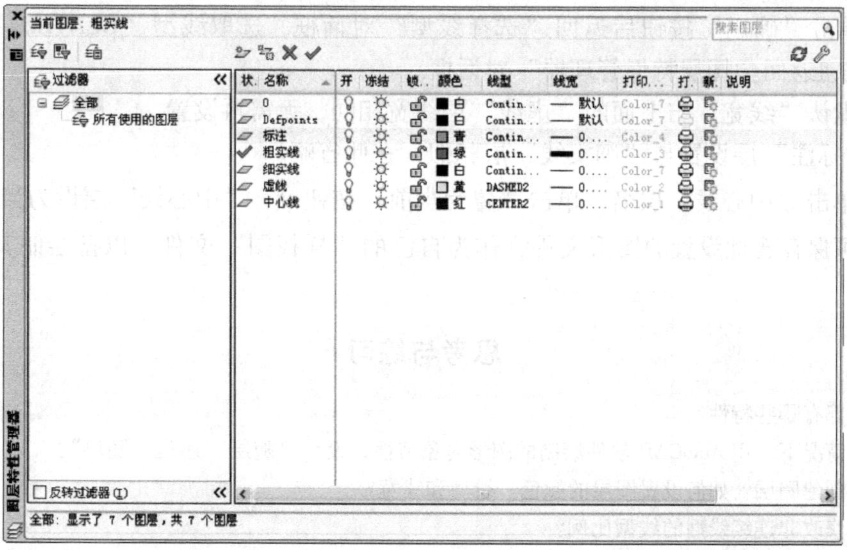

图5-16　新建图层

标注：青色、线型Continuous、线宽0.25mm。

操作步骤如下：

1）执行“图层”命令，打开“图层特性管理器”对话框。

2）单击“新建”按钮，在亮显的“图层1”框中输入“粗实线”。

3）单击“颜色”图标，在“选择颜色”对话框中选取“绿色”，单击“确定”按钮返回“图层特性管理器”对话框。

4）单击“线宽”图标，在“线宽”对话框中选取0.50mm，单击“确定”按钮返回“图层特性管理器”对话框。

5）单击“新建”按钮，在亮显的“图层2”框中输入“细实线”。

6）单击“颜色”图标，在“选择颜色”对话框中选取“白色”，单击“确定”按钮返回“图层特性管理器”对话框。

7）单击“线宽”图标，在“线宽”对话框中选取0.25mm，单击“确定”按钮返回“图层特性管理器”对话框。

8）再单击“新建”按钮，在亮显的“图层3”框中输入“虚线”。

9）单击“颜色”图标，在“选择颜色”对话框中选取“黄色”，单击“确定”按钮返回“图层特性管理器”对话框。

10）单击“线型”图标，在“线型”对话框中单击“加载”按钮，选取线型“DASHED2”，单击“确定”按钮后返回“选择线型”对话框，选取线型“DASHED2”，再单击“确定”按钮返回“图层特性管理器”对话框。

11）单击“线宽”图标，在“线宽”对话框中选取0.25mm，单击“确定”按钮返回。（默认“线宽”为与上面的“细实线”层线宽相同，可省略这步）

12）单击“新建”按钮，在亮显的“图层4”框中输入“中心线”。

13）单击“颜色”图标，在“选择颜色”对话框中选取“红色”，单击“确定”按钮。

14）单击“线型”图标，在“线型”对话框中单击“加载”按钮，加载线型“CENTER2”，单击“确定”按钮后返回“选择线型”对话框，选取线型“CENTER2”，再单击“确定”按钮返回“图层特性管理器”对话框。

15）默认“线宽”与上面的“虚线”层线宽相同，无需再设置。

16）“标注”层设置与“细实线”层相似，在此省略。

17）单击“中心线”层名，单击“置为当前”按钮，“中心线”层设为当前层。

18）可保存含此设置的图形文件，作为自己的“样板图”文件，以备绘制其他图形时调用。

思考与练习

1. 图层都有哪些特性？
2. 一般情况下，用 AutoCAD 软件绘制的图形对象特性，设为“随层”还是“随块”？
3. 如何创建图层？如何设置图层的颜色、线型和线宽？
4. 如何修改非连续线型的线型比例？
5. 如何在屏幕上看到线宽设置效果？
6. 使用“图层特性管理器”对话框，新建三个图层。

“粗实线”层：颜色为绿色，线型为连续线，线宽为 0.5mm；

“中心线”层：颜色为红色，线型为点画线，线宽为 0.25mm；

“虚线”层：颜色为黄色，线型为虚线，线宽为 0.25mm。

7. 在绘制图形时，如果发现某一图形对象没有绘制在预先设置的图层上，应如何纠正？
8. 练习用“特性”命令、“特性匹配”命令编辑前几章所绘制的图形。

第 6 章　文字标注和表格

在进行设计工作时，不仅要绘出图形，而且还经常要标注文字，如填写标题栏内容、技术要求、明细表和对某些图形的注释等。AutoCAD 提供了强大的文字标注和表格功能，从创建文字样式、文字输入到文字的编辑、修改属性，以及使用表格功能和创建、复制不同类型的表格，以满足制图设计中不同的需要，可以极大地提高用户工作效率。

6.1　文字样式

使用 AutoCAD 绘图时，进行文字标注前需要创建几种新的文字样式，也就是说需要预先设定文字的字型（具有字体、字的大小、倾斜度、文字方向等特性的文字样式）。文字样式设置后，需要时从这些文字样式中进行选择即可。

创建和修改文字样式的命令调用有以下方式：“默认”选项卡 | “注释”面板 | 文字样式（图 6-1a）；“注释”选项卡 | “文字”面板 | 文字样式（图 6-1b）；“格式”下拉菜单 | “文字样式”；“样式”工具栏（图 6-2）的文字样式按钮；在命令行输入“STYLE”。

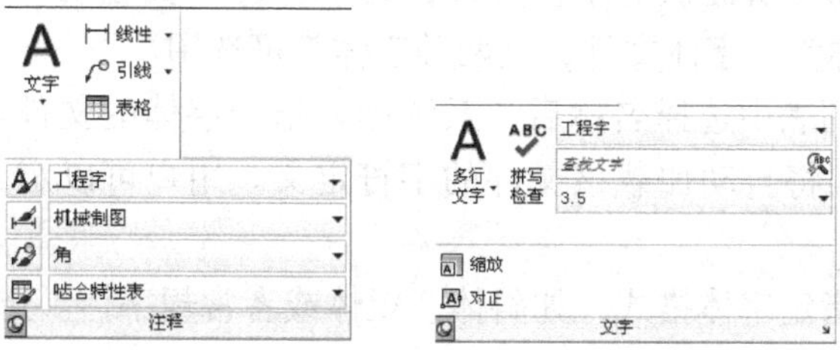

a)　　b)

图 6-1　“注释”面板及“文字”面板

a）“注释”面板　b）“文字”面板

图 6-2　“样式”工具栏

执行“文字样式”命令，系统弹出“文字样式”对话框，如图 6-3 所示。该对话框各项功能如下：

1. “样式”选项组

框中列出了当前图形文件中所有曾定义过的字体样式，若用户还未定义过字体样式，则只有“Standard”一种样式。选中所需的样式，单击“置为当前”按钮，将此文字样式设置为当前的文字样式，并作为默认样式进行标注。该选项组其余选项功能如下：

（1）“新建”按钮　创建新的文字样式。单击该按钮，打开“新建文字样式”对话框，如图6-4所示。在该对话框的“样式名”编辑框中输入样式名称，然后单击“确定”按钮确认样式名称，否则单击“取消”按钮关闭该对话框。

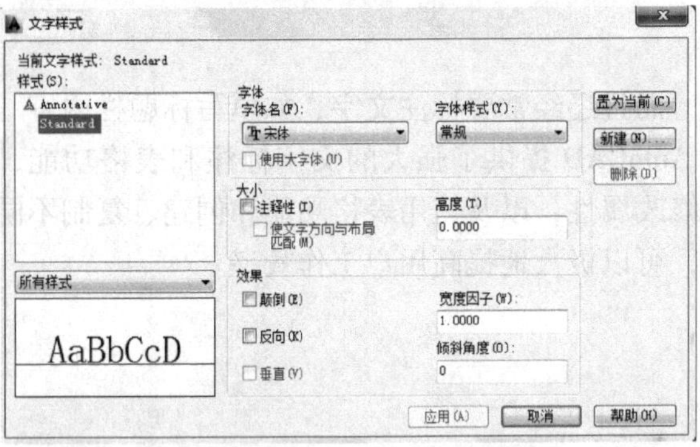

图6-3 “文字样式”对话框

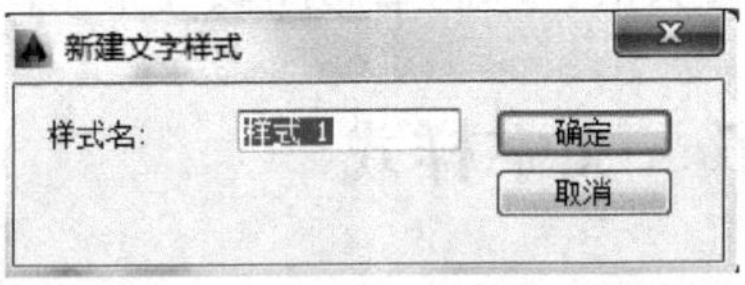

图6-4 “新建文字样式”对话框

（2）“删除”按钮　删除现有的文字样式。单击该按钮，系统提示是否要删除现有的文字样式。

2. “字体”选项组

字体决定了文字最终显示的形式。每种字体都由一个字体文件控制。单击该选项组中的下拉式列表框右边的“▼”符号，可将其打开。字体文件分为两种：一种是普通字体文件，即Windows系列应用软件所提供的字体文件，为TrueType类型的字体；另一种是AutoCAD特有的字体文件，被称为大字体文件，这两种字体都可选用。

（1）字体名　从列表中选择名称后，系统读取指定字体的文件。除非文件已经由另一个文字样式使用，否则将自动加载该文件的字符定义。用户可以定义使用同样字体的多个样式。

（2）字体样式　指定字体格式，如斜体、粗体或者常规字体。选定“使用大字体”后，该选项变为“大字体”，用于选择大字体文件。

（3）使用大字体　指定亚洲语言的大字体文件。只有在“字体名”中指定“SHX”文件，才能使用“大字体”。即只有“SHX”文件可以创建“大字体”。

3. “大小”选项组

（1）注释性　可以使用注释性文字样式创建注释性文字，为图形中的说明和选项卡使用“注释性”文字。

（2）使文字方向与布局匹配　可以指定图纸空间视口中的文字方向与布局方向匹配。

（3）高度　设置文字的高度。若在此设置字高，则以后输入的文字高度均为此值。一般默认值为0，命令执行过程中提示“指定高度:”，用户可在要求指定文字的高度时再输入所需高度。

4. “效果”选项组

可以设定字体的具体特征。

（1）颠倒　是否将文字旋转180°来放置。

（2）反向　是否将文字以镜像方式标注。

（3）垂直 复选框确定文字是水平标注还是垂直标注。

（4）宽度因子 设定文字的宽度系数。

（5）倾斜角度 设定文字倾斜角度，输入一个 -85 ~ 85 之间的值将使文字倾斜。

5. 预览窗口

通过预览窗口观察所设置的字体样式是否满足需要。字体样式定义完毕后，单击“应用”按钮将新字型加入当前图形，单击“关闭”按钮，关闭“文字样式”对话框，便可以进行文字标注了。

注意：

①“删除”选项不可用于“Standard”样式。

②“删除”按钮无法删除已经被使用的文字样式。

③ 根据国家标准，应当在工程图中使用长仿宋体，简体中文字。系统提供的字库中，中文是按照国家标准创建的“长仿宋”字体（gbcbig. shx），而西文创建了两个字库（gbenor. shx 和 gbeitc. shx），这样写出的文字比较符合中国的国家标准。如果使用 TTF 字体，除了字型不符合国标外，还有可能在符号上出错，如 AotoCAD 的直径描述符号“%%D”将成为“?”。

【例 6-1】 创建新的文字样式，如图 6-5 所示。名称为“工程字”，字体名为“gbeitc. shx”（或“gbenor. shx”），勾选“使用大字体”，大字体样式选取“gbcbig. shx”。操作步骤如下：

1）执行“文字样式”命令。

2）在弹出的“文字样式”对话框中单击“新建”按钮，弹出“新建文字样式”对话框，在“样式名”编辑框中输入新样式名称“工程字”，然后单击“确定”按钮，返回“文字样式”对话框。

3）在“字体样式”下拉列表框中选择“gbeitc. shx”（斜体字），或选择“gbenor. shx”（字体不倾斜），从预览框中可看出两种文字样式的不同。

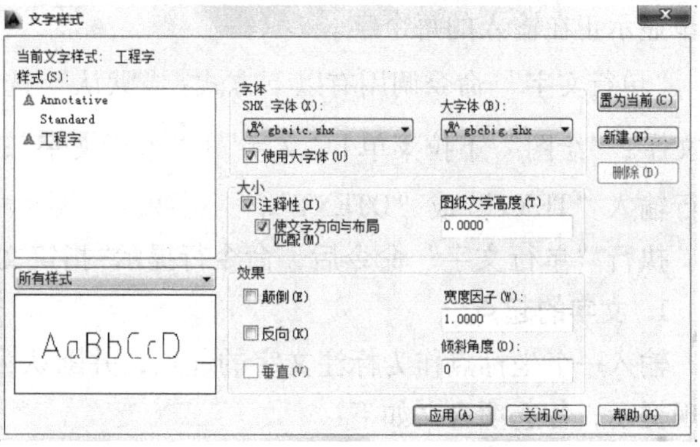

图 6-5 创建新的文字样式—“工程字”

4）选择使用大字体 ☑使用大字体(U)，在“大字体”下拉列表框中选择“gbcbig. shx”。

5）勾选“注释性”。

6）单击“应用”按钮，单击“关闭”按钮，完成新文字样式“工程字”的设置。

6.2 标注控制码与特殊字符

在实际绘图中，经常需要标注一些特殊字符。AutoCAD 为输入这些字符提供了一些简捷的控制码，通过从键盘上直接输入这些控制码，可以达到输入特殊字符的目的。

AutoCAD 提供的控制码，均由两个百分号“%%”和一个字母组成。输入这些控制码后，屏幕上不会立即显示它们所代表的特殊符号，只有在回车结束本次标注命令之后，控制码才会变成相应的特殊字符。控制码及其对应的特殊字符如下：

%%D：标注符号“度”（°）。

%%P：标注“正负号”（±）。

%%C：标注“直径”（ϕ）。

%%%：标注“百分号”（%）。

%%nnn：产生由 nnn 的 ASCII 代码对应的特殊字符。

%%O：打开或关闭文字上划线功能。

%%U：打开或关闭文字下划线功能。

6.3 单行文字和多行文字

文字样式设置好以后，就可使用“单行文字”（TEXT）、“多行文字”（MTEXT）等命令对文字进行标注了。

6.3.1 标注单行文字

利用此命令可在图形中动态地标注一行或几行文字，即在命令行输入文字时，在屏幕上同步显示正在输入的每个字。

“单行文字”命令调用有以下方式：“默认”选项卡|“注释”面板|多行文字▼|单行文字；“绘图”下拉菜单|“文字”|“单行文字”；文字工具栏的单行文字按钮 A|；在命令行输入“TEXT”或“DTEXT”。

执行“单行文字”命令后，命令行提示“指定文字的起点或［对正（J）样式（S）］:”。

1. 文字的起点

输入一个坐标点作为标注文字的起点，并默认为左对齐方式。指定起点后，命令行相继出现提示，各选项含义如下：

（1）指定高度　给出标注文的高度，括号内为当前文字高度。

（2）指定文字的旋转角度　给出标注文字的旋转角度，括号内为当前旋转角度。

（3）输入文字　输入标注文字内容。

2. 对正

设置标注文字的对正方式，如图 6-6 所示。选择“对正”选项后，命令行出现提示“［对齐（A）/调整（F）/中心（C）/中间（M）/右（R）/左上（TL）/中上（TC）/右上（TR）/左中（ML）/正中（MC）/右中（MR）/左下（BL）/中下（BC）/右下（BR）］:”，各选项含义如下：

（1）对齐（A）　选择该选项，可使生成的文字在指定的两点之间均匀分布。

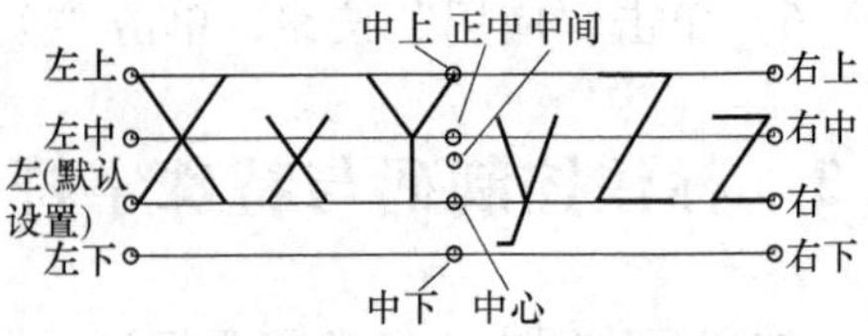

图 6-6　文字的对正方式

（2）调整（F） 文字充满在指定的两点之间，并可控制其高度。

（3）中心（C） 文字以插入点为中心向两边排列。

（4）中间（M） 文字以插入点为中间向两边排列。

（5）右（R） 文字以插入点为基点向右对齐。

（6）左上（TL） 文字以插入点为字符串的左上角。

（7）中上（TC） 文字以插入点为字符串的顶线的中心点。

（8）右上（TR） 文字以插入点为字符串的右上角。

（9）左中（ML） 文字以插入点为字符串的左中点。

（10）正中（MC） 文字以插入点为字符串的正中点。

（11）右中（MR） 文字以插入点为字符串的右中点。

（12）左下（BL） 文字以插入点为字符串的左下角。

（13）中下（BC） 文字以插入点为字符串的底线的中心点。

（14）右下（BR） 文字以插入点为字符串的右下角。

在系统默认情况下，文字的对齐方式为左对齐。当选择其他对齐方式时，单击回车键可改变对齐方式。

3. 样式

指定文字样式，选择“样式”选项后，命令行提示“输入样式名或［?］< Standard >:”，可在提示后输入定义的样式名，并根据命令行提示依次操作。

【例6-2】 如图6-7所示，用“单行文字”标注字母“A、B、C、D”，字高为3.5mm。操作步骤如下：

1）执行“单行文字”命令。

2）当前文字样式：“工程字” 文字高度：2.5000 注释性：是 对正：左

3）指定文字的起点 或［对正（J）/样式（S）］：（拾取一点作为字母A的起点）

4）指定文字高度 < 2.5000 >：3.5 ↙（输入文字高度3.5mm）

5）指定文字的旋转角度 <0>：↙ （回车默认不旋转角度）

6）绘图区显示输入提示，输入字母“A”。

7）拾取B点相应位置，输入字母“B”。

8）字母“C”和“D”的输入方法同上。

9）连续两次单击回车键，结束命令。

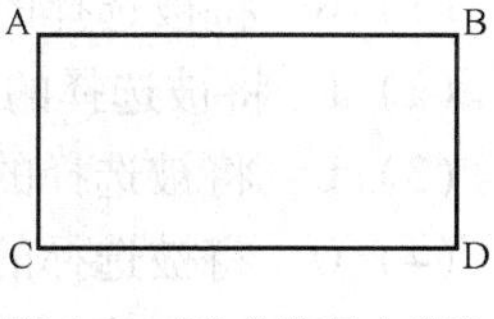

图6-7 用“单行文字”命令标注字母

6.3.2 标注多行文字

虽然用“单行文字”命令也可以标注多行文字，但换行时定位及行列对齐比较困难，且标注结束后，每行文字都是一个单独的对象，不易编辑。为此，AutoCAD提供了“多行文字”命令，一次标注多行文字，并且各行文字作为一个段落、一个对象来处理，整个对象必须采用相同的样式、字体、颜色等特性。

“多行文字”命令调用有以下方式：”默认”选项卡|“注释”面板|多行文字 |多行文字；“绘图”下拉菜单|“文字”|“多行文字”；“绘图”工具栏的多行文字按钮 ；在命令行输入“MTEXT”。

执行“多行文字”命令，在绘图区指定一个区域后，系统会显示“文字编辑器”选项卡和“文字输入”窗口，如图6-8所示。

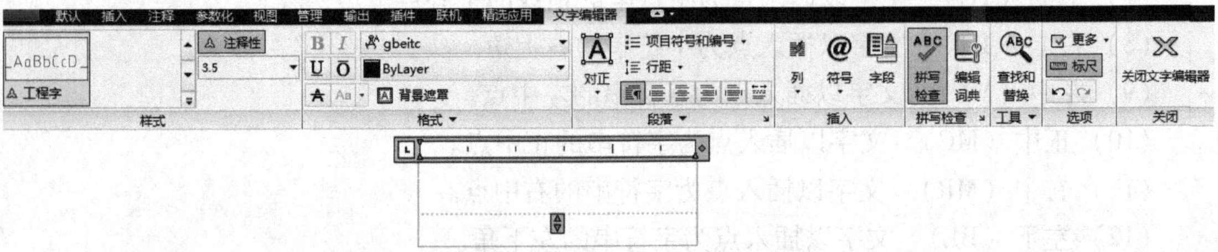

图6-8 “文字编辑器”选项卡和“文字输入”窗口

1. “样式”面板

（1）样式 向多行文字对象应用文字样式。默认情况下，“标准”文字样式处于活动状态。

（2）注释性 打开或关闭当前多行文字对象的注释性。

（3）文字高度 按图形单位设置新文字的字符高度或修改选定文字的高度。如果当前文字样式没有固定高度，则文字高度将为系统变量“TEXTSIZE”中存储的值。多行文字对象可以包含不同高度的字符。

2. “格式”面板

（1）B 将被选择的文字加粗。

（2）I 将被选择的文字设成斜体。

（3）U 将被选择的文字加下划线。

（4）O 将被选择的文字加上划线。

（5）字体 为新输入的文字指定字体或改变选定文字的字体类型。

（6）颜色 可以为输入文字指定颜色或修改选定文字的颜色。

（7）大写、小写 改变文字中字符的大小写。

（8）背景遮罩 显示“背景遮罩”对话框，可以设置是否使用背景遮罩、图形背景填充颜色等。

3. “段落”面板

（1）对正 显示“多行文字对正”菜单，并且有九个对齐选项可用。“左上”为默认。

（2）项目符号和编号 显示“项目符号和编号”菜单。

（3）行距 显示建议的行距选项或“段落”对话框。在当前段落或选定段落中设置行距。

（4）段落 显示“段落”对话框。

（5）左对齐、居中、右对齐、两端对齐和分散对齐 设置当前段落或选定段落的左、中或右文字边界的对正和对齐方式，包含在一行的末尾输入的空格，并且这些空格会影响行的对正。

4. “插入”面板

（1）列　显示弹出型菜单，该菜单提供三个栏选项：不分栏、静态栏和动态栏。

（2）符号　在光标位置插入符号或不间断空格，也可以手动插入符号。如果选择“其他...”选项，弹出“字符映射表”对话框，可以插入其他特殊字符。

（3）字段　显示“字段”对话框，从中可以选择要插入到文字中的字段。关闭该对话框后，字段的当前值显示在文字中。

5. “拼写检查”面板

（1）拼写检查　确定“输入时”拼写检查为打开还是关闭状态，默认情况下此选项为打开状态。

（2）编辑词典　显示“词典”对话框。

6. “工具”面板

单击“查找和替换”按钮显示“查找和替换”对话框，可在此对话框中搜索、替换指定的字符串等。

7. “选项”面板

（1）更多　包括字符集、文字编辑器等设置。

（2）标尺　在编辑器顶部显示标尺。拖动标尺末尾的箭头可更改多行文字对象的宽度。也可以从标尺中选择制表符。

（3）放弃　即左箭头按钮，执行此命令，可放弃在“多行文字”功能区上下文选项卡中执行的操作，包括对文字内容或文字格式的更改。也可以使用 < Ctrl + Z > 组合键。

（4）重做　即右箭头按钮，执行此命令，可重做在“多行文字”功能区上下文选项卡中执行的操作，包括对文字内容或文字格式所做的更改。也可以使用 < Ctrl + Y > 组合键。

8. “关闭”面板

单击“关闭文字编辑器”按钮，结束“多行文字”命令，关闭“多行文字”功能区上下文选项卡。

注意：

① 设置多行文字宽度的方法是直接拖动标尺的 ◇ 、◁▷，可动态调节多行文字的范围。

② 当在文字中选择带有“/”“#”和“^”的分隔符号的文字时，可以创建一种堆叠的文字或分数。选择这一部分文字（“分子、分隔符号、分母”）后，右键单击选择“堆叠”即可，如图6-9所示。

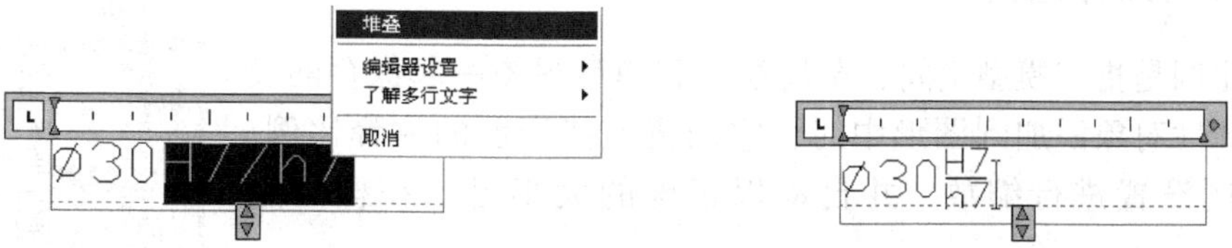

图6-9　堆叠“文本”

【例6-3】　使用“多行文字”命令标注图6-10所示的段落文字。操作步骤如下：

1）执行“多行文字”命令。

2）提示“当前文字样式：“工程字”当前文字高度：3.5　指定第一角点：”时，可点取段落文字的第一角点。

3）提示“指定对角点或［高度（H）/对正（J）/行距（L）/旋转（R）/样式（S）/宽度（W）］:”时，点取对角点，弹出“文字编辑器”选项卡和“文字输入”窗口，或输入“S↙”重新设定文字样式。

4）在“文字输入”窗口输入第一行文字“国家标准—技术制图”，回车换行。

国家标准——技术制图

$20\frac{H7}{f8}$

45°

ϕ60

30±0.002

图6-10　用“多行文字”标注段落文本

5）输入第二行文字“20H7/f8”，再选择H7/f8后右键单击，选择“堆叠”，回车换行。

6）输入第三行文字“45%%D”（或先输入45，再单击“文字编辑器”选项卡中的符号@，选择“度数　%%d”），回车换行。

7）输入第四行文字“%%C60”，回车换行。

8）输入第五行文字“30%%P0.002”，关闭“文字编辑器”，结束段落文字输入。

6.4　注释的使用

在工程图样中，文字、标注的样式都应有规范、统一的标准。对于1:1的出图比例，我们可以很方便地设置这些样式；而对于非1:1出图的设置，注释的使用大大提高了绘图效率。

6.4.1　创建注释性对象

所谓注释性对象，是指带有注释性特性的对象处于启用状态（设置为“是”）。将注释添加到图形中时，用户可以打开这些对象的注释性特性。这些注释性对象将根据当前注释比例设置进行自动缩放和显示。注释性对象包括图案填充、文字（单行和多行）、标注、公差、引线和多重引线、块、属性等。

在AutoCAD中有两种方法用来创建注释性对象：一种是通过在设置对象样式的对话框中勾选“注释性”复选框；一种是通过在“特性”选项板中更改注释性特性，用户就可以将现有对象更改为注释性对象，如图6-11所示。

将光标悬停在支持一个注释比例的注释性对象上时，光标显示图标。如果该对象支持多个注释比例，则它显示图标。

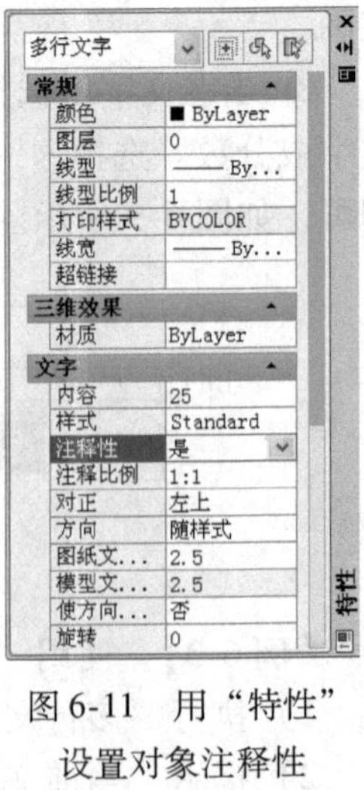

图6-11　用“特性”设置对象注释性

6.4.2　设置注释比例

注释比例是指与模型空间、布局视口和模型视图一起保存的设置。将注释性对象添加到图形中时，它们将支持当前的注释比例，根据该比例设置进行缩放，并自动以正确的大小显示在模型空间中。

将注释性对象添加到模型中之前，设置注释比例。注释比例应设置为与布局中的视口比例相同。例如，如果注释性对象将在比例为1:2的视口中显示，要将注释比例也设置为1:2。

使用模型选项卡时，或选定某个视口后，当前注释比例将显示在应用程序状态栏或图形状态栏上。可以使用状态栏来更改注释比例，方法是：单击“注释比例”下拉式按钮，选择列表中的比例作为当前注释比例，如图 6-12 所示。

6.4.3 注释对象的可见性

对于模型空间或布局视口，可以显示所有注释性对象，也可以仅显示支持当前注释比例的对象。这样就减少了对使用多个图层来管理注释的可见性的需求。

图形状态栏显示缩放注释的若干工具。对于模型空间和图纸空间，显示不同的工具。模型空间的图形状态栏包括如下几项：

（1）注释比例 显示或更改注释比例。

（2）注释可见性按钮 打开注释可见性按钮，显示所有的注释性对象，默认情况下，注释可见性处于打开状态。关闭注释可见性按钮，仅显示支持当前注释比例的注释性对象。

（3）自动添加比例 更改注释比例时自动将比例添加至注释性对象。

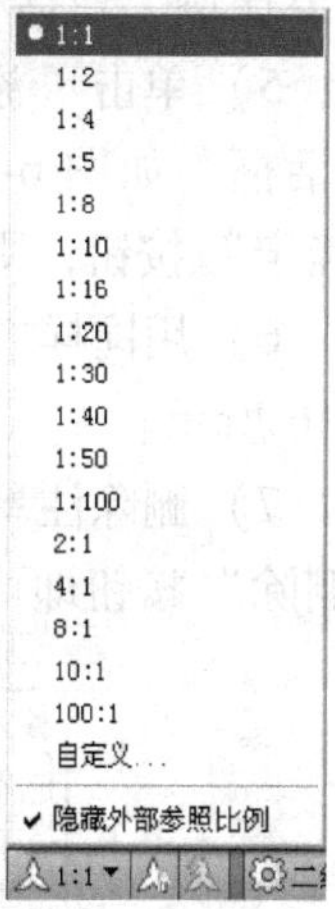

图 6-12 注释比例

例如，如果注释性文字支持两个注释比例，则它有两个比例图示。选择注释性对象后，夹点将显示在支持当前注释比例的比例图示上。可以使用这些夹点来操作当前比例，如图 6-13 所示。“SELECTIONANNODISPLAY” 系统变量设置为 1（默认值）时，该对象的所有其他比例图示都以较暗状态显示。

注意：

① 如果某个对象支持多个注释比例，则该对象将以当前比例显示。

② 要使注释性对象可见，必须打开该对象所在的图层。

③ 注释可见性由系统变量“ANNOALLVISIBLE”控制。

图 6-13 注释性文字

6.4.4 添加和删除注释性对象的比例

在图形中创建注释性对象后，它支持一个注释比例，即创建该对象时的当前注释比例。用户可以更新注释性对象，以支持其他注释比例。

在更新注释性对象以支持其他比例后，用户需要将其他比例添加到该对象。

【例 6-4】 应用注释性文字样式创建文字“技术要求”。文字支持当前注释比例 1:1，添加其他注释比例 1:2 和 2:1，再将注释比例 2:1 删除。操作步骤如下：

1）打开前面设置的“工程字”文字样式，看是否设置为注释性文字样式，即勾选“注释性” ☑注释性(I)即可，将该样式置为当前。

2）执行“文字”命令，注写文字“技术要求”。

3）选中文字“技术要求”，右键单击选择“特性”选项，弹出该文字的“特性”对话框，如图 6-14 所示。

4）单击“注释比例”栏，显示的当前文字注释比例1:1，该栏后面右侧出现按钮[...]，单击该按钮弹出“注释对象比例”对话框。

5）单击“添加”按钮，弹出“将比例添加到对象”对话框，如图6-15所示，选择比例列表中的1:2，单击“确定”按钮，则注释比例1:2添加成功。

6）用同样方法可将注释比例2:1添加至该对象，如图6-16所示。

7）删除注释比例2:1时，只需选择该比例后，单击“删除”按钮即可。

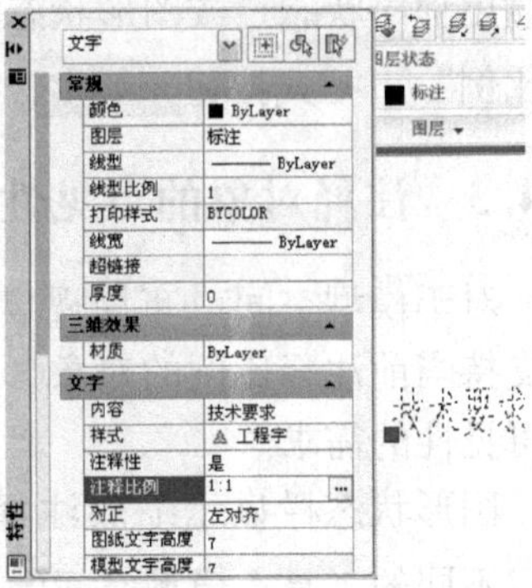

图6-14 文字的“特性”对话框

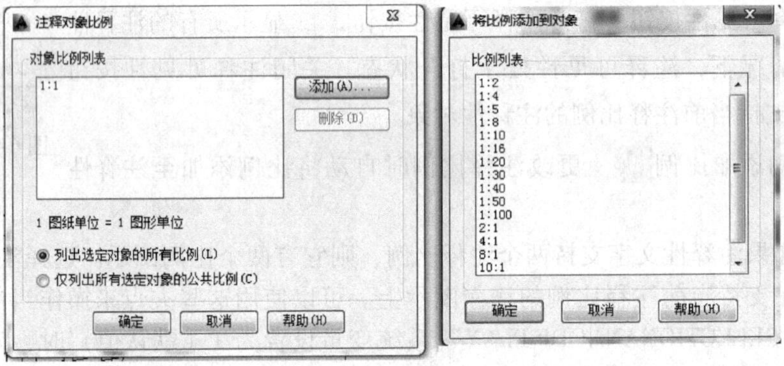

图6-15 添加“注释对象比例”

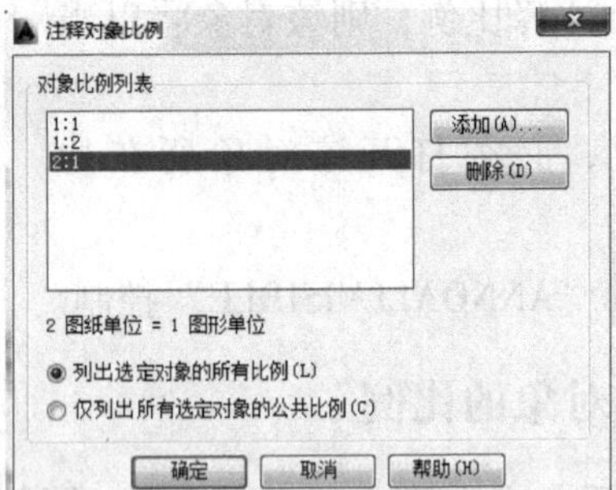

图6-16 添加或删除“注释对象比例”

注意：

①“SELECTIONANNODISPLAY”系统变量设置为1（默认值）时，该对象的所有其他比例都以较暗状态显示。

② 由于注释性特性，它必须和布局配合使用。

6.5 表格样式

在AutoCAD中，用户可以使用“创建表格”命令自动生成数据表格，从而取代了以前利用绘制线段和文字来创建表格的方法。用户可从 Microsoft Excel 中直接复制表格，还可以输出表格数据到 Microsoft Excel 或其他应用程序。

表格允许用户将 AutoCAD 和 Microsoft Excel 列表信息整合到一个 AutoCAD 表格中，此表可以进行动态链接，这样在更新数据时，AutoCAD 和 Microsoft Excel 就会自动显示通知，然后，用户可以选中这些通知，对任何原文档的信息及时更新。

使用表格样式，可以保证字体、颜色、文字、高度等保持一致。

“表格样式”命令调用有以下方式：“注释”选项卡 | “表格”面板（图 6-17） | 表格样式↘；“格式”下拉菜单 | “表格样式”；“样式”工具栏的表格样式按钮；在命令行输入“TABLESTYLE”。

执行“表格样式”命令后，打开“表格样式”对话框，如图 6-18 所示。

该对话框，显示当前默认使用的表格样式为“Standard”；“样式”列表中显示了当前图形所包含的表格样式；“预览”窗口中显示选中表格的样式；“列出”下拉列表中，可选择显示图形中的所有样式或正在使用的样式。

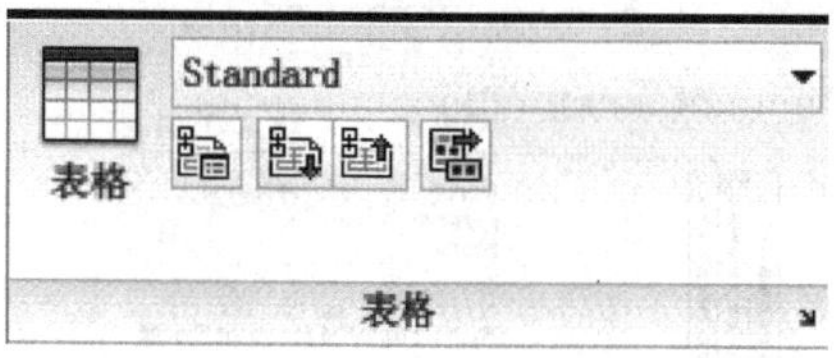

图 6-17 “表格”面板

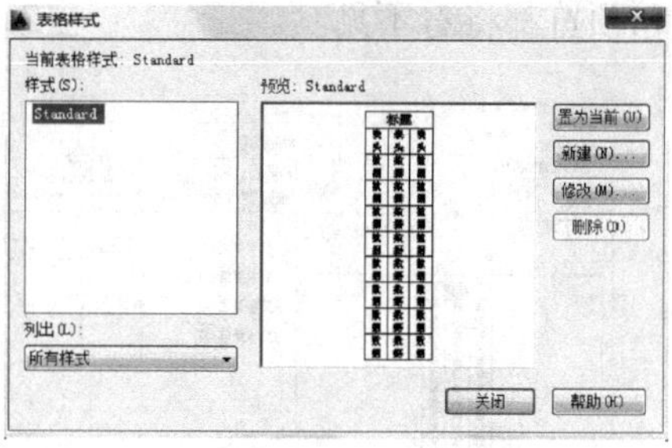

图 6-18 “表格样式”对话框

1. 新建

在“表格样式”对话框中单击“新建”按钮，弹出“创建新的表样式”对话框，可创建新的表格样式，如图 6-19 所示。

（1）“新样式名” 输入新的表格样式名。

（2）“基础样式” 选择表格样式，以此样式为基础样式创建新表格样式。

（3）“继续” 打开“新建表格样式”对话框，如图 6-20 所示。

1）起始表格，是图形中用作设置新表格样式的样例表格。一旦选定表格，用户即可指

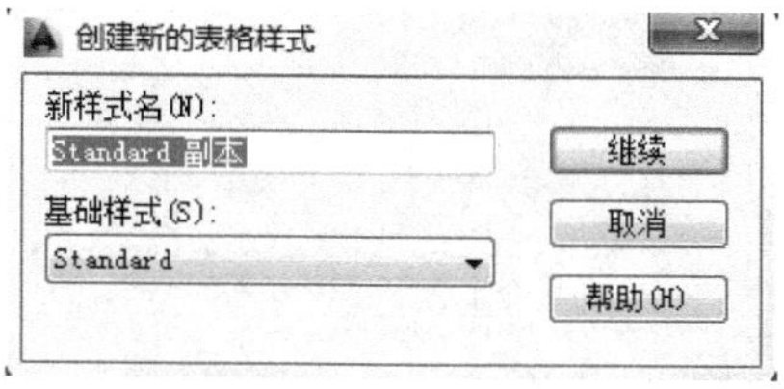

图 6-19 “创建新的表格样式”对话框

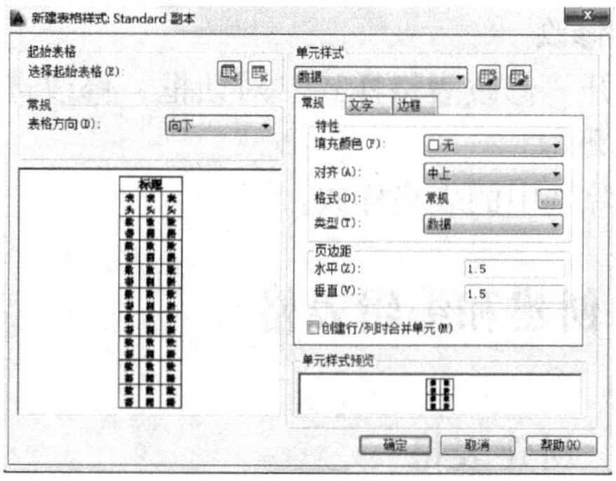

图 6-20 “新建表格样式”对话框的“常规”选项卡

定要从此表格复制到表格样式的结构和内容。创建新的表格样式时，可以指定一个起始表格，也可以从表格样式中删除起始表格。

2）常规，可以完成对表格方向的设置。

3）单元样式，包括数据、标题和表头三个单元，每个单元包括三个选项卡，可以进行基本设置、文字设置和边框设置。对于数据、标题和表头的单元样式，应该分别设置，设置好后，还可以通过“单元样式预览”框查看设置效果。

4）“常规”选项卡，包括表格的特性，如表格的填充颜色、表格内对象的对齐方式、表格单元数据格式及表格类型；表格水平、垂直页边距的设置。选中“创建行/列时合并单元”复选框，可以在创建表格的同时合并单元格。

5）“文字”选项卡，包括表格内文字样式、文字高度、文字颜色和文字角度的设置，如图6-21所示。

6）“边框”选项卡，如图6-22所示，包括表格的线宽、线型和边框的颜色的设置，还可以将表格内的线设置成双线形式，单击表格边框按钮可以将选定的特性应用到边框。边框设置好后，一定要单击表格边框按钮，应用选定的特性，如不应用，表格中的边框线，在打印和预览都将看不见。

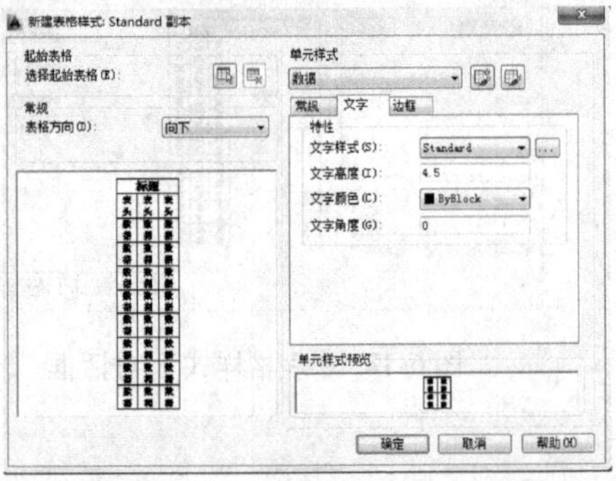

图6-21 “新建表格样式”对话框的“文字”选项卡

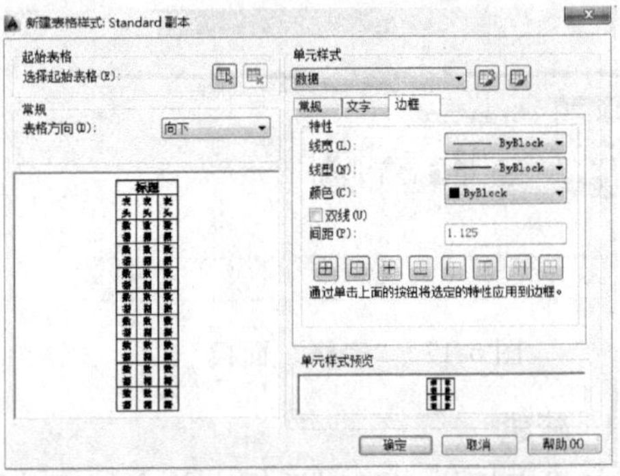

图6-22 “新建表格样式”对话框的“边框”选项卡

完成上述设置后，单击“确定”按钮，返回到图6-18所示的“表格样式”对话框。可以看到新创建的表格样式，单击“关闭”按钮，完成设置。

2. 置为当前

设置已存在的表格样式为当前表格样式。

3. 修改

打开“修改表格样式”对话框，修改选中的表格样式。

4. 删除

删除选中的表格样式。

6.6 创建和编辑表格

6.6.1 创建表格

创建表格时，可以使用默认的表格样式或者自定义的样式。

“表格”命令调用有以下方式：“默认”选项卡|“注释”面板|表格；“注释”选项卡|“表格”面板|表格；“绘图”下拉菜单|“表格”；“绘图”工具栏的表格按钮；在命令行输入“TABLE”（TB）。

执行“表格”命令后，打开“插入表格”对话框，如图6-23所示。“插入表格”对话框中的各选项的功能如下：

1. “表格样式”下拉列表框

它是用来选择系统提供的，或者用户已经创建好的表格样式。

（1）第一行单元样式　指定表格中第一行的单元样式。默认情况下，使用标题单元样式。

（2）第二行单元样式　指定表格中第二行的单元样式。默认情况下，使用表头单元样式。

（3）所有其他行单元样式　指定表格中所有其他行的单元样式。默认情况下，使用数据单元样式。

2. 插入方式

选择表格插入的方式。选择“指定插入点”，可以在绘图窗口中的某点插入固定大小的表格。选择“指定窗口”，可以在绘图窗口中，通过拖动表格边框来创建任意大小的表格。

3. 插入选项

选择从空表格开始。

4. 列和行设置

通过输入列数、列宽、数据行数及行高来改变表格的大小。

5. 设置单元样式

创建新的单元样式。

6. 预览窗口

显示表格的预览效果。

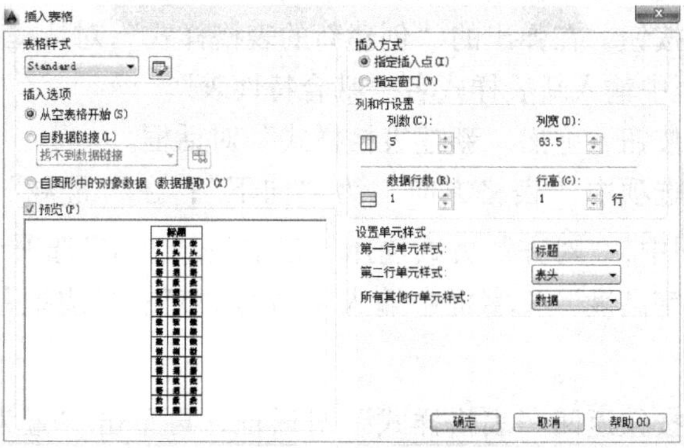

图6-23　“插入表格”对话框

6.6.2　编辑表格

通常在创建表格之后，需要对表格进行修改，此时可选择要编辑的单元格，用“表格单元”选项卡的各选项进行编辑。“表格单元”选项卡如图 6-24 所示。

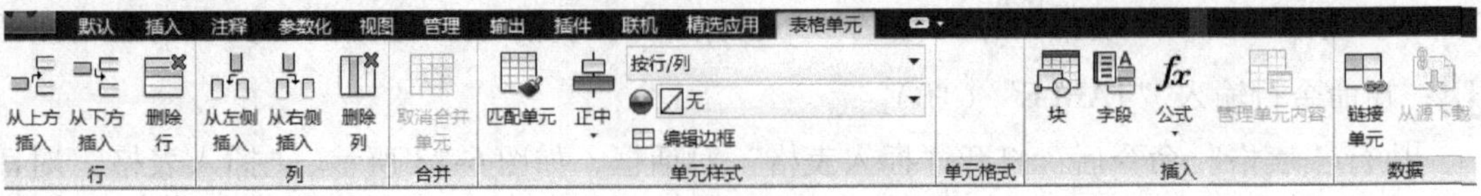

图 6-24 “表格单元”选项卡

（1）“行”面板　插入或删除行。

（2）“列”面板　插入或删除列。

（3）“合并”面板　取消或合并选择的单元格，合并可选择按行、按列或全部。

（4）“单元样式”面板　设置单元样式。

（5）“单元格式”面板　包括单元锁定、数据格式。

（6）“插入”面板　插入块、字段、公式等内容。选定表格单元后，可以从表格工具栏及快捷菜单中插入公式。也可以打开在位文字编辑器，然后在表格单元中手动输入公式。

（7）“数据”面板　创建、编辑和管理数据链接。数据链接树状图将显示包含在图形中的链接。还提供用于创建新数据链接的选项。

注意：

① 双击单元格内容，即可编辑单元内容。

② 选择单元后，可通过拖动夹点来编辑表格。

③ 选择单元后，也可以单击鼠标右键，然后使用快捷菜单上的选项来编辑表格。

6.7 实例解析

【例 6-5】 绘制表格“啮合特性表”，表格中的文字字体为“工程字”，文字高度为 5mm，对齐方式为正中，如图 6-25 所示。操作步骤如下：

1）执行“表格样式”命令，弹出“表格样式”对话框。

2）单击“新建”按钮，在弹出的“创建新的表格样式”对话框中“新样式名”文字框中输入新表样式名“啮合特性表”。

3）单击“继续”按钮，弹出“新建表格样式”对话框。

模数m	1
齿数z	40
压力角α	20°

图 6-25　啮合特性表

4）选择“常规”选项中“表格方向”为“向下”；在“常规”选项卡的“特性”选项中，“对齐”方式选择“正中”；“文字”选项卡的“文字样式”选择为“工程字”，在“文字高度”文字框中输入字高为“5”；“边框”选项卡中选择所有边框田。

5）单击“确定”按钮返回“表格样式”对话框，再单击“置为当前”按钮使用该样式创建表格，单击“关闭”按钮退出“表格样式”对话框。

6）执行“表格”命令，弹出“插入表格”对话框。

7）插入方式选择“指定插入点”，列和行设置里，输入“2”列，列宽“20”，数据行数为“1”，行高输入“1”；在设置单元样式的三个框里，全部选择“数据”。

8）单击“确定”按钮，此时在绘图窗口中插入一个 3 行 2 列的表格。

9）指定插入点：指定表格左上角的位置。可以使用定点设备，也可以在命令提示下输入坐标值。如果表格样式将表格的方向设置为由下而上读取，则插入点位于表格的左下角。

10）指定插入点后，分别在每个表格单元中输入相应文字。

思考与练习

1. 新建一个文字样式，样式名为“GB”，字体为“gbeitc. shx”，使用大字体“gbcbig. shx”。

2. 使用设置好的标注样式，在AutoCAD中标注图6-26所示的多行文字（其中“技术要求”字高为7mm，其他文字字高为5mm），并添加两种注释比例1:2和2:1。

3. 用表格创建图6-27所示的“啮合特性表”。

技术要求

1.未注圆角R2～R3。
2.铸件不得有气孔、裂
纹等缺陷。

图6-26 标注多行文字

模数m	1.5
齿数z	34
压力角α	20°

图6-27 用表格创建“啮合特性表”

第7章 尺寸标注

尺寸标注是工程图样的重要组成部分，是零件制造、工程施工和零部件装配的重要依据。不同的行业标注尺寸的方式有所不同，在对图形进行尺寸标注之前，首先必须了解行业的尺寸标注要求，设置相应的尺寸标注样式。

7.1 尺寸标注样式

尺寸标注由尺寸界线、尺寸线、尺寸文字、箭头、指引线、中心标记等几部分组成，如图7-1所示。尺寸标注的样式设置，也就是分别对这几个组成部分进行设置，以控制标注的格式和外观。尺寸标注变量设置的全部集合作为一个整体并赋予一个名字就是尺寸标注样式，然后再用这个设置的样式对图形进行标注，以获得完整、清晰、正确的尺寸标注。

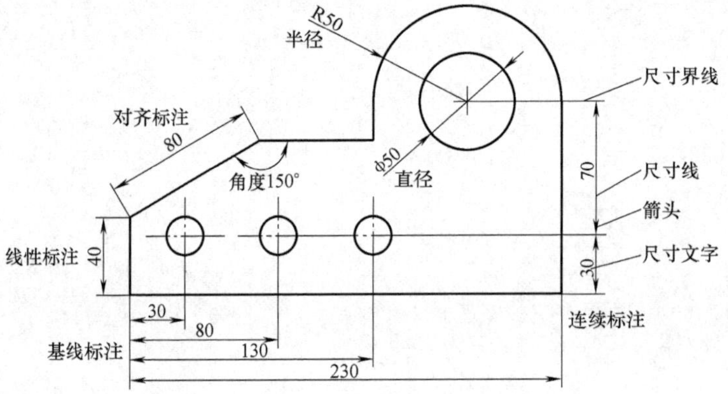

图7-1 尺寸标注

用 AutoCAD 软件进行尺寸标注，应按照一定的步骤进行，才能更快、更好地完成标注工作。尺寸标注的方法及过程如下：

① 创建一个图层用于标注尺寸。

② 创建尺寸标注所需的文字样式。

③ 创建尺寸标注样式。选用所建立的文字样式，并设置尺寸标注的比例因子、尺寸线、尺寸界线、箭头、尺寸文字、尺寸单位、尺寸精度、公差等内容。

④ 保存所设的尺寸标注样式，以备使用。

⑤ 使用所建立的标注样式，用尺寸标注命令标注图形的尺寸，并对不符合要求的标注，用尺寸标注编辑命令编辑修改。

AutoCAD 提供了自动测量的功能。标注尺寸时系统能自动测量出所标注图形的尺寸，所以用户绘图时应尽量准确，避免修改标注文字，以加快绘图的速度。

可利用“注释”选项卡或“标注”工具栏等进行标注，如图7-2所示。

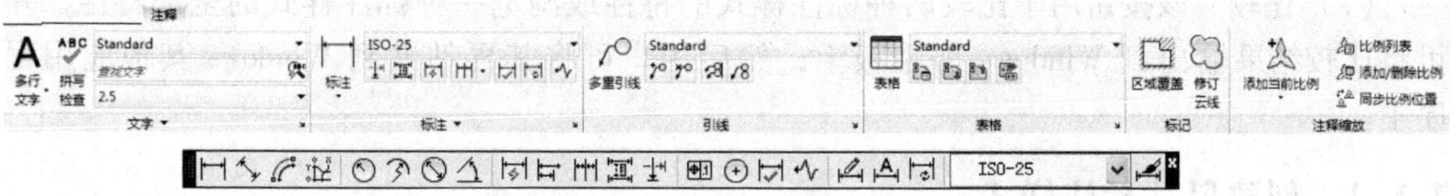

图 7-2　“注释”选项卡及“标注”工具栏

AutoCAD 绘图系统提供了多种标注样式。在英制样板文件中，它提供了一个默认名为 Standard 的标注样式；在公制样板中，系统提供了名为 ISO-25 的国际标准化组织设计的公制标注样式。ISO-25 标注样式与我国制图标准是有区别的，需要修改，使之符合我国的制图标准。图形模板中提供的“GB”样式比较符合我国制图标准，但也必须对它们进行修改，从而建立完全符合我国制图标准的标注样式。

7.1.1　设置尺寸标注样式

AutoCAD 使用当前的标注样式标注尺寸。“DDIM”命令用于设置系统提供的标注样式，用户也可以根据实际情况，自行定义所需的标注样式。

其命令调用有以下方式：“默认”标签|“注释”面板|标注样式按钮；“注释”标签|“标注”面板|标注样式按钮；“格式”下拉菜单|“标注样式”；标注工具栏标注样式按钮；在命令行输入“DDIM”（D）。

执行“DDIM”命令后，打开“标注样式管理器”对话框，如图 7-3 所示。

如果用户绘制新的图形时进入的样板图为“GB”，则系统默认的格式为“GB-35”或“GB-5”。在“样式”列表中选定样式名称后单击鼠标右键弹出快捷菜单，可以设置当前标注样式、重命名标注样式和删除标注样式。

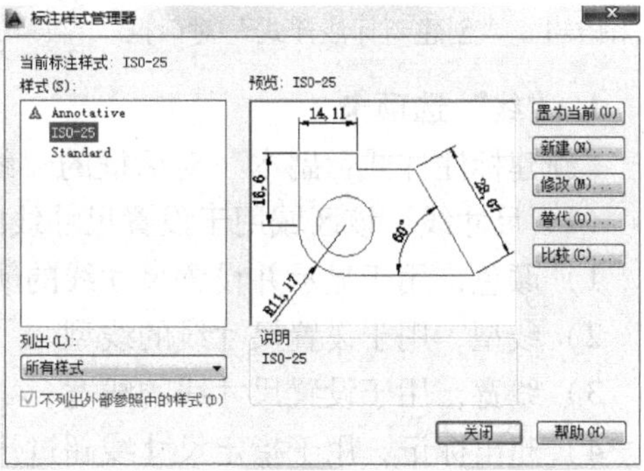

图 7-3　“标注样式管理器”对话框

（1）样式　该区域用于显示当前图形所设置的所有标注样式的名称。

（2）列出　在“样式”列表中控制样式显示。

（3）置为当前　当用户从“样式”区选择一种样式后，单击该按钮，则系统把所选定的标注样式设置为当前标注样式。

（4）新建　单击该按钮，打开“创建新标注样式”对话框（图 7-4），用于指定新样式的名称或在某一样式的基础上进行修改。在用户设置好这些选项并单击“继续”之后，打开“新建标注样式”对话框，用以定义新的标注样式。

（5）修改　单击该按钮，打开“修改标注样式”对话框，使用此对话框可以对所选标注样式进行修改。

（6）替代　单击该按钮，打开“替代标注样式”对话框，使用此对话框可以设置当前使用的标注样式的临时替代值。选择“替代”后，当前标注格式的替代格式将被应用到所有尺寸标注中，直到用户转换到其他样式或删除替代格式为止。

（7）比较　该按钮用于比较两种标注样式的特性或浏览一种标注样式的全部特性，并可将比较结果输出到 Windows 剪贴板上，然后用户可将其再粘贴到 Windows 其他应用程序中。

7.1.2　创建尺寸标注样式

在“标注样式管理器”对话框中，单击“新建”按钮，打开“创建新标注样式”对话框，如图 7-4 所示。输入新样式名（默认新样式名为当前样式的副本），单击“继续”按钮，打开“新建标注样式：副本”对话框，各选项卡用于设置所需的尺寸标注样式，如图 7-5 所示。

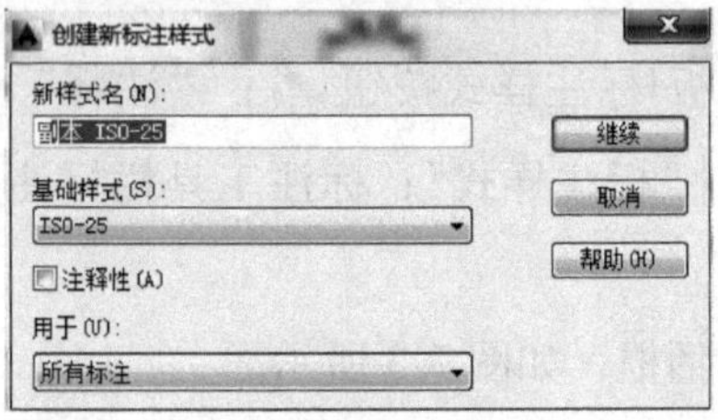

图 7-4　“创建新标注样式”对话框

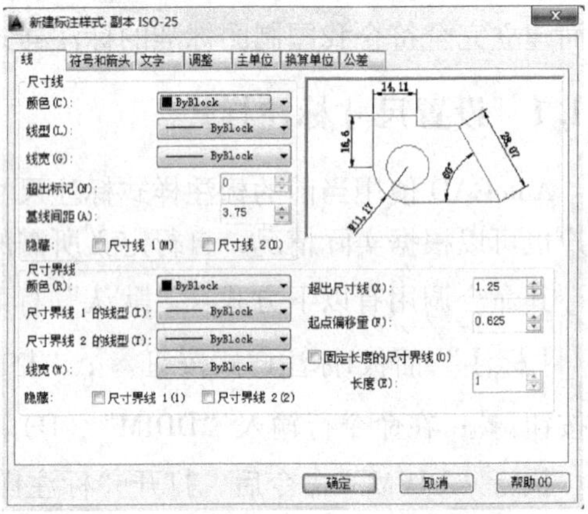

图 7-5　“新建标注样式”对话框的“线”选项卡

1. “线”选项卡

“新建标注样式：副本”对话框的“线”选项卡中，各选项功能如下：

（1）尺寸线　该区域用于设置尺寸线的特性。

1）颜色，用于显示并设置尺寸线的颜色。

2）线型，用于设置尺寸线的线型。

3）线宽，用于设置尺寸线的线宽。

4）超出标记，用于指定尺寸线超过尺寸界线的长度。

5）基线间距，用于设置基线标注的尺寸线之间的距离。

6）隐藏，用于设置尺寸线是否隐藏。若选择复选框“尺寸线 1”，则隐藏第一条尺寸线；若选择复选框“尺寸线 2”，则隐藏第二条尺寸线。

（2）尺寸界线　该区域用于控制尺寸界线的外观。

1）颜色，用于设置尺寸界线的颜色。

2）尺寸界线 1 的线型，用于设置尺寸界线 1 的线型。

3）尺寸界线 2 的线型，用于设置尺寸界线 2 的线型。

4）线宽，用于设置尺寸界线的线宽。

5）隐藏，用于设置尺寸界线是否隐藏。若选择复选框“尺寸界线 1”，则隐藏第一条尺寸界线；若选择复选框“尺寸界线 2”，则隐藏第二条尺寸界线。

6）超出尺寸线，用于设置尺寸界线超出尺寸线的长度。

7）起点偏移量，用于设置尺寸界线到所指定的标注起点的偏移距离。根据我国机械制图标准，起点偏移量应设置为0。

8）固定长度的尺寸界线，选择该复选框，可以用一组固定长度的尺寸界线标注图形的尺寸。

9）长度，在此可以输入尺寸界线长度的数值。

2. “符号和箭头”选项卡

单击“符号和箭头”选项卡，弹出图7-6所示的对话框，各选项功能如下：

（1）箭头　该区域用于设置标注箭头和引线的类型和大小。系统提供了二十多种箭头的样式供选用，用户也可以使用自定义箭头样式。

1）第一个，用于设置第一个箭头的样式。

2）第二个，用于设置第二个箭头的样式。

3）引线，用于设置引线的箭头样式。

4）箭头大小，用于设置箭头的大小。

（2）圆心标记　该区域用于设置直径标注、半径标注的圆心标记和中心线的外观。系统提供了三种圆心标记类型选项，

1）无，不设置圆心标记或中心线。

2）标记，设置圆心标记。

3）直线，设置中心线。

4）大小，设置圆心标记或中心线的大小。

图7-6　“新建标注样式”对话框的“符号和箭头”选项卡

（3）弧长符号　在该区域中，可以设置弧长符号显示的位置。

1）标注文字的前缀，弧长符号作为标注文字的前缀标在文字的前面。

2）标注文字的上方，弧长符号标在文字上方。

3）无，不标注弧长符号。

（4）半径折弯标注　可以设置标注大圆弧半径的标注线的折弯角度。

（5）线性折弯标注　可以设置标注的线性尺寸的标注线的折弯角度。

3. “文字”选项卡

单击“文字”选项卡，弹出图7-7所示的对话框，用于设置标注文字的外观、放置的位置和文字的方向。各选项功能如下：

（1）文字外观　用于设置标注文字的类型、颜色和大小。

1）文字样式，下拉式列表框用于设置当前标注文字样式。

2）文字颜色，列表框用于设置标注文字样式的颜色。

3）填充颜色，列表框用于设置填充颜色。

4）文字高度，用于设置当前标注文字样式的高度。如果要使用“文字”选项卡上的“文字高度”设置，则必须将文字样式中的文字高度设为“0”。

5）分数高度比例，用于设置标注文字中分数相对于其他文字的比例，该比例与标注文字高度的乘积为分数文字的高度。

6）绘制文字边框，选择该复选框，系统将在标注文字的周围绘制一个边框。

（2）文字位置　该区域用于设置标注文字放置的位置。

1）垂直，列表框用于设置标注文字沿着尺寸线垂直对正。若选择“置中”选项，则系统把尺寸线分为两部分，并将标注文字放在尺寸线两部分的中间；若选择“上方”选项，则系统把标注文字放在尺寸线的上面；若选择“外部”选项，则系统把文字放在尺寸线外侧；若选择“JIS”选项，则系统按照日本工业标准（JIS）放置标注文字。

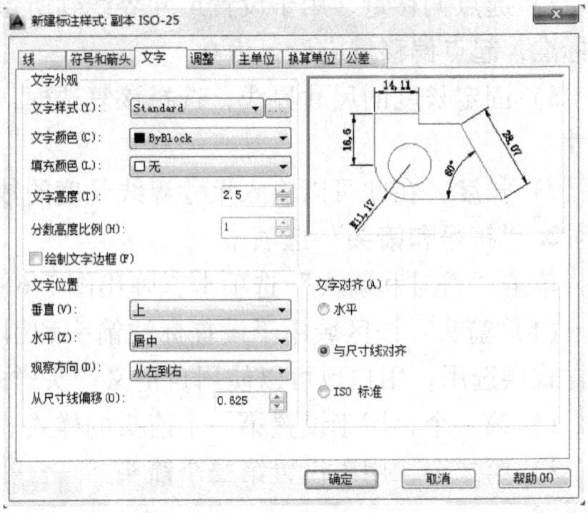

图 7-7　“新建标注样式”对话框“文字”选项卡

2）水平，设置水平方向文字所放位置。若选择“置中”选项，则系统把标注文字放在尺寸界线的中间；若选择“第一条尺寸界线”，则标注文字沿尺寸线与第一条尺寸界线左对正；若选择“第二条尺寸界线”，则标注文字沿尺寸线与第二条尺寸界线右对正；若选择“第一条尺寸界线上方”，则标注文字被放在第一条尺寸界线之上；若选择“第二条尺寸界线上方”，则标注文字被放在第二条尺寸界线之上。

3）从尺寸线偏移，用于设置标注文字与尺寸线之间的距离。

（3）文字对齐　该区域用于设置标注文字是保持水平还是与尺寸线平行。

1）水平，系统将水平放置文字。

2）与尺寸线对齐，标注文字沿尺寸线方向放置。

3）ISO 标准，当标注文字在尺寸界线内时，文字与尺寸线对齐；当标注文字在尺寸界线外时，文字水平排列。

4. “调整”选项卡

单击“调整”选项卡，出现图 7-8 所示对话框，各选项功能如下：

（1）调整选项　该区域用于调整尺寸界线、尺寸文字与箭头之间的相互位置关系。当两条尺寸界线之间的距离够大时，AutoCAD 总是把文字和箭头放在尺寸界线之间。否则，将根据该区域的选项放置文字和箭头。

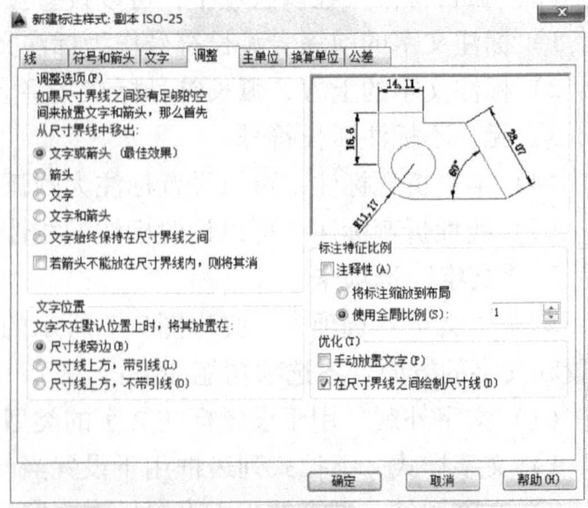

图 7-8　“新建标注样式”对话框的“调整”选项卡

1）文字或箭头（最佳效果），选择最

佳效果自动移出尺寸文字或箭头。

2）箭头，首先将箭头放在尺寸界线外侧。

3）文字，首先将尺寸文字放在尺寸界线外侧。

4）文字和箭头，将文字和箭头都放在尺寸界线外侧。

5）文字始终保持在尺寸界线之间，将标注文字始终放在尺寸界线之间。

6）若箭头不能放在尺寸界线内，则将其消除，选择此复选框，系统隐藏箭头。

（2）文字位置　用于设置如果文本不在默认位置上时，尺寸文字的放置位置。

1）尺寸线旁边，选择此单选框，标注文字被放在尺寸线旁边。

2）尺寸线上方，带引线，选择此单选框，标注文字放在尺寸线上方，并用引出线将文字与尺寸线相连。

3）尺寸线上方，不带引线，选择此单选框，标注文字放在尺寸线上方，而且不用引出线将文字与尺寸线相连。

（3）标注特征比例　用于设置全局比例或图纸空间比例。

1）注释性，使用此特性，用户可以自动完成缩放注释的过程，从而使注释能够以正确的大小在图纸上打印或显示。

2）将标注缩放到布局，选择此单选框，可以根据当前模型空间视口与图纸空间的缩放关系设置比例。

3）使用全局比例，用于设置全局比例因子，在框中设置的比例因子将影响文字字高、箭头尺寸、偏移、间距等标注特性，但这个比例不改变标注测量值。

（4）优化　该区域用于设置其他的一些调整选项。

1）手动放置文字，选择此复选框，系统将忽略标注文字的水平对正设置，在标注时可将标注文字放置在用户指定的位置上。

2）在尺寸界线之间绘制尺寸线，选择此复选框，则在尺寸界线之间始终会绘制尺寸线。

5. “主单位”选项卡

单击“主单位”选项卡，弹出图7-9所示的对话框，用于设置主标注单位的格式和精度以及标注文字的前缀和后缀。各选项功能如下：

（1）线性标注　用于设置线性标注的格式和精度。

1）单位格式，列表框用于设置所有标注类型的当前单位格式（除角度标注外）。

2）精度，列表框用于设置标注文字的小数位数。

3）分数格式，列表框用于设置分数的格式。

4）小数分隔符，列表框用于设

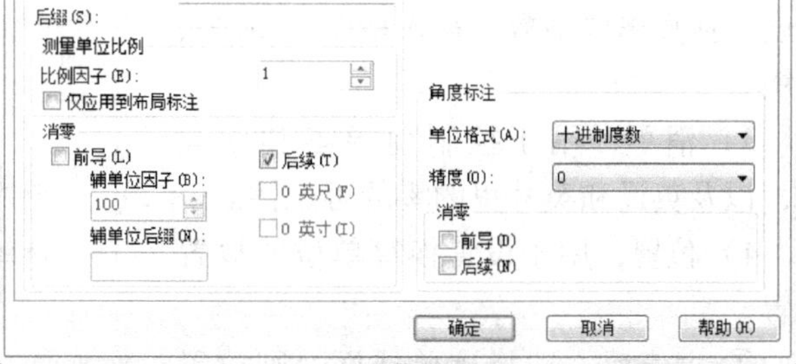

图7-9　“新建标注样式”对话框的“主单位”选项卡

置十进制格式的分隔符。

5）舍入，列表框用于设置所有标注类型的标注测量值的四舍五入规则（除角度标注外）。

6）前缀，文本框用于设置标注文字的前缀。

7）后缀，文本框用于设置标注文字的后缀。

如果用户使用了“前缀”和“后缀”这两个选项，则系统会给所有的尺寸文本都添加前缀或后缀，但实际上并不是所有的尺寸文字都需要相同的前缀或后缀。因此，一般情况下，不要使用这两个文本框，而采用在具体标注时加入的方法为需要的尺寸文本添加前缀或后缀。

（2）测量单位比例　用于设置测量线性尺寸时所采用的比例。

1）比例因子，设置所有标注类型的线性标注测量值的比例因子（除角度标注外）。测量尺寸乘上这个比例因子，就是最后所标注的尺寸。例如，如果绘图时将尺寸缩小1/2绘制，即绘图比例为1:2，那么在此设置比例因子为2，AutoCAD就将把测量值扩大一倍，使用真实的尺寸值进行标注。

2）仅应用到布局标注，选择该复选框，仅对在布局里创建的标注应用线性比例值。

（3）消零　用于控制是否显示尺寸标注中的“前导”和“后续”零。

1）前导，选择该复选框，不输出十进制尺寸的前导零。例如选择此项后，测量值0.8000被标注为.8000。

2）后续，选择该复选框，不输出十进制尺寸的后续零。例如选择此项后，测量值23.5000被标注为23.5。

（4）角度标注　该区域用于设置角度标注的当前标注格式。

1）单位格式，列表框用于设置角度单位格式。

2）精度，列表框用于设置角度标注的小数位数。

（5）消零　该区域用于控制角度标注的前导零和后续零的可见性。

6. “换算单位”选项卡

单击“换算单位”选项卡，弹出图7-10所示的对话框，各选项功能如下：

1）显示换算单位，选择该复选框，可以给标注文字添加换算测量单位。如果该复选框未被选中，对话框中其他所有选项变为不可用。

2）换算单位，用于设置单位格式、精度、换算单位乘数、舍入精度、前缀、后缀。

3）消零，用于控制前导零和后续零，以及英尺和英寸里的零的可见性。

4）位置，用于设置换算单位的放置位置。

① 主值后，选择该单选框，则放置在基本尺寸之后。

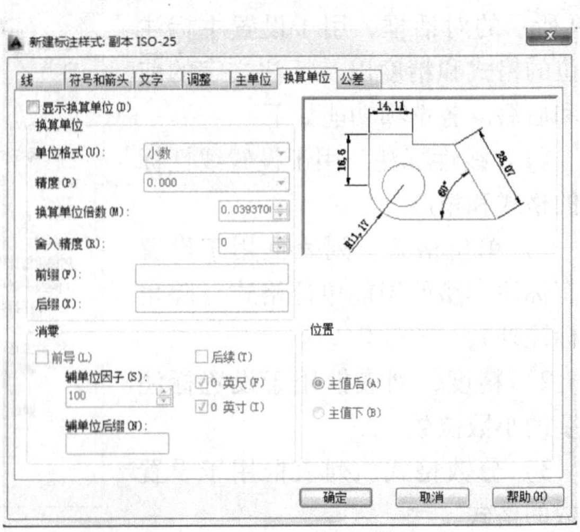

图7-10　“新建标注样式”对话框的“换算单位”选项卡

② 主值下，选择该单选框，则放置在基本尺寸下面。

7. “公差”选项卡

单击“公差”选项卡，弹出图7-11所示的对话框，用于设置标注文字中公差的格式及显示。

尺寸公差比较好的方法是选中公称尺寸，在特性窗口中去添加公差值。切记，不要将基本的标注样式设成带公差的，除非所有以这种样式标注的尺寸都具有相同的公差。而这种情况在实际应用中几乎是不存在的，所以该项功能不在此详述。

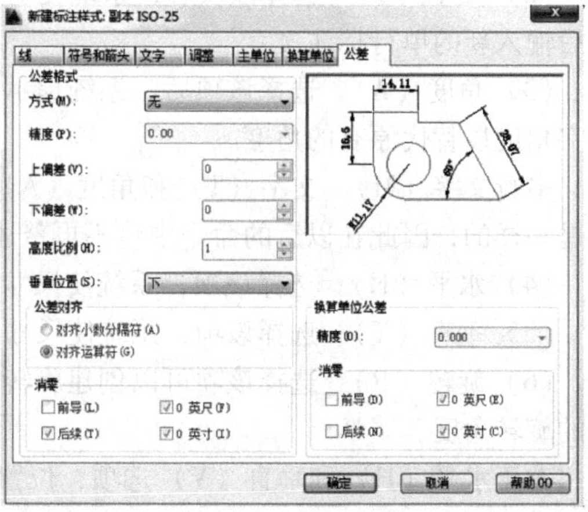

图7-11 “新建标注样式”对话框的“公差”选项卡

7.2 各类尺寸的标注

尺寸标注样式设置完成后，就可以使用图7-12所示的线性标注、对齐标注、基线标注等标注尺寸方法对图形进行标注。

图7-12 “线性”下拉菜单、“标注”面板及“标注”工具栏

7.2.1 线性标注

“线性标注”命令可用于水平、垂直或旋转的尺寸标注，它需要指定两点来确定尺寸界线，也可以直接选取需标注的尺寸对象。一旦所选对象确定，系统则自动标注。

“线性标注”命令调用有以下方式：“注释”标签|“标注”面板|标注|线性按钮├┤；“标注”下拉菜单|“线性”；“标注”工具栏的线性按钮├┤；在命令行输入“DIMLINEAR”(DIMLIN)。

执行“DIMLINEAR”命令后，系统提示“指定第一条尺寸界线起点或<选择对象>:”，这时可使用目标捕捉方式准确指定第一条尺寸界线起点，或者回车，选择“选择对象”选项。

1. 指定第一条尺寸界线起点

默认情况下，直接指定第一条尺寸界线起点，并在“指定第二条尺寸界线起点:”的提示下指定第二条尺寸界线起点，命令行提示“指定尺寸线位置或[多行文字(M)/文字(T)/角度(A)/水平(H)/垂直(V)/旋转(R)]:”。

默认情况下，指定了尺寸线位置后，系统自动测量出两条尺寸界线起始点间的相应距离并标注出尺寸。命令行其余各选项含义如下：

(1) 多行文字 (M) 选择该项后，用户可以在打开的“多行文字编辑器”对话框中编辑文字。

(2) 文字 (T) 选择该项后，系统提示“输入标注文字 <当前值>:”，用户可在此提示后输入新的单行标注文字。

(3) 角度 (A) 选择该项后，系统提示“指定标注文字角度:”，用户可输入新的标注文字角度以替代原有的角度。

多行文字 (M)、文字 (T) 和角度 (A) 等选项在所有的尺寸标注命令里的含义及功能是一样的，因此在以后的命令中将不再赘述。

(4) 水平 (H) 选择该项，系统使尺寸文字水平放置。

(5) 垂直 (V) 选择该项，系统使尺寸文字垂直放置。

(6) 旋转 (R) 选择该项可以创建旋转型尺寸标注。此时可在命令行的提示下输入所需的旋转角度。

对于水平 (H) 和垂直 (V) 选项，位置指定后，即可完成尺寸标注。而其他选项在指定后，都重新回到“指定尺寸线位置”提示，让用户指定尺寸线的位置。

2. 选择对象

如果在命令行提示“指定第一条尺寸界线起点或 <选择对象>:”下直接回车，则要求选择要标注尺寸的对象。当选择了对象以后，AutoCAD 将该对象的两个端点作为两条尺寸界线的起点，并提示“指定尺寸线位置或 [多行文字 (M)/文字 (T)/角度 (A)/水平 (H)/垂直 (V)/旋转 (R)]:”。可使用前面介绍的方法标注对象。

注意：

① 在选择标注对象时，一般直接用单点选择法捕捉要标注的目标。

② 用户在选择尺寸界线定位点时可以采用目标捕捉方式，这样能准确、快速地标注尺寸。

【例 7-1】 用“线性标注”命令标注图 7-13 所示图形中 AB 段的尺寸，操作步骤如下：

1) 执行“线性标注”命令。

2) 提示“指定第一条尺寸界线起点或 <选择对象>:”时选择 A 点。

3) 提示“指定第二条尺寸界线起点:”时选择 B 点。显示测量尺寸 28。

4) 提示“指定尺寸线位置或 [多行文字 (M)/文字 (T)/角度 (A)] /水平 (H)/垂直 (V)/旋转 (R)]:”时，拾取一点，确定尺寸线位置，完成标注。

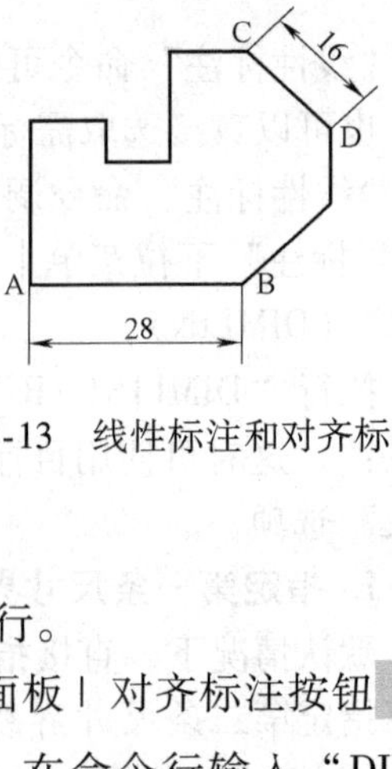

图 7-13 线性标注和对齐标注

7.2.2 对齐标注

对齐尺寸标注是指标注的尺寸线与尺寸界线原点的连线保持平行。

“对齐标注”命令调用有以下方式：“注释”标签 | “标注”面板 | 对齐标注按钮；“标注”下拉菜单 | “对齐”；“标注”工具栏的对齐按钮；在命令行输入“DIMA-

LIGNED”。

注意：

①“对齐”命令一般用于倾斜对象的尺寸标注，系统能自动将尺寸线调整为与所标注线段平行。

② 选项“角度”可以改变尺寸文字的方向。如果不使用此选项，尺寸文字按照尺寸样式设置方式摆放。

【例 7-2】 用“对齐”命令标注图 7-13 所示图形中 CD 段的尺寸。操作步骤如下：

1）执行“对齐”命令。

2）提示“指定第一条尺寸界线起点或 <选择对象>：”时，回车选择自动标注方式。

3）在“选择标注对象：”提示下，用鼠标拾取线段 CD，显示标注文字 16。

4）提示“指定尺寸线位置或［多行文字（M）/文字（T）/角度（A）/水平（H）/垂直（V）/旋转（R）］：”下，选择一点，确定尺寸线位置，完成标注。

7.2.3　弧长标注

“弧长（DIMARC）”命令用于标注圆弧线段或多段线圆弧线段的长度。

“弧长”命令调用有以下方式：“注释”标签|“标注”面板|弧长按钮；“标注”下拉菜单|“弧长”；“标注”工具栏的弧长按钮；在命令行输入“DIMARC”。

【例 7-3】 如图 7-14 所示，用“弧长”命令标注各圆弧线段的长度，操作步骤如下：

1）执行“弧长”命令。

2）在提示“选择弧线段或多段线弧线段：”时，选择需要标注的圆弧线段。

3）在提示“指定弧长标注位置或［多行文字（M）/文字（T）/角度（A）/部分（P）/引线（L）］：”下，指定尺寸线的位置。当指定了尺寸线的位置后，系统将按实际测量值标注出圆弧的长度，标注文字为 41，如图 7-14a 所示。

另外，如果选择“部分（P）”选项，可以标注选定圆弧的某一部分弧长，如图 7-14b 所示。如果选择“引线（L）”选项，也可以用引线标注出圆弧的长度。

a)　　b)

图 7-14　标注整段圆弧及部分圆弧长度

a）标注整段圆弧　b）标注部分圆弧

7.2.4　基线标注和连续标注

“基线（DIMBASELINE）”命令用于在图形中以第一尺寸界线为基线标注图形的几个尺寸，各尺寸线从同一尺寸界线处引出。“连续（DIMCONTINUE）”命令用于在同一尺寸线水平或垂直方向连续标注尺寸，相邻两尺寸线共用同一尺寸界线。

“基线”命令调用有以下方式：“注释”标签|“标注”面板|基线按钮或连续按钮

；“标注”下拉菜单｜“基线”或“连续”；标注工具栏的基线按钮或连续按钮；在命令行输入“DIMBASELINE”（DIMBASE）或“DIMCONTINUE”。

注意：

① 在使用“连续”命令标注时，不能修改尺寸文字，所以绘图时必须准确，否则会出现错误。

② 在使用“基线”命令和“连续”命令之前，应先用“线性”命令标注第一段尺寸。

③ 在标注连续的角度尺寸时，也可以采用“基线”命令和“连续”命令标注，其操作方法与标注线性尺寸相同。

④ 当系统变量“DIMCONTINUEMODE”设置为 0 时，“基线”命令和“连续”命令是基于当前标注样式创建标注；当其设置为 1 时，“基线”命令和“连续”命令基于所选择标注的标注样式创建。

【例 7-4】 如图 7-15 所示，用“基线”命令标注图形中的垂直方向尺寸，用“连续”命令标注水平方向尺寸。

（1）用“基线”命令标注

1）执行“线性”命令。

2）提示“指定第一条尺寸界线起点或 <选择对象>:”，选择左下端点。

3）提示“指定第二条尺寸界线起点:”下，选择第二条尺寸界线起点，显示标注尺寸 18。

4）提示“指定尺寸线位置或［多行文字（M）/文字（T）/角度（A）/水平（H）/垂直（V）/旋转（R）］:”下，用鼠标拾取一点，确定尺寸线位置，完成第一段尺寸标注。

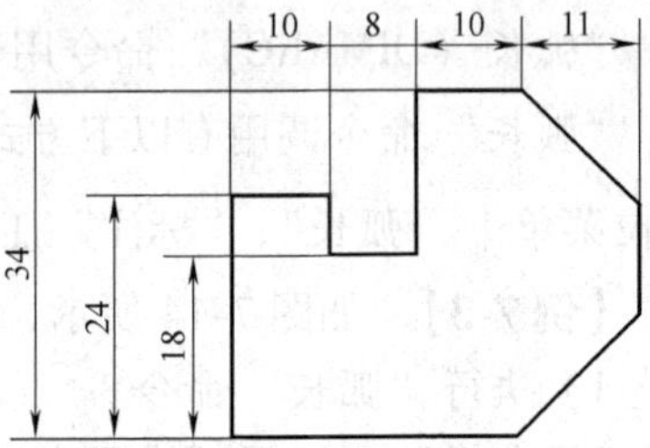

图 7-15　基线标注和连续标注

5）执行“基线”命令。

6）提示“指定第二条尺寸界线原点或［放弃（U）/选择（S）］ <选择>:”，捕捉左端第一个端点，显示标注尺寸 24，完成第二段基线标注。

7）提示“指定第二条尺寸界线原点或［放弃（U）/选择（S）］ <选择>:”，捕捉图形最高的端点，显示标注尺寸 34，完成第三段基线标注。

8）提示“指定第二条尺寸界线原点或［放弃（U）/选择（S）］ <选择>:”，回车，提示“选择基准标注:”时再回车，结束基准标注。

（2）用“连续”命令标注

1）执行“线性”命令。

2）提示“指定第一条尺寸界线起点或 <选择对象>:”，选择右上端点。

3）提示“指定第二条尺寸界线起点:”时选择右边最高的端点，显示标注尺寸 11。

4）提示“指定尺寸线位置或［多行文字（M）/文字（T）/角度（A）/水平（H）/垂直（V）/旋转（R）］:”下，用鼠标拾取一点，确定尺寸线位置，完成第一段尺寸标注。

5）执行“连续”命令。

6）提示“指定第二条尺寸界线原点或［放弃（U）/选择（S）］ <选择>:”时选择左边最高的端点，显示标注尺寸 10，完成第二段连续标注。

7）提示“指定第二条尺寸界线原点或［放弃（U）/选择（S）］<选择>:”时，选择端点，显示标注尺寸8，完成第三段连续标注。

8）提示“指定第二条尺寸界线原点或［放弃（U）/选择（S）］<选择>:”时，选择端点，显示标注尺寸10，完成第四段连续标注。

9）提示“指定第二条尺寸界线原点或［放弃（U）/选择（S）］<选择>:”，回车，提示“选择连续标注:”，回车，结束连续标注。

7.2.5 半径标注和直径标注

“半径（DIMRADIUS）”命令和“直径（DIMDIAMETER）”命令用于标注圆及圆弧的半径或直径尺寸。

“半径”命令和“直径”命令调用有以下方式：“注释”标签|“标注”面板|半径按钮或直径按钮；“标注”下拉菜单|“半径”或“直径”；“标注”工具栏的半径按钮或直径按钮；在命令行输入“DIMRADIUS”（DIMRAD）或“DIMDIAMETER”（DIMDIA）。

注意：

① 在“指定尺寸线位置”选项中，可直接拖动鼠标以确定尺寸线的位置，屏幕显示其变化。

② 在尺寸样式设置时，可设置一个只用于圆弧尺寸标注的标注样式，以满足圆弧尺寸标注的要求。

【例7-5】 用“半径”命令标注图7-16所示图形中的圆弧半径，用“直径”命令标注图形中大圆的直径。操作步骤如下：

（1）半径标注

1）执行“半径”命令。

2）提示“选择圆弧或圆:”时，选择圆弧段，显示标注尺寸R10。

3）提示“指定尺寸线位置或［多行文字（M）/文字（T）/角度（A）］:”时，确认尺寸线位置，完成半径标注。

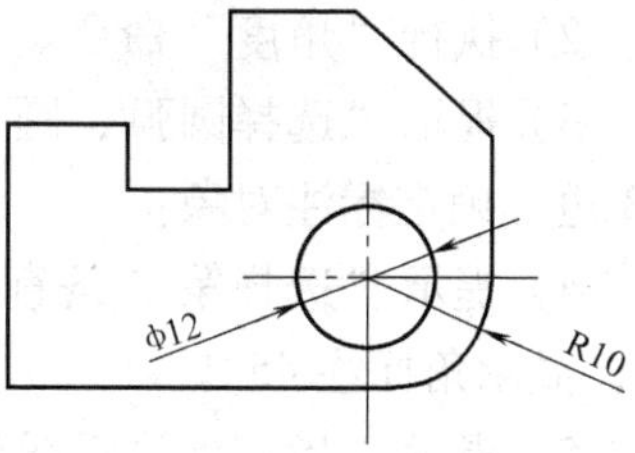

图7-16 半径标注和直径标注

（2）直径标注

1）执行“直径”命令。

2）提示“选择圆弧或圆:”时，拾取圆上任何一点，确定标注对象，显示标注尺寸ϕ12。

3）提示“指定尺寸线位置或［多行文字（M）/文字（T）/角度（A）］:”时，单击一点，确认尺寸线位置。完成直径标注。

7.2.6 折弯标注

“折弯（DIMJOGGED）”命令用于折弯标注圆或圆弧的半径。

“折弯”命令调用有以下方式：“注释”标签|“标注”面板|折弯按钮；“标注”下拉菜单|“折弯”；“标注”工具栏的折弯按钮；在命令行输入“DIMJOGGED”。

【例7-6】 使用“折弯”命令标注圆弧的半径，如图7-17所示，操作步骤如下：

1）执行“折弯”命令。

2）提示“选择圆弧或圆:”，选择圆弧。

3）提示“指定中心位置替代:”，在图幅内任意位置单击一下鼠标，确定替代中心的位置。

4）提示“指定尺寸线位置或［多行文字（M）/文字（T）/角度（A）］:”时，在圆弧内任意位置单击鼠标，确定尺寸线位置。

5）提示“指定折弯位置:”，输入折弯位置，完成折弯标注。

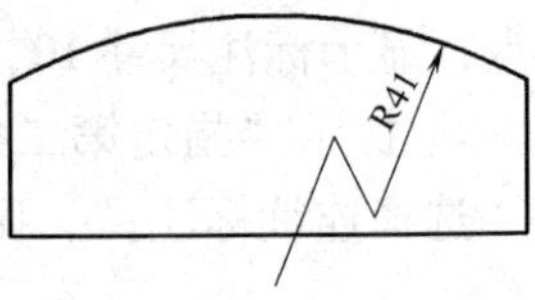

图7-17 折弯标注

7.2.7 角度标注

“角度（DIMANGULAR）”命令用于测量并标注被测对象之间的夹角。

“角度”命令调用有以下方式：“注释”标签|“标注”面板|角度按钮；“标注”下拉菜单|“角度”；“标注”工具栏的角度按钮”；在命令行输入“DIMANGULAR”。

注意：

① 若选择圆弧，则系统自动计算并标注圆弧的角度；若选择圆、直线或回车，则继续提示“选择目标和尺寸线位置”。角度标注尺寸线为弧线。

② 角度尺寸文本的输入操作方法与“DIMLIN”、“DIMDIA”、“DIMRAD”等命令相似。

③ 两条直线角度标注常置于两条直线或其延长线之间且小于180°。其他三种方法确定的角，根据尺寸线的位置决定标注角是大于还是小于180°。

【例7-7】 用“角度”命令标注图7-18所示图形中的夹角。操作步骤如下：

1）将“角度”标注样式“置为当前”。

2）执行“角度”命令。

3）提示“选择圆弧、圆、直线或<指定顶点>:”时，拾取AB边，确定标注对象。

4）提示“选择第二条直线:”时，拾取BC边，确定标注对象，显示角标注45°。

5）提示“指定标注弧线位置或［多行文字（M）/文字（T）/角度（A）］:”时，拾取一点，确定尺寸线位置。完成角度标注。

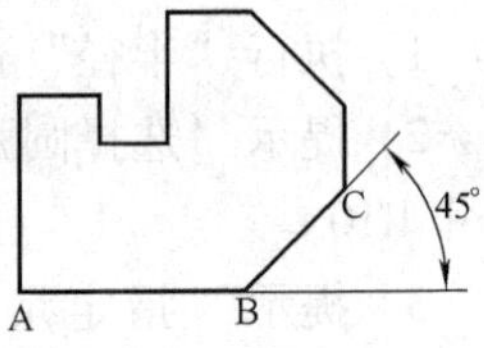

图7-18 角度标注

7.2.8 圆心标记

“圆心标记”命令用于标注圆或圆弧的中心。

“圆心标记”命令调用有以下方式：“注释”标签|“标注”面板|圆心标记按钮；“标注”下拉菜单|“圆心标记”；“标注”工具栏的圆心标记按钮；在命令行输入“DIMCENTER”。

注意：

①“圆心标记”命令可自动标注圆或圆弧的中心，用户选择标注对象后，系统即自动进行中心标注，标注形式由尺寸样式设置的相关内容决定。

②“圆心标记”命令自动标注的圆或圆弧中心的标记并非为一个整体，如图7-19b中的“十”字标记即为两条直线。

【例7-8】 用“圆心标记”命令标注图7-19a所示圆的中心，结果如图7-19b所示，操作步骤如下：

1）进入到“点画线”图层，执行“圆心标记”命令。

2）提示“选择圆弧或圆:”时，选择圆上一点，完成标注。

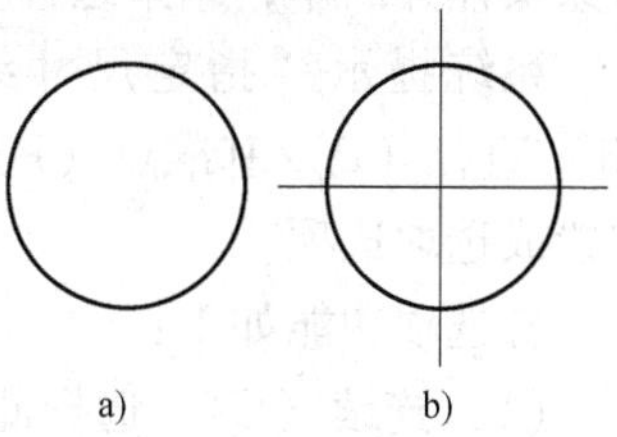

图7-19 圆心标记
a）标记前 b）标记后

7.2.9 坐标标注

“坐标标注”命令用于自动测量和标注一些特殊点的坐标。

“坐标标注”命令调用有以下方式：“注释”标签|“标注”面板|坐标按钮；“标注”下拉菜单|“坐标”；“标注”工具栏的坐标按钮；在命令行输入“DIMORDINATE”（DIMORD）。

注意：

①“角度”选项用来修改标注文本的角度。

②“DIMORDINATE”命令可根据引出线的方向，自动标注选定点的水平或垂直坐标。

③ 打开正交模式可方便地输入基准型尺寸引线。正交模式关闭后，拖动并拾取端点，引线中间会自动绘制一正交断裂符号。

【例7-9】 用“坐标标注”命令标注图7-20所示图形圆心的X、Y坐标。

1）执行“坐标标注”命令。

2）提示“指定点坐标:”时，捕捉圆心点。

3）提示“指定引线端点或［X坐标（X）/Y坐标（Y）/多行文字（M）/文字（T）/角度（A）］:”时，输入X并回车，标注X方向坐标。

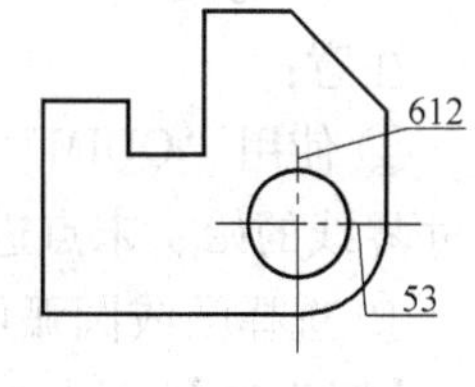

图7-20 坐标标注

4）提示“指定引线端点或［X坐标（X）/Y坐标（Y）多行文字（M）/文字（T）/角度（A）］:”时，确定标注位置，完成X方向坐标标注。

5）再次执行“坐标标注”命令。

6）提示“指定点坐标:”时，捕捉圆心点。

7）提示“指定引线端点或［X坐标（X）/Y坐标（Y）/多行文字（M）/文字（T）/角度（A）］:”时，输入Y并回车，标注Y方向坐标。

8）提示“指定引线端点或［X坐标（X）/Y坐标（Y）多行文字（M）/文字（T）/角度（A）］:”时，确定标注位置，完成Y方向坐标标注。

7.2.10 快速标注

“快速标注”命令可以快速创建成组的基线、连续和坐标尺寸标注，对所选中几何体进行一次性标注。

“快速标注”命令调用有以下方式：“注释”标签|“标注”面板|快速标注按钮；

“标注”下拉菜单|“快速标注”；标注工具栏的快速标注按钮；命令行输入“QDIM”。

执行“快速标注”命令后，系统提示“选择要标注的几何图形:”，这时选取需标注的对象实体并回车，结束选择。

系统提示“指定尺寸线位置或［连续（C）/并列（S）/基线（B）/坐标（O）/半径（R）/直径（D）/基准点（P）/编辑（E）］/设置（T）<连续>:”，这时可直接指定尺寸线位置或选取选项。

各选项功能如下：

（1）连续（C） 选择此项，即执行一系列连续标注。

（2）并列（S） 选择此项，即执行一系列相交标注。

（3）基线（B） 选择此项，即执行一系列基线标注。

（4）坐标（O） 选择此项，即执行一系列坐标标注。

（5）半径（R） 选择此项，即执行一系列半径标注。

（6）直径（D） 选择此项，即执行一系列直径标注。

（7）基准点（P） 选择此项，为基线和坐标标注设置新的基准点。

（8）编辑（E） 选择此项，即编辑一系列标注。系统会提示用户从现有标注中添加或删除端点。执行该项后，系统提示“指定要删除的标注点或［添加（A）/退出（X）］<X>:”。

（9）设置（T） 选择此项，指定关联标注优先级。

（10）指定要删除的标注点 减少图形中的端点数目。

（11）添加（A） 增加尺寸界线的端点数目。

（12）退出（X） 退出此选项。

注意：

① 使用“QDIM”命令标注时，系统可以自动查找所选几何体上的端点，并将它们作为尺寸界线的始、末点进行标注。用户可以选择“编辑”项来增加或减少这些端点的数目。

② 选择圆或圆弧可以标注其半径、直径，但不能标注其圆心。

【例7-10】 用“快速标注”命令的“连续”选项标注图7-21所示图形。操作步骤如下：

1）执行“快速标注”命令。

2）提示“选择要标注的几何图形:”时，用交叉窗口选择方式选中图形下面的全部图线，如图7-21a所示。

3）提示“选择要标注的几何图形:”，回车，结束对象选择。

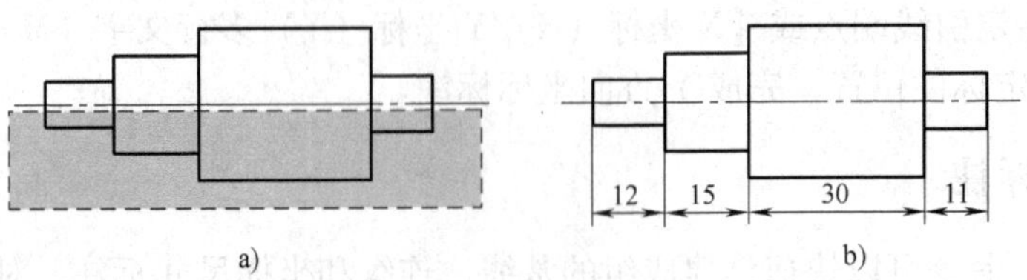

a） b）

图7-21 快速标注

a）选中图线 b）标注完成

4）提示“指定尺寸线位置或［连续（C）/并列（S）/基线（B）/坐标（O）/半径（R）/直径（D）/基准点（P）/编辑（E）］<连续>:”，选择连续标注选项，单击一点，确定尺寸线位置，完成标注，如图 7-21b 所示。

7.2.11　调整间距

“调整间距（DIMPACE）”命令可以自动调整图形中现有的平行线性标注和角度标注，以使其间距相等或在尺寸线处相互对齐。

“调整间距”命令调用有以下方式：“注释”标签|“标注”面板|调整间距按钮；“标注”下拉菜单|“调整间距”；“标注”工具栏的调整间距按钮；在命令行输入“DIMPACE”。

命令行提示“选择基准标注　选择要产生间距的标注　输入值或［自动（A）］<自动>:”各选项含义及功能如下：

（1）输入值　输入间距的数值。

（2）自动　默认状态是自动，即按照当前尺寸样式设定的间距。

注意：“调整间距（DIMPACE）”命令除了调整尺寸间距，还可以通过输入间距值为 0，使尺寸相互对齐。

【例 7-11】 用“调整间距”命令，调整图 7-22a 所示图形，结果如图 7-22b 所示，操作步骤如下：

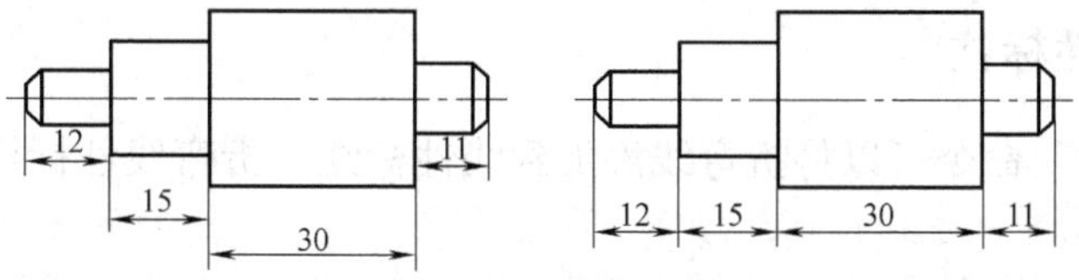

a)　　b)

图 7-22　调整间距

a）调整前　b）调整后

1）执行“调整间距”命令。

2）选择基准标注：选择尺寸 15。

3）选择要产生间距的标注：选择尺寸 12。

4）选择要产生间距的标注：选择尺寸 30。

5）选择要产生间距的标注：选择尺寸 11。

6）选择要产生间距的标注：回车。

7）输入值或［自动（A）］<自动>：输入“0↙”，结束命令。

7.2.12　标注打断

“标注打断”命令可以使标注、尺寸延伸线或引线不显示。

“标注打断”命令调用有以下方式：“注释”标签|“标注”面板|标注打断按钮；

“标注”下拉菜单|“标注打断”；“标注”工具栏的标注打断按钮；在命令行输入“DIMBREAK”。

命令行提示“选择标注或［多个（M）］： 选择要打断的对象或［自动（A）/恢复（R）/手动（N）］〈自动〉:”，各选项的含义如下：

（1）自动　自动将折断标注放置在与选定标注相交的对象的所有交点处，修改标注或相交对象时，会自动更新使用此选项创建的所有折断标注。

（2）恢复　从选定标注中删除所有折断标注。

（3）手动　为打断位置指定标注或尺寸界线上的两点。如果修改标注或相交的对象，则不会更新使用此选项创建的任何折断标注。使用此选项，一次仅可以放置一个手动折断标注。

【例7-12】 用“标注打断”命令，调整图7-23a所示图形，调整后的效果如图7-23b所示。操作步骤如下：

1）执行“标注打断”命令。

2）命令行提示“选择标注或［多个（M）］:”，选择尺寸31。

3）提示“选择要打断标注的对象或［自动（A）/恢复（R）/手动（M）］<自动>:”，输入“M↙”。

4）提示“指定第一个打断点:”，指定A点。

5）提示“指定第二个打断点:”，指定B点。

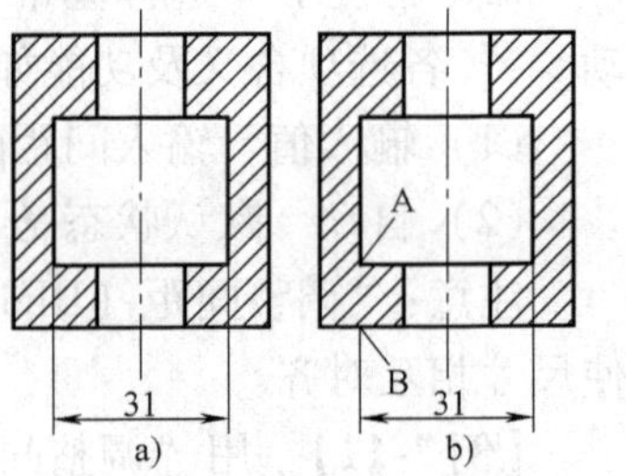

图7-23　标注打断

a）调整前　b）调整后

7.2.13　折弯线性标注

“折弯线性标注”命令可以将折弯线添加到线性标注。折弯线性标注用于表示不显示实际测量值的标注值。

“折弯线性标注”命令调用有以下方式：“注释”标签|“标注”面板|折弯线性标注按钮；“标注”下拉菜单|“折弯线性”；“标注”工具栏的折弯线性标注按钮；在命令行输入“DIMJOGLINE”。

【例7-13】 用“折弯线性”命令调整图7-24a所示图形，调整后的效果如图7-24b所示。操作步骤如下：

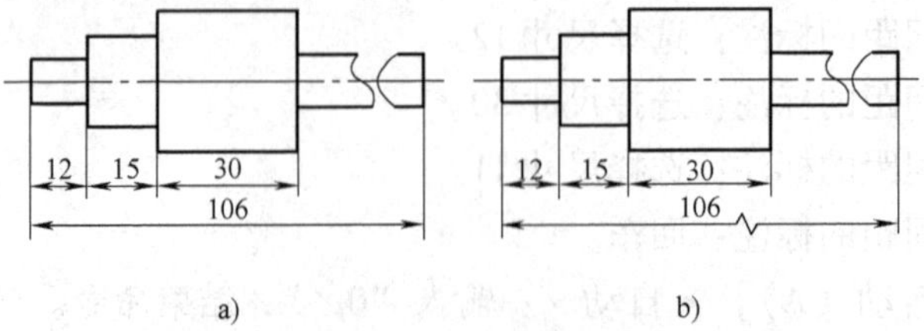

图7-24　折弯线性标注

a）调整前　b）调整后

1）执行“折弯线性标注”命令。

2）命令行提示“选择要添加折弯的标注或［删除（R）］:”，选择尺寸106。

3）“指定折弯位置（或↙）：”选择尺寸线上一点。

7.2.14 多重引线标注

多重引线标注方式是使引线与说明的文字一起标注。引线对象是一条直线或样条曲线，其一端带有箭头，也可无箭头。另一端带有多行文字对象或块。在某些情况下，有一条短水平线（又称为基线）将文字或块和特征控制框连接到引线上。多重引线标注中的引线和文字是一个实体。

1. 创建新的多重引线标注样式

多重引线标注样式可以控制引线的外观，指定基线、引线、箭头和内容的格式。用户可以使用默认多重引线样式“STANDARD”，也可以创建自己的多重引线样式。

“多重引线样式”命令调用有以下方式：“注释”标签|“引线”面板|多重引线样式按钮；“格式”下拉菜单|“多重引线样式”；“样式”工具栏|多重引线样式按钮；在命令行输入“MLEADERSTYLE”。

执行“多重引线样式”命令，AutoCAD 自动弹出“多重引线样式管理器”对话框，如图7-25所示。在该对话框中单击“新建”按钮，弹出“创建新多重引线样式”对话框，如图7-26所示，可以设定新样式名。

单击“继续”按钮，弹出“修改多重引线样式”对话框。在其中设置不同的参数后，单击“确定”按钮，保存修改的参数，即得到新的多重引线样式。

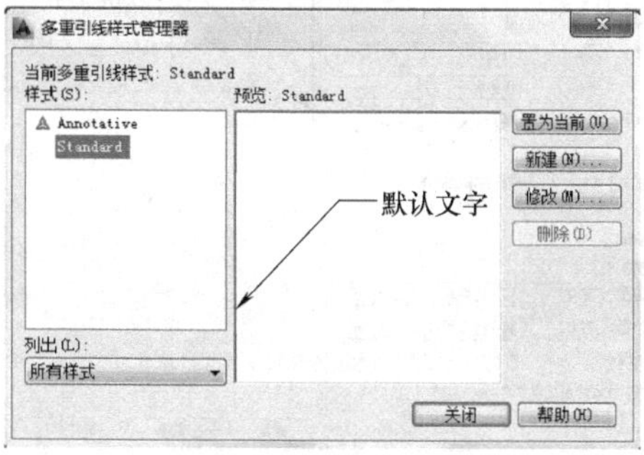

图7-25 “多重引线样式管理器”对话框

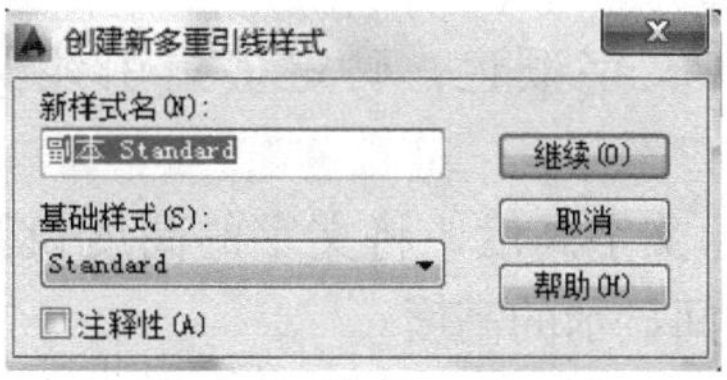

图7-26 “创建新多重引线样式”对话框

2. 修改多重引线标注样式

在“多重引线样式管理器”对话框中，单击“修改”按钮，弹出“修改多重引线样式”对话框，该对话框下面有三个选项卡，分别是“引线格式”选项卡、“引线结构”选项卡、“内容”选项卡，下面分别介绍其含义。

（1）“引线格式”选项卡 如图7-27所示，各选项解释如下：

1）类型，确定基线的类型，可以选择直线基线、样条曲线基线或者无基线。

2）颜色，确定基线的颜色。

3）线型，确定基线的线型。

4）线宽，确定基线的线宽。

5）箭头，确定多重引线箭头的符号和尺寸。

（2）“引线结构”选项卡 如图7-28所示，各选项解释如下：

1）最大引线点数，指定多重引线基线的点的最大数目。

2）第一段角度和第二段角度，指定基线中第一个点和第二个点的角度。

3）自动包含基线，将水平基线附着到多重引线内容。

4）设置基线距离，确定基线的固定距离。

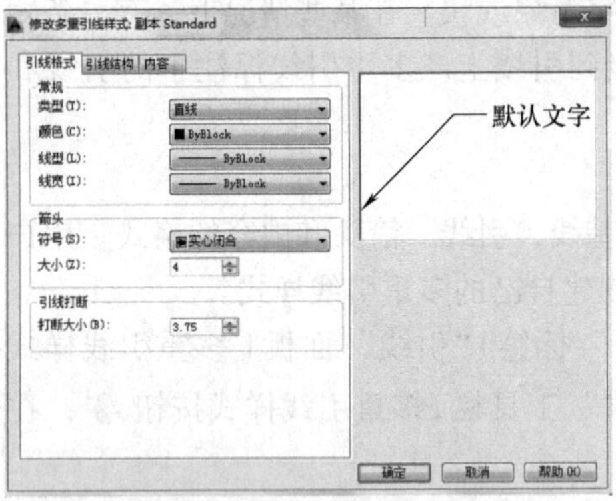

图7-27 “引线样式”选项卡

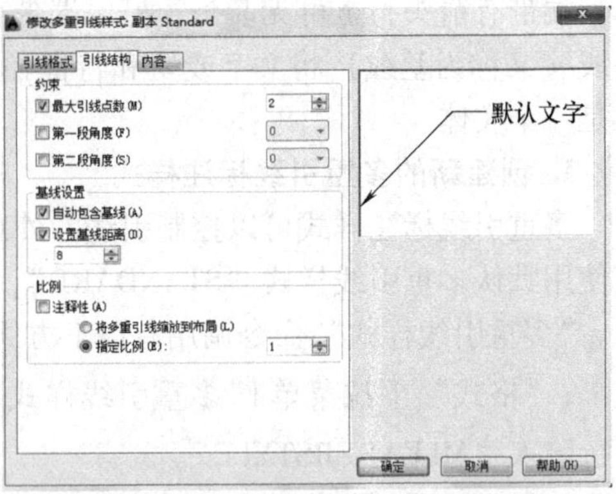

图7-28 “引线结构”选项卡

（3）“内容”选项卡 如图7-29所示，各选项解释如下：

1）默认文字，设置多重引线内容的默认文字，可以在此处插入字段。

2）文字样式，指定属性文字的预定样式，显示当前加载的文字样式。

3）文字角度，指定多重引线文字的旋转角度。

4）文字颜色，确定多重引线文字的颜色。

5）文字高度，将文字的高度设置为在图纸空间显示的高度。

6）文字加框，使用文本框对多重引线文字的内容加框。

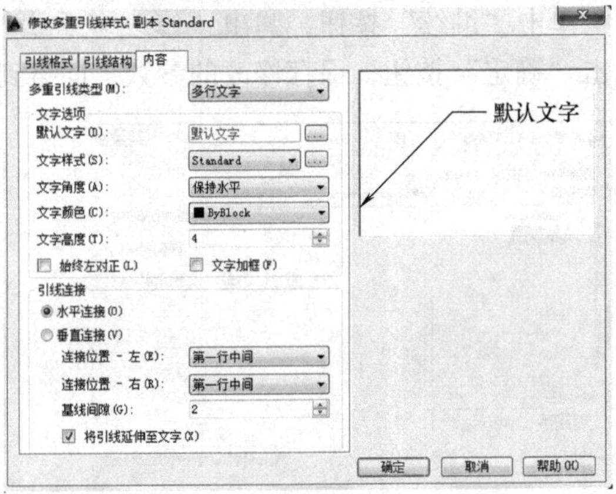

图7-29 “内容”选项卡

7）基线间隙，指定基线和多重引线文字间的距离。

3. 多重引线标注

“多重引线标注”命令调用有以下方式：“注释”标签|“引线”面板|多重引线按钮；“标注”下拉菜单|“多重引线”；多重引线工具栏按钮；在命令行输入“MLEADER”。

执行命令后，命令行提示“指定引线箭头的位置或［引线基线优先（L）/内容优先（C）/选项（O）］<选项>:”，选择指定引线箭头的位置，提示“指定引线基线的位置:”，指定引线基线的位置。在随之出现的文字格式编辑框中输入文本，单击“确定”按钮，结束命令。

【例7-14】 用“多重引线”命令，标注如图7-30所示的图形。操作步骤如下：

1）首先，创建“倒角”的多重引线样式。在下拉菜单单击“格式”/“多重引线样式”

命令，系统自动弹出“多重引线样式管理器”对话框。

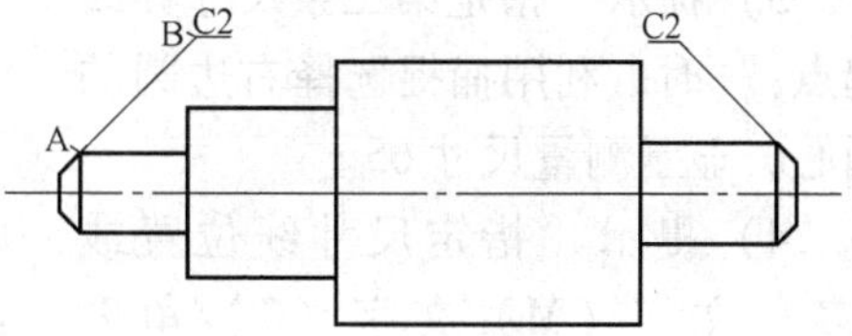

图7-30 标注多重引线

2）单击“新建”按钮，弹出“创建多重引线样式”对话框，在新样式名里输入“倒角”，单击“继续”按钮。

3）弹出“修改多重引线样式”对话框，在“引线格式”选项卡中，箭头符号选择“无”，大小选择“0”。在“引线结构”选项卡中，最大引线点数选择“2”，第一段角度选择“45”，第二段角度选择“0”。在“内容”选项卡中，多重引线类型选择多行文字，文字高度选择“3.5”，连接位置-左中选中“第一行加下划线”，连接位置-右中选中“第一行加下划线”。

4）单击“确定”按钮，退出对话框。回到“多重引线样式管理器”对话框，单击“置为当前”按钮，单击“关闭”按钮，然后保存该多重引线样式。

5）执行“多重引线”命令，开始标注多重引线。

6）此时命令行提示“指定引线箭头的位置或[引线基线优先（L）/内容优先（C）/选项（O）]<选项>:”，指定A点。

7）命令行提示“指定引线基线的位置:”，指定B点。

8）弹出“文字编辑”对话框，输入“C2”，单击“确定”按钮，结束标注。

7.3 公差标注

在机械图中，经常会用到带有尺寸公差和几何公差的标注。AutoCAD软件给出了解决这类问题的一些方法。

7.3.1 尺寸公差标注

如果在“标注样式管理器”的“公差”标签项中设置尺寸公差，那么每个用这种样式标注的尺寸均会带有公差值，这不是我们需要的。一般标注尺寸公差有三种方法：

1）标注尺寸过程中设置尺寸公差。标注时选择“多行文字（M）”选项，在打开的“多行文字编辑器”中，利用堆叠文字方式标注公差。

2）利用“特性”选项板设置尺寸公差。标注尺寸后，利用该尺寸的“特性”选项板，在“公差”选择区域来修改公差设置。这种方法使用较广。

3）采用“标注替代”方法。即在“标注样式管理器”中单击“替代”按钮，在“公差”标签项中设置尺寸公差，接着为即将标注的图形进行尺寸公差标注，再回到通用的标注样式。由于替代样式只能使用一次，因此不会影响其他的尺寸标注。

注意：用同样的方法还可以标注“对称”、“极限尺寸”、“基本尺寸”等形式的公差尺寸。用户可以在“显示公差”下拉列表中进行样式选择。

【例7-15】 利用“特性”选项板，标注图7-31a所示的尺寸公差。操作步骤如下：

1）执行“线性”命令。

2）提示“指定第一条尺寸界线起点或<选择对象>:”时，利用捕捉选择左边圆的圆心。

3）提示“指定第二条尺寸界线起点：”时，利用捕捉选择右边圆的圆心，显示测量尺寸65。

4）提示“指定尺寸线位置或［多行文字（M）/文字（T）/角度（A）］/水平（H）/垂直（V）/旋转（R）］：”时，在合适处选择一点以确定尺寸线位置，完成标注。

5）在完成的线性标注65上双击鼠标左键，弹出“特性”选项板。

6）将滑块拉到最下方的“公差”选择区域，如图7-31b所示，在“显示公差”下拉列表中选择“极限偏差”，确认“精度”列表框中为“0.00”，在“公差上偏差”文本框中输入“0”，在“公差下偏差”文本框中输入“0.02”，在“公差文字高度”文本框中输入“0.7”。（绘图区所选尺寸随设置而变化）

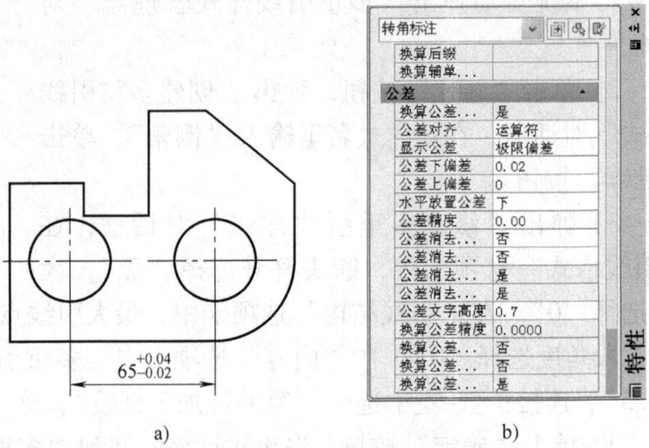

图7-31　利用“特性”选项板设置尺寸公差

a）标注结果　b）“特性”选项板

7）关闭“特性”选项板，单击“Esc”键取消标注对象的选择，完成线性尺寸的尺寸公差添加。

7.3.2　几何公差标注

几何公差用于控制机械零件的实际尺寸（如位置、形状、方向和跳动等）与零件理想尺寸之间的允许差值。几何公差的大小直接关系零件的使用性能，在机械图形中有非常重要的作用。

“TOLERANCE”命令调用有以下方式：“注释”标签|“标注”面板|公差按钮；“标注”下拉菜单|“公差”；标注工具栏公差按钮；在命令行输入“TOLERANCE”（TOL）。

执行“TOLERANCE”命令后，打开图7-32a所示对话框。该对话框各选项含义及功能如下：

（1）符号　显示几何特征符号，用来区分所标注的公差类型。单击图中黑色方框，打开图7-32b所示“特征符号”对话框，用户可在此对话框中选取公差符号。

（2）公差1/公差2文本框　用于输入具体的公差值。

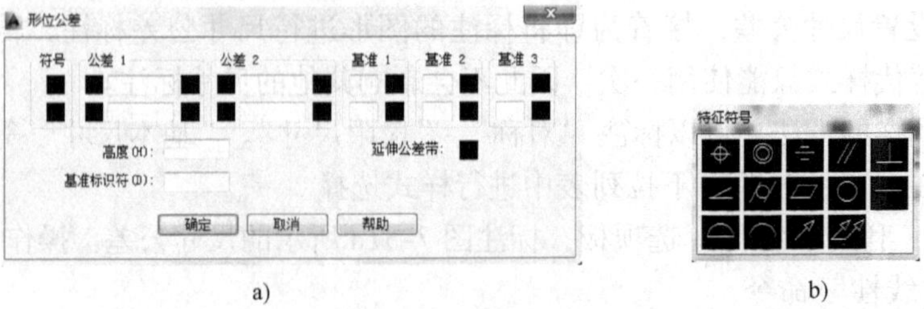

图7-32　“形位公差”对话框和“特征符号”对话框

a）“形位公差”对话框　b）“特征符号”对话框

（3）文本框左、右两边的黑色方框　用于选择直径符号。单击文本框左边的黑色方框，出现直径符号。单击右边黑色方框，弹出“附加符号”对话框，用于控制零件的材料状态。此对话框中三个选项的含义如下：

1）M，在最大的材料状态。

2）L，在最小的材料状态。

3）S，不相关的特征尺寸。

（4）基准1/基准2/基准3　用于输入测量零件公差所依据的基准。在文本框中输入基准线或基准面的代号，在黑色方框中选择材料状态，选择方法与前面相同。

（5）高度　用于指定预定的公差范围值。

（6）延伸公差带　显示预定的公差范围符号与预定的公差范围值的配合，即预定的公差范围值后加上符号“P”。

（7）基准标识符　此文本框用于输入基准的标识符号，如A、B、C等。

注意：如果要准确地指定几何公差在图中的位置，需要和引线标注联合使用。

公差标注中涉及的专业术语及符号比较多，读者可查阅有关资料。

【例7-16】 用“QLEADER”命令标注图7-33所示的公差。操作步骤如下：

1）命令行输入“QLEADER”，执行“快速引线”命令。

2）选择“设置”选项，弹出“引线设置”对话框，如图7-34所示。在“注释”选项卡中选择“注释类型”为“公差”，单击“确定”按钮返回绘图区。

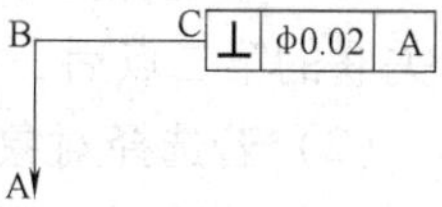

图7-33　几何公差标注

3）指定引线起始点、转折点及与形位公差连接点后，弹出“形位公差”对话框。

4）在“形位公差”对话框中，单击“符号”的黑色方框，打开“特征符号”对话框，选择“垂直度”公差符号。

5）在“公差1”中单击黑色框，显示“ϕ”，在文本框中输入“0.02”。

6）在“基准1”中，输入基准A字母，如图7-35所示，完成标注。

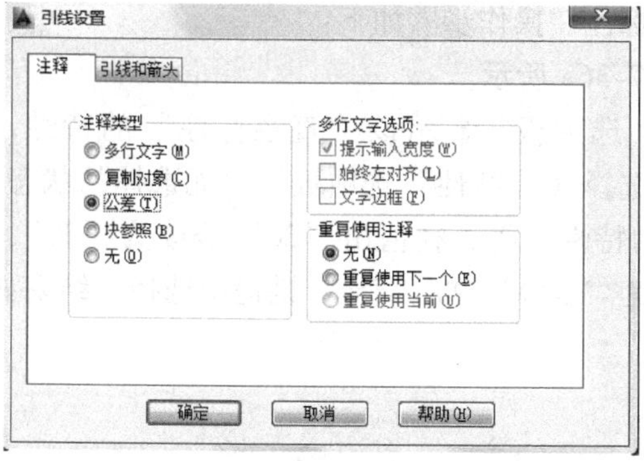

图7-34　“引线设置”对话框

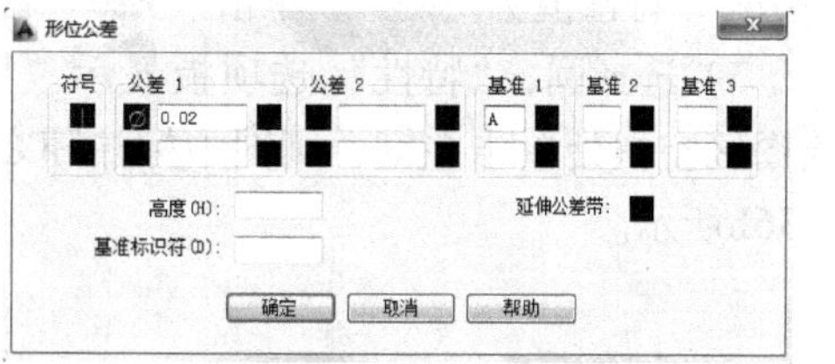

图7-35　“形位公差”对话框

7.4　编辑尺寸标注

标注完成后，对少数不符合要求的尺寸，可以通过修改图形对象来修改标注，也可以用尺寸编辑命令进行修改，以符合国家标准的规定。

7.4.1 重新关联标注

尺寸关联是指所标注尺寸与被标注对象有关联关系。如果标注的尺寸只是按自动测量值标注，且尺寸标注是按尺寸关联模式标注的，那么改变被标注对象的大小后，相应的标注尺寸也将发生改变。

“重新关联标注”命令可以对不是关联标注的尺寸标注进行关联，使标注与实体进行链接，当实体变动时标注相应改变。

“重新关联标注”命令调用有以下方式：“注释”标签|“标注”面板|▾|重新关联按钮；“标注”下拉菜单|“重新关联标注”；在命令行输入“DIMREASSOCIATE”。

执行“重新关联标注（DIMREASSOCIATE）”命令后，命令行提示“选择要重新关联的对象...”及“选择对象:”。选择了需要设定关联的标注尺寸后，提示“选择对象:”，回车结束选择。提示“指定第一个尺寸界线原点或选择对象（S） <下一个>:”时，可以选择关联的第一点或选择关联的实体。各选项功能如下：

（1）若选择关联的第一点　系统提示“指定第二个尺寸界线原点<下一个>:”，选择了关联的第二点后，结束命令。

（2）若选择对象　提示“选择关联实体:”，选择了关联实体后，结束命令。

（3）若选择“下一个”　在默认状态下，系统会用一个蓝色方框提示第一点，“下一个”选项用于指定下一个点。

注意：

① 在系统提示“指定第一个尺寸界线原点或选择对象（S）”时设定需要的关联点，或输入（S）来选择关联实体，当设定好关联后，编辑该实体时标注也会随之改变。

② 可以通过“特性”窗口的“关联”特性值来查看尺寸标注是否为关联标注。

【例 7-17】　绘制并标注直径为 20mm 的圆，先删除该标注的关联性，观察圆的直径变化时与其标注的对应变化情况，再重新关联该标注。操作步骤如下：

1）绘制并标注直径为 φ20mm 的圆，如图 7-36a 所示。

2）双击直径尺寸“φ20”，弹出“特性”选项板，显示该“直径标注”的特性，其“关联”特性值为“是”。单击“Esc”键退出选择（“特性”选项板为“无选择”状态）。

3）选择圆，“特性”选项板显示“圆”的特性，将直径值由“20”修改为“30”，在绘图区空白处单击左键，则图中标注随之关联为“φ30”，按“Esc”键退出选择，结果如图 7-36b所示。

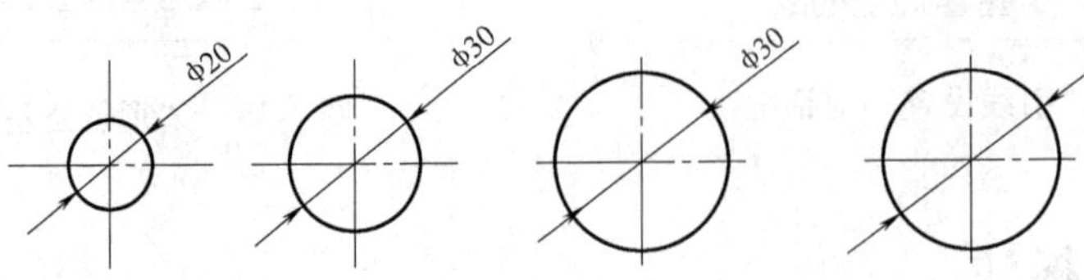

a)　　b)　　c)　　d)

图 7-36　编辑尺寸标注的关联

4）在命令行输入“DIMDISASSOCIATE”命令，提示“选择对象”时，选择标注“ϕ30”，即解除其关联性。选择标注“ϕ30”，查看其“特性”选项板中的“关联”特性值，此时为“否”，单击“Esc”键退出选择。

5）选择ϕ30mm的圆，在“特性”选项板中将直径值由“30”修改为“40”，图中标注不关联，并未随之改变，如图7-36c所示。

6）在命令行输入“DIMREASSOCIATE”命令，提示“选择对象”时，选择标注“ϕ30”，提示“选择圆弧或圆”时选择该圆，图中标注随之改变为“ϕ40”，即重新关联该标注，如图7-36d所示。

7.4.2 利用“特性”选项板编辑尺寸标注

对象“特性”选项板是非常有用的工具。除了利用“特性”选项板标注尺寸公差外，还可以在它的“文字”选择区域的“文字替代”中对尺寸标注进行编辑。同时，也可以对标注文字的几乎全部设置进行编辑。

注意：在文字替代中输入的尖括号“< >”代表的是系统测量值，如果自己输入其他数值会失去标注的关联性。

【例7-18】 编辑图7-37a所示的标注尺寸文字，结果如图7-37b所示。操作步骤如下：

1）双击直径尺寸“ϕ36”，弹出“特性”选项板。

2）将滑块拉到“主单位”选择区域，在“标注前缀”文本框中输入“2×%%c”，如图7-38所示。

3）关闭“特性”选项板，单击“Esc”键取消标注对象的选择，完成了尺寸文字的修改。

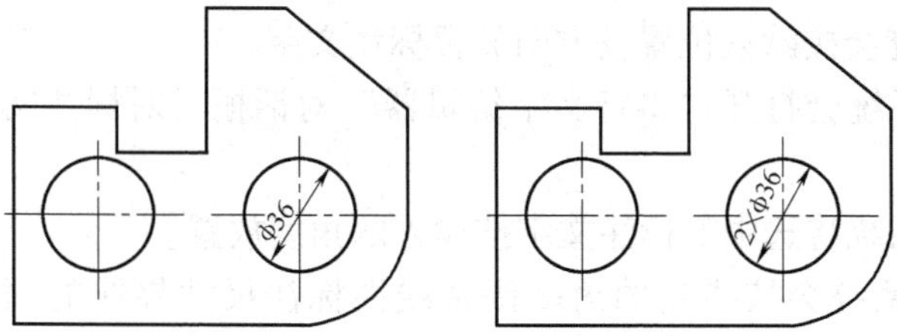

a)　　b)

图7-37 利用“特性”选项板修改尺寸标注
a）修改前 b）修改后

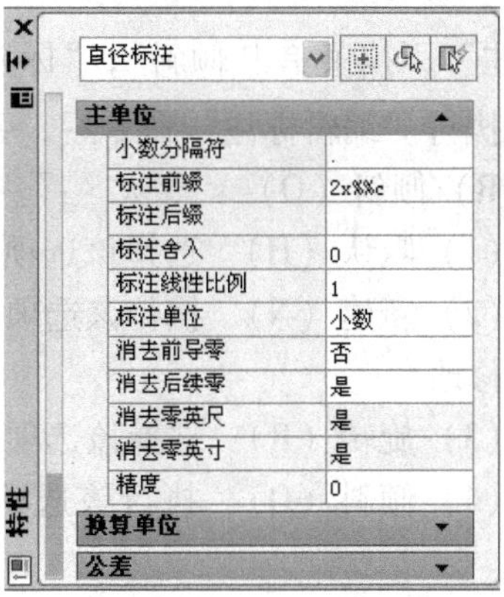

图7-38 利用“特性”选项板编辑标注

7.4.3 编辑尺寸标注的组成要素

1. 编辑标注文字（DIMTEDIT）

“编辑标注文字（DIMTEDIT）”命令用于修改尺寸文本的位置和角度。

“编辑标注文字”命令调用有以下方式：“注释”标签|“标注”面板|编辑标注文字按钮；“标注”下拉菜单|“对齐文字”；“标注”工具栏的编辑标注文字按钮

；在命令行输入“DIMTEDIT”。

执行“编辑标注文字（DIMTEDIT）”命令后，如果用户选择了修改对象，命令行提示“指定标注文字的新位置或［左（L）/右（R）/中心（C）/默认（H）/角度（A）]：”。各选项功能如下：

（1）左对齐（L） 调整尺寸标注文字为左对齐。

（2）右对齐（R） 调整尺寸标注文字为右对齐。

（3）居中（C） 将尺寸标注文字放在尺寸线中间。

（4）默认（H） 将尺寸标注文字调整到尺寸样式设置的方向。

（5）角度（A） 改变尺寸标注文字的角度。

注意：

① 在“DIMTEDIT”命令执行过程中，用户可以通过鼠标动态地移动尺寸线和尺寸文字的位置，单击鼠标左键可确定尺寸文字的位置。

② 如果“DIMSHO”系统变量是打开的，那么标注在拖动过程中将动态显示，用户可通过观察指定所需位置点。

2. 编辑标注（DIMEDIT）

“编辑标注（DIMEDIT）”命令用来更改尺寸标注中的尺寸文字、尺寸界线的位置以及修改尺寸文字的摆放角度。在对尺寸标注进行修改时，如果对象的修改内容相同，则用户可选择多个对象一次性完成修改。在AutoCAD 2014的功能区默认的设置中，只有该命令中的一个选项“倾斜”按钮。

“编辑标注”命令调用有以下方式：“注释”标签|“标注”面板|编辑标注按钮；“标注”下拉菜单|“倾斜”；“标注”工具栏编辑标注按钮；在命令行输入“DIMEDIT”。

执行“编辑标注”命令后，系统提示“输入标注编辑类型［默认（H）/新建（N）/旋转（R）/倾斜（O）<默认>：”。其各项功能如下：

（1）默认（H） 选择该选项，系统会按默认位置及方向放置标注文字。

（2）新建（N） 执行该选项后，系统会打开“多行文字编辑器”对话框，对标注文字进行修改。

（3）旋转（R） 选择该选项后，系统将选中的标注文字按输入的角度放置。

（4）倾斜（O） 执行该选项后，系统会按指定的角度调整线性标注尺寸界线的倾斜角度。

注意：

① 如只需修改尺寸标注文本值，用“DDEDIT”命令选择尺寸标注文本值后在弹出的“多行文字编辑器”对话框中修改、输入新值即可。在“多行文字编辑器”对话框中，用户可以输入各种类型的数值及文字。值得注意的是，这样修改后的结果是使得尺寸标注失去了关联性。

② 输入的角度值表示被选择标注对象的尺寸界线与水平线所夹的锐角，当角度输入值为0时，系统把标注文字按默认方向放置。

③“旋转”选项与“编辑标注文字（DIMTEDIT）”命令中的“角度”选项效果相同。

【例7-19】 用“编辑标注文字”命令将图7-39a所示的标注文字调整为图7-39b所示

的效果。操作步骤如下：

1）单击“注释”标签|“标注”面板| 左对正按钮，执行“DIMTEDET”命令。

2）提示“选择标注:”，拾取尺寸值65。

3）完成尺寸值65的编辑。

4）单击“注释”标签|“标注”面板| 文字角度按钮，执行“DIMTEDET”命令。

5）提示“选择标注:”，这时拾取左面的尺寸值127。

6）提示“指定标注文字的角度:”，输入“30”。

7）完成尺寸值127的编辑。

8）单击“注释”标签|“标注”面板| 文字角度按钮，执行“DIMTEDET”命令。

9）提示“选择标注:”，拾取尺寸值69。

10）提示“输入倾斜角度（单击“Enter”键表示无）:”输入“-30↙”。

11）完成尺寸值69的编辑。

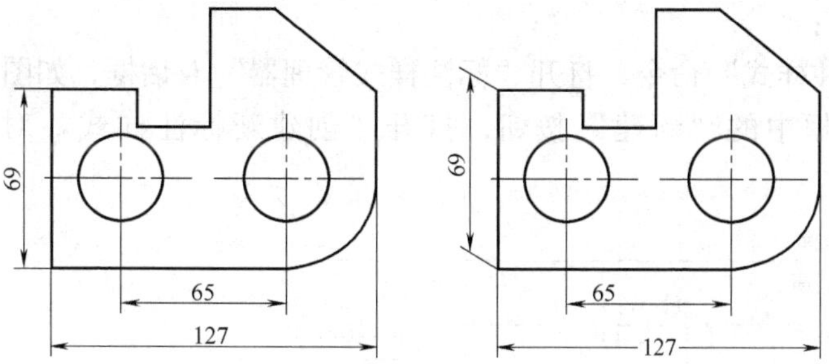

a) b)

图7-39 编辑标注

a）编辑前 b）编辑后

7.4.4 标注更新

“标注更新（DIMSTYLE）”命令用于将当前的标注样式保存起来，以供随时调用。也可以使用一种新的标注样式更换当前的标注样式。

“标注更新”命令调用有以下方式：“注释”标签|“标注”面板| 标注样式更新按钮；“标注”下拉菜单|“更新”；“标注”工具栏的标注样式更新按钮；在命令行输入“DIMSTYLE”。

执行“标注更新（DIMSTYLE）”命令后，系统提示“输入尺寸样式选项［保存（S）/恢复（R）/状态（ST）/变量（V）/应用（A）/?］ <恢复>:”。各选项含义及功能如下：

（1）保存（S） 选择该项后，系统提示“输入新标注样式名或［?］:”，用户可输入一个新样式名称，系统将按新样式名存储当前标注样式。

（2）恢复（R） 选择该项后，用户在系统提示后输入已定义过的标注样式名称，即可用此标注样式更换当前的标注样式。

（3）状态（ST） 选择该项后，系统将打开文本窗口，并在该窗口中显示当前标注样式的各设置数据。

（4）变量（V） 选择该项后，命令行提示用户选择一个标注样式，选定后，系统打开文本窗口，并在窗口中显示所选样式的设置数据。

（5）应用（A） 选择该项后，系统提示用户选择标注对象，选定后，所选择的标注对象将自动更换为当前标注格式。

7.5 实例解析

【例 7-20】 创建符合机械制图国家标准的新标注样式，名称为“机械”。具体要求为：尺寸界线与标注对象间的起点偏移量为 0mm，尺寸界线超出尺寸线的距离为 2mm，基线标注的尺寸线间距为 8mm，长度标注和角度标注的单位精度为 0mm，文字样式为工程字，文字位置从尺寸线偏移 1mm。“角度”子样式的文字应为水平。

另外，也可调用 GB-A3 样板图，其默认标注样式为“GB-35”，在“GB-35”标注样式基础上创建“机械”标注样式及“角度”子样式。

操作步骤如下：

1）选择“标注样式”命令，打开“标注样式管理器”对话框，如图 7-40a 所示。

2）单击对话框中的“新建”按钮，打开“创建新标注样式”对话框，如图 7-40b 所示。

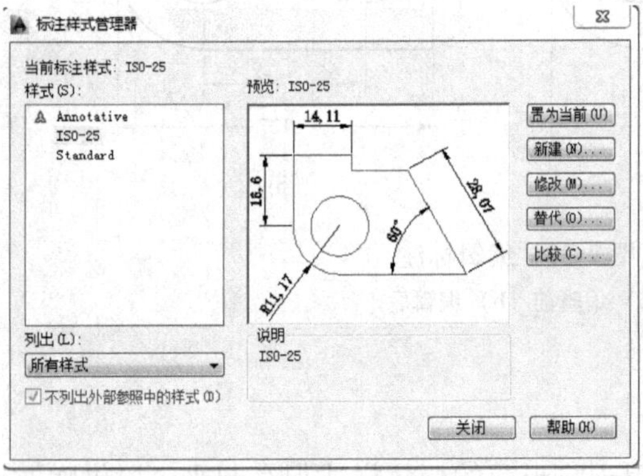

a)

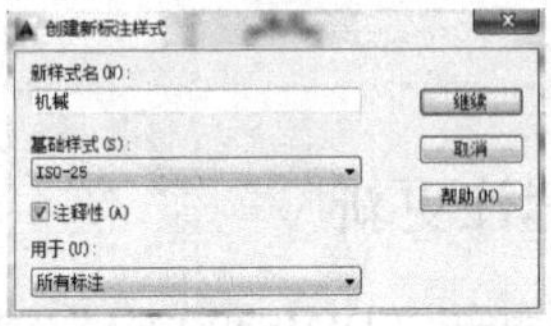

b)

图 7-40 新建“机械”标注样式

3）在打开的对话框中输入新样式名“机械”，单击“继续”按钮，打开“新建标注样式：机械”对话框。

4）在“新建标注样式机械”对话框的“线”选项卡中，设置基线间距为“8”，尺寸界线超出尺寸线为“2”，起点偏移量为“0”，如图 7-41a 所示。

5）然后，在“符号和箭头”选项卡中，设置箭头的大小为“3.5”，圆心标记是直线，弧长符号标注文字上方，如图 7-41b 所示。

6）在“文字”选项卡中，选取文字样式为“工程字”，设置文字高度为“3.5”，从尺寸线偏移为“1”，文字对齐方式为“与尺寸线对齐”，如图 7-42a 所示。（若未设置“工程字”样式，可点取浏览框 ...，设置新文字样式，如图 7-42b 所示，详见 6.7 节）

7）在“调整”选项卡中，选择文字或箭头（最佳效果）。

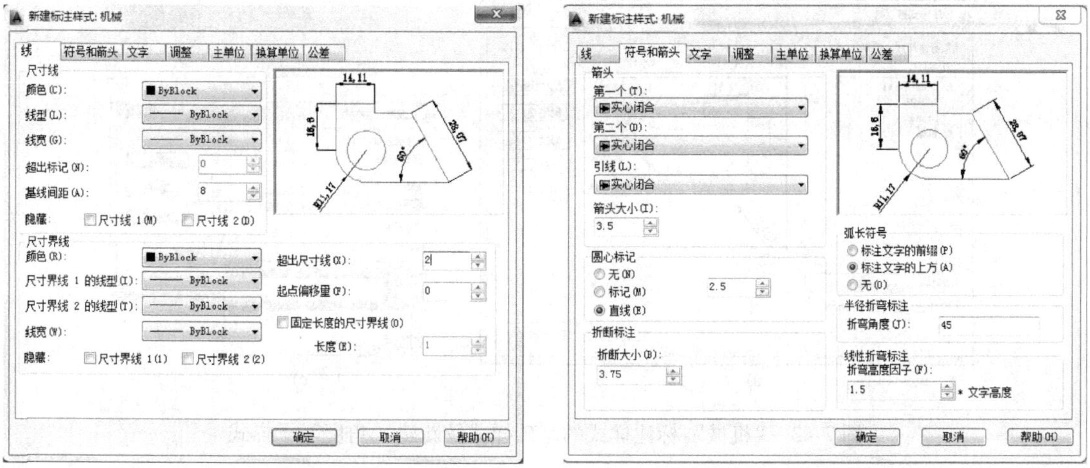

a) b)

图 7-41 新建“机械”标注样式“线”选项卡及“符号和箭头”选项卡

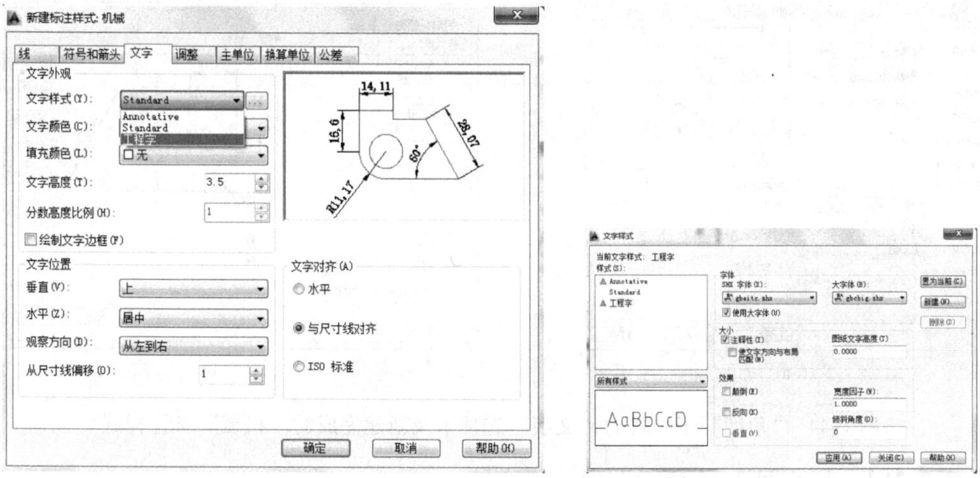

a) b)

图 7-42 新建“机械”标注样式“文字”选项卡及新建“文字样式”对话框

8）在“主单位”选项卡中，设置线性标注的“单位格式”为“小数”，小数分隔符为“句点”。

9）其他选项卡可暂不用设置，均采用默认设置。

10）单击“确定”按钮，返回“标注样式管理器”对话框，样式列表中出现新建的“机械”标注样式，如图 7-43a 所示，但预览框中角度标注还不符合要求。

11）选择该新建的“机械”标注样式，单击“新建”按钮，在“用于”下拉列表框中选择“角度标注”，如图 7-43b 所示。

12）单击“继续”按钮，创建基础样式为“机械”角度子样式。

13）单击“文字”选项卡，修改“文字位置”，在“垂直”的下拉列表中选择“外部”，“文字对齐”选择“水平”，如图 7-44a 所示。

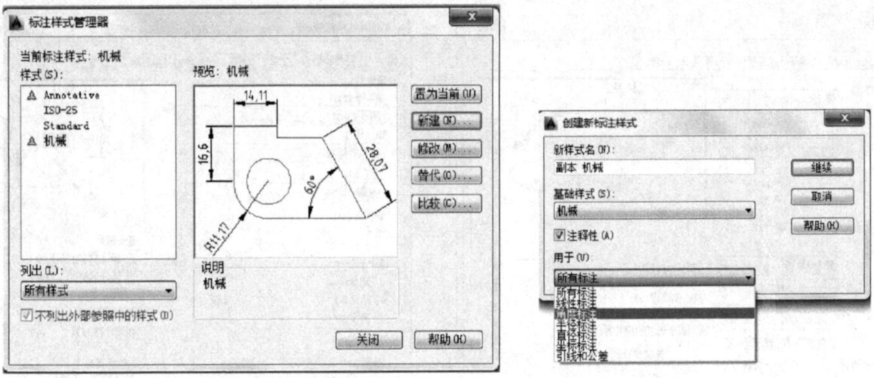

图 7-43 “机械”标注样式的基础样式及新建“角度”子样式

14）单击“确定”按钮，返回“标注样式管理器”对话框。单击“置为当前”按钮，单击“关闭”按钮完成设置，如图 7-44b 所示。

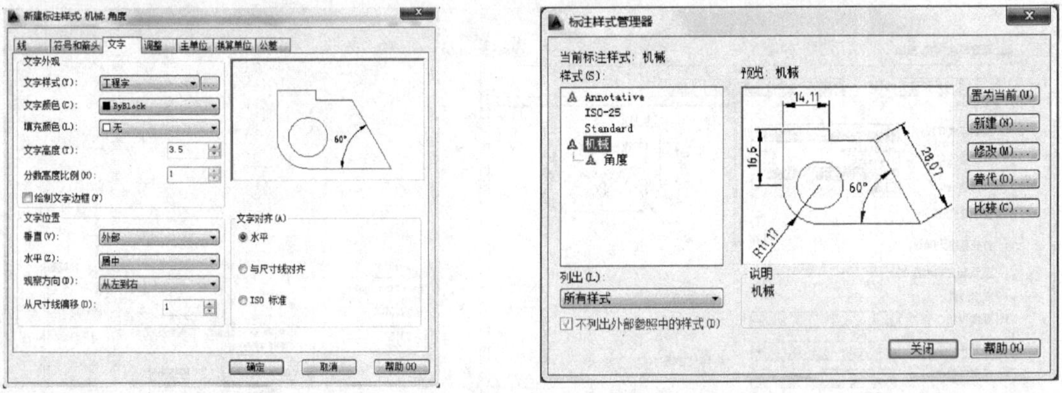

图 7-44 “角度”子样式的“文字”选项卡及新建完成的“机械”标注样式

【例 7-21】 标注图 7-45 所示图形。

该图形中包括了本章学习的线性标注、角度标注、半径标注、直径标注和公差标注。本例题按照从上至下、从左至右，先标注线性尺寸，再标注半径、直径尺寸和角度尺寸，最后标注公差尺寸的顺序进行，基本的操作步骤如下：

1）将例 7-20 设置的“机械”标注样式置为当前。

2）执行“线性标注”命令，标注尺寸 26。

3）执行“连续标注”命令，标注尺寸 7。

4）执行“线性标注”命令，标注尺寸 31、13 和 7。

5）执行“连续标注”命令，标注尺寸 14。

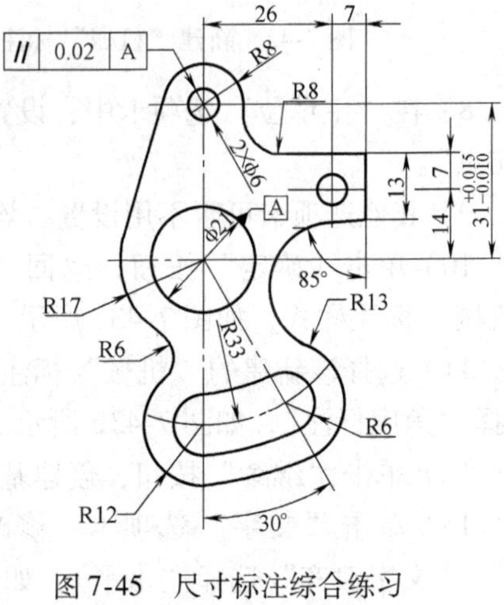

图 7-45 尺寸标注综合练习

6）执行“直径标注”命令，标注尺寸 ϕ6 和 ϕ21。

7）选择尺寸值“ϕ6”，单击鼠标右键，选择“特性”。在“特性”选项板中，在“主单位”下拉列表框中选择“前缀”，在后面的活动窗口中输入“2 ×”，单击“关闭”按钮关闭对话框，完成编辑。

8）执行“角度标注”命令，标注角度尺寸 85°和 30°。

9）可新设置“半径水平”标注样式。

10）执行“半径标注”命令，标注半径尺寸 R8（2 处）、R17、R6、R13、R12、R6 和 R33。

11）双击尺寸数字“31”，在打开的“特性”对话框中，选择“公差”选项，在“显示公差”下拉列表框中选择“极限偏差”。在“精度”下拉列表框中选择“0.000”。在“公差下偏差”的活动窗口中填入“0.010”。在“公差上偏差”的活动窗口中填入“0.015”，完成公差标注。

12）执行“QLEADER”命令，选择“设置”选项，在“引线设置”对话框中选择“公差”，单击“确定”返回绘图区。

13）分别指定引线起始点、转折点及与几何公差连接点。在弹出的“形位公差”对话框中，单击“符号”的黑色方框，打开“特征符号”对话框，选择“平行度”公差符号。在“公差 1”的文本框中输入公差值“0.02”，“基准”的文本框中输入“A”，完成几何公差标注。

思考与练习

1. 请叙述在中文版 AutoCAD 2014 软件中对绘制的图形进行尺寸标注的基本步骤。
2. 在 AutoCAD 2014 软件中，尺寸标注类型有哪些？各有什么特点？
3. 在 AutoCAD 2014 软件中，如何进行多重引线标注？
4. 在 AutoCAD 2014 软件中，如何进行几何公差标注？
5. 按照机械制图标准，在 GB-35 或 GB-5 样式基础上创建一标注样式，具体要求如下：

1）尺寸界线与标注对象的间距为 0mm，超出尺寸线的距离为 2mm。

2）基线标注的尺寸线间距为 10mm。

3）线性标注单位的精度为 0，角度标注单位使用度/分/秒，精度是 0。

4）文字标注样式为工程字，文字位置从尺寸线偏移为 1mm。

5）“角度”子样式的文字为水平。

6. 绘制图 7-46、图 7-47 所示的图形，并标注尺寸。

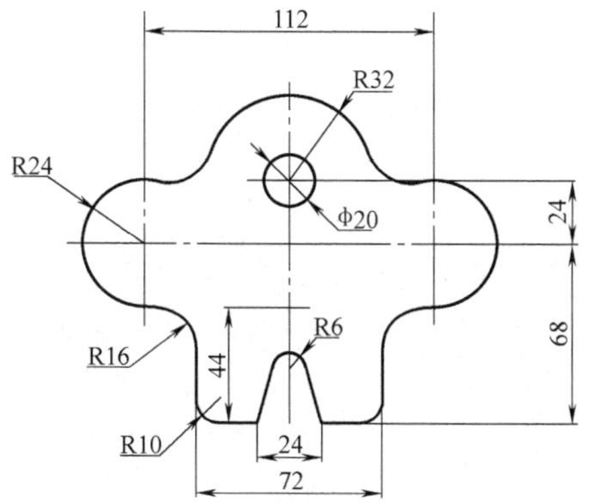

图 7-46　标注练习 1

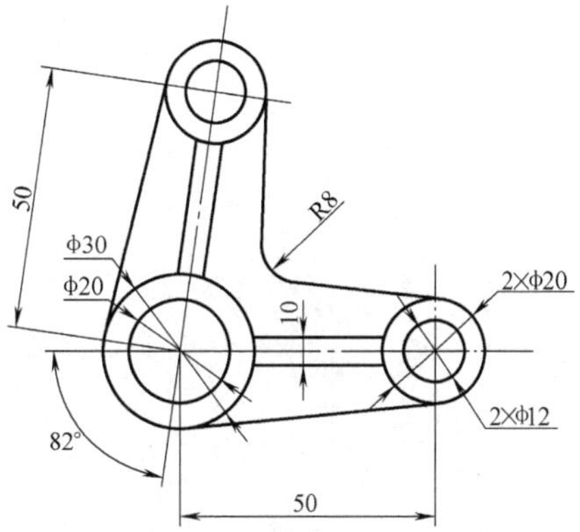

图 7-47　标注练习 2

7. 绘制图7-48所示的键槽断面图，并标注尺寸。

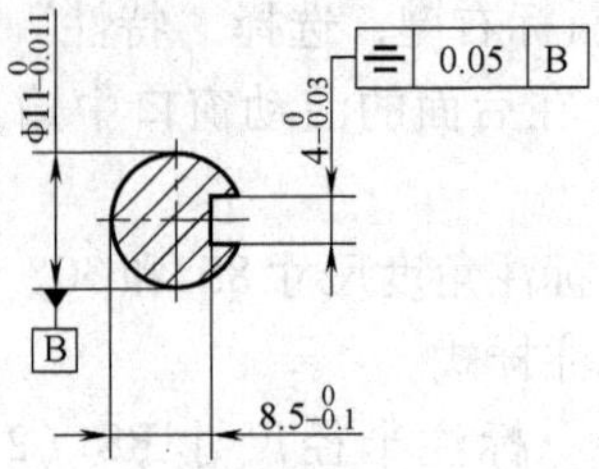

图7-48　键槽断面图

第 8 章　图块与外部参照

图块是由一组图形对象组成的一个集合。一个图块可以包含多条直线、圆、圆弧等对象，但它是作为一个整体进行操作的，并被赋予一个块名保存，需要时可将这个实体作为一个整体调用，因此使操作更方便。可将常用的图形符号，如电子元器件、门窗构件、螺纹连接件、表面粗糙度符号、标题栏等定义成图块。

图块有如下几个优点：

（1）创建图块库　把经常使用的图形定义成图块，并建立一个图库，需要时直接调出，节省重复绘图时间，提高工作效率。

（2）节省磁盘空间　当一组图形多次出现时，会占用很多磁盘空间，但对块的插入，AutoCAD 仅记录块的插入点，从而减少图形文件大小，节省磁盘空间。

（3）便于图形修改　利用图块的相同性，可将插入的图块进行同时修改。

（4）携带属性　属性是块中的文本信息，这些文本信息可以在每次插入块时改变，也可以隐藏起来，用户还可以从图中将属性提取出来。

8.1　块的创建与编辑

8.1.1　块的创建、插入与存储

1. 创建图块

“默认”选项卡的“块”面板如图 8-1 所示。

“创建图块”命令调用有以下方式：“默认”选项卡 |“块”面板 | 创建按钮；“绘图”下拉菜单 |“块” |“创建”；“绘图”工具栏的创建块按钮；在命令行输入“BLOCK”。

执行命令后，打开图 8-2 所示的“块定义”对话框。各选项功能如下。

图 8-1　“默认”选项卡的“块”面板

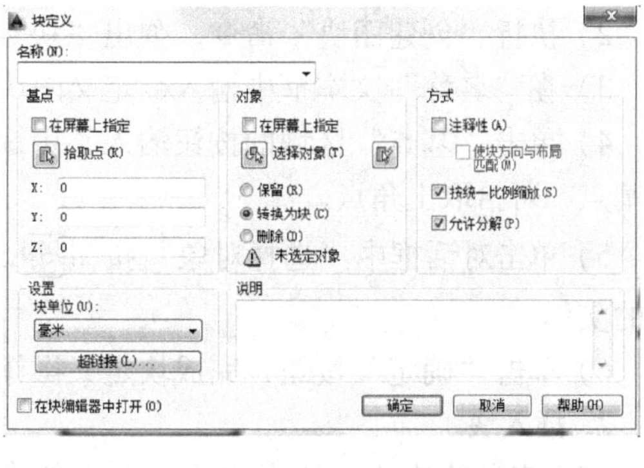

图 8-2　“块定义”对话框

（1）名称　在文本框中输入图块名。单击文本框右边的下拉按钮，弹出下拉列表框，在该框中列出图形中已经定义的图块名。

（2）基点　用于指定图块的插入基点。其中各选项功能如下：

1）拾取点，用于指定用鼠标在屏幕上拾取点作为图块的插入点。单击按钮后“块定义”对话框暂时消失，此时用户可在屏幕上拾取点作为插入点，拾取操作结束后，对话框重新弹出。

2）X、Y、Z，用于输入坐标以确定图块的插入基点。如果用户不使用“拾取点”按钮，则可在其中输入图块插入基点的坐标值来确定基点。若采用鼠标单击方式确定基点，则X、Y、Z 框中将显示该基点的 X、Y、Z 坐标值。

（3）对象　用于确定组成图块的实体，其中各选项功能如下：

1）选择对象，用于选择组成块的实体，单击此按钮后对话框暂时消失，等待用户在绘图区用目标选择方式选择组成块的实体。实体选择操作结束后，自动回到对话框状态。

2）保留，在定义图块后，将继续保留构成图块的图形实体。

3）转换为块，选择此选项后，将把所选的对象作为图形的一个块。

4）删除，在创建块定义后，删除所选的原始对象。

（4）设置　设置插入块时采取的形式。

1）块单位，用户可以指定当从设计中心拖放一个块到当前图形中时，该块缩放的单位。

2）超链接，可打开“插入超链接”对话框，在该对话框中可以插入超级链接文档。

（5）在编辑器中打开　选中该复选框后，在块编辑器中可打开当前的块定义。

（6）方式　对块的方式进行设置。

注意：

① 块名不能超过 255 个字符，名称中可包含字符、数字、空格及特殊字符。

② 在 0 层上定义图块时，插入后块对象将与所插入到的图层的颜色和线型一致。在非 0 层上的对象将仍保持该层的特性，即使是块被插入到另外的层上的对象也不变。

③ 如果没有拾取基点，块就会按照系统默认的世界坐标系原点（0，0，0）作为基点来创建块，这样在插入块时，块就会与插入点之间保持原来与原点之间的距离。

【例 8-1】　用“创建图块”命令将图 8-3 所示的图形定义为“五角星”的图块，操作步骤如下：

1）绘制图 8-3 所示的图形。

2）执行“创建图块”命令，弹出“块定义”对话框。

3）在“名称”文本框中输入欲定义图块的名称“五角星”。

4）单击“基点”区域的按钮输入，用鼠标在屏幕拾取图块插入的基点，可拾取上角点。

5）单击对话框中“选择对象”按钮，在屏幕上“框选”组成块的实体。

6）单击“确定”按钮，完成块定义操作。

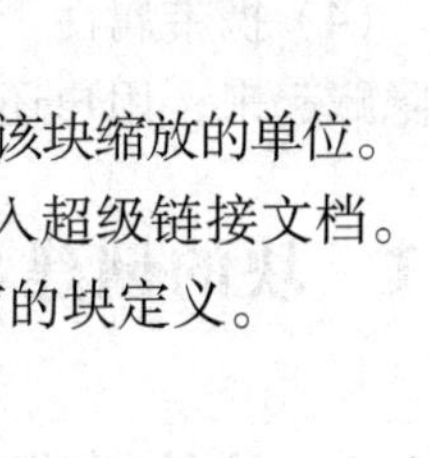

图 8-3　五角星

2. 插入块

将已定义的块插入到当前的图形文件中时，需要确定插入的块名、插入点的位置、插入的比例系数以及图块的旋转角度。

其命令调用有以下方式：“默认”选项卡|“块”面板|插入按钮；“插入”下拉菜单|“块”；“绘图”工具栏的插入按钮；在命令行输入“INSERT”。

命令输入后，打开图8-4所示的“插入”对话框。各选项含义及功能如下：

（1）名称　该文本框可输入或在下拉列表框中选择欲插入的块名。

（2）浏览　该按钮用于浏览文件，单击该按钮，将打开“选择图形文件”对话框，可从中选择欲插入的外部块文件名。

（3）插入点　该区域用于选择图块基点在图形中的插入位置。

1）在屏幕上指定，指定由鼠标在当前图形中拾取插入点。

2）X、Y、Z，此三项文本框用于输入坐标值确定在图形中的插入点。当选用“在屏幕上指定”后，此三项不可用。

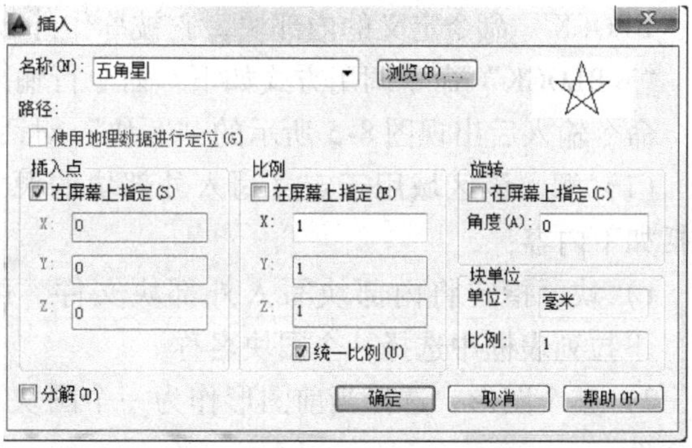

图8-4　“插入”对话框

（4）比例　图块在插入图形中时可任意改变其大小，在此区域可指定缩放比例。

1）在屏幕上指定，指定在命令行输入X、Y、Z轴比例因子或由鼠标在图形中选择决定。

2）X、Y、Z，此三项文本框用于预先输入图块在X轴、Y轴、Z轴方向上缩放的比例因子。这三个比例因子可相同，也可不同。当选用“在屏幕上指定后，此三项呈灰色，不可用。默认值为1。

3）统一比例，该复选框用于统一三个轴向上的缩放比例。

（5）旋转　图块在插入图形中时可任意改变其角度，在此区域确定图块的旋转角度。

1）在屏幕上指定，选择该复选框表示在命令行输入旋转角度或由鼠标在图形中选择决定。

2）角度，用于预先输入旋转角度值，默认值为0。

（6）块单位　图块在插入图形中可时改变其单位。

（7）分解　图块插入图形中可分解为所组成对象。

【例8-2】　在图形中插入比例为2的上面存储的“五角星”图块。其操作步骤如下：

1）执行“INSERT”命令，弹出“插入”对话框。

2）在“插入点”区域选择“在屏幕上指定”复选框，在图形中用鼠标拾取插入点。

3）选择“比例”区域“统一比例”复选框，则X、Y、Z三轴向统一比例，在X文本框中输入“2”。

4）接受插入图块的旋转角默认值“0”。

5）单击“确定”按钮，返回绘图区。

6）指定插入点完成图块的插入。

注意：

① 块还可以通过设计中心、工具选项板插入。

② 也可以由 Windows 的“复制”和“粘贴”来实现不同图形文件之间调用图块或图形对象，但原有的基点设置已不起作用。

3. 存储块

“WBLOCK”命令可将图形文件中的整个图形写入一个新的图形文件中去，其他图形文件均可以将它作为块调用。“WBLOCK”命令定义的图块是一个独立存在的图形文件，相对于“BLOCK”命令定义的内部块，它被称作外部块。

“WBLOCK”命令调用方式如下：命令行输入“WBLOCK”（W）。

命令输入后出现图 8-5 所示的“写块”对话框。各项功能如下：

（1）源　该区域用于定义写入外部块的源实体，它包括如下内容：

1）块，指定将内部块写入外部块文件，可从“名称”下拉列表框中选择一个图块名称。

2）整个图形，选择当前图形作为一个图块写入外部块文件。

3）对象，指定要保存到文件中的对象写入外部块文件。

（2）基点　该区域用于指定图块插入基点，只对源实体为“对象”时有效。

（3）对象　该区域用于指定组成外部块的实体，以及生成块后源实体是保留、消除或转换成内部块，只对源实体为“对象”时有效。

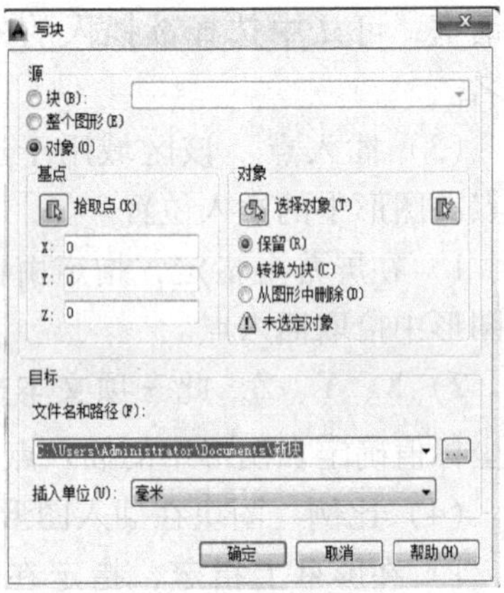

图 8-5　“写块”对话框

（4）目标　该区域用于指定外部块文件的文件名、储存位置以及采用的单位制式，包括如下内容：

1）文件名和路径，用于输入新建外部块的文件名，指定外部块文件在磁盘上的储存位置和路径。单击文本框后的下拉按钮，弹出下拉列表框供选择。还可单击右侧浏览按钮 ...，弹出浏览文件夹对话框，用户可选择更多的路径。

2）插入单位，用于指定插入块时系统采用的单位制式，该项与“BMAKE”对话框的相应项相同。

【例 8-3】 用“WBLOCK”命令将“五角星”写入到“E：\”目录下的新建文件“五角星 . DWG”中，将其生成一个外部块，操作步骤如下：

1）执行“WBLOCK”命令，弹出“写块”对话框。

2）单击“源”区域的“块”单选框，指定为“块”形式。

3）文件名文本框中显示“五角星”。

4）指定块文件的储存位置，即在“目标”区域“文件名和路径（F）：”文本框输入“E：\”，如图 8-6 所示。

5）单击“确定”按钮，完成操作。

8.1.2　块的分解、重定义与删除

可以直接使用“复制”“旋转”“比例缩放”“移动”“阵列”等命令对图块进行整体编

辑。但不能用如“修剪”“偏移”“拉伸”“倒圆”“倒角”等命令编辑。要对图块进行编辑，首先要分解图块。

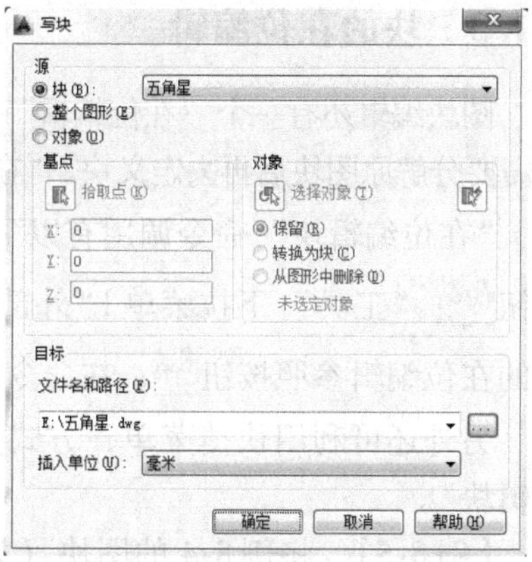

图 8-6　存储块

1. 图块的分解

“分解”命令调用有以下方式：“默认”选项卡｜“修改”面板｜分解按钮；“修改”下拉菜单｜“分解”；“修改”工具栏的分解按钮；在命令行输入“EXPLODE”或“XPLODE”。

执行“分解”命令后，系统提示“选择对象”，用户可以使用对象选择方式选择需要分解的图块对象。选定对象并单击回车键后即可对该对象进行分解。

注意：

① 图块分解后将失去其整体性，组成块的实体不再具有块的特性。但是块定义仍然存在当前图形中，可以再次插入。

② 图块分解后，可用“UNDO”命令恢复。

2. 图块的嵌套

AutoCAD 允许一个图块中包含别的图块，即图块的嵌套。当分解（使用“Explode”命令）一个嵌套图块时，嵌套在图块中的那个图块并未被分解，它还是一个单独的整体。要分解图块，使其成为独立的实体群，还必须用“Explode”命令再次将它分解开。

可以利用图块插入功能绘制有多个图块的图形，然后再将其定义为一个图块，这样该图块就成为一个嵌套图块，但每个块仍会保持各自的特性。

3. 图块的重定义

运用块的重新定义，将块统一做一些修改或换成另一个标准再重新存储，是一个非常方便高效的方法。

重新定义块的一般方法是将一个插入块分解后，加以修改编辑，再用“BLOCK”或“BMAKE”命令命名为同名的块，将原有的块定义覆盖，图形中引用的相同块将全部自动更正。另外，在命令行输入“-BLOCK”命令，在提示“输入块名 [?]:”后输入与原有块相同的名称，命令结束后系统自动将所有的块替换。

【例 8-4】 用重新定义块的方法，将前面图 8-3 所示的“五角星”图块分解编辑后，重新定义成名为“五角星”的图块，如图 8-7 所示。操作步骤如下：

1）执行“分解”命令。
2）选择要重新定义的块。
3）回车结束选择，选中的图块已被分解。
4）“修剪”内部图线。
5）执行“创建块”命令，重新定义块名为“五角星”。
6）重新指定插入基点。
7）重新选择组成块的实体对象。

图 8-7　图块的重定义

8）提示“已定义‘五角星’，是否替换?”时，回答“是”，则新建的块将覆盖原有图块。

8.1.3 块的在位编辑

图块编辑还有一个“在位编辑”的方法，可以为用户提供直接修改块库中的块定义的工具，不需要分解原图块后再去定义块。“在位编辑”是在原来的图形位置上进行编辑，既快捷又方便。

“在位编辑块”命令调用有以下方式：“插入”选项卡|“参照”面板|▼|编辑参照按钮；“工具”下拉菜单|“外部参照和块在位编辑”|“在位编辑参照”；参照编辑工具栏的在位编辑参照按钮；在命令行输入“REFEDIT”。

另外还可利用快捷菜单，方式如下：选择块，单击右键，在其快捷菜单中选择“在位编辑块”。

【例 8-5】 将例 8-4 的图块（如图 8-8a 所示）进行在位编辑，完成后如图 8-8b 所示。操作步骤如下：

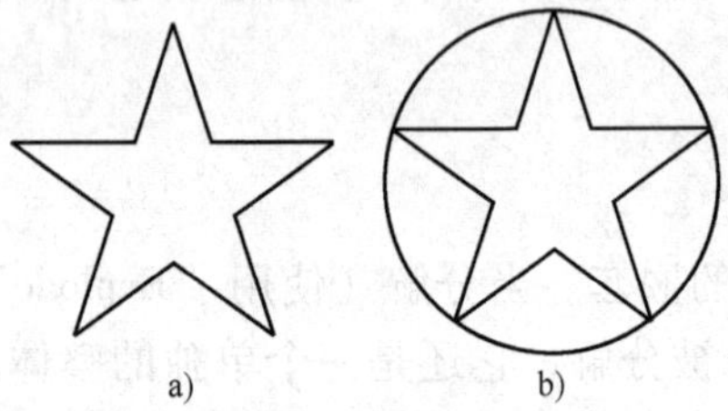

a) b)

图 8-8 在位编辑块
a）编辑前 b）编辑后

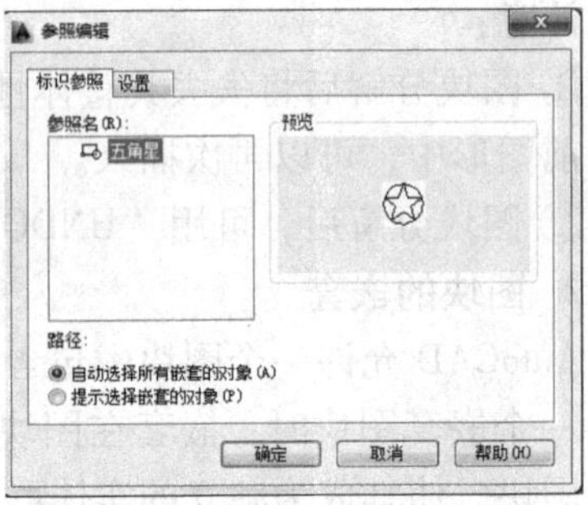

图 8-9 “参照编辑”对话框

1）选择图块，单击右键，在弹出的快捷菜单中选择“在位编辑”命令，打开“参照编辑”对话框，如图 8-9 所示。

2）单击“确定”按钮，此时 AutoCAD 进入参照和块编辑状态，除了所选择的块外，图形全部暗显，其他同名称的被插入的块消失。这时，功能区增加一个“编辑参照”面板。

3）绘制添加五角星外面的圆。

4）单击“编辑参照”面板的“保存修改”按钮，在弹出的警告对话框中单击“确定”按钮，完成在位编辑。

8.2 带属性块的创建与编辑

属性是图块的一个组成部分，它是块中的文本信息。图块的属性可以增加图块的功能，其中的文字信息又可以说明图块的类型、数目以及图形所不能表达的内容。当用户插入一个块时，其属性也跟着一起插入到了图形中；当用户对图块进行操作时，其属性也将随之改变。因此，属性必须依赖于块而存在，没有块就没有属性。

8.2.1 创建带属性的块

块的属性由属性标记和属性值两部分组成，其中属性标记是指一个项目，属性值是指具体的项目情况。用户可以对块的属性进行定义、修改及显示等操作。

当插入带有属性的块时，命令行出现自行设置的属性提示，用户可根据需要输入相应的属性值。创建带属性的块可使图块增加其使用功能。

将定义好的属性连同相关图形一起，用“BLOCK”命令定义成块，即属性块，以后就可在当前图形中随意调用，其调用方式与一般图块的方法相同。

“属性”命令调用有以下方式：“默认”选项卡|“块”面板|▾|定义属性按钮；“插入”选项卡|“属性”面板|▾|定义属性按钮；“绘图”下拉菜单|“块”|“定义属性”；在命令行输入“ATTDEF”（ATT）。

执行“属性”命令后，打开“属性定义”对话框，如图8-10所示。各选项含义及功能如下：

（1）模式　设置属性的六个方面的内容。

1）不可见，具有这种模式的属性，在图块被插入图中时，其属性是不可见的。

2）固定，具有相同的属性值，这是在定义属性时就设置好的，该属性没有提示，无法进行编辑。

3）验证，系统将提示两次输入属性值，以便在插入图块之前可以改变属性值，这也有助于减少输入属性值时的错误。

4）预设，在插入属性时，具有相同的属性值，但它不同于“固定”模式的是，“预设”模式可以被更改和编辑。

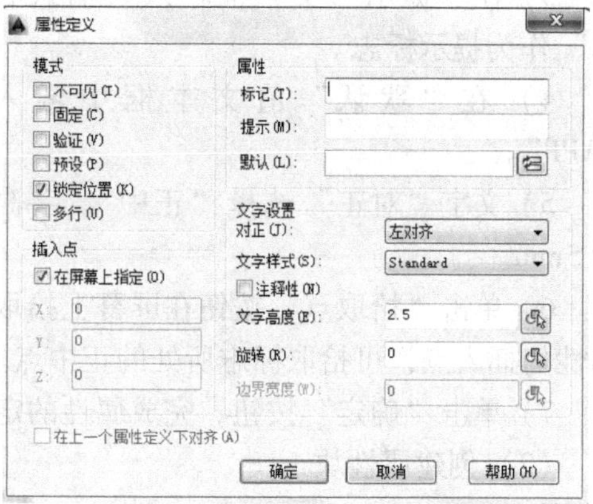

图8-10　“属性定义”对话框

5）锁定位置，锁定块参照中属性的位置，解锁后，可以使用夹点编辑移动属性，还可以调整多行属性的大小。

6）多行，指定的属性值可以是多行文字，可以指定属性的边界宽度。

（2）属性　基本的属性是由属性标记、提示以及属性值组成。

1）标记，用于输入属性的标记，用于对属性进行分类。

2）提示，用于输入在插入属性块时将提示的内容。

3）默认，文本框用于设置属性的默认值。

4）插入字段，单击按钮，弹出“字段”对话框，可以插入一个字段作为属性。

（3）插入点　设定属性的插入点，或者直接在X、Y、Z坐标栏中输入插入点的坐标。

（4）文字设置　控制属性文字的对齐方式、文字样式、文字的高度、旋转角度。

1）对正（J），文本框用于输入文本的对齐方式，单击该文本框右边的下拉按钮可弹出一下拉列表，列出所有的文本对齐方式，用户可任意选一种。

2）文字样式，文本框用于输入文本的字体，单击该文本框右边的下拉按钮，可弹出下拉列表框，用户可选择文字的字体格式。

3）文字高度，在屏幕指定文本的高度，或者在文本框中输入高度值。

（5）旋转　在屏幕上指定文本的旋转角度，也可在文本框中输入旋转角度值。

（6）在上一个属性定义下对齐　选择是否将该属性设置为与上一个属性的字体、字高和旋转角度相同，并且与上一个属性对齐。

【例 8-6】 绘制图 8-11a 所示的图形（圆半径约为 20mm）；给其定义一个名为“标志”的属性，如图 8-11b 所示；然后将其生成一个带属性的图块，如图 8-11c 所示；再用新属性名称“PEA”插入到当前图形中，结果如图 8-11d 所示。操作步骤（绘制图形的步骤略去）如下：

（1）定义属性

1）执行“定义属性”命令（ ），打开“属性定义”对话框，如图 8-12 所示。

2）在“标记”文本框输入“标志”作为属性标志。

3）在“提示”文本框输入“输入名称”作为提示标志。

4）在“默认”值文本框中输入“APP”。

5）文字“对正”选择“正中”，字高为 5mm。

6）单击“拾取点”按钮在屏幕上拾取属性的插入点，可拾取标志所处的正中点。

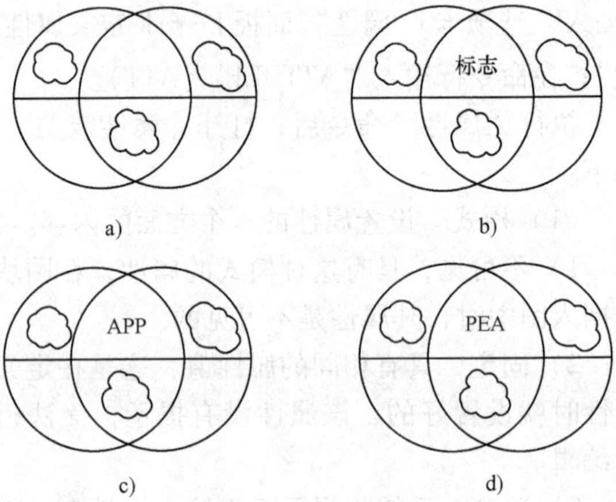

图 8-11　带属性的图块

7）单击“确定”按钮，完成属性的定义，如图 8-11b 所示。

（2）创建属性块

1）执行“创建块”命令（ ），打开“块定义”对话框，如图 8-13 所示。

2）在“名称”文本框中输入欲定义的块名“标志”。

3）单击拾取按钮，在屏幕上指定属性块的插入基点，可选取直线中间位置。

4）单击“对象”区域的按钮，在屏幕上选择相关的组成块的实体。

5）单击“确定”按钮，结束属性块定义，如图 8-11c 所示。

（3）插入属性块

1）执行“插入”命令（ ），打开块“插入”对话框，如图 8-14 所示。

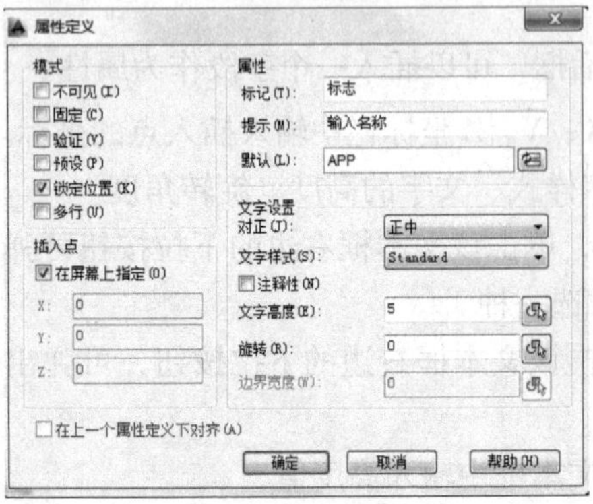

图 8-12　定义属性

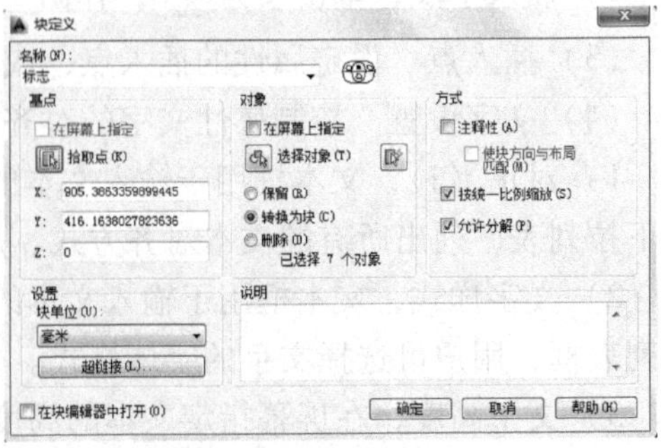

图 8-13　创建属性块

2）接受轴向比例因子默认值，接受图块旋转角度默认值。

3）在屏幕上指定属性块的插入点。

4）在“提示输入输入属性值‘名称’：”后键入新名称“PEA”，则完成带属性块的插入，结果如图8-11d所示。

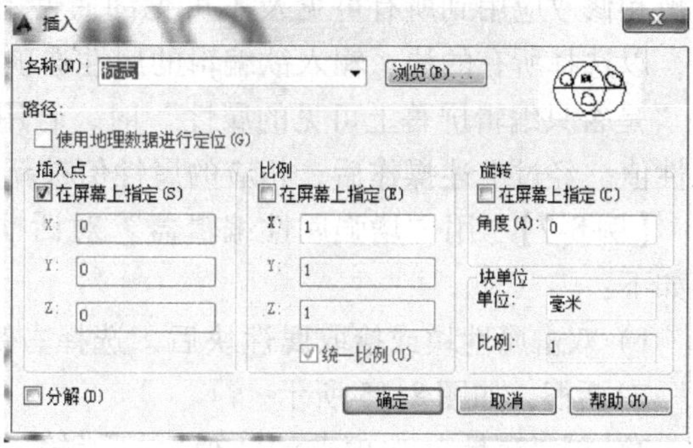

图8-14 “插入”属性块

8.2.2 属性的编辑

编辑属性就是改变属性的值以及位置、方向等属性。当属性被定义为图块，并在图中插入后，可以使用“ATTEDIT”命令对图块的属性进行编辑修改。

AutoCAD提供的编辑属性的方式有以下方式：一种为编辑单个属性；另一种为编辑总体属性；还有一种为块属性管理器。单个编辑方式一次只能编辑一个与某个图块相关的、单独的、非固定模式定义的属性值。总体编辑方式可以编辑独立于图块之外的属性值及属性特性。

1. 编辑单个属性

使用“编辑单个属性（ATTEDIT）”命令可以编辑选定图块中的所有非固定模式的属性值，但无法编辑其他属性特性，如文字的高度、位置等。

“编辑单个属性”命令调用有以下方式：“默认”选项卡|“块”面板|▾|编辑属性|单个按钮；“插入”选项卡|“属性”面板|▾|属性|单个按钮；“修改”下拉菜单|“对象”|“属性”|“单个”；修改Ⅱ工具栏中的编辑属性按钮；在命令行输入“ATTEDIT”。

2. 编辑总体属性

使用“编辑总体属性（-ATTEDIT）”命令可以独立于图块之外，编辑当前图形文件中的所有属性值及属性的特性。

“编辑总体属性”命令调用有以下方式：“默认”选项卡|“块”面板|▾|编辑属性|多个按钮；“插入”选项卡|“属性”面板|▾|属性|多个按钮；“修改”下拉菜单|“对象”|“属性”|“全局”；修改Ⅱ工具栏中的编辑属性按钮；在命令行输入“-ATTEDIT”（-ATTE）。

提示“是否一次编辑一个属性［是（Y）/否］<Y>：”，选择“是（Y）”或“否”将影响以下的操作选项。使用“是（Y）”选项则只能逐个编辑选择的属性，且所能编辑的属性必须是可见的，而使用“否”选项则一次可以编辑所有属性的属性值。

（1）逐个编辑属性　提示下依次输入图块名、属性选项卡名、属性值，选择属性后，提示“输入选项［值/位置/高度/角度/样式/图层/颜色/下一个］<下一个>：”，修改属性值，修改属性的位置、文字的高度、旋转角度、文字样式等。

（2）编辑所有属性　使用是否选项一次可以编辑所有属性的属性值，将对于属性值的编辑和修改应用到所有可见及不可见的属性上。在提示下依次输入欲编辑的块名或直接回车，以选择所有的块；输入欲编辑的属性选项卡或直接回车，选择所有的属性选项卡；当提示“是否只编辑屏幕上可见的属性”时，若用户输入“N”，则屏幕弹出文字框，输入新的属性值。经过上述操作后，相应的属性值被新输入的内容所替代。

【例8-7】 用“增强属性编辑器”对话框编辑例8-6属性块“标志”的属性。操作步骤如下：

1）双击属性块或拾取属性块后，选择右键菜单的“编辑属性”，弹出“增强属性编辑器”对话框，如图8-15所示。

2）在“属性”选项卡的“值”一栏输入新的属性值。

3）在“文字选项”中可修改属性文字的文字样式、对正方式、字高和旋转角度等。

4）在“特性”选项卡中可修改文字图层、颜色等。

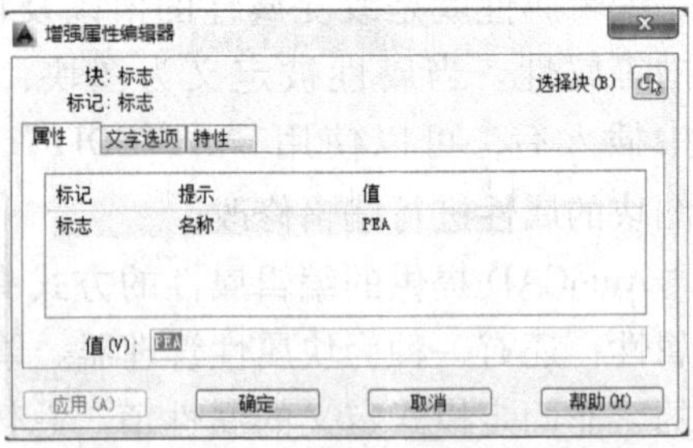

图8-15 “增强属性编辑器”对话框

8.2.3 属性的显示控制

属性的显示控制就是控制属性显示的可见性。AutoCAD提供了“ATTDISP”命令以控制属性在图形中的显示状态。

“属性显示”命令调用有以下方式：“默认”选项卡|“块”面板|▼|保留显示；“插入”选项卡|“属性”面板|▼|属性|保留显示；“视图”下拉菜单|“显示”|“属性显示”|“开”；在命令行输入“ATTDISP”。

启动命令后，系统提示“输入属性的可见性设置［普通（N）/开（ON）/关（OFF）］〈Normal＞：”。各选项含义及功能如下：

（1）普通（N） 默认显示状态，表示按属性定义规定的可见性格式来显示各属性。

（2）开（ON） 表示将所有属性均设置为可见。

（3）关（OFF） 表示将所有属性均设置为不可见。

注意：用户修改可见性设置后，系统自动重新生成屏幕显示。

8.2.4 属性的提取

AutoCAD的块及其属性中含有大量的数据，如块的名字、块的插入点坐标、插入比例、各个属性的值等。可以根据需要将这些数据提取出来，并将它们写入到文件中作为数据文件保存起来，以供其他高级语言程序分析使用，也可以传送给数据库。例如：在机械装配图中，通过属性提取可以建立设备表、明细表，然后作为统计之用。

“属性提取”命令调用有以下方式：“插入”选项卡|“链接和提取”面板|▼|属性|提取数据；“工具”下拉菜单|“数据提取”；在命令行输入“EATTEXT”。

注意：

① 属性提取出来的Excel文件中的数据为文本类型，如果对其中的数值进行统计，需要将数据前面的单引号去掉变成数值类型。

② AutoCAD 的属性提取功能不仅允许用户可以从当前图形文件中提取属性值，还可以在其他文打开的文件中提取属性值。

8.3 动态块

所谓动态块是指将一般图块创建成可以自由调整其属性参数的图块。动态块具有智能性和灵活性，在操作时用户可以自定义夹点或自定义特性来操作动态块。

在 AutoCAD 中，可以使用块编辑器创建动态块，用户可以从头创建动态块，也可以向现有的块定义中添加动态行为，还可以像在绘图区域中一样创建几何图形。

8.3.1 创建动态块

动态块使用起来方便、灵活，创建也比较简单。为了创建高质量的动态块，以达到预期效果，首先需要了解创建动态块的准备及操作过程。

（1）规划动态块的使用方式　在创建动态块之前，应当了解其外观以及在图形中的使用方式。确定操作动态块参照时，块中的哪些对象会变动，还要确定这些对象将如何变动，如拉伸、阵列或移动等。这决定了添加到块定义中参数和动作的类型，以及如何使参数、动作和几何图形共同作用。

（2）绘制几何图形　用户既可以在绘图区域或块编辑器中绘制动态块中的几何图形，也可以直接使用图形中的现有几何图形或现有的块定义。

（3）了解块元素如何共同作用　在向块定义中添加参数和动作之前，应了解它们相互之间以及它们与块中的几何图形的相关性。在向块定义添加动作时，需要将动作与参数及几何图形的选择集相关联。

例如，要创建一个包含若干对象的动态块，其中一些对象关联了拉伸动作，同时还希望所有对象围绕同一基点旋转。在这种情况下，应当在添加其他所有参数和动作之后添加旋转动作。如果旋转动作没有与块定义中的其他所有对象（几何图形、参数和动作）相关联，那么块参照的某些部分就可能不会旋转，或者操作块参照时可能会造成意外结果。

（4）添加参数　按照命令行上的提示向动态块定义中添加适当的参数，如线性、旋转或对齐、翻转等参数。

（5）添加动作　向动态块定义中添加适当的动作，确保将动作与正确的参数和几何图形相关联。要注意的是，使用块编写选项板的“参数集”选项卡可以同时添加参数和关联动作。

（6）定义动态块参照的操作方式　指定在图形中操作动态块参照的方式。

（7）保存块并在图像中进行测试　保存动态块定义并退出块编辑器，然后将动态块参照插入到一个图形中，并测试该块的功能。

8.3.2 动态块编辑器

使用动态块编辑器，用户可以定义块定义的动态行为，在块编辑器中添加参数和动作，以定义自定义特性和动态行为。块编辑器包含一个特殊的编写区域，在该区域中，可以像在绘图区域中一样绘制和编辑几何图形。

“块编辑器”命令调用有以下方式：“默认”选项卡|“块”面板|编辑；“插入”选

项卡 | “块定义”面板 | 编辑；“工具”下拉菜单 |“块编辑器”；“标准”工具栏的块编辑器按钮；在命令行输入“BEDIT”。

另外，可利用快捷菜单，操作方式如下：选择一个块参照，在绘图区域中单击鼠标右键，选择“块编辑器”。

1. 添加到动态块定义的参数类型

（1）点　在图形中定义一个 X 和 Y 位置。

（2）线性　显示两个固定点之间的距离。约束夹点沿预置角度的移动。

（3）极轴　显示两个固定点之间的距离并显示角度值。

（4）XY　显示距参数基点的 X 距离和 Y 距离。

（5）旋转　可定义角度。

（6）翻转　显示为一条投射线，可以围绕这条投射线翻转对象。

（7）对齐　定义 X 和 Y 位置以及一个角度。

（8）可见性　可控制对象在块中的可见性。

（9）查寻　定义一个可以指定或设置为计算用户定义的列表或表中的值的自定义特性。

（10）基点　相对于该块中的几何图形定义一个基点。

2. 在动态块中使用的动作类型及与每种动作类型相关联的参数

（1）移动　与点、线性、极轴、XY 参数相关联。

（2）缩放　与线性、极轴、XY 参数相关联。

（3）拉伸　与点、线性、极轴、XY 参数相关联。

（4）极轴拉伸　与极轴参数相关联。

（5）旋转　与旋转参数相关联。

（6）翻转　与翻转参数相关联。

（7）阵列　与线性、极轴、XY 参数相关联。

（8）查寻　与查寻参数相关联。

注意：

① 可以将多个动作指定给同一参数和几何图形。

② 黄色警告图标表明用户应该将动作与刚添加的参数相关联。

③ 动作位置不会影响块参照的外观或功能。

【例 8-8】 绘制图 8-16 所示的图形，并将其保存名称为“螺钉”的图块。向块中添加参数和动作，使其成为拉伸矩形后每相距 50mm 螺钉便自动增加一个的动态块。操作步骤如下：

1）选择“螺钉”图块，从其右键菜单中选择“块编辑器”，弹出“块编写选项板”窗口。

2）先向动态块定义中添加线性参数。在“块编写选项板”窗口的“参数”选项卡中，单击“线性参数”工具。

3）提示“指定参数的基点：”，选择矩形左上角点。

4）提示“指定参数的端点：”，选择矩形右上角点。

5）提示“指定参数选项卡的位置：”，选择合适位置，完成线性参数添加，如图 8-17 所示。

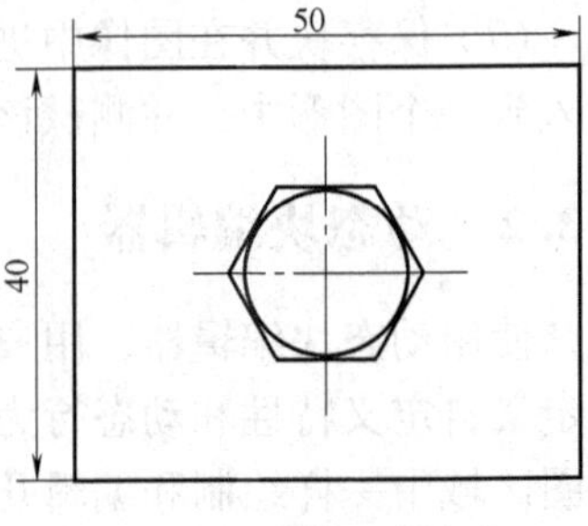

图 8-16　图块“螺钉”

6）向动态块定义中添加拉伸动作。在“块编写选项板”窗口的“动作”选项卡中，单击“拉伸动作”工具。

7）提示“在块编辑器绘图区域选择一个要与动作相关联的线性参数:”，选择刚添加的线性参数“距离”。

8）提示“选择要与动作相关联的参数点:”，选择矩形右上角点。

9）提示“指定拉伸框的第一个角点:”和“指定拉伸框的对角点:”，选择两角点来确定一拉伸框区域。

10）提示“为选择集选择对象:”，选择矩形右边框。

11）回车结束选择对象。

12）提示“指定动作的位置:”，选择合适位置，完成拉伸动作设置。

13）再向动态块定义中添加阵列动作（与拉伸动作的添加类似）。在“块编写选项板”窗口的“动作”选项卡中，单击“阵列动作”工具。

14）选择参数。仍选择线性参数“距离”。

15）系统提示“指定动作的选择集　选择对象:”，选择中间整个螺钉图形。

16）系统提示“输入列间距:”，输入“50”为阵列间距。

17）回车结束选择对象。

18）系统提示“指定动作位置:”，选择合适位置，完成阵列动作设置，如图 8-18 所示。

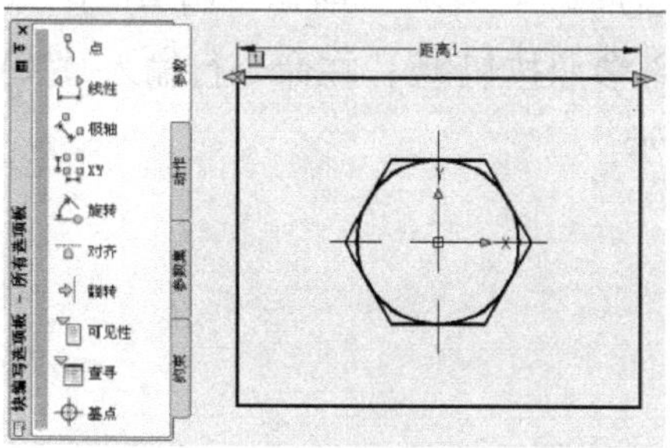

图 8-17　添加“距离”参数

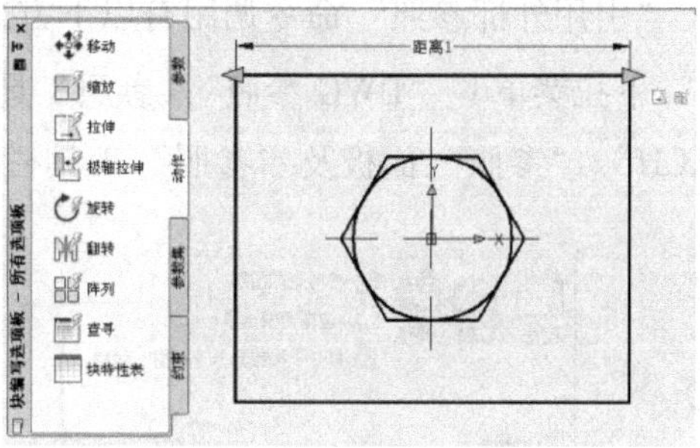

图 8-18　添加“拉伸”和“阵列”动作

19）在“块编辑器”工具栏上单击“保存块定义”。

20）单击“关闭”按钮，块编辑器关闭。

21）回到绘图区，拉伸右夹点后，如图 8-19 所示。

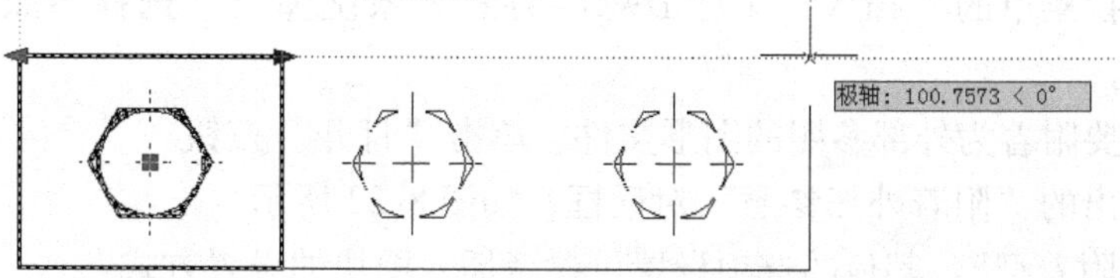

图 8-19　拉伸矩形后螺钉自动阵列

8.4 外部参照

外部参照不同于图块插入，它是把已有的图形文件像块一样插入到图形中。被插入的图形文件信息并不直接加到当前的图形文件，当前图形只是记录了引用关系（被插入文件的路径记录）。插入的参照图形与外部的原参照图保持着一种“链接”关系，即外部的原参照图形如果发生变化，被插入到当前图形中的参照图形也发生相应的变化。

在插入图块时，插入的块对象与原来的图形文件无关联性，作为一个独立的部分存在于当前图形中。使用外部参照的过程中，被插入的图形文件的信息并不直接加入到当前的图形文件中，而只是引用的关系，对当前图形的操作也不会改变外部引用的图形文件的内容。

如对于参照图形与当前图形的图层处理，假设 AutoCAD 的图形文件 1. DWG 有一个 A 层，而当 1. DWG 被作外部引用文件加以引用。那么在主图形文件中，A 层被命名为 1 | A 层，即系统将把这个新名字自动加入到主图形中的依赖符列表中。这种自动更新外部引用依赖符名字的功能可看出目标来源，且主图形文件与外部引用文件中相同名字的依赖不会被混淆。

8.4.1 引用外部参照

附着外部参照的目的是帮助用户利用其他图形来补充当前图形。

“引用外部参照”命令调用有以下方式：“插入”标签 | “参照”面板 | 附着；“插入”下拉菜单 | “DWG 参照”；参照工具栏的附着外部参照按钮；在命令行输入“XATTACH”。“参照”面板及“参照”工具栏如图 8-20 所示。

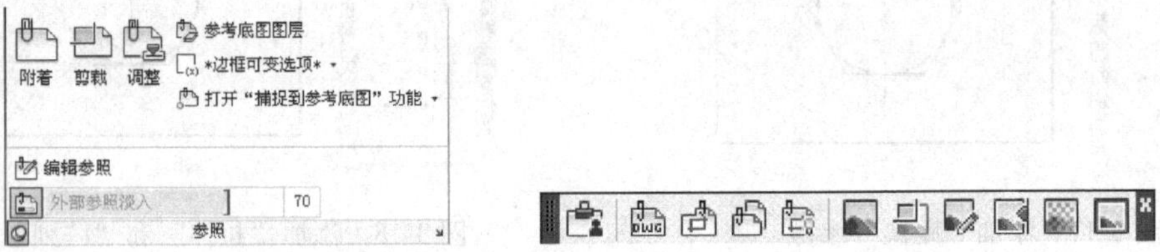

图 8-20 “参照”面板及“参照”工具栏

【例 8-9】 将某一幅图形作为外部参照附着到当前图形中，就可以使用下面的操作步骤：

1）打开一个新的空白图形文件。

2）单击下拉菜单的“插入” | “DWG 参照”，系统弹出“选择参照文件”对话框，如图 8-21 所示。

3）选择所要附着为外部参照的图形文件，单击“打开”按钮。

4）系统弹出的“附着外部参照”对话框，如图 8-22 所示。

5）选择“附着型”，其他的选项设置可参考插入图块的设置方式。

6）单击“确定”按钮，在绘图区指定外部参照的插入点等设置，完成外部参照的附着。

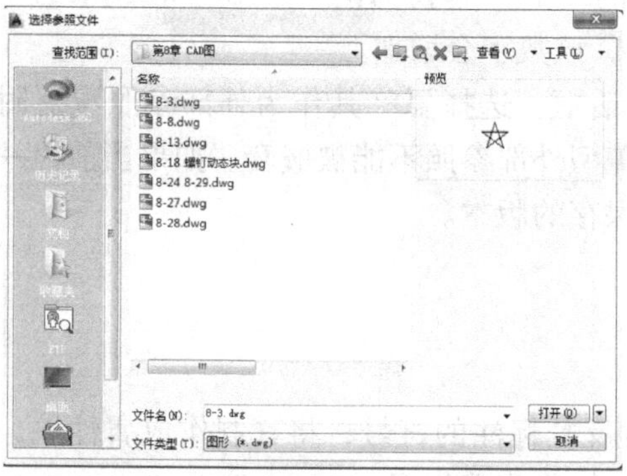

图 8-21 “选择参照文件”对话框

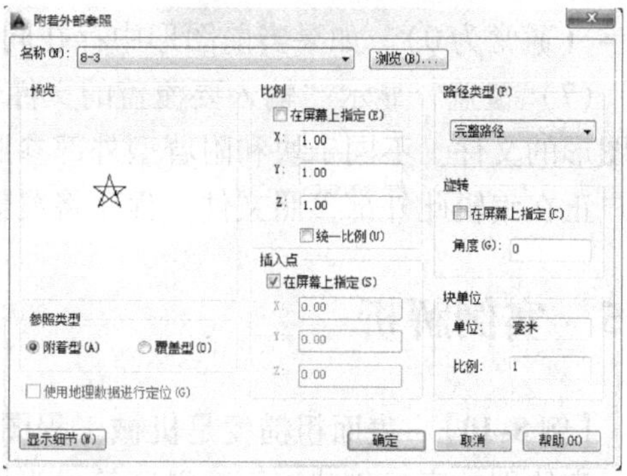

图 8-22 “附着外部参照”对话框

8.4.2 管理外部参照

外部参照涉及图形信息的关联，一个图形中可能会存在多个外部参照图形，所以了解外部参照的各种信息，才能对含有外部参照的图形进行有效的管理。系统的“外部参照”选项板可以组织、显示并管理参照文件。

“管理外部参照”命令调用有以下方式：“插入”标签 | “参照”面板 | ↘；“插入”下拉菜单 | “外部参照”；参照工具栏的外部参照按钮；在命令行输入“EXTERNALREFERENCES”。

执行“外部参照”命令后，系统弹出“外部参照”选项板，如图 8-23 所示，列出包括外部参照名称、当前状态、文件大小、参照类型、创建日期和保存路径等当前图形中存在的外部参照的相关信息。另外，用户还可以进行外部参照的打开、附着、卸载、重载、拆离和绑定等操作。各选项功能及含义如下：

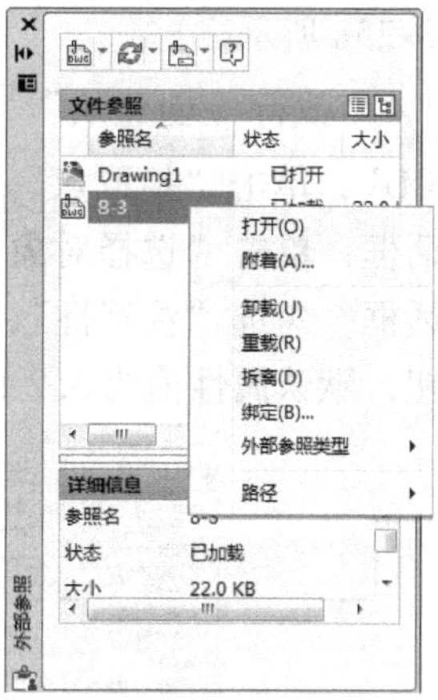

图 8-23 “外部参照”选项板

（1）打开　在新建窗口中打开选定的外部参照进行编辑。

（2）附着　将参照图形链接到当前图形。打开或重载外部参照时，对参照图形所做的任何修改都会显示在当前图形中。一个图形可以作为外部参照同时附着到多个图形中，也可以将多个图形作为参照图形附着到单个图形。

（3）卸载　卸载选定的 DWG 参照，在外部参照所在的位置将保留一个标记，以便将来可以重载这个外部参照。即暂时不显示外部参照，可随时重载。

（4）重载　重载一个或多个 DWG 参照。这个选项重载并显示最近保存的图形。

（5）拆离　从图形中拆离一个或多个 DWG 参照，删除指定外部参照的所有文件，并将这个外部参照定义删除。但是只能拆离直接附着或覆盖到当前图形中的外部参照，而不能拆离嵌套的外部参照。可永久地删除外部参照。

（6）绑定　将指定的 DWG 参照转换为图形的永久组成部分，不再是外部参照文件。在

依赖外部参照的命名对象（如图层名）中，其中的“|”替换为两个“$”和其中的一个数字（通常为0）。如果当前图形中存在同名对象，该数字会增加。

（7）覆盖　显示“输入要覆盖的文件名”对话框，选择要将其作为外部参照覆盖附着到图形的文件。不同于块和附着型外部参照，覆盖型外部参照不能被嵌套。如果当前另一个用户正在编辑此外部参照文件，程序将覆盖最近保存的版本。

8.5　实例解析

【例8-10】　表面粗糙度是机械工程图中经常反复标注的符号，将其制作成属性块，可以提高绘图效率。创建表面粗糙度符号为属性块。操作步骤如下：

1）新建一个图层作为表面粗糙度层，线宽为0.35mm，绘制图8-24a所示的图形，具体尺寸如图8-24b所示。

2）执行“单行文字”命令，在符号合适的位置输入“Ra”。

3）执行“定义属性”命令，打开“属性定义”对话框，属性区域“标记”框内输入“CCD”；“属性提示”框输入“CCD:”；“默认”文本框输入“3.2”；文字设置区域“对正”选择“左对齐”；“文字样式”选择“工程字”（前面章节已定义的GB文字样式）；“文字高度”输入“3.5”，单击“确定”按钮回到绘图区选择属性标记的插入位置（文字“Ra”之后），完成属性定义，如图8-25a所示。

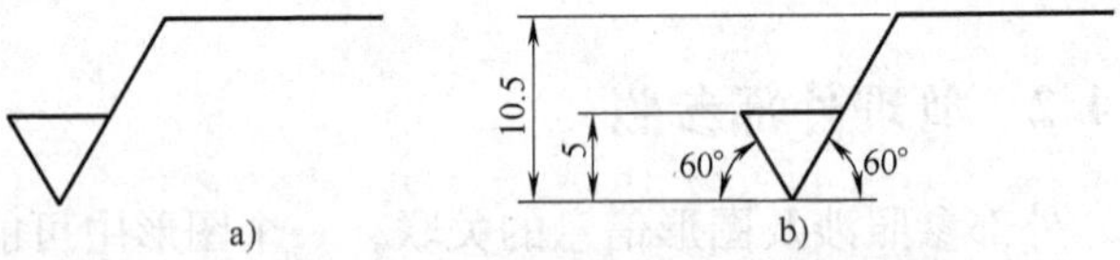

图8-24　粗糙度符号及尺寸

4）执行“创建块”命令，打开“块定义”对话框，在块“名称”编辑框中输入“CCD”，单击“拾取点”按钮，回到绘图区捕捉三角形的下角点为基点；返回“块定义”对话框，单击“选择对象”按钮，回到绘图区框选整个图形和属性，再次返回“块定义”对话框，勾选“注释性”，单击“确定”按钮（出现“编辑属性”对话框时单击“确定”按钮，默认属性值为3.2即可），如图8-25b所示。

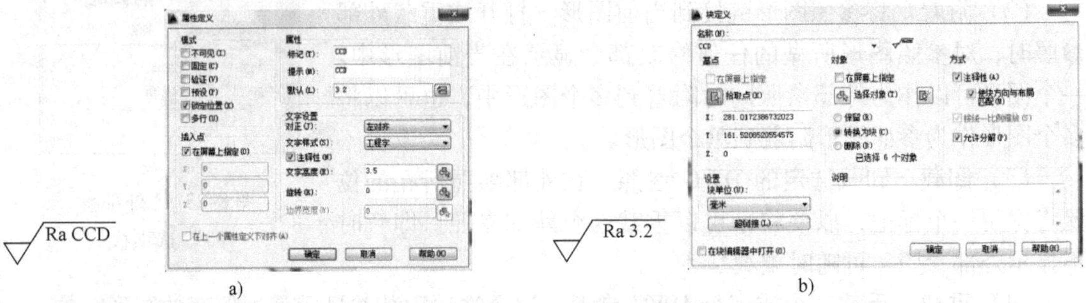

图8-25　定义属性及创建属性块

5）执行“插入”命令，打开“插入”对话框，“名称”选择已定义的“CCD”属性块（可设置插入的缩放比例和旋转角度），单击“确定”按钮回到绘图区拾取插入点，根据命令行提示，输入相应的表面粗糙度值，完成属性块的插入，结果如图8-26所示。

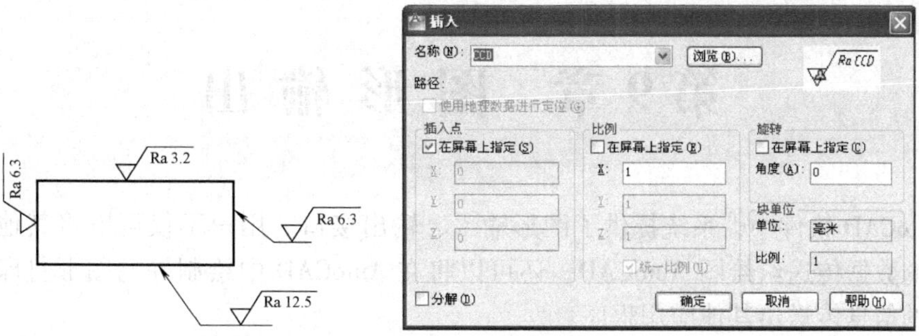

图 8-26　插入属性块

6）如属性值需要修改，可双击属性块，打开“增强属性编辑器”对话框，在“属性”选项卡的“值”文本框内输入所需属性。

思考与练习

1. 说明属性块的作用与优点。
2. 说明创建属性块的方法和步骤。
3. 要使插入图块的特性随当前层，需要在哪个层上创建属性块？
4. 将图 8-27 中左侧的窗户图形做成图块，插入到右侧的房屋图形文件中。
5. 将图 8-28 中的电器元件分别做成属性图块。

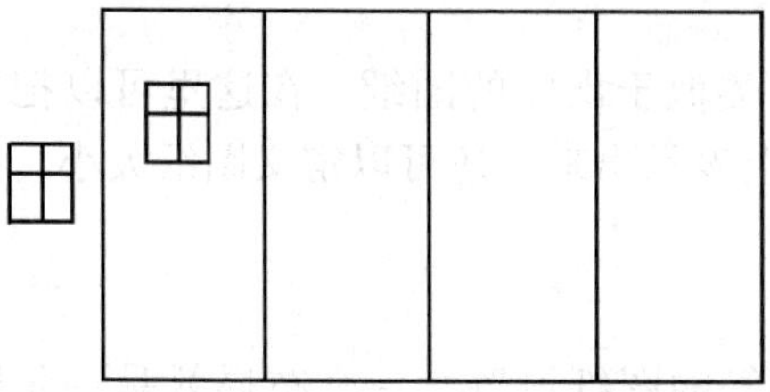

图 8-27　创建并插入“窗户”图块

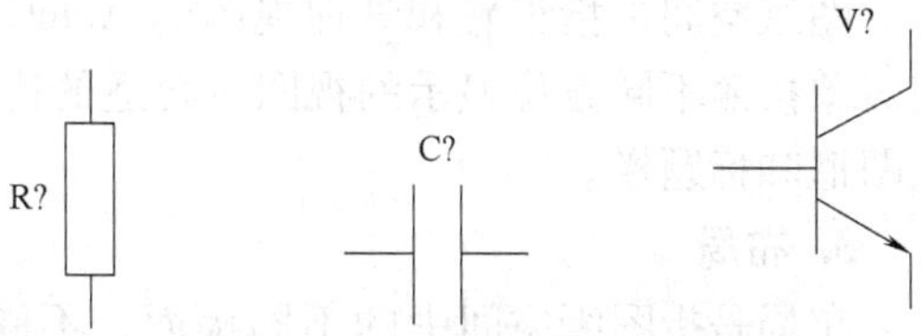

图 8-28　创建“电器元件”属性块

6. 如图 8-29 所示，绘制表面粗糙度符号并定义属性“CCD”，将属性块插入到指定位置，并对属性进行编辑。

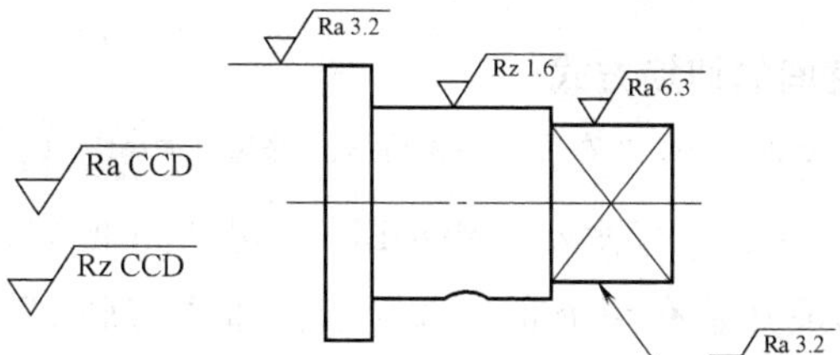

图 8-29　创建并插入“表面粗糙度”属性块

第 9 章　图 形 输 出

在 AutoCAD 软件中，系统提供了图形输入、输出接口。用户不仅可以将其他应用程序中处理好的数据传送给绘图 AutoCAD，还可以将在 AutoCAD 中绘制好的图形打印出来，或者把它们的信息传送给其他应用程序。

9.1　模型空间与图纸空间

9.1.1　基本概念

“模型/布局”选项卡 模型 / 布局1 / 布局2 / 位于绘图区的左下边缘，它允许用户在模型空间和图纸空间来回切换。

1. 模型空间

模型空间是指图形绘制时所处的 AutoCAD 环境，在这里可以按照物体的真实尺寸进行绘制，编辑二维图形、三维图形，或者进行三维实体建模。

2. 图纸空间

图纸空间是指设置和管理视图的 AutoCAD 环境，类似于出图的图纸。在这里可以把模型对象按照不同方位显示的视图按合适的比例在图纸上表示出来，还可以定义图纸大小，插入图框和标题栏。

3. 布局

布局是指图纸空间中的不同幅面、不同出图比例等的图纸设置。一个布局就是一张图纸，并提供预置的打印页面设置。一个在模型空间绘制的图形在图纸空间中可以有多个不同设置的布局。

9.1.2　模型空间与图纸空间的切换

1. 模型空间与图纸空间的切换方式

切换方式有以下：“模型”或“布局”选项卡 模型 / 布局1 / 布局2 /；状态栏的模型/图纸空间切换按钮 模型/图纸；在命令行输入“MODEL”，可从图纸空间切换到模型空间。

默认情况下，新图形最开始有两个布局选项卡，即“布局 1”和“布局 2”。如果使用图形样板或打开现有图形，图形中布局选项卡可能以不同名称命名。

2. 从布局视口访问模型空间

用户可以从布局视口访问模型空间，以编辑对象、冻结和解冻图层以及调整视图。

（1）在布局视口创建或修改对象　使用状态栏上的最大化视口按钮，将布局视口扩展布满整个绘图区域，可以创建和修改对象或平移和缩放操作。使用最小化视口按钮恢复视口后，返回图纸空间，且恢复布局视口中对象的位置和比例。

（2）在布局视口中调整视图　双击布局视口以访问模型空间，视口边界将变粗，可以平移视图并修改图层的可见性。双击视口外部布局中的空白区域，可返回图纸空间，所做更改会显示在视口中。一般来讲，大多数的绘制和编辑都可以在模型空间进行，然后可以用图纸空间来布置图形，注释及绘制模型的各种视图。

9.2　平铺视口与浮动视口

视口是显示用户模型的不同视图的区域。一般把模型空间的视口称为平铺视口，在图纸空间创建的视口称为浮动视口。

“视口”命令调用有以下方式：功能区“视图”选项卡|“视口”面板|视口配置（图9-1a）；“视图”菜单|“视口”|“新建视口”；视口工具栏的按钮；在命令行输入“VPORTS”。

执行“视口”命令，弹出“视口”对话框，如图9-1b所示。该对话框包含“新建视口”和“命名视口”两个选项卡，“新建视口”选项卡显示标准视口配置列表并配置视口，“命名视口”选项卡列出图形中保存的所有视口配置。

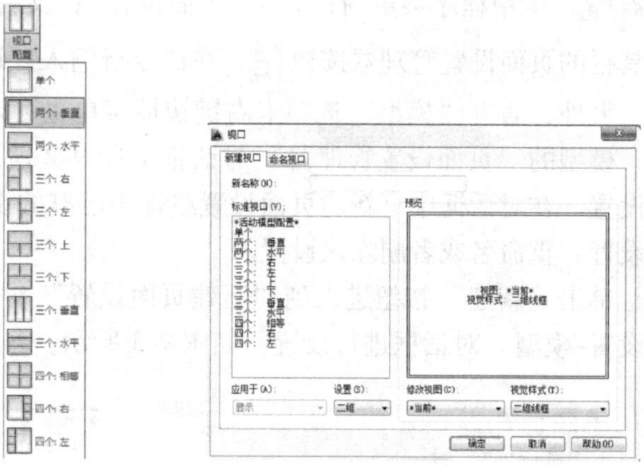

a)　　b)

图9-1　“视口配置”子菜单及“视口”对话框

1. 平铺视口

平铺视口是指在模型空间创建的标准视口，它把绘图区域拆分成一个或多个相邻的矩形图框，用户可以在其中一个视口查看整个图形，同时在另一个视口查看该图形某部分的放大图。这些视口充满整个绘图区域并且相互之间不重叠。在一个视口中做出修改后，其他视口也会立即更新。

平铺视口的特点如下：每个视口最多可分为4个子视口，每个子视口可继续被分为最多4个子视口。执行命令时，可从一个视口绘制到另一个视口。图层可视性同时影响所有视口。某个视口内图形的显示范围和大小不影响其他视口中的图形。某个视口内图形的编辑变化，则其他视口中图形也随之变化。

2. 浮动视口

浮动视口也称布局视口。根据需要可以在一个布局中创建标准视口，也可以创建多个形状、个数不受限制的新视口。并且在创建视口后，还可以根据需要更改其大小、特性、比例以及对其进行移动。

注意：可以通过拆分与合并方便地修改模型空间视口。如果要将两个视口合并，则它们必须共享长度相同的公共边。

9.3　在模型空间打印输出

图纸的输出是靠绘图仪或打印机等输出设备完成的。在将图纸输出到选定的输出设备之前，需要正确配置该输出设备然后才能打印输出图形。输出设备包括显示器、绘图仪、打印机等。

如果是简单地绘制一个二维图形，或者无需用多比例的方法表现视图，那么就可以经过注释后直接在模型空间打印输出，而不需要使用布局选项卡，这也是 AutoCAD 创建及输出图形的传统方法。

在模型状态下打印，首先确定文件的“模型”选项卡被选中，再对“页面设置-模型”对话框进行设置。

“页面设置管理器”命令调用有以下方式：“输出”选项卡 | “打印”面板 | 页面设置管理器；应用程序菜单“打印” | “页面设置”；“文件”下拉菜单 | “页面设置管理器”；布局工具栏的页面设置管理器按钮；在命令行输入“PAGESETUP”。

另外，通过“模型”选项卡右键快捷菜单也可以调用“页面设置管理器”。

模型的“页面设置管理器”对话框如图 9-2 所示，用户可根据向导进行模型打印的页面设置。在对话框中可新建页面设置或选中已有的设置，通过右键菜单可以把该设置定为当前设置、重命名或者删除该设置。

单击“新建”按钮进入到“新建页面设置”对话框，输入新页面设置名称，进入“页面设置-模型”对话框进行设置，如图 9-3 所示。各选项含义及功能如下：

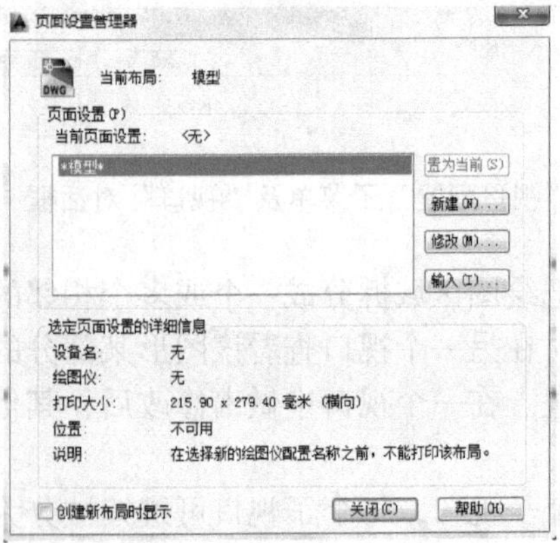

图 9-2 模型的“页面设置管理器”对话框

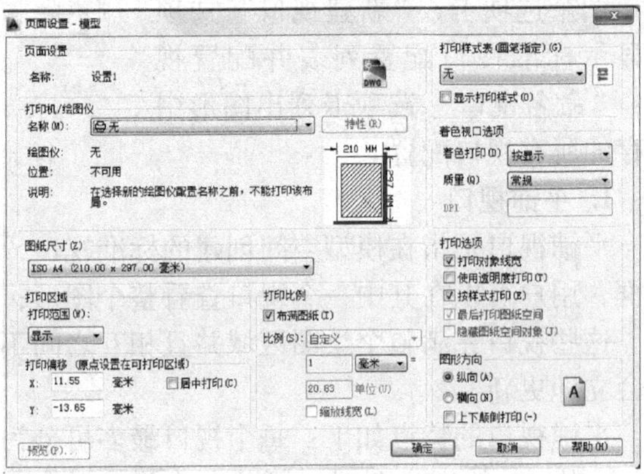

图 9-3 “页面设置-模型”对话框

（1）打印机/绘图仪 从“名称”下拉列表框中选择某一设备作为当前的打印设备。

（2）图纸尺寸 指定标准列表中的图纸尺寸及纸张单位。

（3）打印区域 选择图形打印区域。“打印范围”里有四个选项，即窗口、范围、图形界限、显示。其中选中“窗口”选项，系统将关闭对话框并回到绘图区，指定一个矩形打印区域之后再返回对话框；“范围”选项表示打印整个图形上的所有对象；“图形界限”选项表示将打印位于由“LIMITS”命令设置的绘图界限内的全部图形；“显示”选项表示打印当前显示的图形对象。

（4）图形方向 用于确定所绘图形在图纸上的输出方向。包括纵向、横向、反向打印。

（5）打印偏移 用户在 X 和 Y 文本框中输入偏移量，以指定相对于可打印区域左下角的偏移，如果选择“居中打印”复选框，则可以自动计算输入的偏移值，以便居中打印。

（6）打印比例　用户在下拉列表框中选择标准缩放比例，或者输入自定义值，布局空间的默认比例为1∶1。如果要按打印比例缩放线宽，可选择“缩放线宽”复选框。

（7）打印样式表（笔指定）　用于设置或新建打印样式表。打印样式用来控制图形的具体打印效果，包括图形对象的打印颜色，线型、线宽、封口、灰度等内容，打印样式表以文件的形式存在。如果要编辑打印样式表，可先选择列表中的打印样式，单击编辑按钮，在弹出的“打印样式表编辑器”对话框中编辑打印样式。

（8）着色视口选项　选择视口的打印方式并指定分辨率级别。使用着色打印选项，用户可以选择按显示或在线框中、按隐藏模式、按视觉样式还是按渲染来打印着色对象集。着色和渲染视口包括打印预览、打印、打印到文件和包含全着色和渲染的发布。

（9）打印选项　确定线宽、打印样式、打印样式表等相关属性。

（10）预览　显示打印预览画面，若希望退出打印预览、打印图形或缩放打印预览画面，可单击鼠标右键，从弹出的快捷菜单中选择适当选项。

【例9-1】　模型空间绘制泵轴，将此图形在模型空间打印输出于A4纸上，要求居中显示、布满图纸，保存该设置为“泵轴1”。操作步骤如下：

1）在模型空间绘制泵轴图形，标注尺寸。

2）执行“页面设置管理器”命令，显示“页面设置管理器”对话框，单击“新建”按钮，输入设置名为“泵轴1”。

3）单击“确定”按钮后进入“页面设置-模型”对话框，进行模型打印的页面设置，如图9-4a所示。

4）“打印机/绘图仪”选择相应匹配的设备名称；图纸尺寸选择“A4　210×297毫米”。

5）“打印区域”的“打印范围”里，选中“窗口”选项，系统关闭对话框回到绘图区，指定一个包含泵轴的矩形打印区域，如图9-4b所示，返回对话框。

6）“打印比例”勾选“布满图纸”；“打印偏移”勾选“居中打印”；“图形方向”选择“横向”。

7）单击“确定”按钮后关闭“页面设置-模型”对话框，返回“页面设置管理器”对话框，单击“关闭”按钮，结束所有设置。

8）执行“打印”命令，打开“打印-模型”对话框，如图9-4c所示，“页面设置”名称选择“泵轴1”，单击“确定”按钮后即可打印输出。

注意：

① 如果不想在每次打印时进行页面设置，可以单击“页面设置”选项区域的“添加”按钮，弹出“添加页面设置”对话框，输入一个名字就能将设置保存到一个命名页面设置文件中，以后打印的时候可以在“页面设置”选项区域的“名称”下拉列表框中选择调用。

② 虽然在模型空间打印比较简单，但是仍有很多局限性，如不支持多比例视图，且在打印非1∶1图形时，尺寸标注、线形比例等均需重新设置。鉴于以上问题，我们更推荐使用图纸空间出图。

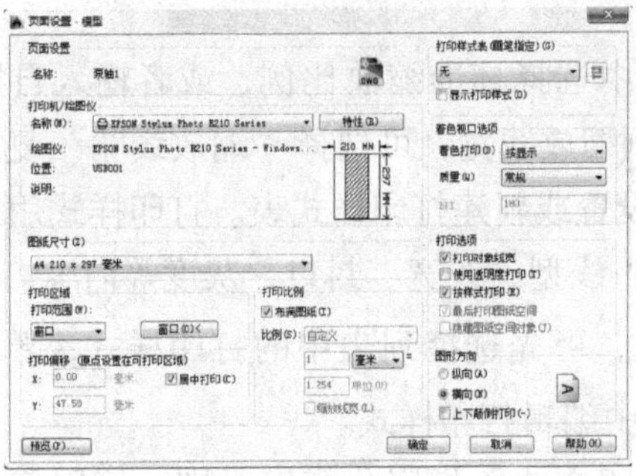

a)

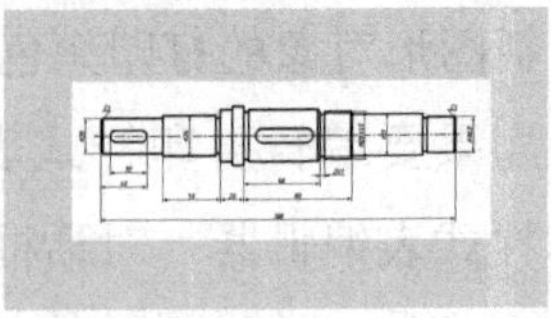

b)

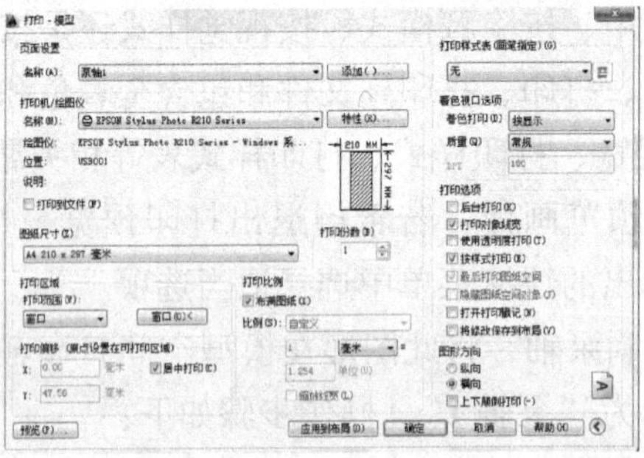

c)

图 9-4　模型空间打印输出

9.4　在图纸空间打印输出

图纸空间在 AutoCAD 中的表现形式就是布局，布局选项卡中显示实际的打印内容，在布局中打印可以节约检查打印结果所耗的时间。用户可以按照以下步骤在图纸空间打印。

9.4.1　创建布局

想要通过布局输出图形，首先要创建布局。当前系统提供了两个布局选项卡（位于绘图区左下角的“布局 1”和“布局 2”），选择其中的“布局 1”，进入图纸空间，如图 9-5a 所示。

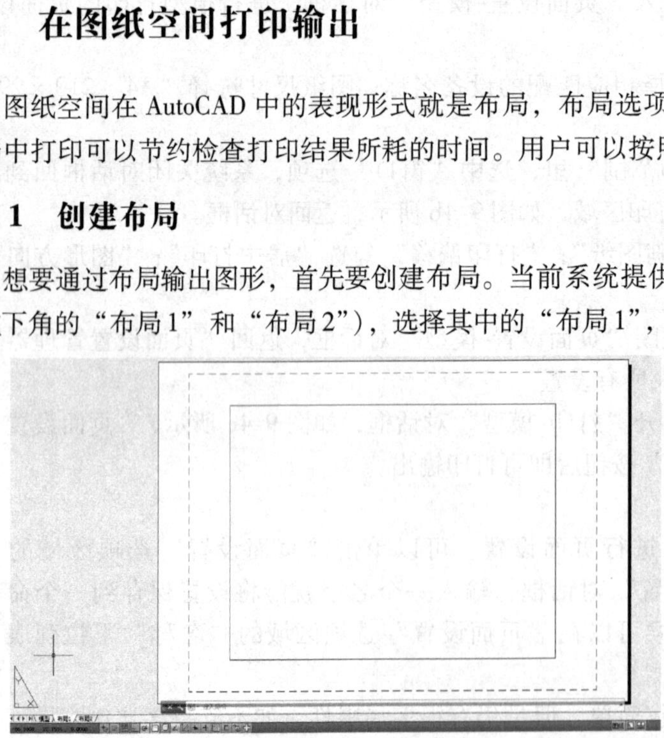

a)

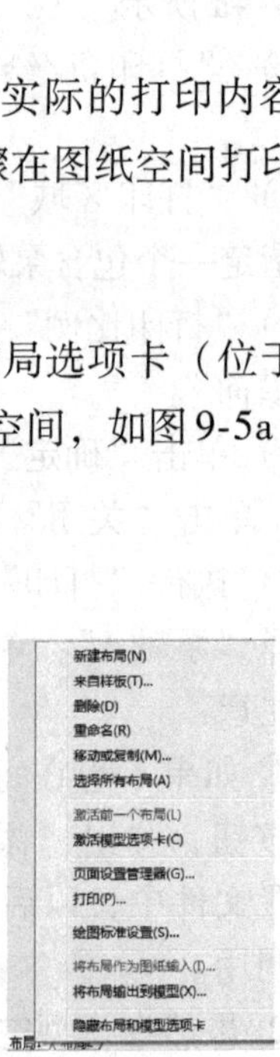

b)

图 9-5　“布局 1”的图纸空间及“布局 2”的右键菜单

AutoCAD 提供了打印布局设置，用户可以创建多种布局，每个布局代表一张单独的打印输出图纸。“布局”的右键菜单如图 9-5b 所示，用户可以进行新建、重命名、删除等设置。

用户可通过以下 4 种方式创建布局：

1）使用“布局向导（LAYOUTWIZARD）”命令 循序渐进地创建一个新布局。“创建布局-开始”对话框如图 9-6 所示。

2）使用“来自样板的布局（LAYOUT）”命令 插入基于现有布局样板的新布局。例如选择符合我国国家标准格式的“Gb A3 标题栏”样板图（于早期版本的 Template 文件夹下），如图 9-7 所示。

3）使用“布局选项卡”创建一个新布局。

4）通过设计中心把其他图形文件中已建好的布局拖到当前图形文件中。

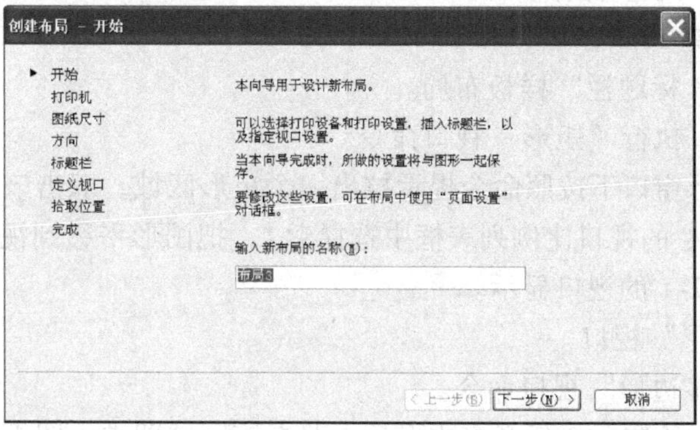

图 9-6 创建布局向导

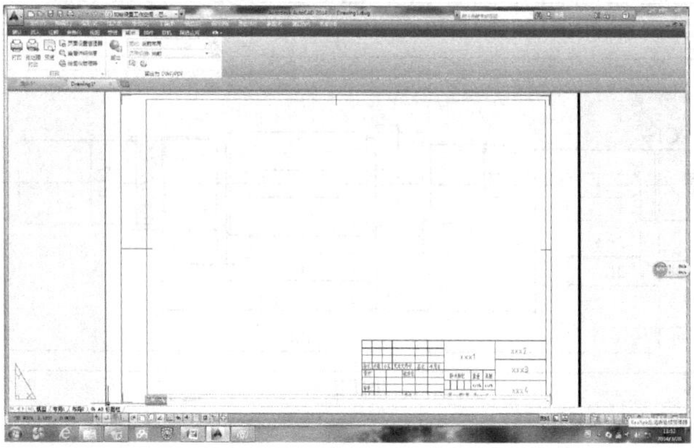

图 9-7 “Gb A3 标题栏”样板布局

9.4.2 使用浮动视口

创建新布局后，可以添加要打印的浮动视口。浮动视口的形状是任意的，个数也没有限定。在布局中创建浮动视口之后，视口中的各个视图可以使用不同的打印比例，并能够控制视口中图层的可见性。用户可在布局中设置多个视口。

“VPORTS”命令调用有以下方式：功能区“视图”选项卡｜“视口”面板｜新建视口按钮

/创建多边形视口按钮/从对象创建视口按钮；命令行输入“VPORTS”。

注意：

① 如果布局采用的是 GB- A3 样板图样式，应首先把“图层管理器”中的“视口”层的状态更改为“解锁”，这样就可以删除原来布局中的多边形视口而建立多个独立的视口了。

② 由于可以建立多个比例输出的视口，因此需要防止不慎操作将视口中的视图缩放而产生的比例改变。单击最下方工具栏中的“最大化视口”按钮，可以进入视口的最大化状态，这样可以方便修改和调整视口内的图形对象，单击“最小化视口”按钮又可回到正常状态。

③ 如果不想在打印时看到视口的线框，可以将“视口层”设置为“不打印”。

【例 9-2】 在模型空间绘制泵轴图形，调用“Gb A3 标题栏”样板布局，在布局中创建多个视口，如图 9-8 所示。操作步骤如下：

（1）“新建”视口

1）调用“Gb A3 标题栏”样板布局。

2）在图纸空间，执行“矩形”视口命令。

3）在原有的矩形窗口下按照命令提示拉出一个矩形区域，双击该区域内即进入图纸空间的模型态，在状态栏的视口比例列表框中选择 1∶1，把图形平移到视口区域中，结果为图 9-8 所示的出图比例 1∶1 的视口显示。

（2）“创建多边形”视口

1）执行“创建多边形”视口命令。

2）按照命令提示绘制一个任意多边形后，双击该区域即进入图纸空间的模型态，在状态栏的视口比例列表框中选择 2∶1。

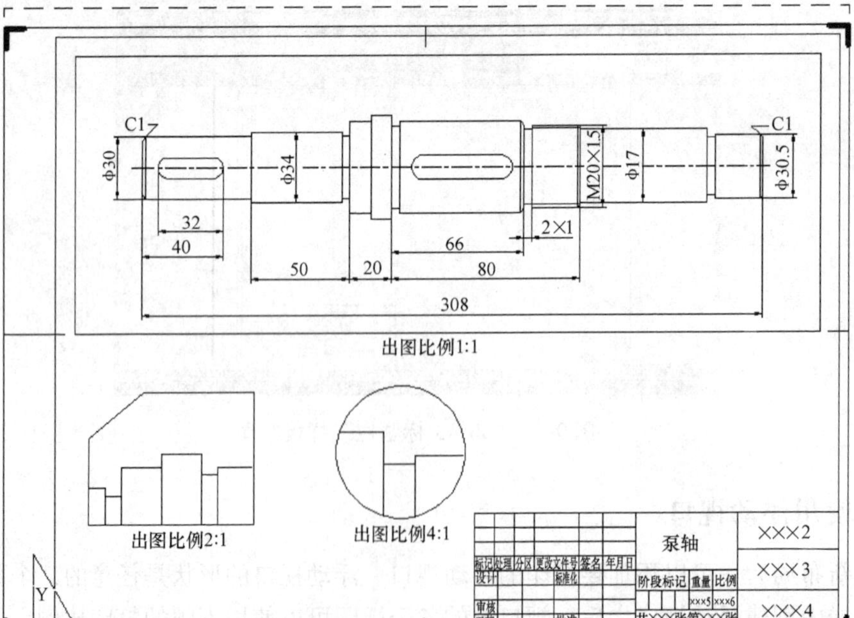

图 9-8　在布局中设置多个视口

3）把图形中的轴肩部分平移到视口区域中，结果为图9-8所示的出图比例2:1的视口显示。

（3）“从对象创建”视口

1）首先在布局上绘制一个圆。

2）执行“从对象创建”视口命令，按照命令提示选择该圆并转换为视口。

3）双击该区域即进入图纸空间的模型态，在状态栏的视口比例列表框中选择4:1，把图形中的退刀槽部分平移到视口区域中，结果为图9-8所示的出图比例4:1的视口显示。

9.4.3 标注不同比例输出的图形

按照制图国家标准，在图纸上的视图无论采用什么比例，标注时都要求是形体的真实尺寸，并且在同一张图纸上，所有尺寸标注的组成元素（包括尺寸数字、箭头等）大小要一致，标注样式要一致。要想达到这样的标准，首先要设置好尺寸的标注样式，然后利用AutoCAD中的注释性特性，就可以在模型空间直接标注尺寸，并且可以根据不同的出图比例为所标注的尺寸设置多个注释比例。

【例9-3】 完成例9-2的不同视口比例内的尺寸标注。操作步骤如下：

1）切换到模型空间，标注所需处尺寸。

2）分别为两处尺寸添加“2:1”和“4:1”的注释比例。

3）切换到布局，使用状态栏上的“视口比例”将这两个视口比例分别设置为“2:1”和“4:1”。操作结果如图9-9所示。

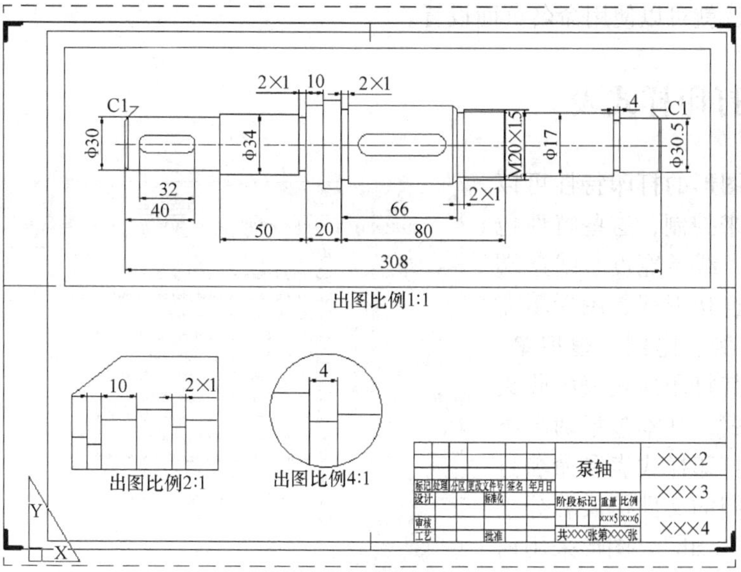

图9-9 不同视口选择不同的注释比例

9.4.4 布局中打印出图的过程

首先确定文件的“布局”选项卡被选中，选择“文件”菜单的“页面设置管理器”（或“布局”选项卡的右键菜单中的“页面设置管理器”），得到图9-10所示的对话框。

在对话框中可新建页面设置或选中已有的设置，通过右键菜单可以把该设置定为当前设置、重命名或者删除该设置。

单击 新建(N)... 按钮进入到“新建页面设置”对话框，输入新页面设置名称，单击“确定”按钮后进入“页面设置-布局”对话框进行布局打印的设置，如图 9-11 所示。

布局的“页面设置管理器”对话框与模型的“页面设置管理器”对话框相似。使用“打印范围”中的“布局”选项即可打印当前布局中显示的图形对象。

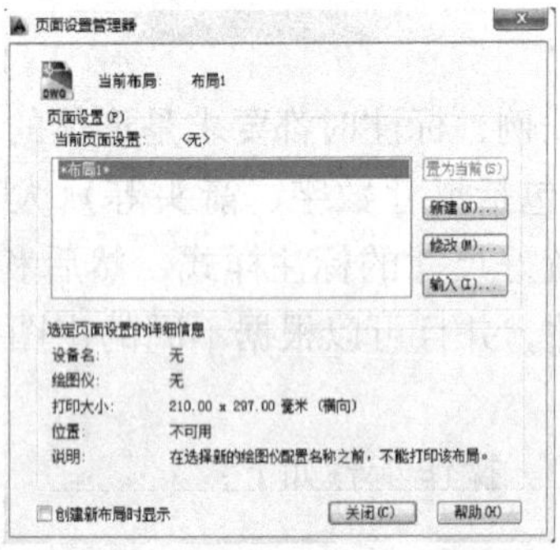

图 9-10 布局的“页面设置管理器”对话框

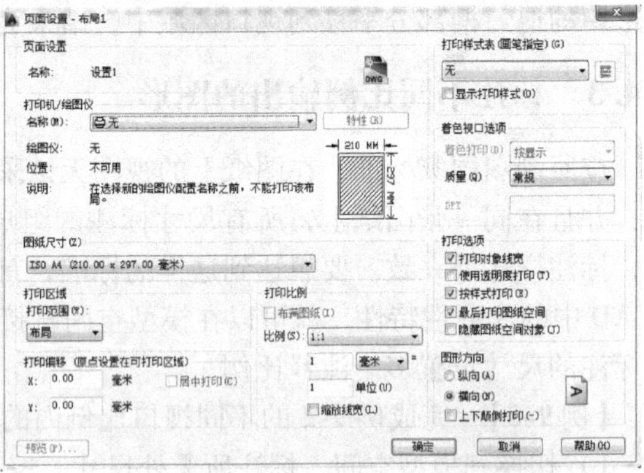

图 9-11 “页面设置-布局 1”对话框

布局还存储命名的页面设置，包括打印设备、打印样式表、打印区域、旋转、打印偏移、图纸大小和缩放比例。当用户需要以不同的方式打印同一布局，或者希望多个布局指定同一输出选项，就可以使用命名页面设置。

9.5 使用打印样式表

AutoCAD 图形的打印特性可以通过打印样式来控制，这些特性包括颜色、线型、线条宽度、线条端点样式、线条连接形式、图形填充样式、灰度比例、比例、虚拟笔、颜色深浅等。其打印样式表中收集了许多打印样式，基本包括两种类型：颜色相关打印样式表和命名打印样式表。它们的文件扩展名分别为“. ctb”和“. stb”。图形采用何种打印样式表取决于在开始绘图时采用的是哪一种类型的样板文件，如图 9-12 所示。

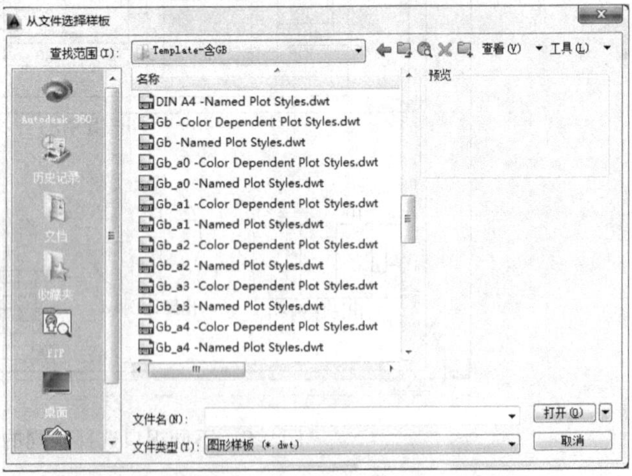

图 9-12 “从文件选择样板”对话框

9.5.1 颜色相关打印样式表

如果样板图采用颜色相关打印样式表，则图形的打印方式由对象的颜色决定，如图形中被指定为绿色的对象设置为粗实线打印，则图形中所有绿色的对象均以相同的方式打印。因此，要想控制图形对象的输出，必须对它的颜色设置进行修改。由于颜色相关打印样式是根据 AutoCAD 的颜色索引表中颜色的数量来确定的，所以可供用户使用的共有 255 种。

用户可以为布局指定颜色相关打印样式表。通过使用多个预定义的颜色相关打印样式表、编辑现有的打印样式表或创建用户自己的打印样式表来实现。颜色相关打印样式表储存在"Plot Styles"文件夹中。

使用颜色相关打印样式表的方法如下：在"打印"对话框的"打印设备"选项卡中，从"打印样式（笔指定）"下拉列表中选择自定义的颜色相关打印样式表，然后应用到要打印的图形上即可。

9.5.2 命名打印样式表

命名打印样式表使用直接指定给图层或对象的打印样式，这样就可以使图形中的每个对象以不同颜色打印，与对象本身颜色无关。

如果样板图采用命名打印样式表，则用户可以在"图层特性管理器"中，为选定的图层设置打印样式。具体步骤如下：

1）打开"图层特性管理器"对话框，单击"打印样式"图标，打开"选择打印样式"对话框。在"活动打印样式表"下拉列表中可以看到可用的打印样式表文件，从中选择一个，如"monochrome. stb"（与颜色相关打印样式表一样，使用该样式表可以实现纯黑白打印的工程图），这时该文件中所有可用的打印样式就显示在上面的"打印样式"区中。

2）从中为这一图层指定一种打印样式，如"Style 1"。这样，只要该图层上图形对象的打印样式的特性是"随层"的，则打印时就会按照"Style 1"所定义的样式去打印。

9.6 电子打印

在工程中，设计人员经常要将图形文件提交给其他协同工作人员进行交流。传统的方法是把图纸打印出来以便于浏览和交流，但纸质文件易损坏，也缺少保密性。电子打印可以把图形打印成一个 DWF（Drawing Web Format）文件，这样用户就可以使用随 AutoCAD 一起免费提供的或免费下载的 Autodesk Design Review 来浏览或输出图形。

DWF 文件格式支持图层、链接、背景颜色、距离测量、线宽、比例等图像特性。用户能在不损失原始图像文件数据特性的前提下通过 DWF 文件格式共享其数据和文件。DWF 文件和 DWG 文件相比，具有如下优点：

1）DWF 文件能被压缩。它的大小比原来的 DWG 图像文件小 8 倍。

2）DWF 在网络上传输较快。由于 DWF 文件较小，因此在网上的传输时间便缩短了。

3）DWF 格式更为安全。由于不显示原来的图像，其他用户无法更改原来的 DWG 文件。

【例 9-4】 将绘制好的图形打印为 DWF 文件的步骤如下：

1）单击功能区"输出" | "打印"按钮。

2）在"打印"对话框的"打印机/绘图仪"下的"名称"框中，从"名称"列表中选择"DWF6 ePlot. pc3"配置。

3）根据需要为 DWF 文件选择打印设置。

4）单击“确定”按钮。

5）在“浏览打印文件”对话框中，选择所需位置并输入 DWF 文件的文件名。

6）单击“保存”按钮。

注意：

① DWF 文件不能显示着色或阴影图，它是一种二维矢量格式，因此不能保留 3D 数据。

② AutoCAD 本身不能直接打开 DWF 文件，但是可以将其插入到 DWG 文件中作为参考底图，可以测量或标注尺寸，还可以像光栅图像一样对图形边界进行修改，类似于外部参照。

③ 只有在 DWF ePlot. pc3 输出配置中包含“图层信息”选项时，才可包含“图层”控制。

④ 另外，DWFx 是最新版本的 DWF 文件格式，通过 DWFx 可以更方便地与无法安装该软件的审查者共享设计数据。

9.7 实例解析

【例 9-5】 在创建的用户样板图中绘制图 9-13 所示的“平面图形”，建立一个布局为“A4 零件图”，并将“A4 零件图”采用电子打印输出。

1）绘制完成“平面图形”。

2）右键单击“布局”选项卡，选择“来自样板（T）...”。

3）在“从文件选择样板”对话框中选择“Gb_a4 -Named Plot Styles”，单击“打开”按钮。

4）在“插入布局”对话框中单击“确定”按钮，则布局选项卡中已插入国标样板布局，名称为“Gb A4 标题栏”。

5）选中“Gb A4 标题栏”选项卡，右键单击选择“重命名”，将其改为“A4 零件图”，将“A4 零件图”按视口比例为 1:1 布置。

6）填写标题栏相应属性，完成图形在国标 A4 样板的布局。

7）右键单击“A4 零件图”选项卡，选择“页面设置管理器（G)...”，弹出“页面设置管理器”对话框。

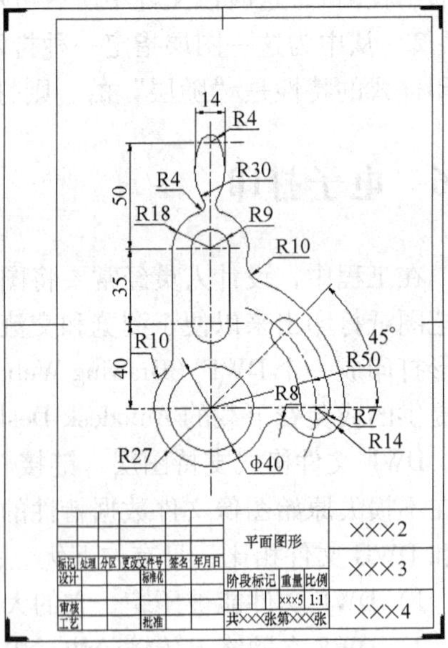

图 9-13 “预览”打印效果

8）可新建一名为“布局（平面图形）”的页面设置。进入“页面设置 - 布局（平面图形）”对话框进行设置，如图 9-14 所示。

9）在“打印机/绘图仪”名称中选择打印设备名称为“DWF6 ePlot. pc3”。

10）在“打印样式表”中选择“monochrome. ctb”，将所有颜色打印为黑色。

11）在“图纸尺寸”中选择“A4 210 × 297 毫米”。

12）在“打印区域”中选择“布局”。在“图形方向”中选择“纵向”。

13）单击“预览”按钮预览打印效果，保存该布局设置。

14）选择“打印”命令进入“打印-布局”界面，选择“页面设置”名称中刚才的布局设置“布局（平面图形）”，单击“确定”按钮进行打印。

15）在Windows资源管理器中双击刚刚生成的DWF文件，就会在打开的Autodesk Design Review 2014窗口中浏览该图形的内容。

图9-14　页面设置-布局

思考与练习

1. 进入图纸空间的主要方法有哪几种?
2. 系统提供的打印样式有哪两种类型?
3. 使用黑白打印机对图纸进行打印，最好使用哪种打印样式表?
4. 要移动、缩放浮动视口中的图形，应执行何种操作?
5. 将前面章节中所绘制的图形布局并打印输出。

第 10 章　AutoCAD 2014 的其他功能

10.1　查询对象特性和图形信息

用户可通过“默认”选项卡的“实用工具”面板、“工具”下拉菜单 | “查询”子菜单，或者使用“查询”工具栏来查询对象特性和图形信息，如图 10-1 所示，从而获得对象的如图层、颜色、线型等特性，获取对象的点坐标、距离、面积等数据库信息，也可获得图形文件和当前系统状态的相关信息。

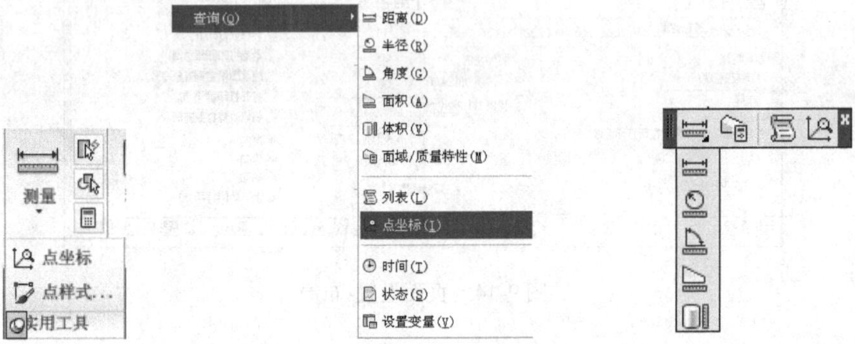

图 10-1　“实用工具”面板、“查询”子菜单及“查询”工具栏

10.1.1　查询点坐标

点坐标命令可在绘图过程中透明地查询点的坐标值，有利于精确定位图形，常和目标捕捉方式配合使用。

“点坐标查询”命令调用有以下方式：“默认”选项卡 | “实用工具”面板 | ▼ | 点坐标；“工具”下拉菜单 | “查询” | “点坐标”；“查询”工具栏的点定位按钮；在命令行输入“ID”。

【例 10-1】 用“ID”命令查询图 10-2 中 A 点坐标，操作步骤如下：

1）执行“ID”命令。

2）在命令行提示“指定点：”时，用对象捕捉方式捕捉需查询的交点 A。

3）命令行显示出“指定点：X = 53. 9489　Y = 60. 2631　Z = 0. 0000”，即 A 点的坐标。

10.1.2　测量

通过“测量”命令可测量选定对象或点序列的距离、半径、角度、面积和体积。

“测量”命令调用有以下方式：“默认”选项卡 | “实用工具”面板 | 测量；“工具”下拉菜单 | “查询”子菜单中的各测量命令；“查询”工具栏的下拉按钮；在命令行输入

“MEASUREGEOM”。

使用“测量”命令，可以获取有关选定对象和点序列的几何信息，而无需使用多个命令。“测量”命令可执行多种与“AREA”“DIST”“MASSPROP”命令相同的计算。

执行命令后提示为“输入选项[距离(D)/半径(R)/角度(A)/面积(AR)/体积(V)/]<距离>:”。各选项含义及功能如下：

（1）距离（D）　测量指定点之间的距离。

（2）半径（R）　测量指定圆弧或圆的半径和直径。指定圆弧或圆的半径和直径显示在命令提示下和工具提示中。指定对象的半径还显示为动态标注。

（3）角度（A）　测量指定圆弧、圆、直线或顶点的角度。

（4）面积（AR）　测量对象或定义区域的面积和周长。指定对象或定义区域的面积和周长显示在命令提示下和工具提示中。但是“MEASUREGEOM”命令无法计算自交对象的面积。

1）指定第一个角点，计算由一组点定义的面积。用户输入第一个点后，出现“指定下一个角点:”提示，这一提示将重复出现，以便用户能输入任何其他点到组中。当输入所有点后，按“Enter”键结束选取过程。

2）对象（O），选取的多义线、多边形、椭圆或圆来定义要计算的区域边界。

3）增加面积（A），将选取的多义线、多边形、椭圆、圆或点组定义区域的总面积加入到前一部分对象的面积中。

4）减少面积（S），将选取的多义线、多边形、椭圆、圆或定义点围住的区域面积从总面积中减去。

（5）体积（V）　测量对象或定义区域的体积。

【例 10-2】　用“测量”命令测量图 10-2 中 AB 间距离。操作步骤如下：

1）执行“测量”命令。

2）命令行提示“输入选项［距离(D)/半径(R)/角度(A)/面积(AR)/体积(V)］<距离>:”时，回车选择“距离”选项。

3）命令行提示“指定第一点:”时，用对象捕捉方式捕捉需测量距离的第一点 A。

4）命令行提示“指定第二点:”时，用对象捕捉方式捕捉需测量距离的第二点 B。

5）命令行显示结果“距离 = 128.0625，XY 平面中的倾角 = 39，与 XY 平面的夹角 = 0 X 增量 = 100.0000，Y 增量 = 80.0000，Z 增量 = 0.0000”。

【例 10-3】　用“测量”命令计算出图 10-2 所示阴影的面积。操作步骤如下：

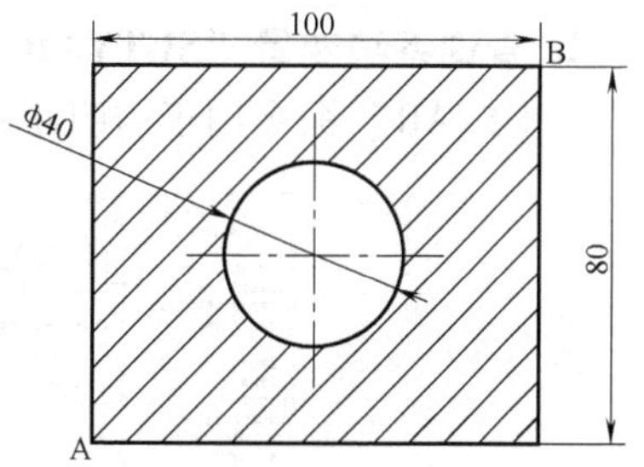

图 10-2　查询对象信息

1）执行“测量”命令。

2）提示“输入选项［距离(D)/半径(R)/角度(A)/面积(AR)/体积(V)］<距离>:”时，输入“AR”选择“面积”选项。

3）提示“指定第一个角点或［对象(O)/增加面积(A)/减少面积(S)/退出(X)］<对象(O)>:”时，输入“A”进入“加”模式。

4）提示“指定第一个角点或［对象(O)/减少面积(S)/退出(X)］:”时，输入“O↙”。

5）提示“（加模式）选择对象：”时，选择图中的矩形。

6）命令行显示“面积 = 8000.0000，周长 = 360.0000　总面积 = 8000.0000”。

7）提示“指定第一个角点或[对象(O)/减少面积(S)/退出(X)]:”时，输入“S↙”，进入“减”模式。

8）提示“指定第一个角点或［对象(O)/增加面积(A)/退出(X)］:”时，输入“O↙”。

9）提示“（‘减’模式）选择对象：”时，选择图中的圆。

10）命令行显示“面积 = 1256.6371，圆周长 = 125.6637　　总面积 = 6743.3629”。

11）提示“指定第一个角点或［对象(O)/增加面积(A)/退出(X)］:”时，输入“X↙”退出命令。

10.1.3　查询绘图状态、系统变量及绘图时间

1. 查询绘图状态“STATUS”命令

“STATUS”命令用于透明使用，可显示图形的统计信息、模式和范围。图 10-3 所示为执行“STATUS”命令后的部分状态列表。利用它还可显示当前图形中对象的数目，包括图形对象、非图形对象和块定义。在“DIM”提示下使用该命令时，将显示所有标注系统变量的值和说明。

“STATUS”命令调用有以下方式：应用程序菜单 | “图形实用工具” | “状态”；“工具”下拉菜单 | “查询” | “状态”；在命令行输入“STATUS”。

另外，“STATUS”命令还用于显示图形界限和范围、栅格间距、捕捉模式、当前空间、布局、图层、颜色、线型，以及图形磁盘空间和内存等信息。

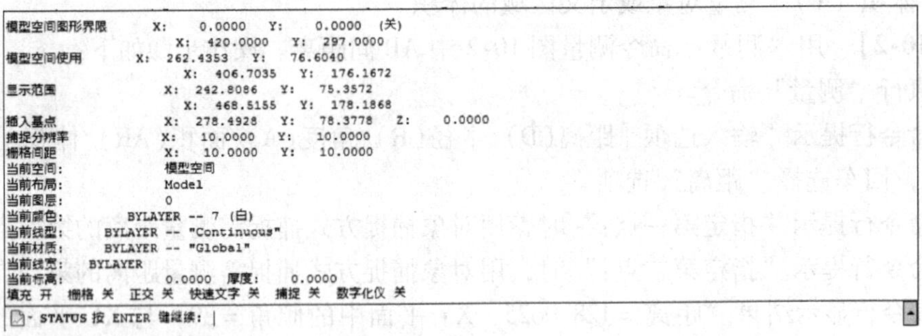

图 10-3　执行“STATUS”命令后的部分状态列表

2. 查询系统变量“SETVAR”命令

“SETVAR”命令用于透明使用，可列出或修改系统变量值，如图 10-4 所示。

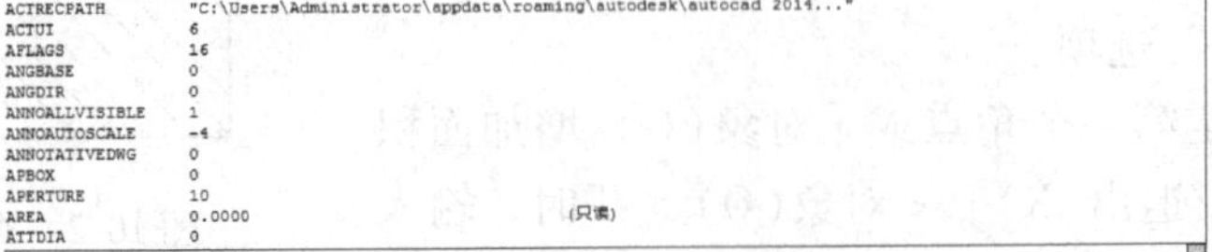

图 10-4　执行“SETVAR”命令后的部分系统变量列表

“SETVAR”命令调用有以下方式：“工具”下拉菜单丨“查询”丨“设置变量”；在命令行输入“SETVAR”。

可以在命令提示下输入变量的名称及其新值来更改系统变量的值，但对于只读系统变量，只能提供信息，不能对其进行修改。

3. 查询时间“TIME”命令

图 10-5　执行“TIME”命令后的时间列表

“TIME”命令用于查询绘图各项时间的统计列表，如图 10-5 所示。

“TIME”命令调用有以下方式：“工具”下拉菜单丨“查询”丨“时间”；在命令行输入“TIME”。

该命令可用于显示包括当前时间、创建时间、上次更新时间、累计编辑时间、消耗时间计时器、下次自动保存时间等信息。

10.1.4　查询图形识别信息

1. 在资源管理器中查询图形信息

在 Windows 资源管理器中查询图形信息可通过以下方式：在资源管理器中找到该图形文件，并在该图形文件名处单击鼠标右键，从弹出的快捷菜单中选择“属性”选项，弹出图 10-6 所示的“属性”对话框。

图形文件信息包括文件的标题、主题、作者、关键字、注释以及文件的创建时间、最后修改时间等概要信息。在资源管理器中查询图形信息的优点是：可以直接在 Windows 资源管理器中查询图形信息，而不用执行 AutoCAD，这样用户就可以在不打开图形文件的条件下，了解该图形中所包含的内容。

2. 在 AutoCAD 中查询图形信息

“图形特性”命令调用有以下方式：应用程序菜单丨“图形实用工具”丨“图形特性”；“文件”下拉菜单丨“图形特性”；在命令行输入“DWGPROPS”。

执行“图形特性”命令后，弹出图 10-7 所示的“属性”对话框。

图 10-6　资源管理器中的“属性”对话框

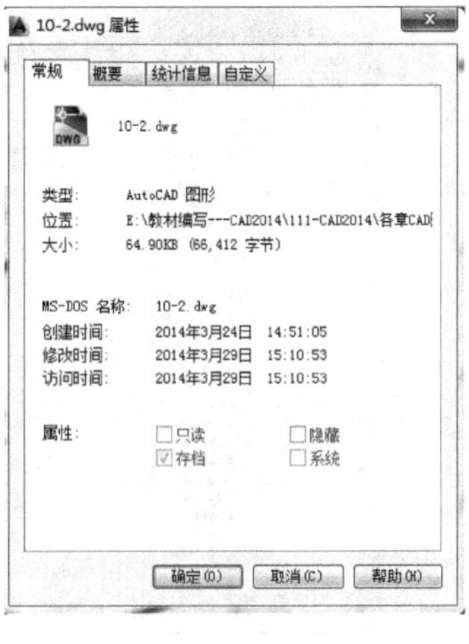

图 10-7　AutoCAD 中“属性”对话框

在“概要”选项卡中可输入图形标题、主题、作者、关键字、注释和图形中超链接数据的默认地址。在“自定义”选项卡中，单击“添加”进入“添加自定义特性”对话框中，输入自定义特性的名称和值，单击“确定”按钮后新的自定义特性及其值将显示在“自定义”选项卡中。此信息可用于在设计中心进行高级搜索。

10.2 设计中心

10.2.1 设计中心概述

通过设计中心，用户可以组织对图形、块、图案填充和其他图形内容的访问。如果打开了多个图形，可以通过设计中心在图形之间复制和粘贴其他内容，如图层、布局和文字样式等。还可以将源图形中的内容拖动到当前图形中，源图形可以位于用户的计算机上、网络位置或网站上。此外，通过设计中心，用户可以将图形、块和填充等内容拖动到工具选项板上。

“设计中心”命令调用有以下方式：“视图”选项卡|“选项板”面板|设计中心；“工具”下拉菜单|“选项板”|“设计中心”；标准工具栏的按钮；在命令行输入“ADCENTER”。

执行“设计中心”命令，打开“设计中心”窗口，如图 10-8 所示。

“设计中心”窗口左边的树状视图窗口用层次结构方式列出了本地和网络驱动器上的图形、自定义内容、文件及文件夹等内容。通过右边控制板则可查看选定的树状层次结构中的项目内容。

（1）文件夹　显示设计中心资源，包括计算机或网络驱动器中文件和文件夹的层次结构。

（2）打开的图形　显示当前环境下打开的所有图形列表，包括最小化的图形。

（3）历史记录　显示在设计中心最近打开的文件的列表。显示历史记录后，在一个文件上单击鼠标右键显示此文件信息或从“历史记录”列表中删除此文件。

（4）联机设计中心　访问联机设计中心网页，可显示包含符号库、制造商站点和其他内容库等信息。

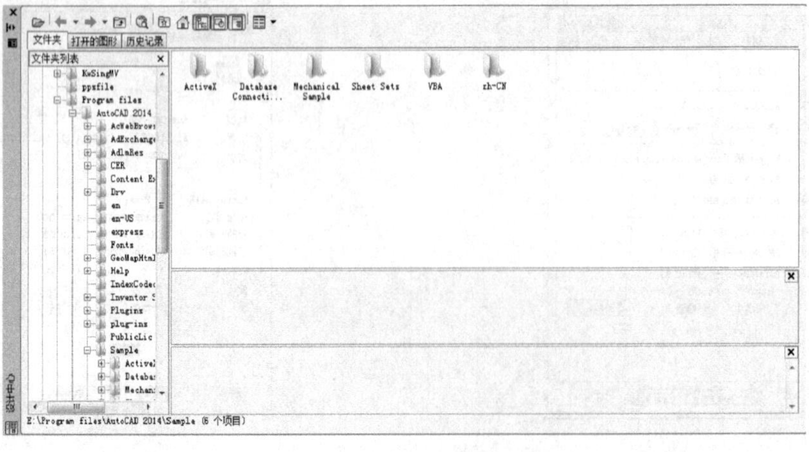

图 10-8 “设计中心”窗口

10.2.2 设计中心的功能与控制

1. 设计中心的功能

1）浏览不同的图形文件，包括当前打开的图形和 Web 站点上的图形库。

2）创建指向频繁访问的图形、文件夹和 Web 站点上的快捷方式。

3）在本地和网络驱动器上搜索和加载图形文件。可将图形文件从设计中心拖动到绘图区并打开图形。

4）查看图形的块和图层定义，并将这些图形定义插入、复制或粘贴到当前图形文件中。

2. 设计中心的控制

用户可通过控制显示方式来控制设计中心控制板的显示效果，还可在控制板中显示与图形文件相关的描述信息和预览图像。

用户可以控制设计中心的大小、位置和外观。其中许多选项可通过单击鼠标右键并在快捷菜单中选择选项来设置。

（1）调整设计中心的大小　拖动内容区与树状图之间的滚动条，或拖动窗口的一边。

（2）固定设计中心　可将其拖至应用程序窗口右侧或左侧的固定区域，直至捕捉到固定位置；也可以通过双击“设计中心”窗口标题栏将其固定。

（3）浮动设计中心　拖动工具栏上方的区域，使设计中心远离固定区域。拖动时按住“Ctrl”键可防止窗口固定。

（4）锚定设计中心　可从快捷菜单中选择“锚点居右”或“锚点居左”。当光标移至被锚定的“设计中心”窗口时，窗口将展开，移开时则会隐藏。

（5）浮动设计中心　使用自动隐藏将其设置为随光标移至和移开而展开和隐藏。

10.2.3 使用设计中心

1. 向图形中添加内容

使用设计中心可在图形中插入块、引用光栅图像及外部参照等内容。

1）将某个项目拖动到某个图形的图形区，按照默认设置将其插入。

2）在内容区中的某个项目上单击鼠标右键，会显示包含多个选项的右键快捷菜单。

3）双击块显示“插入”对话框，双击图案填充会显示“边界图案填充”对话框。

4）可以预览图形内容，还可以显示文字说明等。

2. 通过设计中心打开图形

在设计中心中，可以通过以两种下方式在内容区中打开图形：

1）使用快捷菜单、拖动图形同时按住“Ctrl”键。

2）按住左键将图形图标拖至绘图区域的图形区外的任意位置（如工具栏或命令区），图形名将被添加到设计中心历史记录表中，以便在将来的任务中快速访问。

3. 通过设计中心更新块定义

在内容区中的块或图形文件上单击鼠标右键，选择快捷菜单中的“仅重定义”或“插入并重定义”，可以更新选定的块。

与外部参照不同，当更改块定义的源文件时，包含此块的图形的块定义并不会自动更新。用户可通过设计中心决定是否更新当前图形中的块定义。

4. 使用工具选项板

可以从设计中心中的内容区中选择图形、块或图案填充，并将它们添加到工具选项板中。向工具选项板中添加图形时，如果将它们拖动到当前图形中，那么被拖动的图形将作为块被插入。

1）在设计中心的内容区，可以将一个或多个项目拖动到当前的工具选项板中。

2）在设计中心树状图中，可以单击鼠标右键并从弹出的快捷菜单中创建当前文件夹、图形文件或块图标的新的工具选项板。

10.3 数据共享

AutoCAD 拥有开放式的数据结构，它采用多种方式和其他应用程序实现数据共享。例如，AutoCAD 可以与 Word 交换图形和文本，和 Phtoshop 交换图形，可以处理光栅图像等。

10.3.1 运用 Windows 剪贴板

Windows 剪贴板是 Windows 应用程序实现数据交换的内存结构。用户可以把来自其他 AutoCAD 图形文件的对象，或者其他应用程序所创建的对象，剪切或者复制到剪贴板，然后再将剪贴板中的内容粘贴到图形或者文档中。

1. 剪切到剪贴板

剪切到剪贴板是将选择的对象存储到剪贴板中，而在原文件中删除所选择的对象。

“剪切到剪贴板” 命令调用有以下方式：“默认”选项卡 | “剪贴板”面板 | 剪切；“编辑”下拉菜单 | “剪切”；标准工具栏的；在命令行输入 “CUTCLIP”。

另外，快捷菜单操作方式如下：终止所有活动命令，在绘图区域中单击鼠标右键，然后选择 “剪切”。

2. 复制到剪贴板

复制到剪贴板是将选择的对象存储剪贴板中，而在原文件中不删除所选择的对象。

“复制到剪贴板” 命令调用有以下方式：“默认”选项卡 | “剪贴板”面板 | 复制剪裁；“编辑”下拉菜单 | “复制”、标准工具栏的；在命令行输入 “COPYCLIP”。

另外，快捷菜单操作方式如下：终止所有活动命令，在绘图区域中单击鼠标右键，然后选择 “复制”。也可以使用 <Ctrl + C>代替 “COPYCLIP” 命令。

3. 从剪贴板粘贴对象

剪贴板中可以含有不同类型的对象，如 AutoCAD 图形对象、Windows 图元文件、位图以及多媒体文件等。如果是 AutoCAD 图形对象，则如同插入块的操作，将其插入到当前文件中；如果是 ASCII 文件，则使用 “MTEXT” 命令的默认值将文本插入到图形的左上角。

“从剪贴板粘贴对象” 命令调用有以下方式：“默认”选项卡 | “剪贴板”面板 | 粘贴下拉式；“编辑”下拉菜单 | “粘贴”；标准工具栏的；在命令行输入 “PASTECLIP”。

另外，快捷菜单操作方式如下：终止所有活动命令，在绘图区域中单击鼠标右键，然后选择“粘贴”。也可以使用 <Ctrl + V> 代替“PASTECLIP 命令”。

10.3.2 以多种格式输入、输出数据

AutoCAD 提供了多种格式与其他应用程序共享数据。调用输入命令，用户可以打开来自其他应用程序的文件，供 AutoCAD 使用；调用输出命令，可以把 AutoCAD 的数据转换为其他应用程序能够使用的格式。

1. 输入数据

输入数据的命令调用有以下方式：“插入”选项卡 | “输入”面板 | 输入；“插入”下拉菜单 | “3Dstudio(3)”/“ACIS 文件(A)”/二进制图形交换(E)/“Windows 图元文件(W)”；在命令行输入“IMPORT”。

执行该命令后，系统打开一个对话框，在其中的“文件类型”下拉列表框中，可以看到系统允许输入的“图元文件”、ACIS 以及 3Dstudio 图形格式文件等。在文件名文本框中可以直接输入文件名称。

2. 输出数据

输出数据的命令调用有以下方式：“文件”下拉菜单 | “输出”；在命令行输入“EXPORT”命令。

执行该命令后，弹出“文件输出”对话框，在对话框中指定输出的文件名称和类型。

10.3.3 对象的链接与嵌入

对象的链接与嵌入（OLE）技术，是指把图形、文字、声音等对象在 Windows 不同的应用程序间复制或移动。用户可以使用 OLE 技术创建包含几个不同应用程序数据的符合文件。

使用 OLE 进行数据交换时，通常将源应用程序称为服务器（Server），提供被链接或嵌入的 OLE 对象，而将目标应用程序称为容器（Container），创建包含 OLE 对象的复合文件。AutoCAD 既可以作为服务器，又可作为容器。

1. 链接与嵌入

链接与嵌入都是将文件中的数据插入到其他目标文件中。其不同在于：如果是链接对象，当源文件中的数据改变时，复制文件中的数据自动更新；如果是嵌入对象，当源文件中的数据改变时，对复合文件不发生影响。

2. AutoCAD 作为服务器

将当前视图复制到剪贴板中以便链接到其他 OLE 应用程序。

“链接”命令调用有以下方式：“编辑”下拉菜单 | “复制链接”；在命令行输入“COPYLINK”。

嵌入对象到其他 Windows 应用程序的命令是“COPYCLIP”命令或“CUTCLIP”命令，然后可以将剪贴板中的内容作为 OLE 对象粘贴到目标程序中，创建复合文件。

3. AutoCAD 作为容器

在 AutoCAD 中，可从其他应用程序链接或嵌入对象。

“嵌入”命令调用有以下方式：“插入”选项卡 | “数据”面板 | OLE 对象；“插入”下拉菜单 | “OLE 对象”；“插入”工具栏的；在命令行输入“INSERTOBJ”。

10.4 参数化绘图

参数化功能能够使 AutoCAD 对象变得比以往更加智能。参数化绘图的两个重要组成部分——几何约束和尺寸约束，都已经集成在 AutoCAD 中。

10.4.1 几何约束

几何约束支持对象或关键点之间建立关联，约束被永久保存在对象中，以能够更加精确地实现设计意图。

“几何约束”命令调用有以下方式：“参数化”选项卡|“几何”面板；“参数”下拉菜单|“几何约束”；“参数化”工具栏按钮；在命令行输入“GEOMCONSTRAINT”。

“参数化”选项卡的“几何”面板及几何约束工具栏如图 10-9 所示，“几何约束”子菜单如图 10-10 所示。

图 10-9 “参数化”选项卡的“几何”面板及几何约束工具栏

1. 几何约束类型

执行“几何约束”命令行后，命令行提示“输入约束类型［水平(H)/竖直(V)/垂直(P)/平行(PA)/相切(T)/平滑(SM)/重合(C)/同心(CON)/共线(COL)/对称(S)/相等(E)/固定(F)］＜重合＞:”，可应用相应约束类型对所选对象进行约束。

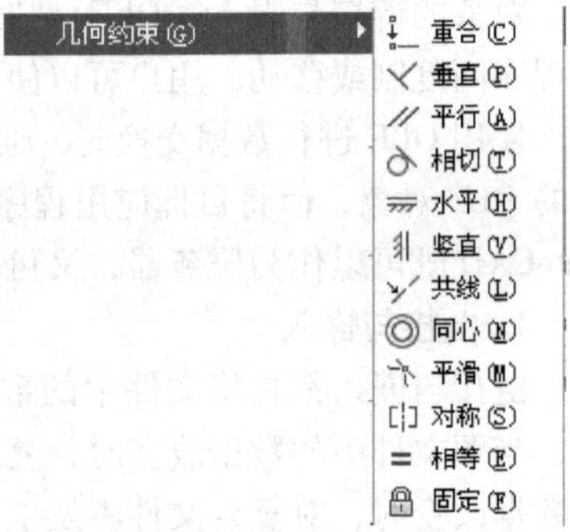

图 10-10 “几何约束”子菜单

（1）水平　使直线或点对位于与当前坐标系的 X 轴平行的位置。

如果选择“两点”选项，可选择两个约束点使它们处于水平。

（2）竖直　使直线或点对位于与当前坐标系的 Y 轴平行的位置。

如果选择“两点”选项，可选择两个约束点使它们处于垂直水平。

（3）垂直　使选定的直线位于彼此垂直的位置。可以选择直线对象，也可以选择多段线子对象。注意第二个对象将置为与第一个对象垂直。

（4）平行　使选定的直线位于彼此平行的位置。平行约束在两个对象之间应用。

（5）相切　将两条曲线约束为保持彼此相切或其延长线保持彼此相切。相切约束在两个对象之间应用。圆可以与直线相切，即使该圆与该直线不相交。

（6）平滑　将样条曲线约束为连续，并与其他样条曲线、直线、圆弧或多段线保持连续性。注意应用了平滑约束的曲线的端点将设为重合。

（7）重合 约束两个点使其重合，或者约束一个点使其位于曲线（或曲线的延长线）上。可以使对象上的约束点与某个对象重合，也可以使其与另一对象上的约束点重合。

1）对象，选择对象而非约束点。指定第一个点时将在第一个提示下显示此选项。如果某个点在第一个提示下指定，则它将仅显示在第二个提示下。

2）多选，拾取连续点以与第一个对象重合。使用“对象”选项选择第一个对象时，将显示“多个”选项。

3）自动约束，选择多个对象。重合约束将通过未受约束的相互重合点应用于选定对象。应用的约束数显示在命令提示下。

（8）同心 将两个圆弧、圆或椭圆约束到同一个中心点。结果与将重合约束应用于曲线的中心点所产生的结果相同。

（9）共线 使两条或多条直线段沿同一直线方向。

如果选择“多选”选项，则拾取连续点或对象以使其与第一个对象共线。

（10）对称 使选定对象受对称约束，相对于选定直线对称。

如果选择“两点”选项，则选择两个点和一条对称直线。选定点将相对于该轴（对称直线）对称。

注意：必须具有一个轴，从而将对象或点约束为相对于此轴对称。该轴即为对称线。对于直线，将直线的角度设为对称（而非使其端点对称）。对于圆弧和圆，将其圆心和半径设为对称（而非使圆弧的端点对称）。

（11）相等 将选定圆弧和圆的尺寸重新调整为半径相同，或将选定直线的尺寸重新调整为长度相同。

如果选择“多选”选项，则拾取连续对象以使其与第一个对象相等。

（12）固定 将图形锁定到固定位置。将固定约束应用于对象上的点时，会将节点锁定在位，可以移动该对象。将固定约束应用于对象时，该对象将被锁定且无法移动。

2. 几何约束的显示与隐藏

对象上的几何约束图标表示所附加的约束。可以将这些约束栏拖动到屏幕的任意位置，也可以通过选择功能区界面上显示与隐藏。

“CONSTRARINTBAR”命令调用有以下方式：“参数化”选项卡|“几何”面板|“显示”；主菜单“参数”|“约束栏”|“选择对象”；工具栏参数化按钮；在命令行输入“CONSTRAINTBAR”。命令提示各选项含义及功能如下：

（1）“显示” 选择希望显示约束栏的对象显示对象上的可用几何约束。

（2）“全部显示” 为所有对象显示约束栏，以及应用于它们的几何约束。

（3）“全部隐藏” 为所有对象隐藏约束栏，以及应用于它们的几何约束。

在约束标记上单击鼠标右键，会出现右键快捷菜单，可根据提供的选项进行操作，包括删除约束，如图10-11所示。

另外，还可以利用“约束设置”对话框的“几何”选项卡对多个约束栏选项进行管理，如图10-12所示。

（1）约束栏显示设置 控制图形编辑器中是否为对象显示约束栏或约束点标记。

（2）全部选择 选择所有几何约束类型。

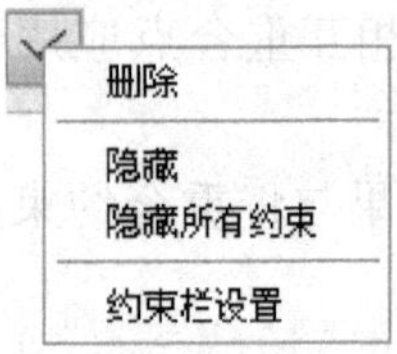

图 10-11 “约束”右键快捷菜单

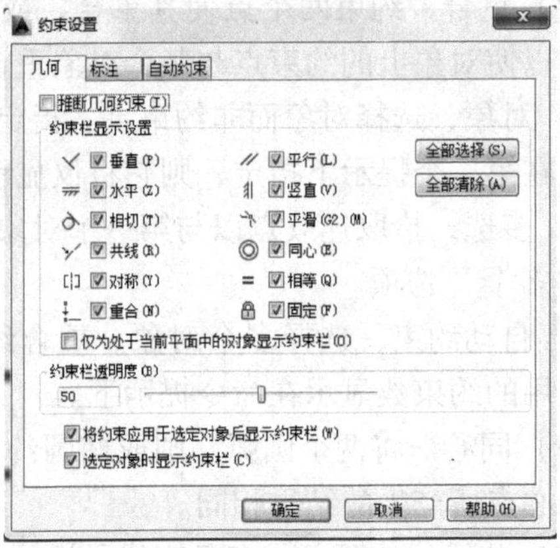

图 10-12 “约束设置”对话框的“几何”选项卡

（3）全部清除　清除所有的几何约束类型。

（4）仅为处于当前平面中的对象显示约束栏　仅为当前平面上受几何约束的对象显示约束栏。

（5）约束栏透明度　设置图形中约束栏的透明度。

（6）将约束应用于选定对象后显示约束栏　手动应用约束后或使用“AUTOCONSTRAIN”命令时显示相关约束栏。

（7）选定对象时显示约束栏　对象选定后，同时显示约束栏信息。

3. 自动约束

“自动约束”控制应用于选择集的约束，以及使用“AUTOCONSTRAIN”命令时约束的应用顺序。

“自动约束”命令调用有以下方式：“参数化”选项卡 | 选项卡 | “几何”面板 | 自动约束；“参数”下拉菜单 | “约束栏” | “选择对象”；参数化工具栏按钮；在命令行输入“AUTOCONSTRAIN”。

命令行提示“选择对象或［设置］<设置>：”，选择要自动约束的对象，或使用“约束设置”对话框中的“自动约束”选项卡，如图 10-13 所示，它包括优先级、约束类型、应用，能够设置优先级和容限等参数。

（1）上移　通过在列表中上移选定项目来更改其顺序。

（2）下移　通过在列表中下移选定项目来更改其顺序。

（3）全部选择　选择所有几何约束类型以进行自动约束。

（4）全部清除　清除所有几何约束类型以进行自动约束。

（5）重置　将自动约束设置重置为默认值。

（6）相切对象必须共用同一交点　指定两条曲线必须共用一个点（在距离公差内指定）以便应用相切约束。

（7）垂直对象必须共用同一交点　指定直线必须相交或者一条直线的端点必须与另一条直线或直线的端点重合（在距离公差内指定）。

（8）公差　设置可接受的公差值以确定是否可以应用约束。

1）距离，确定是否可应用约束的距离公差。

2）角度，确定是否可应用约束的角度公差。

4. 修改几何约束对象

可以通过使用夹点、编辑命令，或释放（应用）几何约束的方法编辑受约束的几何对象。

（1）使用夹点　可以使用夹点编辑模式修改受约束的几何图形，并且该几何图形会保留应用的所有约束。

如将直线对象被约束为与某个圆保持相切，用户可以旋转该直线，并通过“夹点编辑”更改其长度和端点，结果该直线或其延长线会保持与该圆相切，如图 10-14 所示。

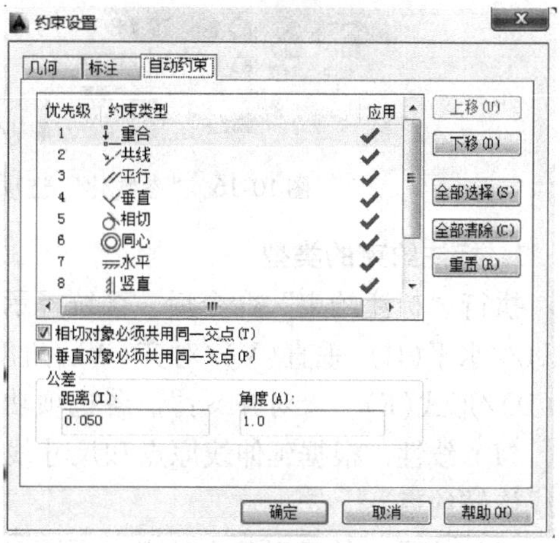

图 10-13　“约束设置”对话框中的“自动约束”选项卡

但是，如修改欠约束对象，最终产生的结果取决于已应用的约束以及涉及的对象类型。如果图中的圆尚未应用半径约束，则会修改圆的半径，而不修改直线的切点，如图 10-15 所示。

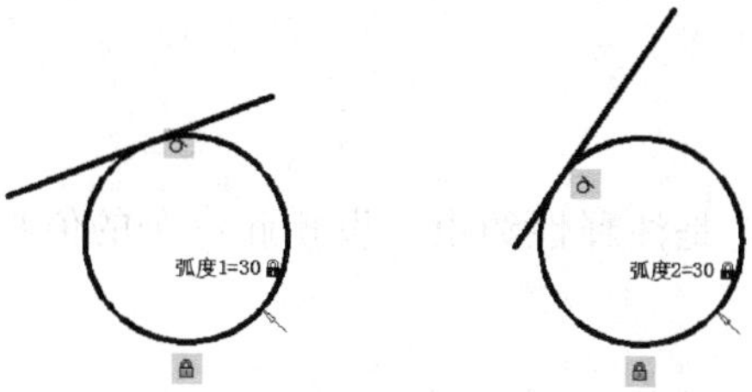

图 10-14　直线与“完全约束”的圆相切

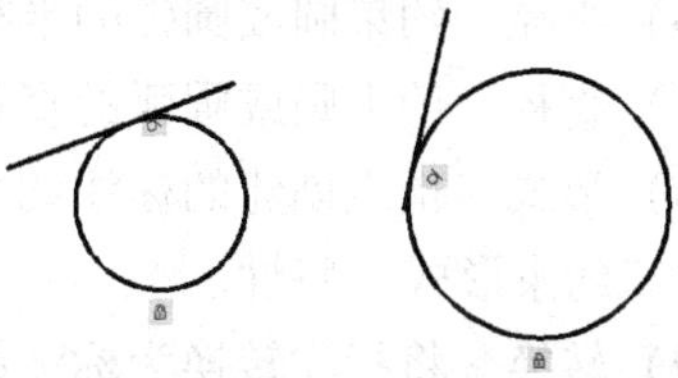

图 10-15　直线与“欠约束”的圆相切

（2）使用编辑命令

可以使用“MOVE”“COPY”“ROTATE”和“SCALE”等编辑命令修改几何约束的图形。但在某些情况下，“TRIM”“EXTEND”“BREAK”和“JOIN”命令可以删除约束。

默认情况下，如果编辑命令导致复制受约束对象，则也会复制应用于原始对象的约束，由系统变量“PARAMETERCOPYMODE”控制。

10.4.2　标注约束

标注约束是使 AutoCAD 中的几何体和尺寸参数之间始终保持一种驱动的关系。标注约束控制对象的距离、长度、角度和半径值。根据尺寸对几何体进行驱动意味着当改变尺寸参数值时，几何体将自动进行相应更新。

“标注约束”命令调用有以下方式：“参数化”选项卡 |“标注”面板；“参数”下拉菜单 |“标注约束”；参数化工具栏按钮；在命令行输入“DIMCONSTRAINT”。

“参数化”选项卡的“标注”面板及参数化工具栏如图 10-16 所示，“标注约束”子菜单如图 10-17 所示。

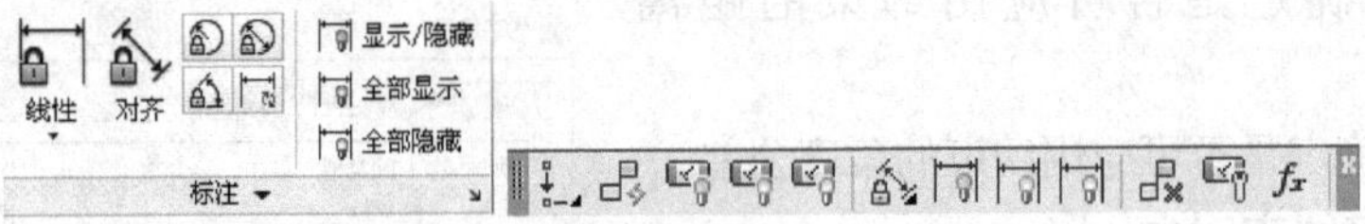

图 10-16 “参数化”选项卡的“标注”面板及参数化工具栏

1. 标注约束的类型

执行“标注约束”命令后，系统提示“选择标注或［线性(LI)//水平(H)/垂直(V)/对齐(A)/角度(AN)/半径(R)/直径(D)/形式(F)］＜对齐＞:”。各选项功能如下：

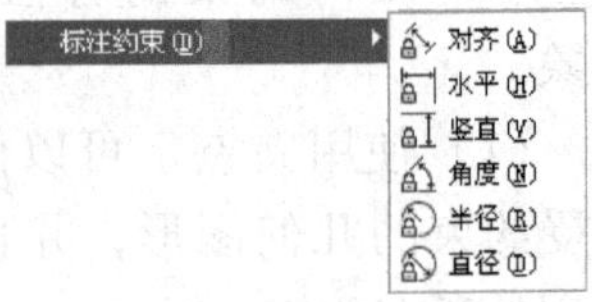

图 10-17 “标注约束”子菜单

(1) 线性 根据延伸线原点和尺寸线的位置创建水平、垂直或旋转约束。

(2) 水平 约束对象上的点或不同对象上两个点之间的 X 距离。

(3) 垂直 约束对象上的点或不同对象上两个点之间的 Y 距离。

(4) 对齐 约束对象上的两个点或不同对象上两个点之间的距离。在两条直线之间应用对齐约束时，这两条直线将设为平行，约束可控制平行线之间的距离。

(5) 角度 约束直线段或多段线段之间的角度、由圆弧或多段线圆弧段扫掠得到的角度，或对象上三个点之间的角度。

(6) 半径 约束圆或圆弧的半径。

(7) 直径 约束圆或圆弧的直径。

(8) 形式 指定创建的标注约束是动态约束还是注释性约束。设置此命令的值将设置对象的“约束形式”特性。

(9) 转换 将标注转换为标注约束。

“锁定”图标能有效区分约束尺寸和传统尺寸。几何对象的尺寸是恒定缩放的（始终保持同一尺寸），标注约束的尺寸不可变更。每个图标都指定一个名称，例如“直径 1”或“角度 1”，如图 10-18 所示。

2. 标注约束的显示与隐藏

标注约束可以显示或隐藏，其命令调用有以下方式：“参数化”选项卡|“标注”面板|；“参数”下拉菜单|“显示所有动态标注约束”；参数化工具栏按钮。

标注约束的显示或隐藏由系统变量“DYNCONSTRAINTDISPLAY”控制。值为 1 时，将显示所有动态标注约束；值为 0 时，将隐藏所有动态标注约束。

另外，可通过图 10-19 所示的“约束设置”对话框的“标注”选项卡，显示标注约束时的系统配置。各选项含义及功能如下：

(1) 标注约束格式 设置标注名称格式和锁定图标的显示。

(2) 标注名称格式 为应用标注约束时显示的文字指定格式。将名称格式设置为显示名称、值或名称和表达式，可以利用其只显示参数值而不显示表达式。

(3) 为注释性约束显示锁定图标 针对已应用注释性约束的对象显示锁定图标。是否选中该复选框取决于“DIMCONSTRAINTICON”系统变量的值。

（4）为选定对象显示隐藏的动态约束 显示选定时已设置为隐藏的动态约束。

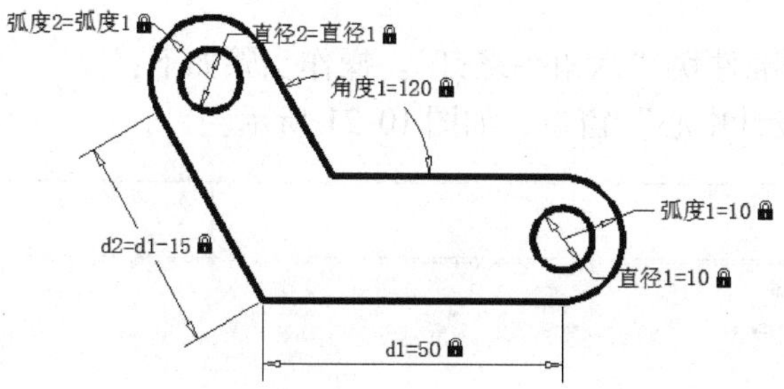

图 10-18 标注约束

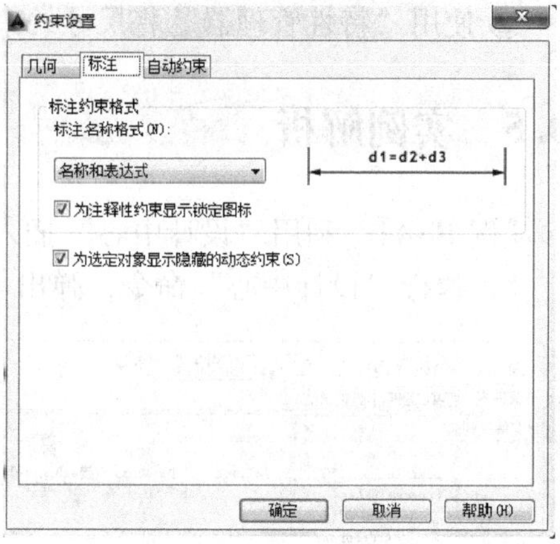

图 10-19 “约束设置”对话框的“标注”选项卡

10.4.3 约束的管理

1. 删除约束

标注约束无法修改，但可以删除或应用其他约束。

“删除约束”命令调用有以下方式：“参数化”选项卡 | “管理”面板 | ；“参数”下拉菜单 | “删除约束”；参数化工具栏按钮 ；在命令行输入“DELCONSTRAINT”。

执行命令后，将删除选定对象的所有几何约束和标注约束，删除的约束数将显示在命令行中。

2. 参数管理器

可以通过“参数管理器”选项板对标注约束的名称（如“直径 1”或“角度 1”）进行全面定制。此外，还能创建用户参数，根据其他参数值对表达式进行设置。“参数管理器”可以控制图形中使用的关联参数，即显示图形中可以使用的所有关联变量，包括标注约束变量和用户定义变量，可以创建、编辑、重命名和删除关联变量。

“参数管理器”命令的调用有以下方式：“参数化”选项卡 | “管理”面板 | ；“参数”下拉菜单 | “参数管理器”；参数化工具栏按钮 ；在命令行输入“PARAMETERS”。

默认情况下，“参数管理器”包括一个三列控件，如图 10-20 所示。也可以使用右键快捷菜单添加“说明”和“类型”两列。

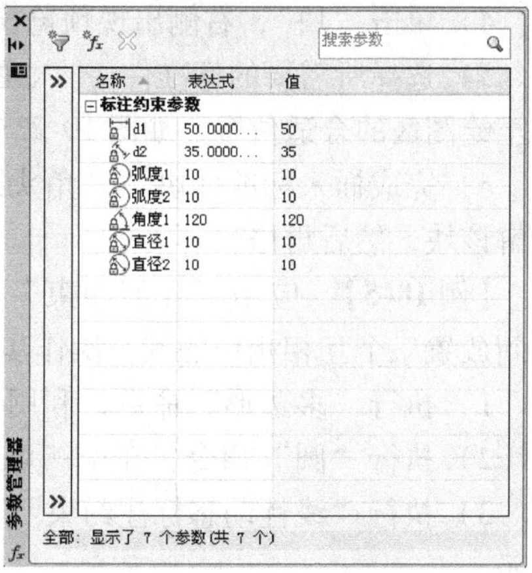

图 10-20 参数管理器

注意：

① 通过双击标注约束的文本或在参数管理器中可改变参数值。还可以将约束更名为更

恰当的名称。

② 使用“特性管理器”将尺寸约束变更为标注尺寸即可打印，还可以控制样式和大小。

10.5 实例解析

【例 10-4】 利用“设计中心”插入标准件块“六角头螺钉”。操作步骤如下：

1）执行“设计中心”命令，弹出“设计中心”窗口，如图 10-21 所示。

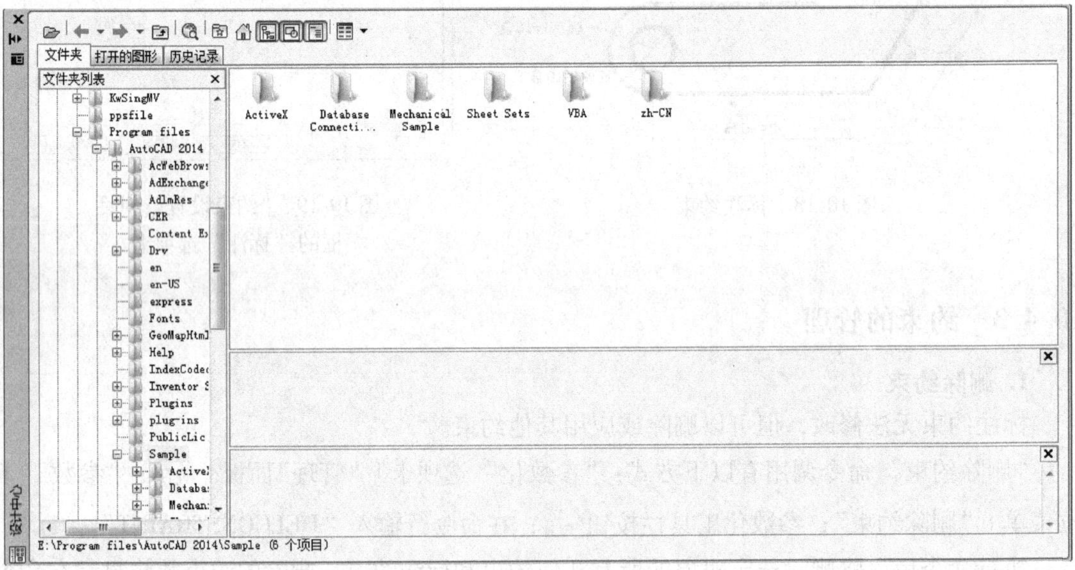

图 10-21 “设计中心”窗口

2）在“设计中心”窗口中，选择“文件夹”选项卡。

3）在“文件夹列表”中，依次点开文件夹“AutoCAD 2014”|“Sample”|“zh-CN”|“Design Center”，选择“Fasteners-Metric. dwg”文件。

4）单击“块”，右侧出现预览窗口，如图 10-22 所示。

5）选择所需要的标准件，“六角头螺钉-10x20 毫米（侧视）”，按住鼠标左键，将该图拖至绘图区的合适位置，如图 10-23 所示。

6）完成插入标准件块“六角头螺钉”。如果需要修改该图，可利用“分解”命令，先分解该块，然后再修改。

【例 10-5】 应用“几何约束”和“标注约束”功能绘制边长为 100mm 的正三角形，中间放置三个互相相切的圆。操作步骤如下：

1）执行“多边形”命令，利用“边（E）”选项绘制一边长为 100mm 的正三角形。

2）执行“圆”命令，在正三角形内部绘制任意大小三个圆，如图 10-24 所示。

3）执行“线性动态标注约束”命令，将三角形底边标注为动态标注约束，如图 10-25 所示。

4）使用“几何约束”的“固定”命令，将三角形底边固定。用“水平”命令，使三角形底边水平。用“相等”命令，选取三角形三边，使它们的长度保持相等，如图

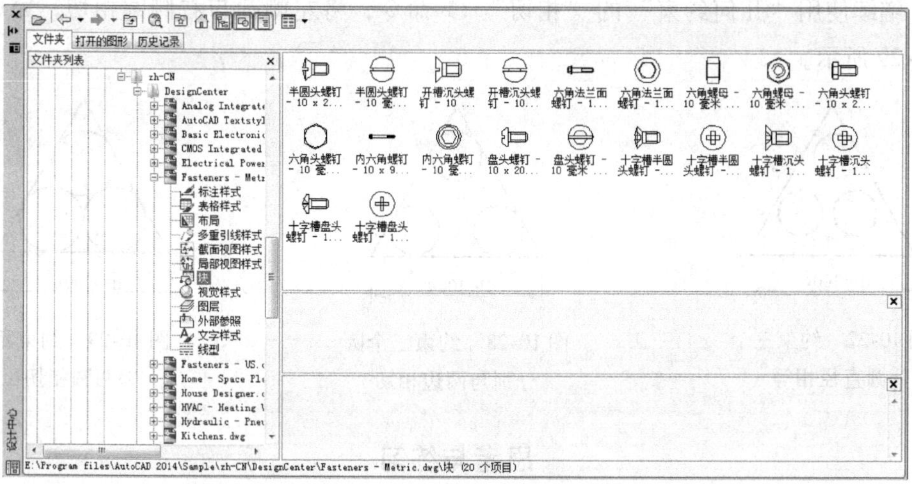

图 10-22　“Fasteners-Metric. dwg” 文件

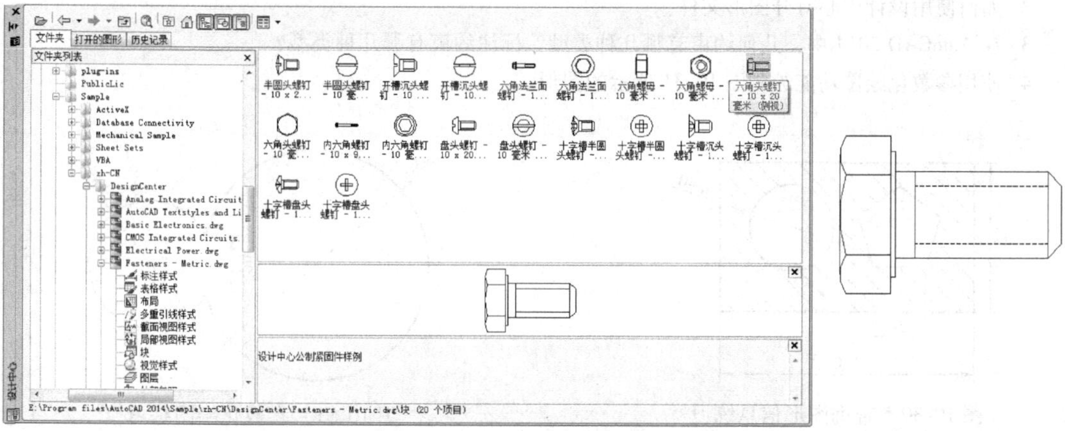

图 10-23　插入标准件块

10-26 所示。

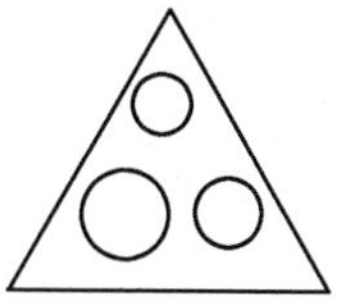

图 10-24　正三角形及任意内部三圆

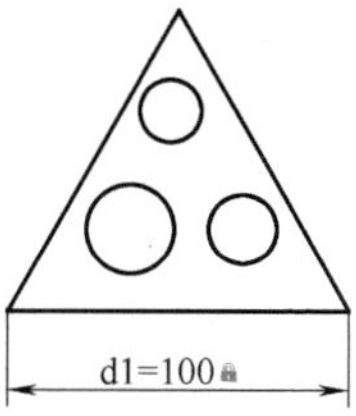

图 10-25　约束三角形底边标注

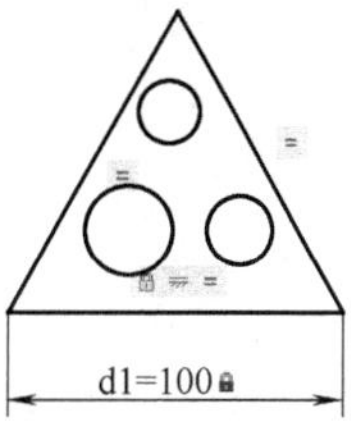

图 10-26　固定三角形底边且三边相等

5）再次使用“相等” = 命令，选取三个圆使它们的直径相等，如图 10-27 所示。

6）使用“几何约束”的“相切” 命令，将左侧圆分别与三角形的底边和左侧边相切。用同样的方式，右侧圆分别与三角形的底边和右侧边相切，上面的圆分别与三角形的左侧边和右侧边相切，如图 10-28 所示。

7）继续使用“几何约束”的“相切”命令，将左侧圆与右侧圆相切，完成全图，如图 10-29 所示。

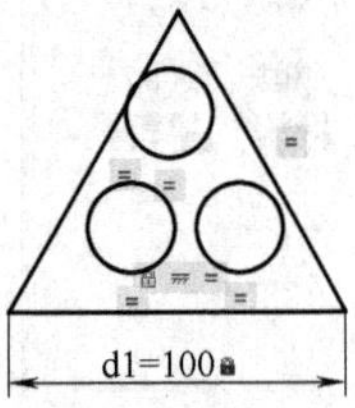

图 10-27　约束三个圆直径相等

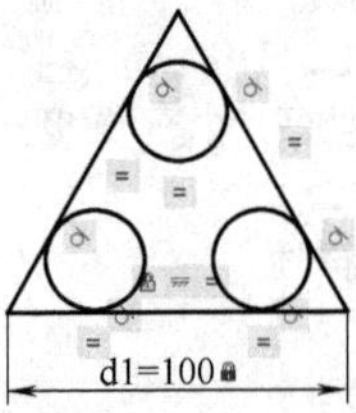

图 10-28　约束三个圆分别与两边相切

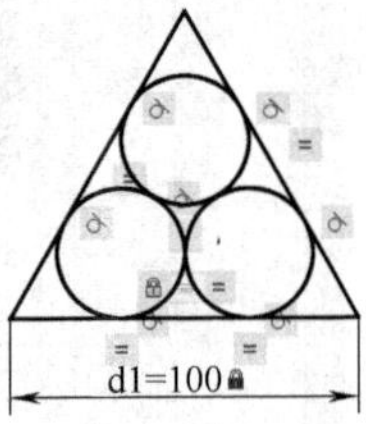

图 10-29　约束相邻两圆相切

思考与练习

1. 绘制图 10-30 所示的图形，查询该图各个图形的面积、周长以及各种统计信息。
2. 如何使用设计中心打开图形文件？
3. 在 AutoCAD 2014 中，几何约束有哪几种类型？标注约束有哪几种类型？
4. 使用参数化绘图功能绘制图 10-31 所示的图形。

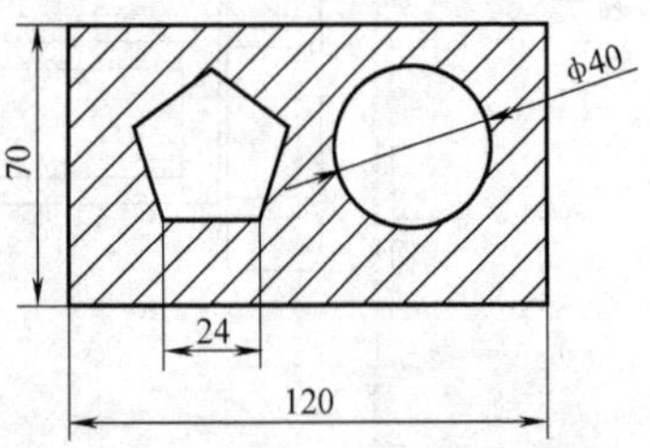

图 10-30　查询图形信息练习

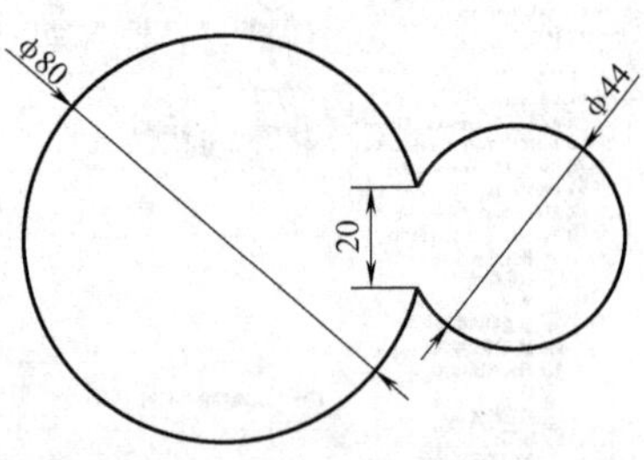

图 10-31　参数化绘图练习

第 11 章　三维绘图基础

11.1　三维绘图环境

在工程设计中，三维设计技术应用越来越广泛，随着 AutoCAD 软件的不断升级，其三维绘图功能越来越强大。另外，AutoCAD 2014 的模型文件相对于以前的版本更加完善，其中三维模型支持 UG、Solid Works、CATIA、Pro/E 等文件的导入。

建议用户在创建三维对象时，选择样板文件“acadiso3D. dwt”，在 AutoCAD 2014 的工作空间下拉列表中选择“三维建模”，如图 11-1 所示，进入的这个空间就是专门为建立三维模型所使用的，它的绘图区域已成为一个真正的三维视图环境。

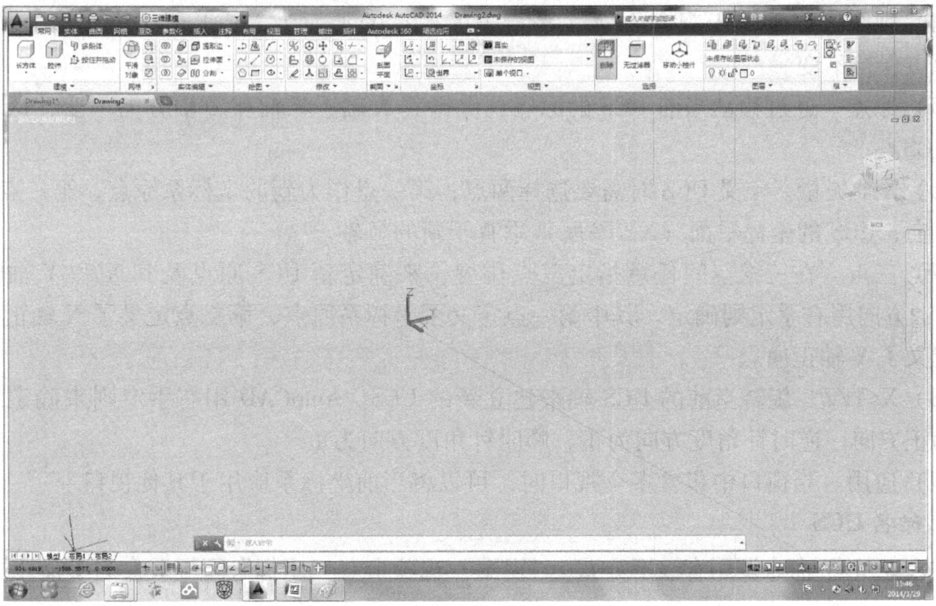

图 11-1　三维建模空间

11.1.1　建立用户坐标系

在 AutoCAD 2014 中，要快速创建三维图形，就要正确使用三维坐标系。前面我们已经了解了用户坐标系的概念和坐标的输入方法，现在来学习怎样使用“视图”选项卡的“坐标”面板或 UCSII 工具栏（图 11-2），在三维空间建立用户坐标系（UCS）。

1. 新建 UCS

创建用户坐标系，其命令调用有以下方式：“视图”选项卡|“坐标”面板| UCS ；“工具”下拉菜单|“新建 UCS”；UCSII 工具栏的新建 UCS 按钮；在命令行输入“UCS”。各

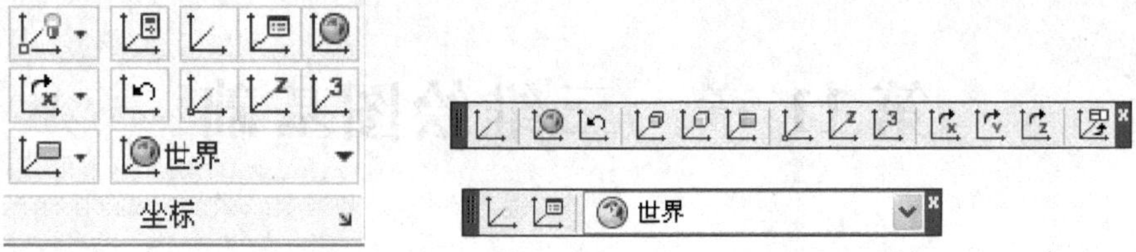

图 11-2 “视图”选项卡的“坐标”面板或 UCSⅡ工具栏

选项功能如下：

（1）世界　从当前的用户坐标系恢复到世界坐标系（WCS），它是所有用户坐标系的基准，不能被重新定义。

（2）对象　根据选取的对象建立 UCS，使对象位于当前的 XY 平面上，其中，X 轴和 Y 轴的方向取决于用户选择的对象类型。

（3）面　将 UCS 与实体对象的选定面对齐。要选择一个面，可在该面的边界内或面的边上单击鼠标，被选中的面将高亮显示，UCS 的 X 轴将与找到的第一个面上的最近的边对齐。

（4）视图　以垂直于观察方向（平行于屏幕）的平面为 XY 平面，建立新的坐标系，UCS 原点保持不变。

（5）原点　通过移动当前 UCS 的原点，保持其 X 轴、Y 轴和 Z 轴方向不变，从而定义新的 UCS。

（6）Z 轴矢量　定义 UCS 时需要选择两点，第一点作为新的坐标系原点，第二点确定 Z 轴的正向，UCS 的坐标平面（XY 平面）垂直于新的 Z 轴。

（7）三点　在三维空间任意指定三点位置，来确定新 UCS 原点及其 X 和 Y 轴的正方向，Z 轴方向用右手定则确定。其中第一点定义了坐标系原点，第二点定义了 X 轴正向，第三点定义了 Y 轴正向。

（8）X/Y/Z　旋转当前的 UCS 轴来建立新的 UCS。AutoCAD 用右手定则来确定绕该轴旋转的正方向，逆时针角度方向为正，顺时针角度方向为负。

（9）应用　当窗口中包含多个视口时，可以将当前坐标系应用于其他视口。

2. 命名 UCS

“UCSMAN”命令调用有以下方式：“视图”选项卡|“坐标”面板|命名 UCS；“工具”下拉菜单|“命名 UCS”；UCS 工具栏的命名 UCS 按钮；在命令行输入“UCSMAN”。

打开“UCS”对话框，在“命名 UCS”选项卡（图 11-3a）的“当前 UCS”列表中，右键单击“未命名”，从弹出的快捷菜单中通过“重命名”命令对其进行命名；若在“当前 UCS”列表中选中“世界”、“上一个”或某个 UCS 后单击“置为当前”按钮，则可恢复这些坐标系。其中，当前 UCS 前面有一个“▶”标记。用户也可在选择坐标系后单击“详细信息”按钮，在“UCS 详细信息”对话框中查看坐标系的详细信息。

3. 正交 UCS

在 UCS 对话框中，选择“正交 UCS”选项卡（图 11-3b），可以设置相对于 WCS 的正交 UCS，如俯视、仰视、左视、右视、主视和后视等。在“正交 UCS”选项卡中的“当前 UCS”列表中选择需要使用的正交坐标系后，单击“置为当前”按钮，来设置当前的正交

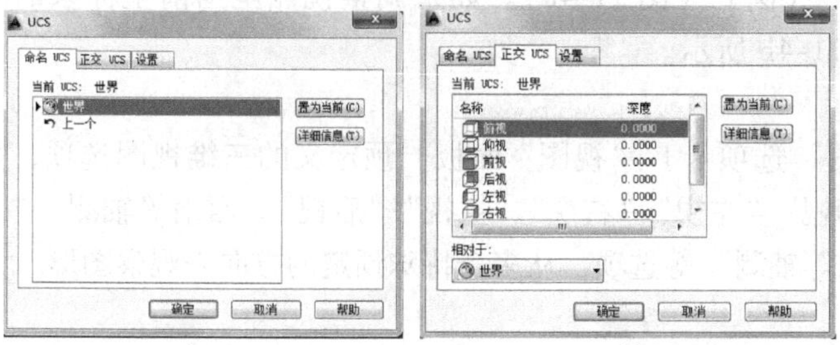

a)　　b)　　c)

图 11-3 “UCS” 对话框

用户坐标系。

4. 设置 UCS 图标的显示方式

在“UCS”对话框中，通过“设置”选项卡（图 11-3c），可以设置 UCS 图标的显示方式。

（1）开　打开或关闭 UCS 图标。

（2）显示于 UCS 原点　选取该复选框，则 AutoCAD 在 UCS 原点处显示 UCS 图标，否则仅在 WCS 原点处显示图标。

（3）应用到所有活动窗口　该复选框使用户可以指定是否将当前的 UCS 设置应用到所有视口中。

（4）UCS 与视口一起保存　设定是否将当前视口与 UCS 坐标设置一起保存。

（5）修改 UCS 时更新平面视图　若选取此复选框，则用户改变坐标系时，AutoCAD 将更新视点，以显示当前坐标系的 XY 平面视图。

5. 动态 UCS

AutoCAD 提供了动态 UCS 工具，单击状态栏的“允许/禁止 UCS”按钮，打开或关闭动态 UCS。

当该按钮处于打开状态时，在先激活创建实体对象命令后，就可以把光标放置到想要创建对象的平面，该平面就会高亮显示，然后用户就可以在此平面上创建实体。值得注意的是，此时的 UCS 图标仍旧是在原来的状态和原来的位置，XY 平面仅仅是临时的与光标所放置的平面对齐。

注意：在 AutoCAD 2014 中 UCS 坐标系是能被选取的。选择坐标系时只能使用鼠标左键点击坐标系，不能用“框选”的方式选择。

11.1.2　设置三维视点

在前面的章节中，我们所绘制的图形都是二维图形，是在 WCS 的坐标平面（即 XY 平面）中进行的，观察图形的视点不需要改变。但在绘制三维图形时，用户则需要经常变化视点，从不同的角度来观察三维模型。所谓视点就是指用户观察图形的方向。例如，绘制圆柱体时，如果视点的方向垂直于屏幕（即 Z 轴方向），此时

a)　　b)

图 11-4　圆柱体在不同视点下的显示效果

仅能看到物体在 XY 平面上的投影（圆）（图 11-4a）。如果调整视点至当前坐标系的左上方，将看到一个三维物体，如图 11-4b 所示。

1. 设置特殊预定的三维视点

命令调用有以下方式：“视图”选项卡 | “视图”面板 | 预定义的三维视图选项，如图 11-5 所示。通过选择“俯视”“仰视”“左视”“右视”“主视”“后视”“西南等轴测”“东南等轴测”“东北等轴测”和“西北等轴测”等选项，从多个特殊预定的方向来观察图形。

注意：

① 通过 View Cube 更改和控制 UCS。

② 在选择六个标准视图时，当前的 UCS 会随着变换位置，即当前视图平面与 UCS 的 XY 平面平行，而当选择其余四个轴测视图时，UCS 不会变化。

2. 动态观察

“动态观察”命令调用有以下方式：“视图”选项卡 | “导航”面板 | “动态观察”下拉式按钮；“视图”下拉菜单 | “动态观察”。

有三种动态观察方式，即“受约束的动态观察”“自由动态观察”和“连续动态观察”命令，用户可通过单击和拖动的方式，在三维空间动态观察如图 11-6 所示的三维对象。

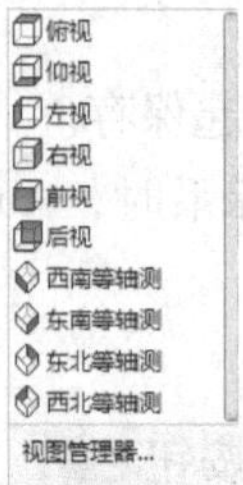

图 11-5 特殊预定的三维视点

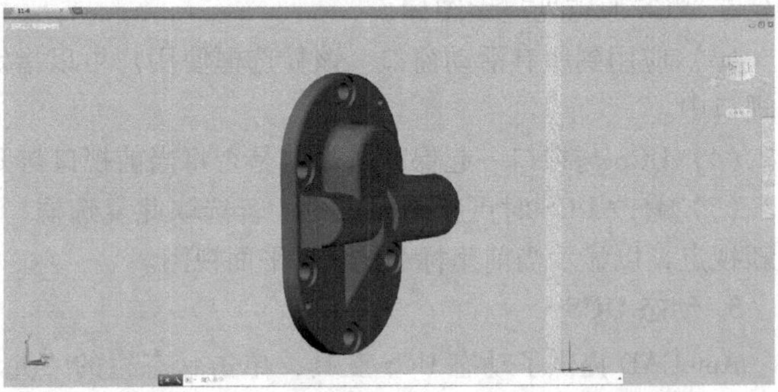

图 11-6 使用三维动态观察器观察三维模型

11.2 简单三维图形的绘制

AutoCAD 2014 可以利用三种方式来创建三维图形，即线框模型方式、曲面模型方式和实体模型方式。

线框模型方式是一种用二维线条来描述三维模型轮廓的方法，它由直线和曲线组成，没有面和体的特征，不能进行消隐和着色处理；表面模型是用面描述三维对象，它不仅定义了三维对象的边界，而且还具有表面的特征，可进行消隐和着色，但不能进行渲染处理；实体模型不仅具有线和面的特征，而且还具有体的特征，可进行消隐、着色和渲染处理，各实体对象间还能进行布尔运算操作，从而可创建复杂的三维实体模型。本章重点介绍三维实体造型方法。

11.2.1 绘制三维多段线

三维多段线是二维多段线的推广，因此，绘制三维多线段的方法和二维多段线的方法基本相同。但也有不同，如：三维多段线中没有圆弧；不能使用圆角和倒角命令进行编辑；三维多段线没有线宽等。

“3DPOLY”命令调用有以下方式：“默认”选项卡|“绘图”面板|▼|三维多段线；“绘图”下拉菜单|“三维多段线”命令；在命令行输入“3DPOLY”。

图11-7所示为绘制三维多段线的实例，图中的立方体用来帮助确定三维多段线的顶点。

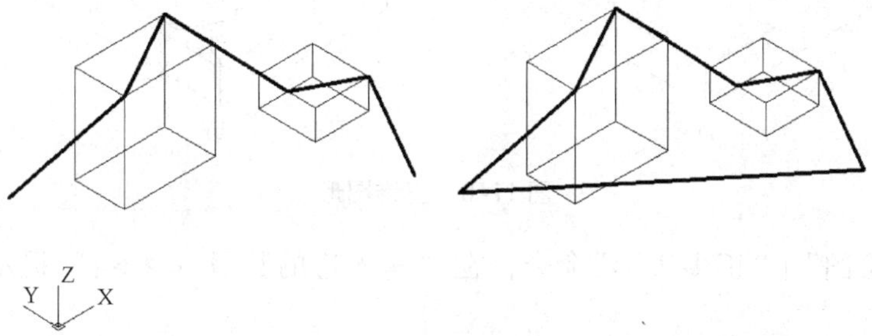

图11-7 三维多段线的控制

如果要编辑三维多段线，可通过“修改”|“对象”|“多段线”命令，并选择需要编辑的三维多段线，此时命令行提示信息“输入选项[闭合(C)/编辑顶点(E)/样条曲线(S)/非曲线化(D)/放弃(U)]:”。各选项的含义如下：

（1）闭合（C） 封闭三维多段线，如果多段线是封闭的，该项则变为“打开（O）”。

（2）编辑顶点（E） 编辑三维多段线上的各顶点。

（3）样条曲线（S） 对三维多段线进行样条曲线拟合。

（4）非曲线化（D） 反拟合为折线。

（5）放弃（U） 放弃上次的操作。

11.2.2 根据标高和厚度绘制三维图形

在AutoCAD中，可以为对象设置标高和厚度，如同用二维绘图方法得到三维图形一样方便。绘制二维图形时，绘图平面应是当前UCS的XY面或与其平行的平面。标高用来确定基准面的位置，它用绘图面与当前UCS的XY面的距离表示。厚度则是所绘二维图形沿当前UCS的Z轴方向延伸的距离。默认情况下，当前UCS的XY面的标高为0，沿Z轴正方向的标高为正，沿反方向为负，沿Z轴正向延伸的厚度为正，反之则为负。

【例11-1】 绘制如图11-8所示的图形，操作步骤如下：

1）执行“矩形”命令，提示“指定第一个角点或[倒角(C)标高(E)/圆角(F)/厚度(T)/宽度(W)]:”，输入“T↙”，用来设置厚度。

2）在“指定矩形的厚度:”提示下，指定矩形厚度为“30”。

3）在“指定另一个角点或[面积(A)/标注(D)/旋转(R)]:”提示下，指定矩形另一角点的坐标为“@200，150”。

4）通过“视图”|“三维视图”|“西南等轴测”命令，这时看到绘制的矩形是一个有厚度的长方体，如图11-8a所示。

5）通过“工具”|“新建UCS”|“原点”命令，将坐标系移到长方体顶面上的一个角点处。

6）在命令行输入“ELEV”命令，指定基面高为“0”，在“指定新的默认厚度 <0.0000>：”提示下设置新的厚度为“80”。

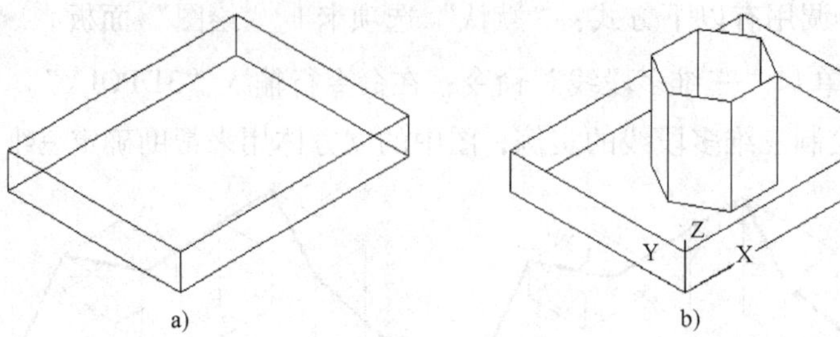

图 11-8 三维图形

7）执行“绘图”|“正多边形”命令，在“输入边的数目 <4>：”提示下输入边数为“6”。

8）在“指定正多边形的中心点或[边（E）]：”提示下，用对象追踪捕捉矩形中点。

9）在“指定圆的半径：”提示下输入“40”。

10）执行“视图”|“消隐”命令，得到三维图形效果。

11.3 三维实体造型

三维实体是具有体积、质量、回转半径、惯性矩等特征的三维对象，更能表达物体的结构特征，是比线框模型和表面模型更进一步的建模技术。在 AutoCAD 2014 中用户既可直接创建各种基本实体，也可以通过拉伸和旋转二维对象生成三维实体，还可对实体进行布尔运算以创建复杂实体。

11.3.1 绘制基本三维实体

绘制基本三维实体命令调用有以下方式：“三维工具”选项卡|“建模”面板；“绘图”菜单|“建模”子菜单中的命令；使用“建模”工具栏；在命令行输入相应命令。由此可以绘制长方体、球体、圆柱体、圆锥体、楔体、圆环体、棱锥体等基本实体。

1. 绘制长方体（BOX）

通过“长方体”命令可以绘制长方体，此时命令行提示。“指定长方体的角点或[中心点(CE)]<0,0,0>：”

1）默认情况下，可以根据长方体一角点位置创建长方体。当在绘图窗口中指定了一角点后，命令行提示“指定角点或[立方体(C)/长度(L)]：”。

各选项功能如下：

① 指定角点。默认情况下，用户可以根据另一角点创建长方体，如果该角点与第一个角点的 Z 坐标不一样，系统将以这两个角点作为长方体的对角点创建出长方体。如果第二个角点与第一个角点位于同一高度，则命令行提示指定高度。

② 立方体（C）。创建立方体，此时需要在“指定长度：”提示下指定立方体的边长即可创建立方体。

③ 长度（L）。可以根据长、宽、高创建长方体，此时，用户需要在命令提示行下依次输入长方体的长度、宽度和高度值。

2）若在命令提示下通过“中心点（CE）”选项，则选项功能如下：

① 指定长方体的中心点。输入中心点的位置。

② 指定角点或[立方体(C)/长度(L)]。指定角点创建长方体或选择“立方体”/“长度”选项。

【例 11-2】 绘制一个 100mm × 80mm × 50mm 的长方体，如图 11-9 所示。操作步骤如下：

1）执行“长方体”命令。

2）在“指定长方体的角点或［中心点(CE)］<0,0,0>:”提示信息下直接回车，通过指定角点来绘制长方体。

3）在“指定角点或[立方体(C)/长度(L)]:”提示信息下输入“L”，根据长、宽、高来绘制长方体。

图 11-9　绘制长方体

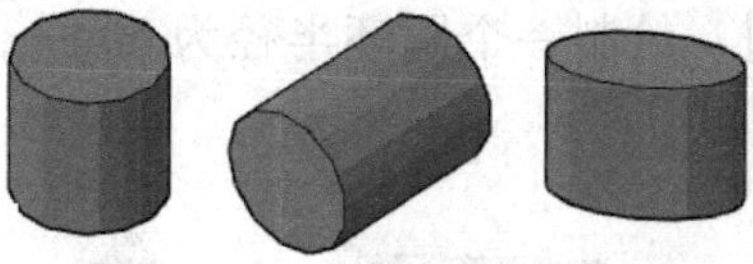

图 11-10　绘制圆柱体和椭圆柱体

2. 绘制楔体（WEDGE）

由于楔体是长方体沿对角线切成两半后的结果，所以创建“楔体”的方法与创建“长方体”的方法基本相同。

3. 绘制圆柱体（CYLINDER）

执行“圆柱体”命令，命令行提示“指定圆柱体底面的中心点或[椭圆(E)]<0,0,0>:”，各选项功能如下：

（1）指定圆柱体底面的中心点　指定中心点位置后，则在命令行中指定圆柱体基面的半径或直径，提示“指定圆柱体高度或［另一个圆心（C）］:”，可以直接指定圆柱体的高度，根据高度创建圆柱体；也可以通过“另一个圆心（C）”选项，根据圆柱体另一底面的中心位置创建圆柱体，此时两中心点位置的连线方向为圆柱体的轴线方向，可绘制任意放置的圆柱体。

（2）椭圆（E）　可以绘制椭圆柱体。此时在命令行中指定圆柱体底面椭圆的轴端点或中心点（C）绘制椭圆，再指定圆柱体高度或另一个圆心。

结果如图 11-10 所示。

4. 绘制圆锥体（CONE）

通过“圆锥体”命令可绘制圆锥体或椭圆锥体。此时，命令行显示提示“指定圆锥体底面的中心点或［椭圆(E)］<0,0,0>:”，各选项功能如下：

（1）指定圆锥体底面的中心点　给出底面中心点后，输入圆锥体底面的半径或直径，再输入圆锥体的高度或圆锥体的锥顶点位置，即可绘制圆锥体。

（2）椭圆（E）　可以绘制椭圆锥体，选择圆锥体底面椭圆的轴端点或［中心点（C）］，确定圆锥体底面椭圆的形状，再确定圆锥体的高度或顶点位置。

结果如图 11-11 所示。

5. 绘制球体（SPHERE）

通过“绘图”|“建模”|“球体”命令，或在“建模”工具栏中单击“球体”按钮，可以绘制球体，此时各选项含义如下：

（1）指定球体球心　确定球心位置。

（2）指定球体半径或直径　确定球体的半径或直径。

用系统变量“ISOLINES”来确定球面上的线框网格密度，如图 11-12 所示。

6. 绘制圆环体（TORUS）

通过“绘图”|“建模”|“圆环体”命令，或在“实体”工具栏中单击“圆环体”按钮，可以绘制圆环实体，此时各选项含义如下：

（1）指定圆环体中心　确定圆环体的中心位置。

（2）指定圆环体半径或直径　确定圆环体的半径或直径。

（3）指定圆管半径或直径　确定圆管的半径或直径。

【例 11-3】 绘制一个圆环半径为 50mm，圆管半径为 10mm 的圆环体，如图 11-13 所示。操作步骤如下：

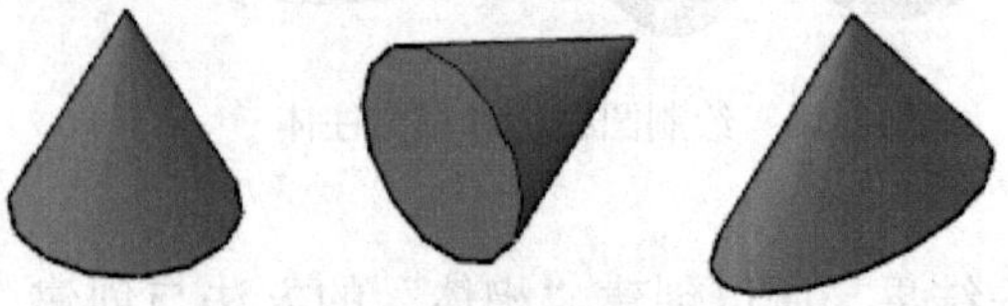

图 11-11　绘制圆锥体和椭圆锥体

图 11-12　绘制球体

图 11-13　绘制圆环体

1）执行“圆环体”命令。

2）在命令行提示信息下，单击“Enter”键，使用默认圆环的中心位置。

3）指定圆环体半径为 50。

4）指定圆管半径为 10。

5）执行“视图”|“三维视图”|“西南等轴测”命令，圆环体绘制完成。

11.3.2　由二维图形生成三维实体

在 AutoCAD 2014 中，可通过拉伸二维图形或通过旋转二维图形来创建三维实体。

1. 由二维图形拉伸实体（EXTRUDE）

执行“绘图”|“建模”|“拉伸”命令，或在“建模”工具栏中单击“拉伸”按钮，可将二维图形沿 Z 轴或某个方向拉伸成实体。拉伸对象称为断面，可以是任何封闭多段线平面、圆、椭圆、封闭样条曲线和面域。执行该命令后，命令行提示“指定拉伸高度或［路径（P）］:”。各选项功能如下：

（1）指定拉伸高度　指沿 Z 轴方向拉伸对象，这时需要指定拉伸的高度和倾斜角度。拉伸高度可正可负。拉伸斜角也可正可负。如果拉伸角度为正，则实体沿拉伸方向收缩；如果拉伸角度为负，则实体沿拉伸方向扩大，如图 11-14 所示。

（2）路径（P）　按指定路径拉伸，拉伸路径可以是直线、圆、圆弧、椭圆、椭圆弧、多段线（二维或三维）或样条曲线，所定义的路径可以是开放的，也可以是封闭的，但路径与被拉伸对象不能共面，其形状也不能太复杂。

【例11-4】 绘制图11-15所示的管路图形，操作步骤如下：

1）执行“绘图”|“样条曲线”命令，绘制路径曲线。

2）执行“工具”|“新建UCS”|“原点”命令，将坐标原点移至路径曲线原点。

3）执行“工具”|“新建UCS”|“Y”命令，将坐标系绕Y轴旋转90°。

4）执行“绘图”|“圆”|“圆心、半径”命令，绘制拉伸对象。

5）执行“绘图”|“面域” |命令，将两同心圆变为两个面域。

6）执行“修改”|“实体编辑”|“差集”命令，将两个面域进行差运算。

7）执行“绘图”|“建模”|“拉伸”命令，先选择面域作为拉伸对象，再选择“拉伸路径（P）”，选择倾斜角为零后，进行沿路径拉伸。

8）执行“视图”|“消隐”|命令，将拉伸实体进行消隐，结果如图11-15所示。

2. 由二维图形旋转实体（REVOLVE）

用于旋转的二维对象可以是封闭多段线、多边形、圆、椭圆、封闭样条曲线、圆环及封闭区域，且每次只能旋转一个对象。

执行“绘图”|“建模”|“旋转”命令，或在“建模”工具栏中单击“旋转”按钮，则命令行提示“当前线框密度： ISOLINES =4，闭合轮廓创建模式 = 实体选择要旋转的对象或［模式（MO）］:”。各主要提示及选项说明如下：

（1）选择要旋转的对象 指定旋转对象。

（2）模式（MO） 控制旋转动作是创建实体还是曲面。

在指定旋转对象和选择旋转模式后，提示如下：

1）指定轴起点。指定旋转轴的第一个点。轴的正方向从第一点指向第二点。

2）指定轴端点。设定旋转轴的端点。

3）对象（O）。绕指定的对象旋转。此时只能选择直线或多段线。

4）X/Y/Z。分别绕X、Y或Z轴进行旋转。轴正向设定为旋转轴的正方向。

5）起点角度（ST）。指定旋转起点角度，可以拖动光标以指定和预览对象的起点角度。

6）旋转角度。指定绕轴旋转的角度。正角度将按逆时针方向旋转对象，负角度将按顺时针方向旋转对象。还可以拖动光标以指定和预览旋转角度。

7）反转（R）。更改旋转方向，类似于输入负角度值。

8）表达式（EX）。输入公式或方程式以指定旋转角度。

图11-16所示的图形为二维图形绕直线段旋转360°的实体效果。

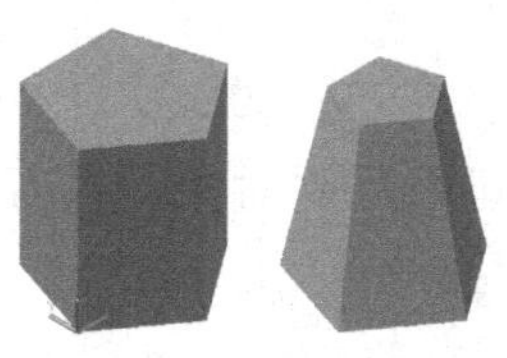

图11-14 沿Z轴方向拉伸

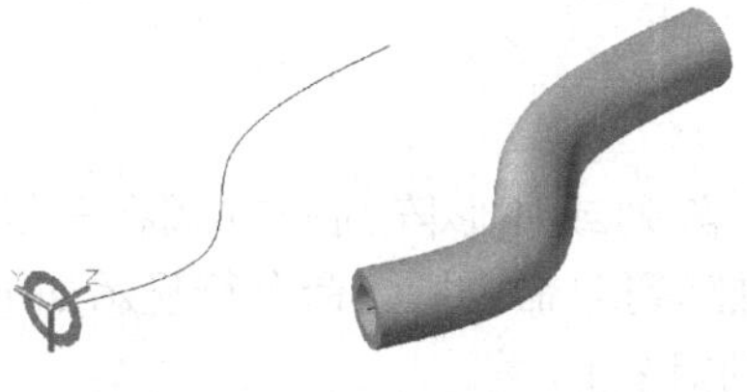

图11-15 指定路径拉伸

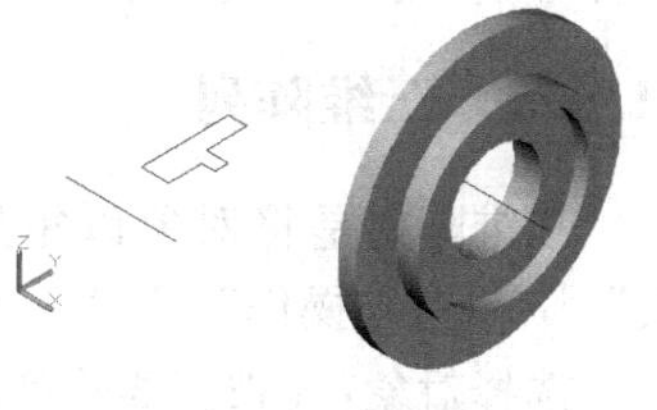

图11-16 旋转实体

11.3.3 生成复杂三维实体

在 AutoCAD 2014 中，可通过对基本实体、拉伸实体、旋转实体进行并集、差集和交集的布尔运算，来生成复杂的三维实体。布尔运算是一种实心体的逻辑运算，就像实际加工零件一样，通过增添或去除材料，得到复杂的零件模型。

1. 并集（UNION）

并集运算是将多个实体组合成一个实体。通过“三维工具”选项卡｜“实体编辑”面板｜“并集”、“修改”菜单｜“实体编辑”｜“并集”命令，或在“实体编辑”工具栏中单击“并集”按钮，则按提示选择多个实体后，将组成一个新的实体。当组合多个不相交的实体时，其显示效果看起来是多个实体，但实际上却是一个对象。

2. 差集（SUBTRACT）

差集运算是从一个实体中减去一些实体，从而组合成一个新的实体。通过“三维工具”选项卡｜“实体编辑”面板｜“差集”、“修改”菜单｜“实体编辑”｜“差集”命令，或在“实体编辑”工具栏中单击“差集”按钮，按提示首先要选择要进行差集的母体，再选择要减去的子体。

3. 交集（INTERSECT）

交集运算是求各实体的公共部分。通过“三维工具”选项卡｜“实体编辑”面板｜“交集”、“修改”菜单｜“实体编辑”｜“交集”命令，或在“实体编辑”工具栏中单击“交集”按钮，依次选择要进行交集的实体，按提示进行操作后，可把各个实体的公共部分作为一个新的实体。

将两个简单形状如图 11-17a 所示，移动位置后如图 11-17b 所示，分别执行并集、差集、交集命令后结果如图 11-17c、d、e 所示。

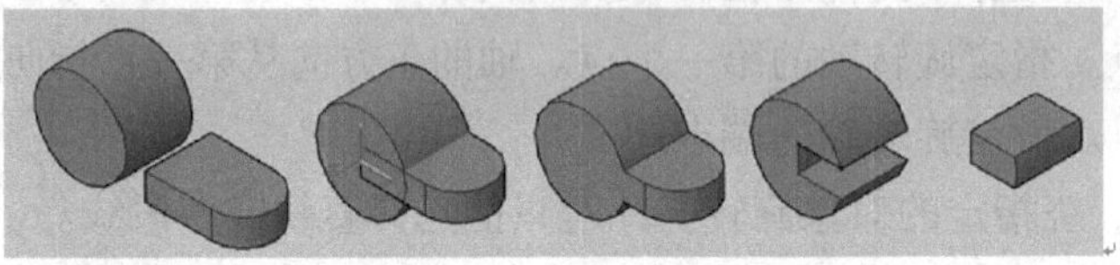

a)　　b)　　c)　　d)　　e)

图 11-17　三维实体的布尔运算

11.4 三维实体编辑

在三维实体编辑中，二维对象的许多编辑命令（如复制、移动、倒角、切角等）同样适用于三维图形，但也有一些专用于三维编辑的命令（如三维阵列、三维镜像、三维旋转、对齐等）。用“修改”菜单的“三维操作”子菜单中的命令，可对三维实体进行编辑。

11.4.1 三维阵列

三维阵列是将对象以矩形阵列或环形阵列的方式在三维空间中复制对象。执行“修改”｜“三维操作”｜“三维阵列”命令后，命令行显示如下信息：

选择对象：(选择要阵列的对象)

输入阵列类型（矩形（R）/环形（P））<矩形>：（选择阵列类型）

1. 矩形阵列

选择“矩形（R）”选项或直接回车，可以进行矩形阵列，此时命令行各提示含义如下：

（1）输入行数　输入要阵列的行数。

（2）输入列数　输入要阵列的列数。

（3）输入层数　输入要阵列的层数。

（4）指定行间距　输入行间距。

（5）指定列间距　输入列间距。

（6）指定层间距　输入层间距。

【例11-5】　绘制图11-23所示的底板图形，操作步骤如下：

1）绘制图11-18所示的平面图形。

2）将平面图形生成两个面域，并进行差运算。

3）将面域进行拉伸，如图11-19所示。

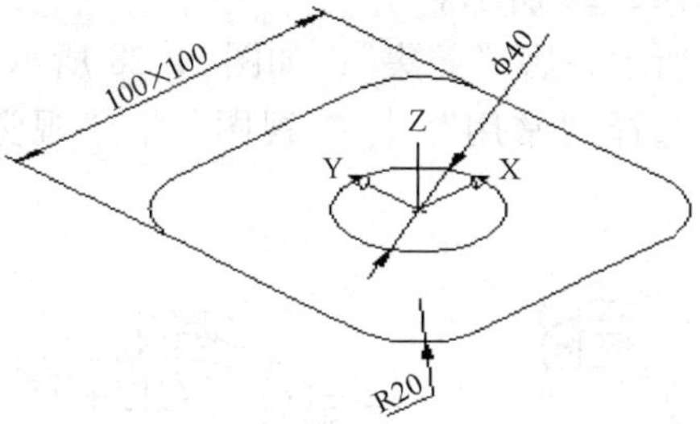

图11-18　绘制平面图形

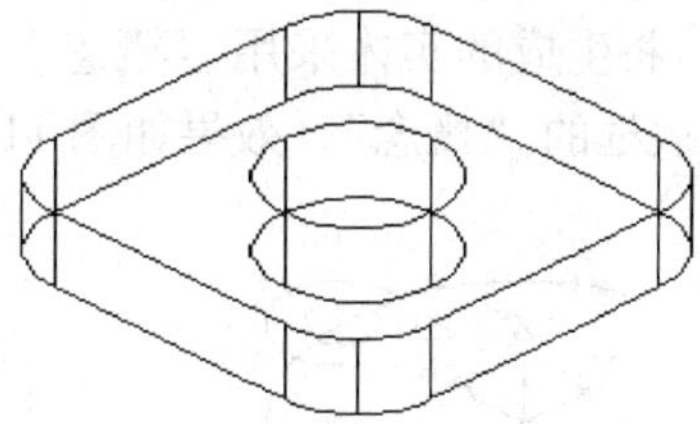

图11-19　拉伸平面图形

4）绘制半径为10mm的小圆，并将其拉伸成圆柱体，如图11-20所示。

5）将小圆柱进行矩形阵列，如图11-21所示。

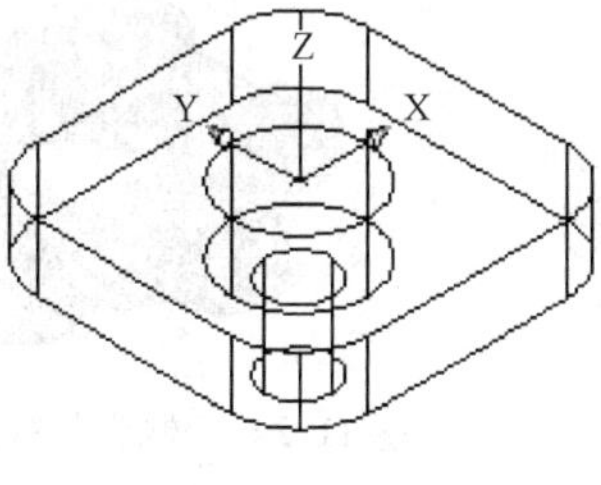

图11-20　绘制小圆柱

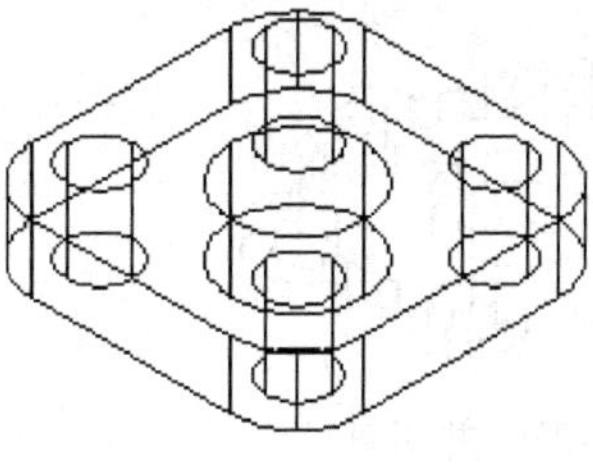

图11-21　阵列小圆柱

6）将平板与小圆柱进行差运算，如图11-22所示。

7）将生成的实体采用“概念”视觉样式，选择“常用”|“视图”|“视觉样式”下拉列表框的“概念”，效果如图11-23所示。

2. 环形阵列

选择“环形（P）”选项，此时各提示含义如下：

（1）输入阵列中的项目数目　输入环形阵列的项目总数。

（2）指定要填充的角度　输入环形阵列的填充角度。

（3）旋转阵列对象　是否将对象绕阵列中心轴旋转相应的角度。

（4）指定阵列的中心点　指定旋转轴上的第一点或中心点。

（5）指定旋转轴上的第二点　指定旋转轴上的第二点。

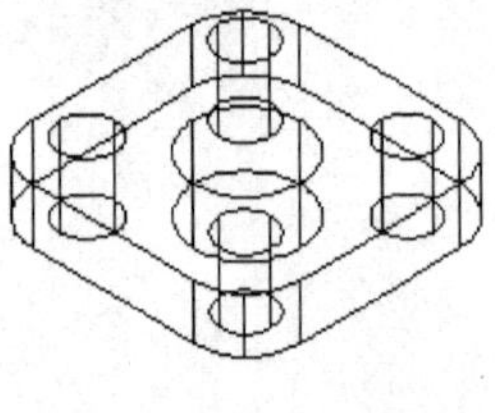

图 11-22　布尔差运算

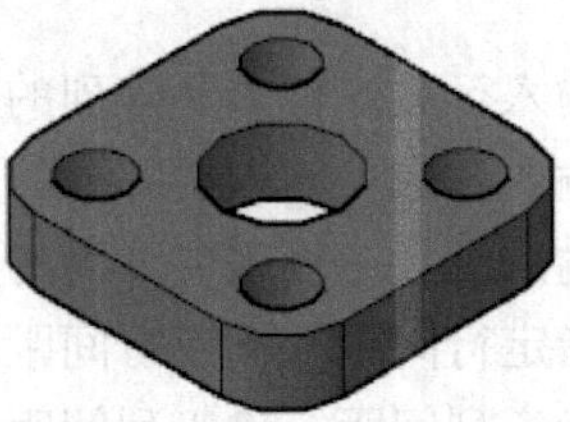

图 11-23　“概念”视觉样式的效果

【例 11-6】　绘制图 11-29 所示的法兰图形，操作步骤如下：

1）绘制图 11-24 所示的平面图形。通过“圆”命令分别绘制半径为 50mm 和 20mm 的同心圆。再绘制圆心在大圆圆周上的半径为 15mm 和 7.5mm 的两小圆。

2）分别将这四个圆拉伸成厚度为 10mm 的四个圆柱，如图 11-25 所示。

3）将其中两个小圆柱体进行环形阵列，如图 11-26 所示。

4）进行布尔运算，先“并集”，如图 11-27 所示，后“差集”，如图 11-28 所示。

5）将生成的实体采用“概念”视觉样式，选择“常用”｜“视图”｜“视觉样式”下拉列表框的“概念”，效果如图 11-29 所示。

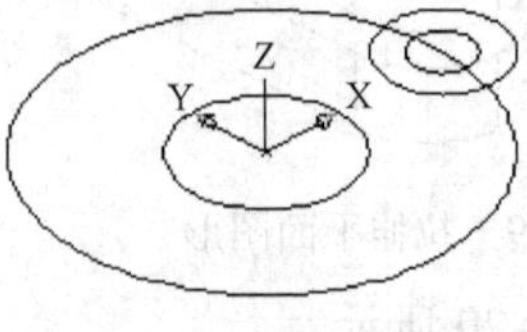

图 11-24　绘制四个圆

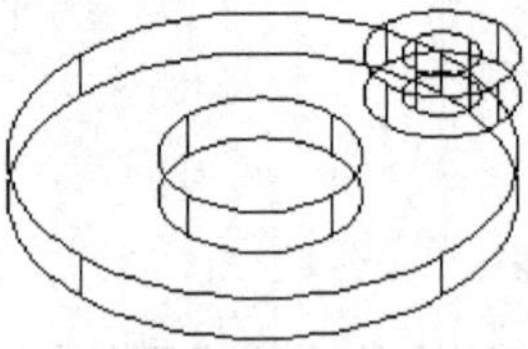

图 11-25　拉伸四个实体

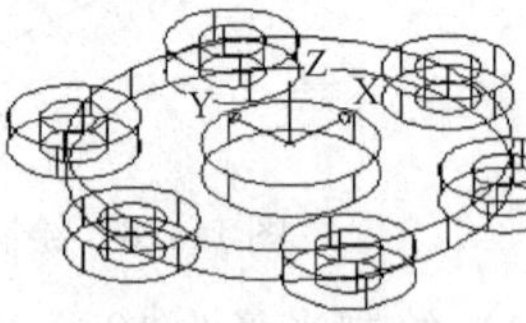

图 11-26　环形阵列

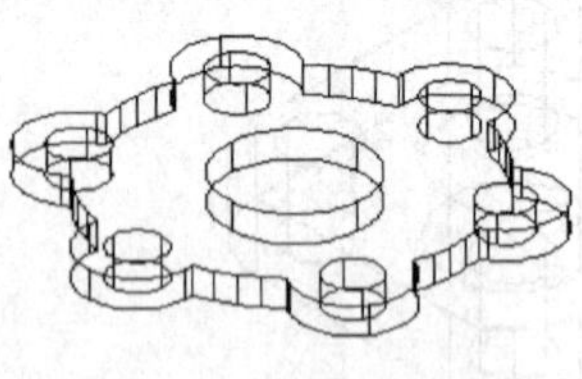

图 11-27　并运算

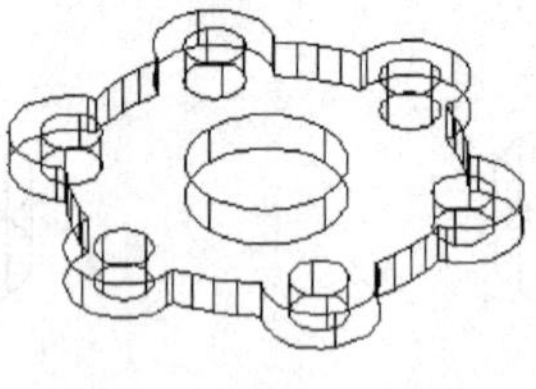

图 11-28　差运算

图 11-29　“概念”视觉样式的效果

11.4.2　三维镜像

三维镜像是将对象在三维空间中相对于某一平面进行镜像，可执行“修改”｜“三维操作”｜“三维镜像”命令来实现。通过该命令并选择需要进行镜像的对象，命令行提示“指定镜像平面（三点）的第一个点或［对象(O)/最近的(L)/Z 轴(Z)/视图(V)/XY 平面(XY)/YZ 平面(YZ)/ZX 平面(ZX)/三点(3)］<三点>:”，各选项含义如下：

（1）指定镜像平面（三点）的第一个点　默认情况下，可以通过指定三点确定镜像面，如图 11-30a 所示。

（2）对象（O）　用指定对象所在的平面为镜像面，其对象可以是圆、圆弧或二维多段线。

(3) 最近的 (L) 用上次定义的镜像面作为当前镜像面。

(4) Z轴 (Z) 通过确定平面上一点和该平面法线上的一点来定义镜像面，如图11-30b所示。

(5) 视图 (V) 用与当前视图平面平行的面作为镜像面。

(6) XY平面 (XY)、YZ平面 (YZ)、ZX平面 (ZX) 分别表示用与当前UCS的XY、YZ、ZX面平行的平面作为镜像面，结果如图11-30c所示。

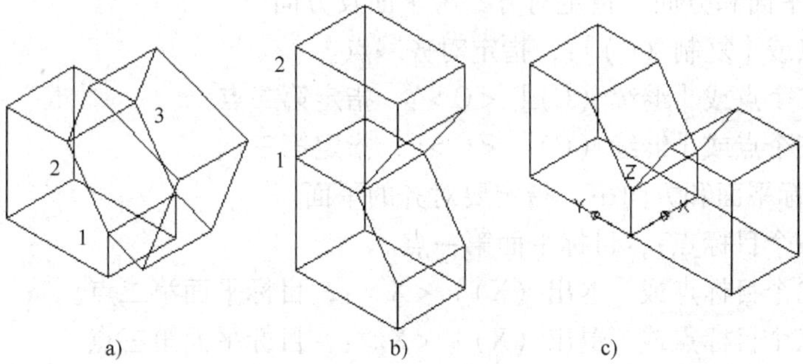

图11-30 三维镜像

a) 以三点作为镜像面 b) 以Z轴为法线定义镜像面 c) 以ZX面作为镜像面

11.4.3 三维旋转

三维旋转是将对象绕三维空间中任意轴进行任意角度的旋转。执行“修改”|“三维操作”|“三维旋转”命令，命令行提示“指定轴上的第一个点或定义轴依据[对象(O)/最近的(L)/视图(V)/X轴(X)/Y轴(Y)/Z轴(Z)/两点(2)]:”。各选项含义如下:

(1) 指定轴上的第一个点 默认情况下，可以通过指定两点确定旋转轴，如图11-31a所示。

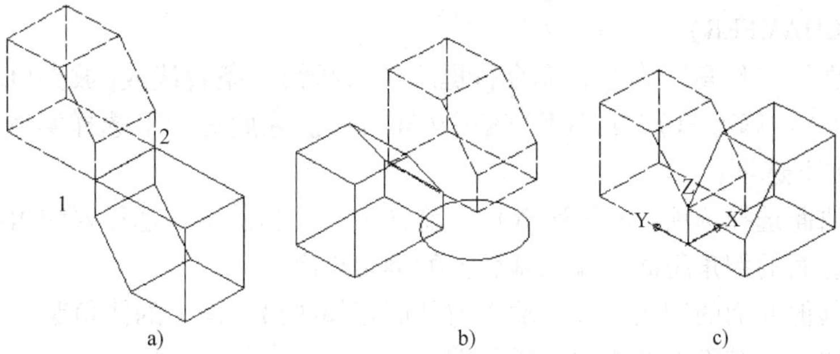

图11-31 三维旋转

a) 以1、2两点定义旋转轴 b) 以对象确定旋转轴 c) 以Z轴定义旋转轴

(2) 对象 (O) 用指定对象作为旋转轴，其对象可以是直线、圆、圆弧或二维多段线，如图11-31b所示。

(3) 最近的 (L) 用上次定义的旋转轴进行旋转。

(4) 视图 (V) 绕与当前视图平面垂直的轴进行旋转。

(5) X 轴 (X)、Y 轴 (Y)、Z 轴 (Z) 分别绕与当前 UCS 的 X、Y、Z 轴平行的轴旋转，如图 11-31c 所示。

11.4.4 三维对齐

对齐是将对象以某个对象作为基准进行对齐。执行“修改”|“三维操作”|“三维对齐”命令，可以将两对象对齐，如图 11-32 所示。命令执行顺序如下：

(1) 选择对象 选择要改变位置的源对象。

(2) 指定源平面和方向 指定对齐参考平面及方向。

1) 指定基点或［复制（C)］:，指定对齐基点。

2) 指定第二个点或［继续（C)］ <C>:，指定第二点。

3) 指定第三个点或［继续（C)］ <C>:，指定第三点。

(3) 指定目标平面和方向… 指定要对齐的平面。

1) 指定第一个目标点:，目标平面第一点。

2) 指定第二个目标点或［退出（X)］ <X>:，目标平面第二点。

3) 指定第三个目标点或［退出（X)］ <X>:，目标平面第三点。

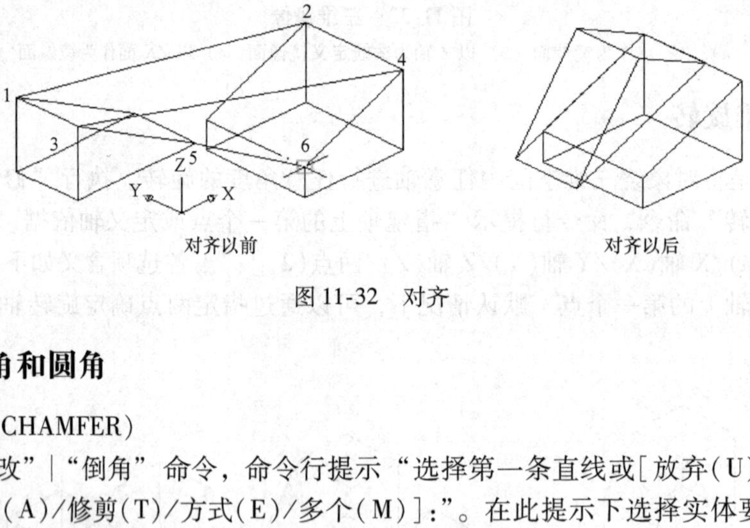

图 11-32 对齐

11.4.5 倒角和圆角

1. 倒角 (CHAMFER)

执行“修改”|“倒角”命令，命令行提示“选择第一条直线或［放弃(U)/多段线(P)/距离(D)/角度(A)/修剪(T)/方式(E)/多个(M)］:”。在此提示下选择实体要倒角的边后，命令行又提示如下选项：

(1) 输入曲面选择选项［下一个(N)/当前(OK)］<当前> 选择要倒角的基面。

(2) 指定基面的倒角距离 输入基面上的倒角距离。

(3) 指定其他曲面的倒角距离 输入与基面相邻的另一面上的倒角距离。

(4) 选择边 对基面上的指定边进行倒角。

(5) 选择环 (L) 对基面上的各边进行倒角。

2. 圆角 (FILLET)

执行“修改”|“圆角”命令，可以为实体的棱边倒圆角，可在两个相邻面之间生成一个圆滑过渡的曲面。执行“修改”|“圆角”命令后提示“选择第一个对象或［放弃(U)/多段线(P)/半径(R)/修剪(T)/多个(M)］:”，在此提示下选择实体要修圆角的边后，命令行又提示如下选项：

（1）输入圆角半径　输入圆角半径值。

（2）选择边　选择要修圆角的边。

（3）链（C）　可选择多个边进行修圆角。

倒圆角与倒切角命令的操作方法和提示非常相似，如图 11-33 所示的倒切角示例。

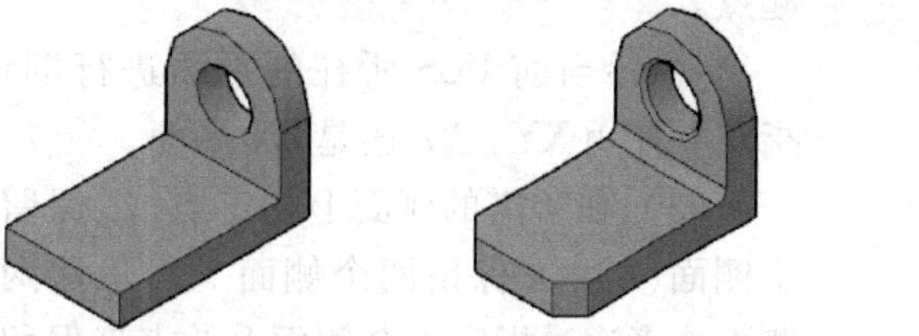

图 11-33　倒切角

11.4.6　实体抽壳和剖切

1. 实体抽壳（SOLIDEDIT）

利用实体抽壳可以将三维实体转换为中空薄壁或壳体。将实体对象转换为壳体时，可以通过将现有面朝其原始位置的内部或外部偏移来创建新面。使用抽壳功能时，要指定壳体的厚度，然后 AutoCAD 把现有的实体表面偏移指定的厚度值以形成新的表面。这样，原来的实体就变成了一个薄壳体。如果指定的厚度为正，就在实体内部创建新面，否则会在实体外创建新面。抽壳操作还可以把实体的某些表面去除，形成开口的薄壳体，如图 11-34 所示。

单击功能区“常用”|“实体编辑”|“抽壳”下拉式按钮，执行命令后显示如下选项：

（1）选择三维实体　选择需要进行抽壳操作的实体。

（2）删除面或[放弃(U)/添加(A)/全部(ALL)]　选择不进行抽壳的一个或多个面。

（3）输入抽壳偏移距离　指定抽壳偏移值。输入正偏移值时，沿面的正方向创建壳壁；输入负偏移值时，沿面的负方向创建壳壁。

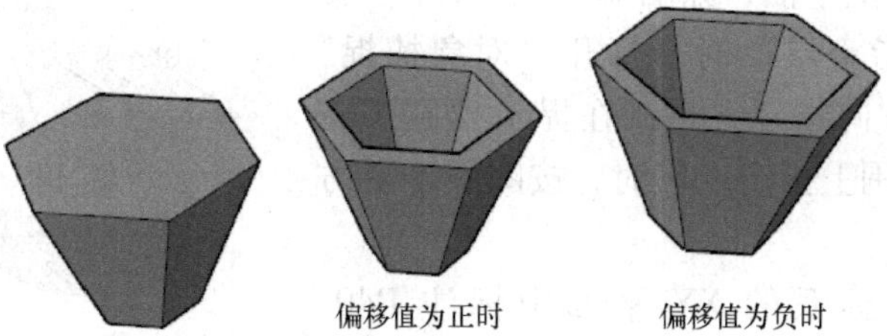

图 11-34　实体抽壳

2. 实体剖切（SLICE）

剖切三维实体或曲面时，可以通过多种方法定义剪切平面。例如，可以指定三个点、一条轴、一个曲面或一个平面对象以用作剪切平面。可以保留剖切对象的一半或两半均保留，如图 11-35 所示。

单击功能区“常用”|“实体编辑”|“剖切”按钮，执行命令后显示如下选项：

（1）选择要剖切的对象　指定要剖切的实体对象。

（2）指定切面的起点或[平面对象(O)/曲面(S)/Z 轴(Z)/视图(V)/XY(XY)/YZ(YZ)/ZX(ZX)/三点(3)]　<三点>　默认的方法是指定两个用于定义与当前 UCS 垂直的剪切平面的点，也可以指定三个点。其他选项含义如下：

1）平面对象（O），选择要用作剪切平面的圆、椭圆、圆弧或椭圆弧、样条曲线线段或多段线线段。

2）曲面（S），选择要用作剪切平面的曲面。

3）Z 轴（Z），指定沿 Z 轴延伸的剖切起点。

4）沿当前 UCS 所在的平面进行剖切，指定要使用 XY、YZ 还是 ZX 平面。

（3）在所需的侧面上指定点或[保留两个侧面(B)] <保留两个侧面> 保留两个侧面或者通过指定一个侧面上的点来保留该侧面。

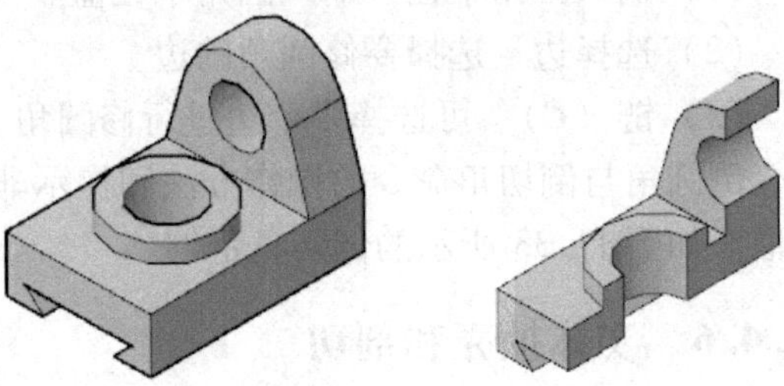

图 11-35 剖切实体

11.5 标注三维实体模型

AutoCAD 软件中没有专门为三维图形进行尺寸标注的命令，因此，要使用平面图形的尺寸标注命令来对三维图形的尺寸进行标注。需要注意的是，由于二维图形的尺寸是在 XY 平面上进行标注的，所以如果在三维图形中标注某个尺寸，都需要通过移动用户 UCS 来满足该尺寸在 XY 平面上，然后采用平面图形尺寸标注方法在此坐标系中标注这个尺寸。

【例 11-7】 标注图 11-36 所示的三维图形的尺寸。操作步骤如下：

1）单击“视图”|“坐标”|“三点 UCS”按钮，把 UCS 移动到圆孔的上平面，如图 11-37 所示。在提示“正 X 轴范围上指定点”时，打开“对象捕捉”按钮，按图中 X 轴方向指定一点；在提示“在 UCS XY 平面的正 Y 轴范围上指定点”时，按图中 Y 轴方向指定一点。

2）在此用户坐标系的 XY 平面中标注 R40、ϕ40、线性尺寸 30 和 60。

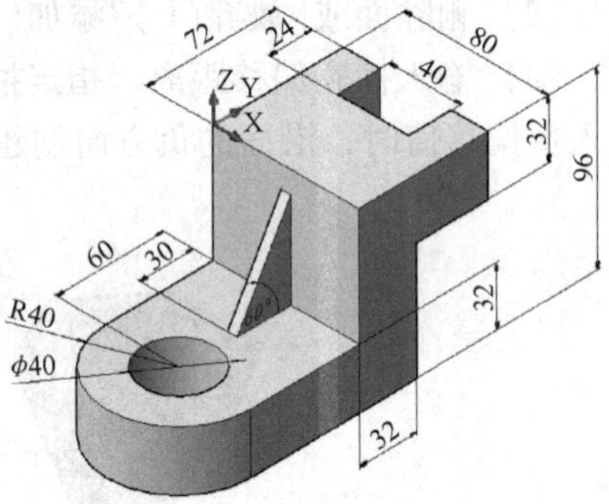

图 11-36 标注三维图形的尺寸

3）单击“视图”|“坐标”|“三点 UCS”按钮，把 UCS 移动到肋板的侧面，如图 11-38

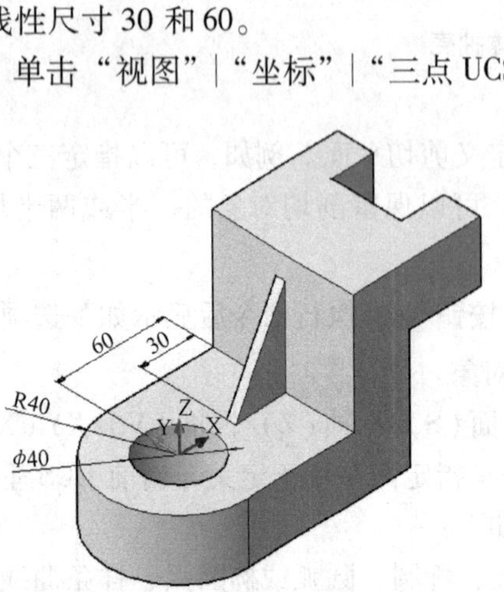

图 11-37 标注步骤 2 中的尺寸

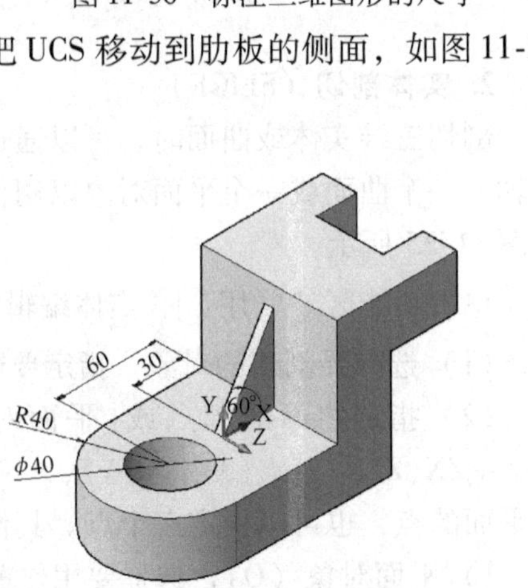

图 11-38 标注步骤 3 中的尺寸

所示。在此用户坐标系的 XY 平面中标注 60°。

4）单击“视图”|“坐标”|“三点 UCS”按钮，把 UCS 移动到图形右下角（图 11-39）。在此用户坐标系的 XY 平面中标注线性尺寸 32、32、32 和 96。

5）单击“视图”|“坐标”|“三点 UCS”按钮，把 UCS 移动到图形上面，如图 11-40 所示。在此用户坐标系的 XY 平面中标注线性尺寸 24、72、40 和 80。

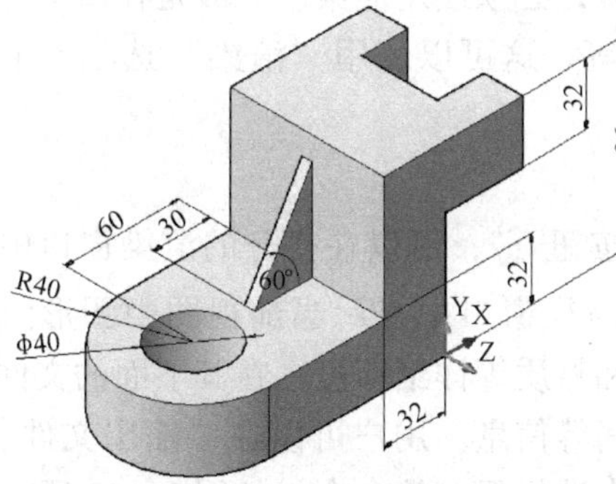

图 11-39 标注步骤 4 中的尺寸

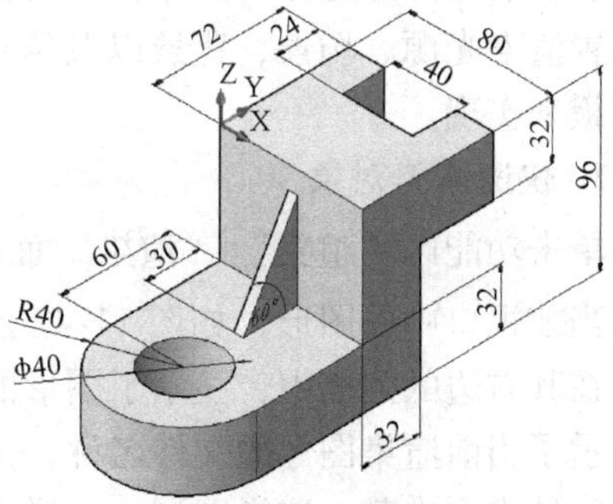

图 11-40 标注步骤 5 中的尺寸

11.6 渲染三维实体模型

在 AutoCAD 软件中，可以对三维实体进行消隐、视觉样式和渲染处理，使实体对象看起来更加清晰、逼真。视觉样式是对三维实体进行着色，以增加色泽感，它实际上是对当前图形画面进行阴影处理的结果。渲染可使三维对象的表面显示出明暗色彩和光照效果，以形成逼真的图像。此外，还可以对渲染进行各种设置，如设置光源、场景、材料、背景等，“渲染”选项卡各选项板如图 11-41 所示。

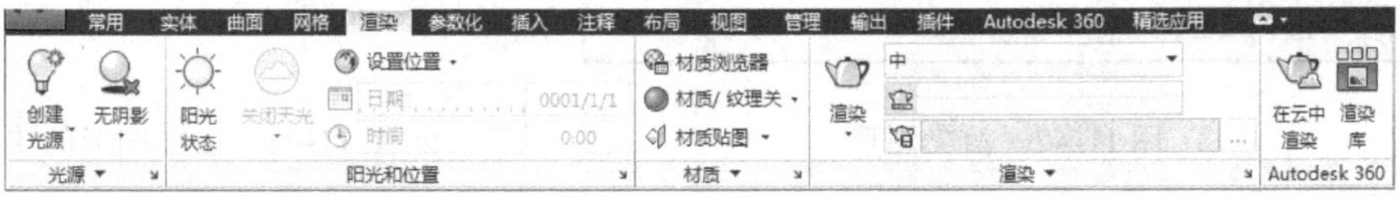

图 11-41 “渲染”选项卡各选项板

11.6.1 三维实体的视觉样式处理

功能区“常用”|“视图”|“试图样式”下拉列表框的各个选项，可用来控制视口中三维对象的边和着色的显示。其中各选项含义如下：

（1）二维线框（2） 将三维图形用图形边界的直线和曲线来显示，线型和线宽都是可见的。

（2）三维线框（3） 将三维图形以三维线框模式显示，此时，UCS 为一个着色的三维图标。

（3）三维隐藏（H） 显示用三维线框表示的对象并隐藏表示后向面的直线。

（4）真实（R） 着色多边形平面间的对象，并使对象的边平滑化，并且显示已附着到对象的材质。

（5）概念（C） 着色多边形平面间的对象，并使对象的边平滑化。着色使用古氏面样式，是一种冷色和暖色之间的转场，而不是从深色到浅色的转场，可以更方便地查看模型的细节。

11.6.2 渲染三维实体

在“常用”|“视图”|“视觉样式”下拉列表中选择视觉样式，并不能对三维对象进行量显、移动光源加光源的操作，要更全面的控制光源，必须使用渲染。一般是在渲染对象之前设置渲染光源、场景、背景以及给对象指定材质等，这可以使用“渲染”选项卡下的各个面板来实现。

1. 快速渲染对象

单击功能区“渲染”|“渲染”面板|“渲染”按钮，可以在打开的渲染窗口中快速渲染当前视口中的图形，如图 11-42 所示，并且在渲染窗口中显示当前视图中图形渲染效果。在其右边的列表中，显示了图形的质量、光源和材质等详细信息；在其下面的文件列表中显示了当前渲染图像的文件名称、大小、渲染时间等信息。用户可以在“输出文件名称”文本区域中右击某一渲染图形，在弹出的快捷菜单中选择保存等命令，如图 11-43 所示。

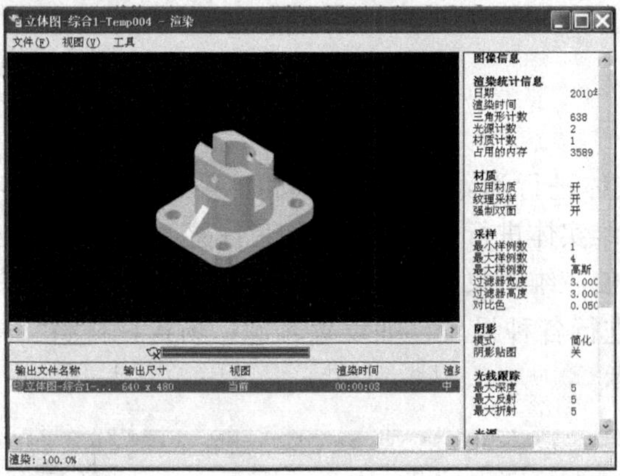

图 11-42 渲染图形

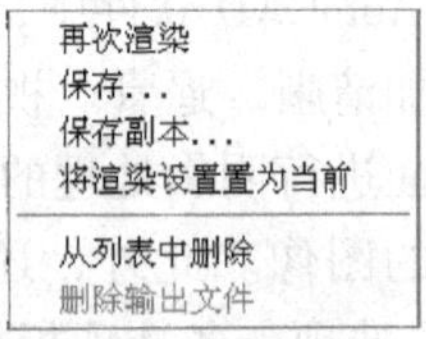

图 11-43 渲染图形的快捷菜单

2. 设置光源

光源的应用在渲染过程中非常重要，它由强度和颜色两个因素决定。在 AutoCAD 中，可以使用自然光，也可以使用点光源、平行光源及聚光灯光源来照亮物体的特殊区域。

（1）创建光源 单击功能区“渲染”|“光源”|“创建光源”各下拉式按钮，可以创建和管理光源。

（2）查看光源列表 创建光源后，可以选择“渲染”|“光源”|“模型中的光源”按钮，打开“模型中的光源”选项板，查看创建的光源，如图 11-44 所示。

（3）设置阳光和位置 由于太阳光受地理位置的影响，所以在使用太阳光时，还需要单击“渲染”|“阳光和位置”|“设置位置”，设置光源的地理位置，如纬度、经度、北向以及地区等。

图 11-44 “模型中的光源”选项板

用户也可以单击“渲染”|“阳光和位置” ，打开“阳光特性”选项板，设置阳光的常规状态、太阳角度、渲染着色等，如图 11-45 所示。

3. 设置渲染材质

在渲染对象时，使用材质可以增强模型的真实感。单击功能区“渲染”|“材质”|“材质”按钮 ，或者“视图”|“三维选项板”|“材质”按钮，可以在“材质”选项板中为对象选择并附加材质，如图 11-46 所示。

4. 设置贴图

在渲染环境时，可以将材质映射到对象上，称为贴图。单击功能区“渲染”|“材质”|“材质贴图”按钮，可以创建平面贴图、长方体贴图、柱面贴图和球面贴图。

5. 高级渲染设置

单击“视图”|“三维选项板”|“高级渲染”按钮，打开“高级渲染设置”选项板，可以设置渲染高级选项，如图 11-47 所示。

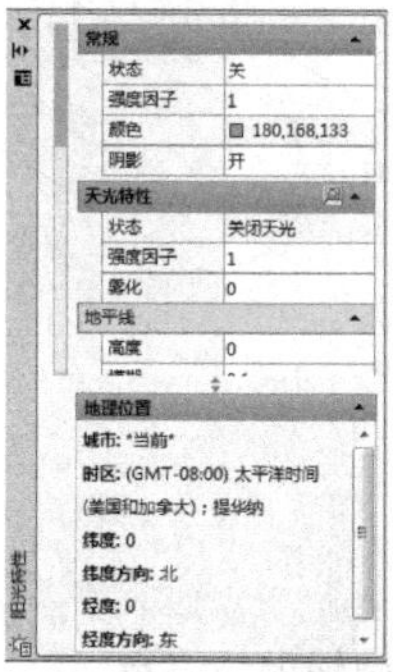

图 11-45　“阳光特性”选项板

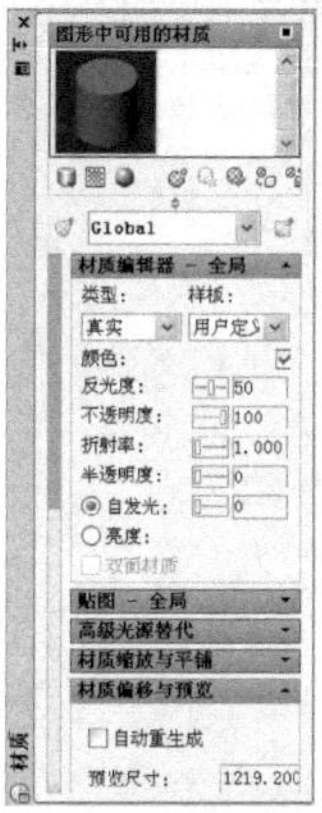

图 11-46　“材质”选项板

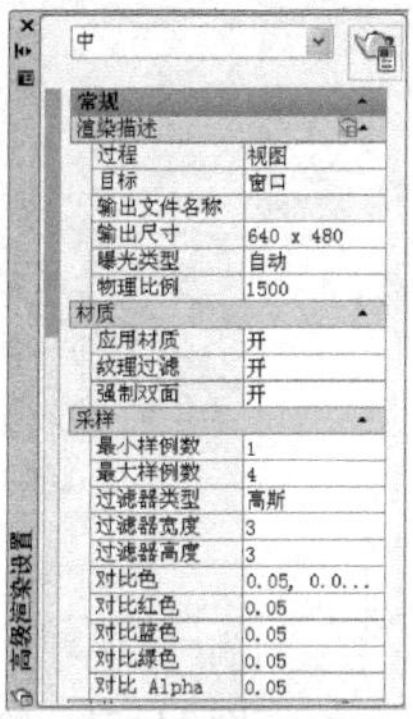

图 11-47　“高级渲染设置”选项板

11.7　实例解析

【例 11-8】　按尺寸精确绘制图 11-48 所示的三维实体模型，绘图步骤如下：

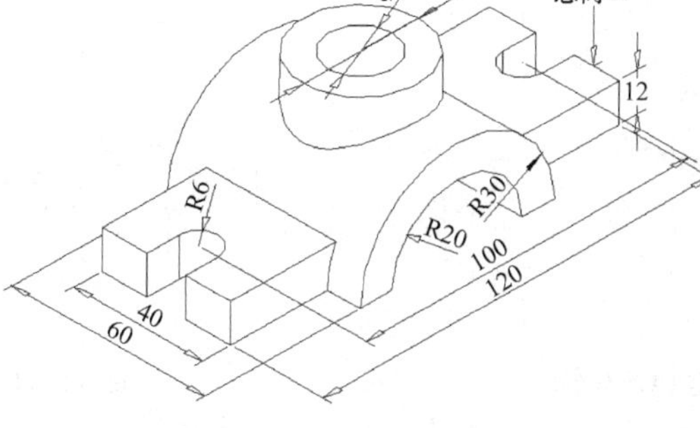

图 11-48　三维实体模型

1）绘制图 11-49 所示的平面图形，并将其生成面域。

2）将该二维面域拉伸为底板，如图 11-50 所示。

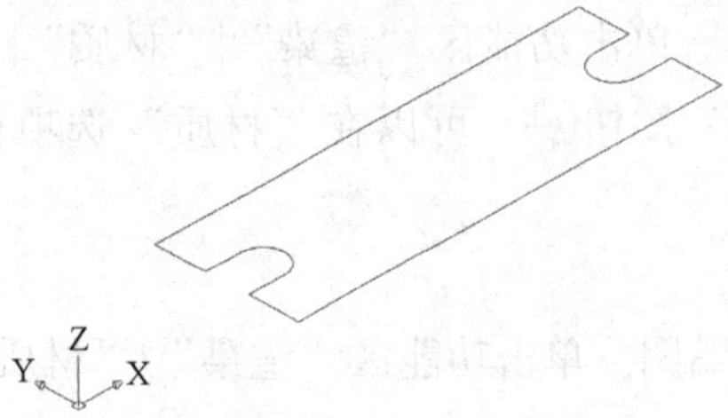

图 11-49　绘制平面图形

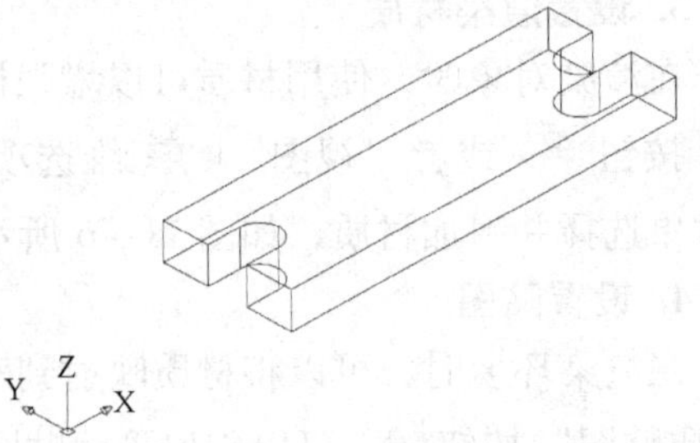

图 11-50　拉伸为底板

3）为了创建水平的圆柱，需要创建 UCS 坐标，为此，应首先绘制一条辅助线。启用“对象捕捉”“对象追踪”和“极轴追踪”，绘制辅助线的起点，如图 11-51 所示。

4）绘制辅助线终点，辅助线长度随意，如图 11-52 所示。

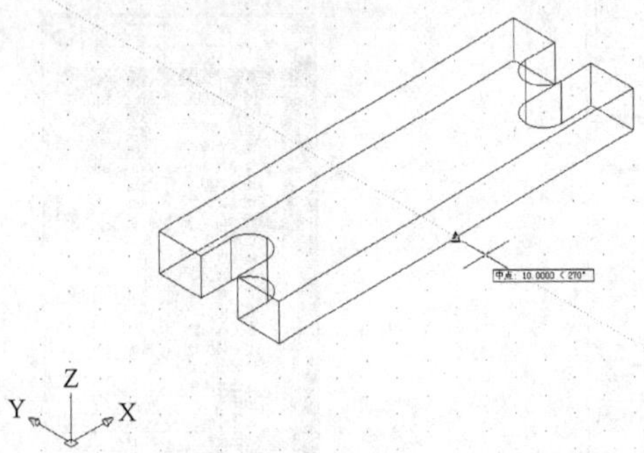

图 11-51　绘制辅助线起点

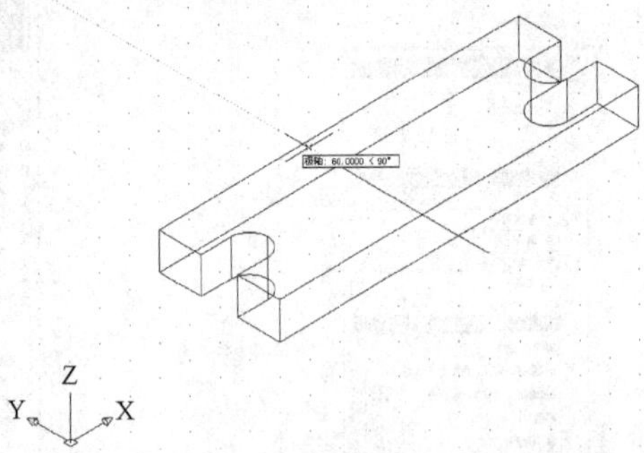

图 11-52　绘制辅助线终点

5）通过“工具”|“新建 UCS”|“原点”命令，先将 UCS 坐标移至辅助线的起点；再通过“工具”|“新建 UCS”|“X”命令，将 UCS 坐标绕 X 坐标旋转 90°，如图 11-53 所示。

6）在当前 UCS 面上，绘制一个半圆和一个圆，并拉伸，长度为 60mm，如图 11-54 所示。

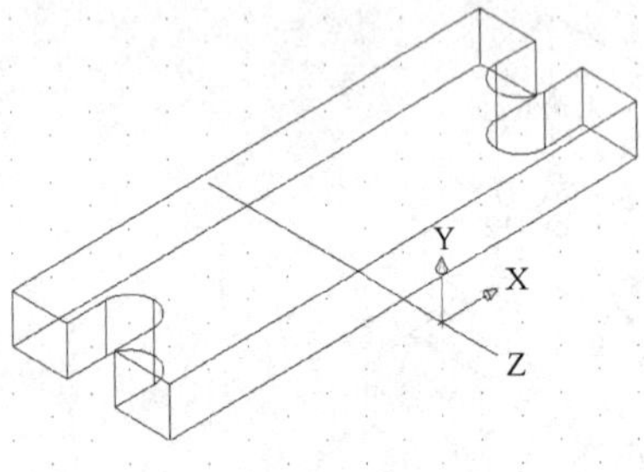

图 11-53　创建 UCS 坐标

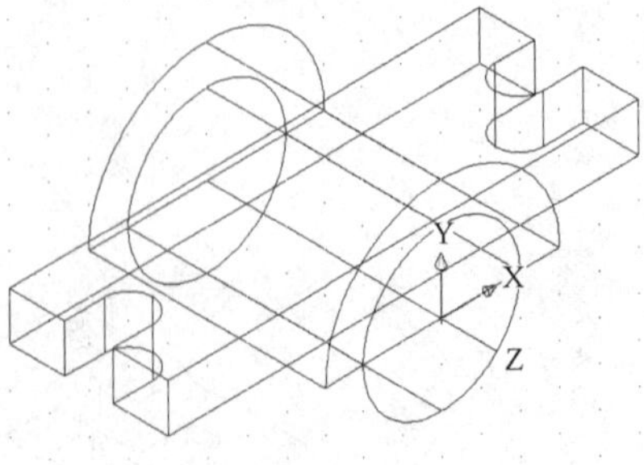

图 11-54　拉伸圆柱

7）通过“工具”|“新建 UCS”|“原点”命令，先将 UCS 坐标移至底板中心；再通过

“工具”|“新建 UCS”|“X” 命令，将 UCS 转回 90°，如图 11-55 所示。

8）由底面起绘制两圆，并拉伸高度至 40mm，如图 11-56 所示。

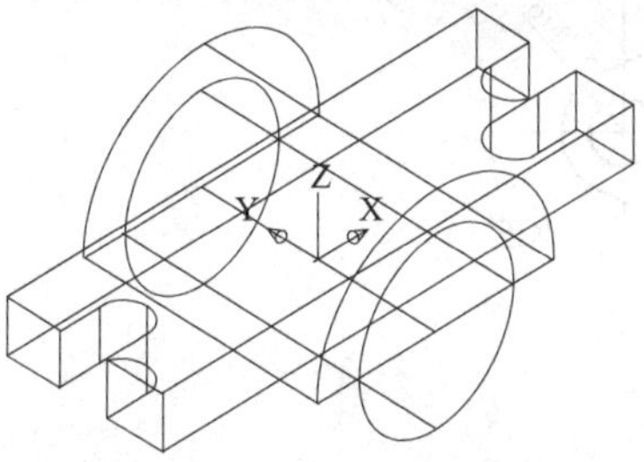

图 11-55 创建 UCS 坐标

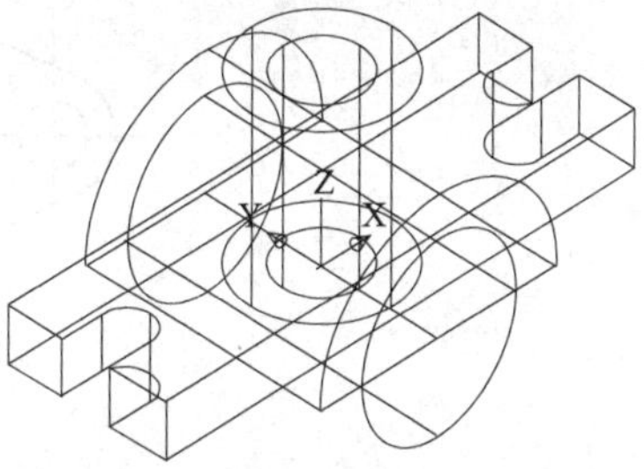

图 11-56 拉伸圆柱

9）本着先“并集”，后“差集”的原则，对各个基本体进行布尔运算，如图 11-57 所示。

10）对三维模型采用“概念”视觉样式，结果如图 11-58 所示。

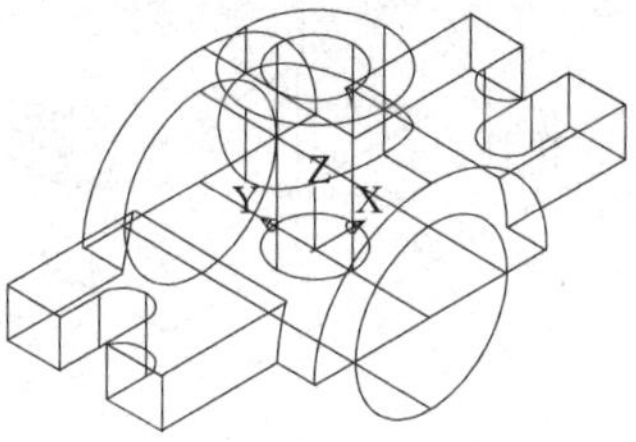

图 11-57 布尔运算

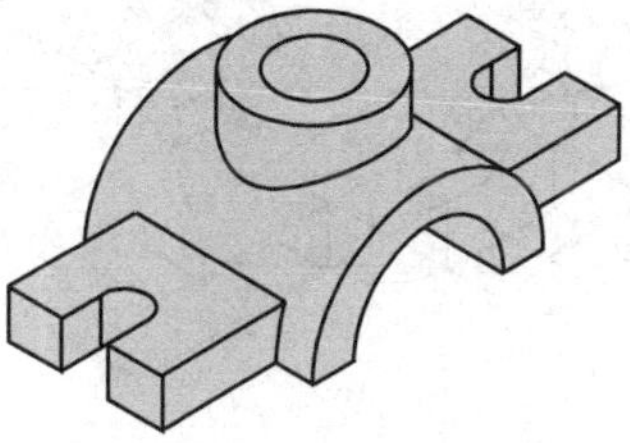

图 11-58 “概念”视觉样式效果

思考与练习

1. 在 AutoCAD 2014 中，创建基本三维模型的方法几种？
2. 在 AutoCAD 2014 中，可以通过哪些方法创建 UCS？
3. 在 AutoCAD 2014 中，设置动态观察视图的方法有哪几种？
4. 在 AutoCAD 2014 中，对三维模型进行布尔运算的方法有哪几种？各种方法有何区别？
5. 根据标高和厚度命令，创建一个六棱柱，并设置三维视点为“西南等轴测”方向。
6. 使用“建模”|“旋转” 命令，创建图 11-59 所示轴的实体模型。

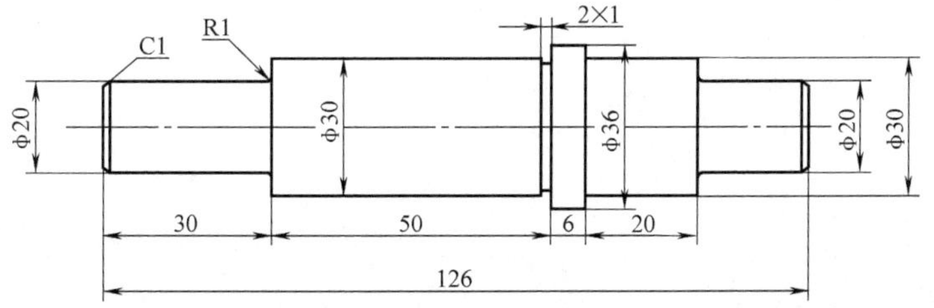

图 11-59 轴

7. 使用“建模”|“拉伸” 命令，创建图 11-60 所示端盖的实体模型，其厚度为 10mm。
8. 绘制图 11-61 所示的三维实体模型。
9. 绘制图 11-62 所示的三维实体模型。

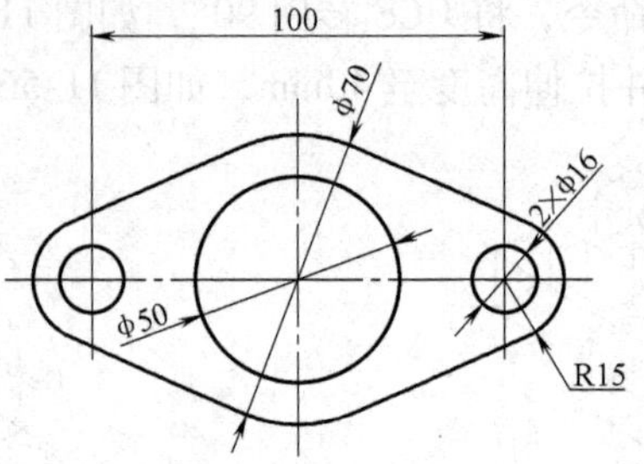

图 11-60　端盖

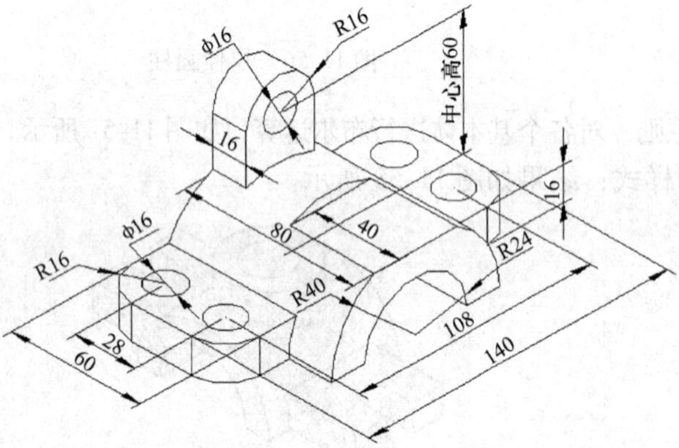

图 11-61　三维实体模型 1

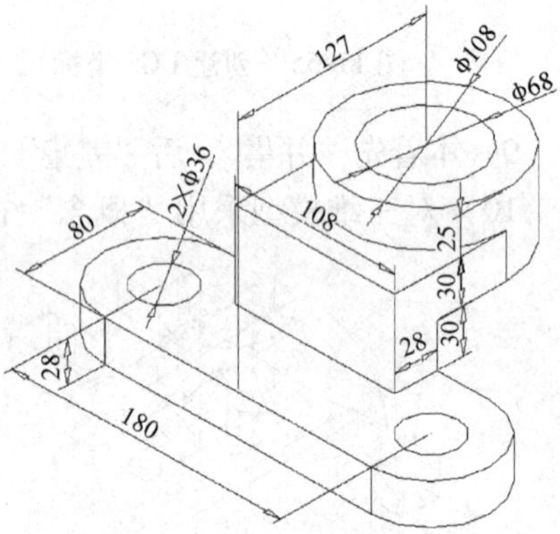

图 11-62　三维实体模型 2

第 12 章　综合实例解析

绘制时注意方法和步骤要合理，这样可以节省大量的时间。另外，标注要正确、合理，对于不同的尺寸标注要遵守相应的国家标准。

12.1　平面图形绘制实例

【例 12-1】 绘制图 12-1 所示的平面图形。绘图步骤如下：

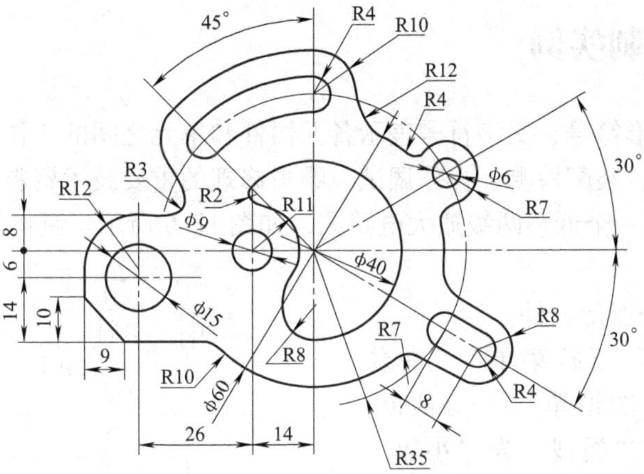

图 12-1　平面图形实例

1）调用前面建立的样板图。

2）设置“状态栏”中的“极轴追踪”“对象捕捉”“对象捕捉追踪”等处于“启用”状态。

3）绘制各圆及其中心定位线，如图 12-2 所示。

4）用“直线”命令、“偏移”命令绘制各直线段，用“圆弧”命令绘制弧线段，如图 12-3 所示。

5）用“修剪”命令、“圆角”命令修改各相交处，如图 12-4 所示。

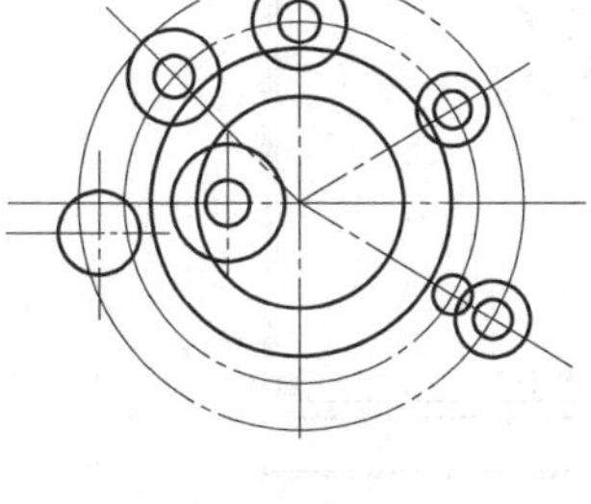

图 12-2　绘制各圆及其中心定位线

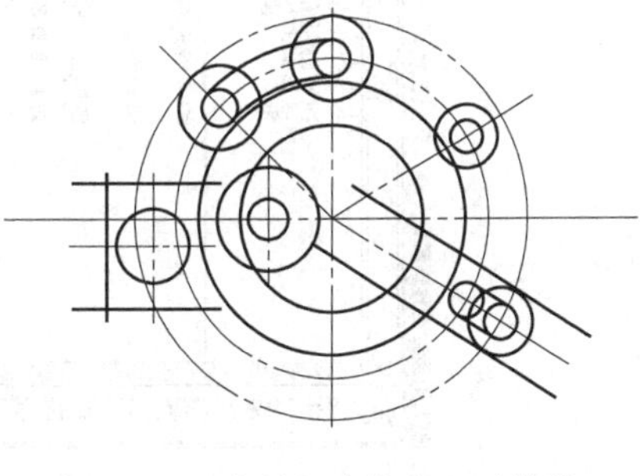

图 12-3　绘制各直线段、弧线段

6）用“倒角”命令修改左侧切角处，如图 12-5 所示。

7）修剪多余线条，标注各部分尺寸，完成全图，如图 12-1 所示。

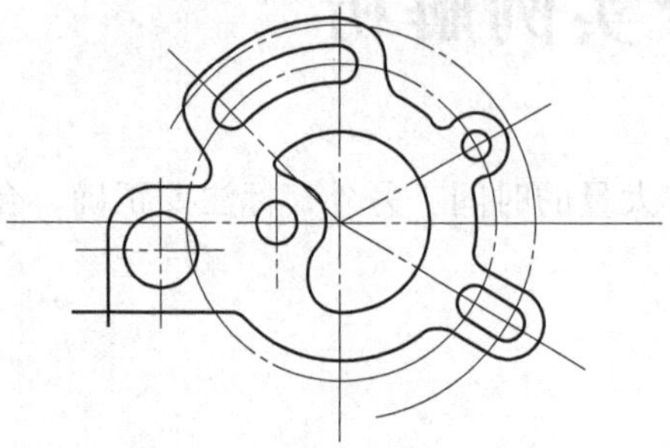

图 12-4 修剪各相交处

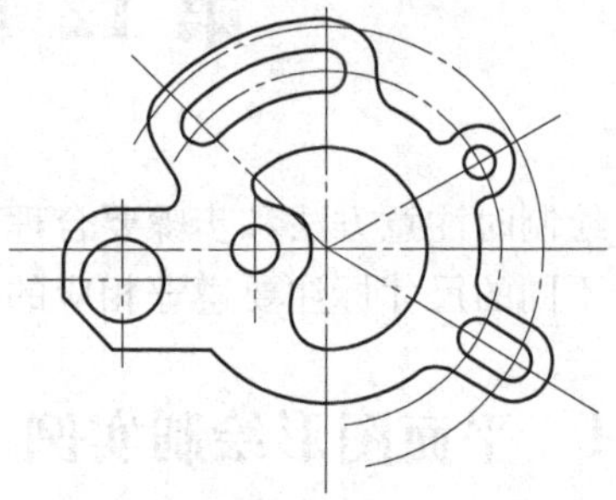

图 12-5 左侧倒角

12.2 电路图绘制实例

电路图是使用图形符号、文字符号表示各元器件和单元之间的工作原理及相互连接关系的简图，是电路分析、装配检测、操作调试、维护修理的重要技术资料与依据。

【例 12-2】 绘制一个低频两级放大电路图，如图 12-6 所示。具体绘制步骤如下：

1. 设置绘图环境

1）建立一个空白图形文件。

2）选择“格式”下拉菜单｜“单位（U）”命令，打开“图形单位”对话框，设置“长度”区域的“类型”为“小数”，“精度”为 0。其他参数均采用默认值。

3）选择“格式”下拉菜单｜“图形界限”命令，直接单击回车键，确认默认的图形界限为 420mm×297mm，即 A3 图幅。

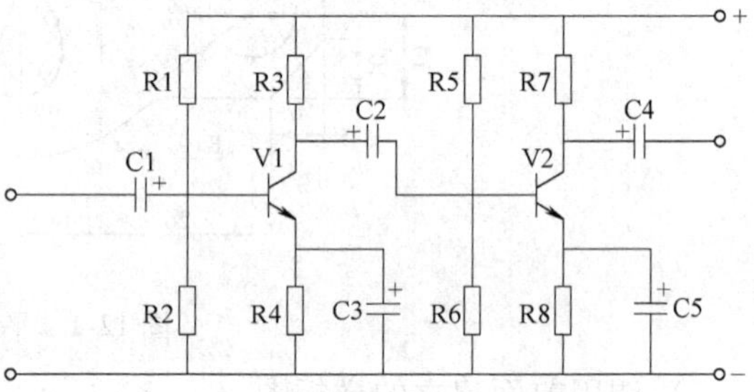

图 12-6 低频两级放大电路图

4）选择“格式”下拉菜单｜“图层”命令，打开“图层特性管理器”对话框，单击“新建”按钮，添加新图层，并分别设置图层的名称、颜色、线型、线宽等参数，如图 12-7

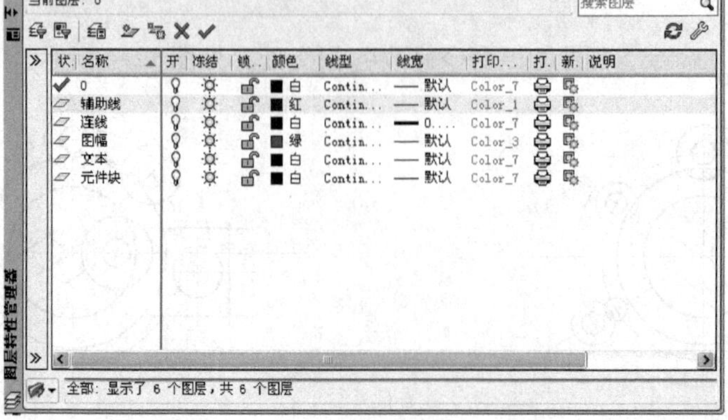

图 12-7 “图层特性管理器”对话框

所示。

5）选择“工具”下拉菜单｜“草图设置（F）…”命令，打开“草图设置”对话框，在该对话框中选择“对象捕捉”选项卡，根据电子工程图的制图需要选择端点、中点、圆心、节点、交点等捕捉模式。

6）状态栏的“极轴”“对象捕捉”“对象追踪”选项均设置为“启用”状态。

2. 绘图

在电子工程图中，“图形符号”是构成电路图的基本单元，是电子技术文件的“形象文字”。电路图形符号在绘制时要严格遵守国家标准的规定。

把使用频繁的相同的或类似的图形符号，利用 AutoCAD 提供的块及块属性功能，制作成公共图形元件，并赋予其属性代号，创建自己的元件库，需要绘制电子工程图时直接调用，节省重复绘图时间，提高工作效率。

（1）制作电阻图块（图 12-8a）

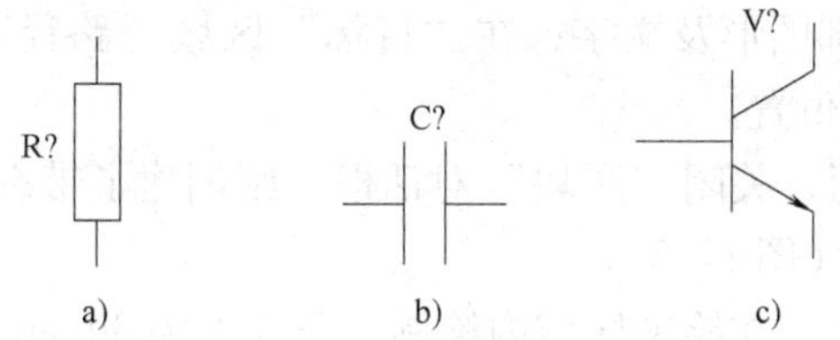

图 12-8 图块

a）电阻图块 b）极性电容图块 c）三极管图块

1）选择 0 层为当前层。

2）执行“矩形”命令，在绘图区域内绘制一个长度为 30mm、宽度为 10mm 的矩形。

3）执行“直线”命令，分别以矩形短边中点为起点，向矩形外侧作垂线，长度为 10mm。

4）选中矩形，在“特性”对话框中将其“线宽”值改为 0. 40mm。

5）执行“绘图”｜“块”｜“定义属性”命令，打开“属性定义”对话框。在“标记”文本框输入“R?”作为属性标志；在“提示”文本框输入“电阻代号”作为提示标志；在“默认值”文本框中输入“R1”。文字“对正”选择“左”，字高为“7”，样式选择“Standard”。

6）单击“确定”按钮，在电阻图形左侧适当位置处单击鼠标，即添加了块的属性。

7）执行“移动”命令，调整图形与属性的相对位置。

8）执行“WBLOCK”命令，系统弹出“写块”对话框。在“源”区域中选择“对象”单选框；在“基点”区域中选择“拾取点”按钮，用鼠标单击电阻图形引线的上端点，作为图块的插入点；在“对象”区域中选择“从图形中删除”单选框并单击“选择对象”按钮，选择绘图区中的全部图形及文字；在“目标”区域“路径”文本框输入“F:\ 实例\电阻”，指定块文件的储存位置。

9）单击“确定”按钮，关闭“写块”对话框，即创建了带有属性的电阻图块。

（2）制作极性电容图块（图 12-8b）

1）执行“直线”命令，在绘图区域内绘制一条长度为 20mm 的竖直线段。

2）执行“偏移”命令，选中该竖直线段，将其向一侧偏移 7mm。

3）选中绘图区中两条竖直线段，将其“线宽”值改为 0.40mm。

4）执行“直线”命令，分别以两条平行垂直线段的中点为起点，向两条平行线外侧绘制长度为 10mm 的竖直引线。

5）执行“绘图”｜“块”｜“定义属性”命令，打开“属性定义”对话框。在“标记”文本框输入“C?”作为属性标志；在“提示”文本框输入“极性电容代号”作为提示标志；在“默认值”文本框中输入“C1”。文字“对正”选择“左”，字高为“7”，样式选择“Standard”。

6）单击“确定”按钮，在电容图形上方适当位置处单击鼠标，即添加了块的属性。

7）执行“移动”命令，调整图形与属性的相对位置。

8）执行“WBLOCK”命令，系统弹出“写块”对话框。在“源”区域中选择“对象”单选框；在“基点”区域中选择“拾取点”按钮，用鼠标单击电容图形引线的左侧端点，作为图块的插入点；在“对象”区域中选择“从图形中删除”单选框并单击“选择对象”按钮，选择绘图区中的全部图形及文字；在“目标”区域“路径”文本框输入“F:\实例\电容”，指定块文件的储存位置。

9）单击“确定”按钮，关闭“写块”对话框，则创建了带有属性的电容图块。

（3）制作三极管图块（图 12-8c）

1）执行“直线”命令，在绘图区域内绘制一条长度为 30mm 的竖直线段。

2）执行“直线”命令，以竖直线段的 1/3 处点为起点，绘制一条长度为 20mm、与水平方向成 30°角的斜线段。

3）执行“直线”命令，以竖直线段的 2/3 处点为起点，绘制一条长度为 10mm、与水平方向成 -30°角的斜线段。

4）执行“多段线”命令，以刚绘制的斜线段的终点为起点，绘制一条起始宽度为 2mm、终点宽度为 0mm、长度为 7mm、与水平方向成 -30°角的斜线段。

5）执行“直线”命令，分别以两条斜线段的终点为起点，向外侧相向绘制一条长度为 10mm 的竖直线段。

6）执行“直线”命令，以长度为 30mm 的竖直线段的中点为起点，向左侧绘制一条长度为 20mm 的水平线段。

7）执行“绘图”｜“块”｜“定义属性”命令，打开“属性定义”对话框。在“标记”文本框输入“V?”作为属性标志；在“提示”文本框输入“三极管代号”作为提示标志；在“默认值”文本框中输入“V1”。文字“对正”选择“左”，字高为“7”，样式选择“Standard”。

8）单击“确定”按钮，在三极管图形上方适当位置处单击鼠标，即添加了块的属性。

9）执行“移动”命令，调整图形与属性的相对位置。

10）执行“WBLOCK”命令，系统弹出“写块”对话框。在“源”区域中选择“对象”单选框；在“基点”区域中选择“拾取点”按钮，用鼠标单击三极管图形上引线的上端点，作为图块的插入点；在“对象”区域中选择“从图形中删除”单选框并单击“选择对象”按钮，选择绘图区中的全部图形及文字；在“目标”区域“路径”文本框输入“F:\实例\三极管”，指定块文件的储存位置。

11）单击“确定”按钮，关闭“写块”对话框，则创建了带有属性的三极管图块。

（4）绘制辅助线

1）选择“辅助线”层为当前层。

2）执行“直线”命令。提示“指定第一点”时，输入坐标点“10，50”；提示“指定下一点或［放弃（U）］:”时，输入“@400 <0”，单击回车键结束。

3）执行“偏移”命令，选择绘图区域内水平辅助线，将其分别向上偏移70mm、100mm、130mm、和200mm。

4）执行“直线”命令。提示“指定第一点”时，输入坐标点“110，15”；提示“指定下一点或［放弃（U）］:”时，输入“@200 <90”，单击回车键结束。

5）执行“偏移”命令，选择绘图区域内刚绘制的竖直辅助线，将其分别向右侧偏移60mm、110mm、160mm、210mm和260mm，结果如图12-9所示。

（5）插入电阻图块

1）选择“元件块”层为当前层。

2）执行“插入块”命令，按1∶1的比例将已定义的“电阻”图块插入到绘图区中最上方水平辅助线与最左侧竖直辅助线的交叉点处，并输入电阻代号为R1。

3）执行“移动”命令，选中R1电阻，将其竖直向下移动10mm。

4）执行“复制”命令，将R1电阻分别复制到右侧竖直辅助线的相同高度位置处。

5）执行“镜像”命令，选中所有电阻，将它们以中间的水平辅助线为对称轴镜像复制一组。

6）依次双击各个电阻，弹出“增强编辑属性编辑器”对话框。将“属性”选项卡的“值”分别修改为R1～R8，结果如图12-10所示。

（6）插入极性电容图块

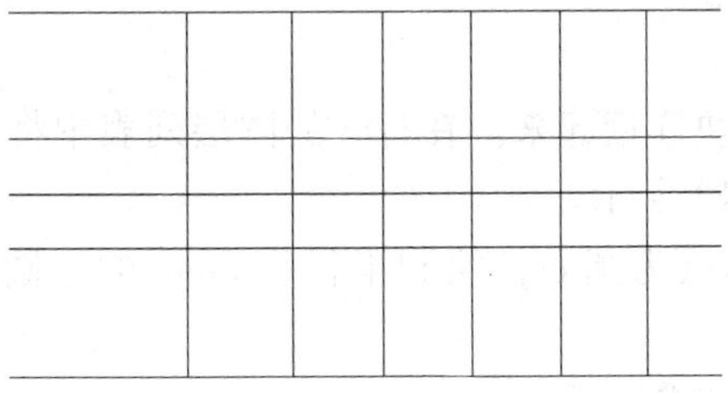

图12-9 绘制水平辅助线和竖直辅助线

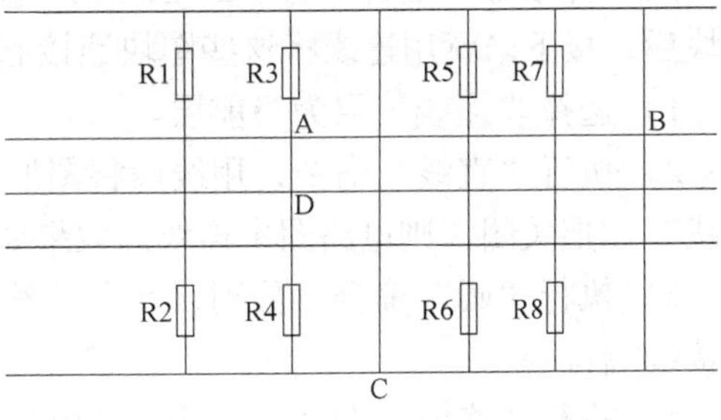

图12-10 插入电阻的电路图

1）执行“插入块”命令，按1∶1的比例将已定义的“极性电容”图块插入到绘图区中间水平辅助线的左端点上，并输入极性电容代号为C1。

2）执行“镜像”命令，选中刚插入的极性电容C1，将其以插入点所在垂线为对称轴镜像复制，不保留原镜像对象。

3）执行“移动”命令，选中极性电容C1，以其所在水平辅助线左端点为基点，将其水平向右移动60mm。

4）执行“插入块”命令，按1∶1的比例将已定义的“极性电容”图块分别插入到绘图区中的A点和B点，并分别指定其极性电容代号为C2和C4。

5）执行“移动”命令，选中极性电容 C2 和 C4，将它们水平向左移动 20mm。

6）执行“插入块”命令，按 1:1 的比例，将已定义的“极性电容”图块旋转 −90°后插入到绘图区中的 C 点，并指定该极性电容代号为 C3。

7）双击极性电容 C3，弹出“增强编辑属性编辑器”对话框。在“文字选项”选项卡中设置“旋转”值为 0，并且在“对正”下拉列表框中选择“左中”选项，然后单击“确定”按钮。

8）执行“移动”命令，选中极性电容 C3，将其垂直向上移动 50mm。

9）用同样的方法，在辅助线上插入极性电容 C5，结果如图 12-11 所示。

（7）插入三极管图块

1）执行“插入块”命令，按 1:1 的比例将已定义的“三极管”图块插入到绘图区中 D 点，并指定三极管代号为 V1。

2）执行“移动”命令，选中三极管 V1，以该图块左端引线端点为基点，移动其位置。

3）用同样的方法，向辅助线上插入三极管 V2，结果如图 12-12 所示。

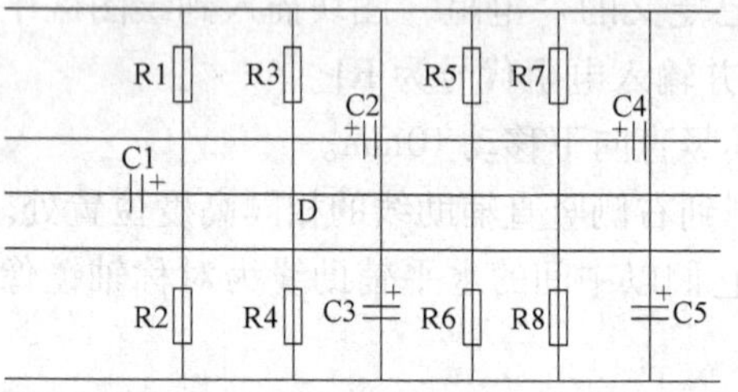

图 12-11 插入极性电容的电路图

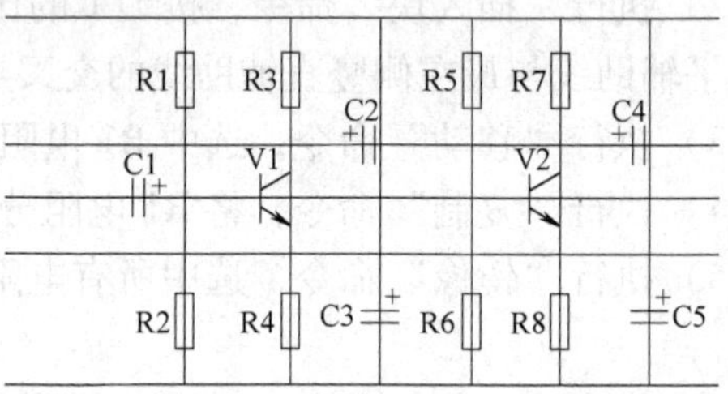

图 12-12 插入三极管 V1 和 V2 的电路图

（8）绘制连接线

图形符号与连接线是电子工程图中最重要的两个因素，用户向绘图区中插入预先定义的图块后，接下来就用连线将这些图块连接起来。

1）选择“连线”层为当前层。

2）执行“直线”命令，用线段将图形中各图块连接起来。在打开的图层列表中将“辅助线”图层关闭，则电路图中连线的效果如图 12-13 所示。

3）执行“圆”命令，分别以 5 条连线的外端点为圆心，绘制半径为 2mm 的小圆，作为接线端符号。

4）执行“修剪”命令，修剪小圆内部多余的线条部分。

5）执行“直线”命令，在右侧标注接线端的极性代号（正、负极），结果如图 12-14 所示。

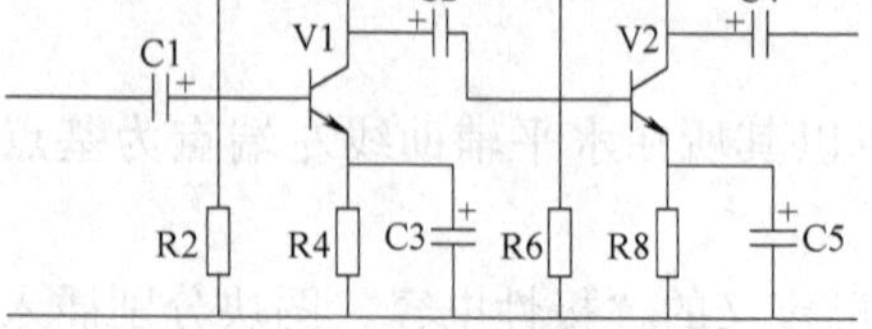

图 12-13 电路图中连线的效果

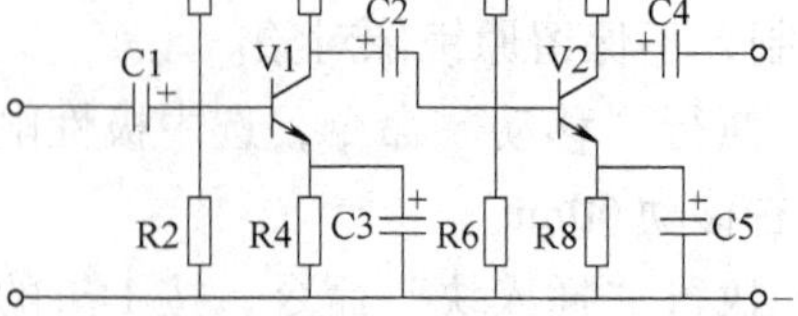

图 12-14 完善电路图

3. 写入文本

1）选择“文本”层为当前图层。

2）执行“多行文字”命令，在绘图区域内需要输入文字说明的位置处拖曳鼠标并单击，系统弹出“文本编辑器”对话框。

3）在“文本编辑器”对话框的“文字格式”工具栏中，选择字体为“仿宋 GB 2312”，文字高度为“7”，然后在对话框下的文本框中输入“低频两极放大电路图”字样。

4）单击“确定”按钮，关闭“文本编辑器”对话框，此时绘图区内出现了刚才输入的文本，完成低频两极放大电路图的绘制。

12.3 建立工程图样板文件

为了使绘制图样符合制图国家标准的要求，绘图前需要调用或建立样板文件。

AutoCAD 软件包自带很多样板（位置在 AutoCAD2014\Template\＊.dwt），可直接选择相应样板或无样板。单击列表中所需的样板文件即可进入绘图状态，布局选项卡中会出现相应的布局名称。

如果 AutoCAD 提供的样板图不符合需要，用户可根据需要修改原有样板文件或自定义自己的样板图。

【例 12-3】 调用“Gb_a3”样板文件，并修改有关设置，建立 A3 图幅的符合我国制图国家标准的样板文件（如所安装 AutoCAD 未带“Gb”样板，可从其他版本中选取“Gb_a3”样板文件并复制到当前软件的“Template”下）。操作步骤如下：

1）执行“新建”命令，在“选择样板”对话框中选择“Gb_a3-Named Plot Styles”，如图 12-15 所示。单击“打开”即可开始一个新文件。对于已经绘制图形但初始未使用“Gb_a3”样板的图形文件，可在绘图区下方的布局选项卡处单击鼠标右键，选择“来自样板…”，打开“从文件选择样板”对话框，选取“Gb_a3…”样板图即可。

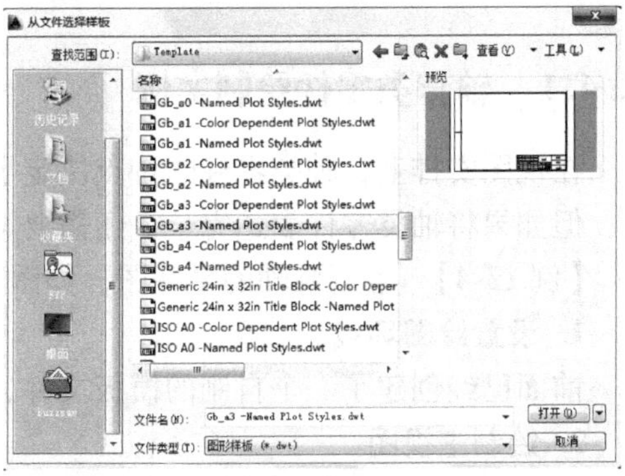

图 12-15 “Gb_a3-Named Plot Styles”样板图

2）绘图单位及绘图幅面可不用设置，即采用样板文件定义的环境设置（绘图界限：A3 图幅的大小 420×297）；绘图单位：长度单位为小数，角度单位为度/分/秒。）精度可根据需要进行设置。详细设置步骤见第 2 章。

3）建立图层。加载点画线及虚线等线型，设置多个所需图层，包括粗实线层、细实线层、中心线层、剖面线层、尺寸和公差层、文字层等，并给各图层设置颜色、线型及线宽等。详细设置步骤见第 5 章。

4）修改文字样式。“Gb_a3”样板文件的文字样式名为“工程字”。执行“文字样式”命令，可将“工程字”的字体样式修改为“gbeitc. shx”，注意不要使标注后的字母和数字倾斜。如果用户未使用“GB”样板图，可新建文字样式：默认名称为“样式 1”；使用大字体：✔；SHX 字体选择：倾斜 gbeitc. shx（或不倾斜 gbenor. shx）；大字体选择：gbcbig. shx。详细设置步骤见第 6 章。

5）修改基础标注样式“GB-35”，设置符合我国国家标准的标注样式。执行“标注样式”命令，启动“标注样式管理器”对话框，单击“修改”按钮，在弹出的“修改标注样式”对话框中，对当前的尺寸样式进行修改。修改主要内容如下。

“直线和箭头”选项卡：“基线间距”为8mm；“超出尺寸线”为2mm；“起点偏移量”为0。

“文字”选项卡：“文字样式”为工程字；“从尺寸线偏移”为1mm。

“调整”选项卡：勾选“注释性”。

其他选项的修改可根据绘图实际需要进行设置。

6）创建适合角度标注的标注子样式。执行“标注样式”命令，打开“标注样式管理器”对话框。单击“新建”按钮，弹出“创建新标注样式”对话框，在“新样式名”栏内默认新建的标注样式名为“副本 GB-35”，在“基础样式”栏内默认上面修改后的尺寸样式“GB-35”。“用于”栏内选取“角度标注”，单击“继续”按钮进行子样式的设置：“文字”选项卡→文字对齐：水平，文字位置：外部。

除此之外，还可新建其他标注样式，以便在标注的过程中根据需要分别调用。详细设置步骤见第7章。

7）创建带属性的表面粗糙度、几何公差基准符号等。在制作块时，可制作h=1mm的单位块，在插入时分别采用不同的插入比例3.5、5、7，即可生成符合标准的表面粗糙度符号及对应的文字字高。详细设置步骤见第8章。

8）保存样板图。执行“另存为”命令，在“图形另存为”对话框中输入新的文件名，在文件类型下拉列表框中选择“AutoCAD 图形样板（*.dwt）”，文件会保存到“安装目录\Template”的目录中。以上所有设置（包括图层、线型、文字样式、尺寸样式等）将保存在该样板图中，随时可调用。

12.4 零件图绘制实例

12.4.1 轴套类零件绘制实例

在视图安排上，轴类零件的特点决定了只需要一个主要视图就可以将其外形特点表达清楚，但如果将轴类零件表达完整，还需要增加几个辅助视图，如断面图、局部放大图等。

【例12-4】 绘制泵轴的零件图，如图12-16所示。具体绘制步骤如下：

1. 设置绘图环境

前面已经创建了一个自制的模板文件，则只需在此调用该文件即可，不需重新设定。

2. 绘制主视图

轴类零件具有对称性，因此可只绘制出轴的上半部分，再用“镜像”命令镜像即可得到其下半部分。

1）先设置中心线层为当前层，绘制长度大于94mm的水平中心线。如果中心线间距不符合要求，可调整线型比例，即打开“线型管理器”对话框中，单击“显示细节”，调整全局比例因子。

2）设“粗实线层”为“当前层”，根据图中所注尺寸，用“直线”命令绘制各轴段的

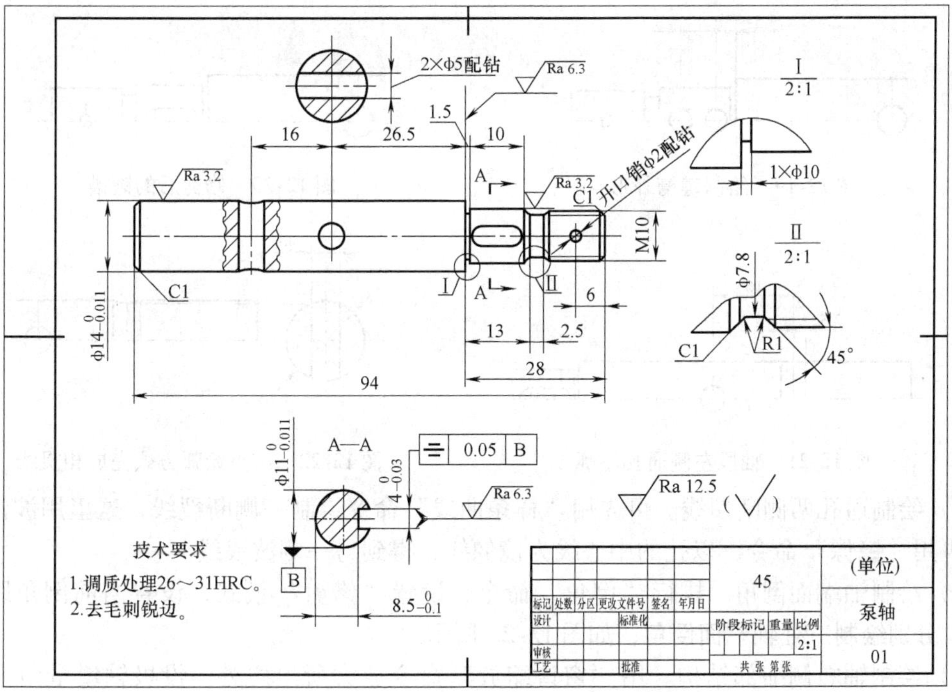

图 12-16　泵轴零件图

轮廓线，如图 12-17 所示。注意，为了示例清晰，读者先不用在此标注图中给出的尺寸。)

3）用“直线”命令补绘各轴段的端面线。

4）绘制轴前、后贯通的两通孔，如图 12-18 所示。

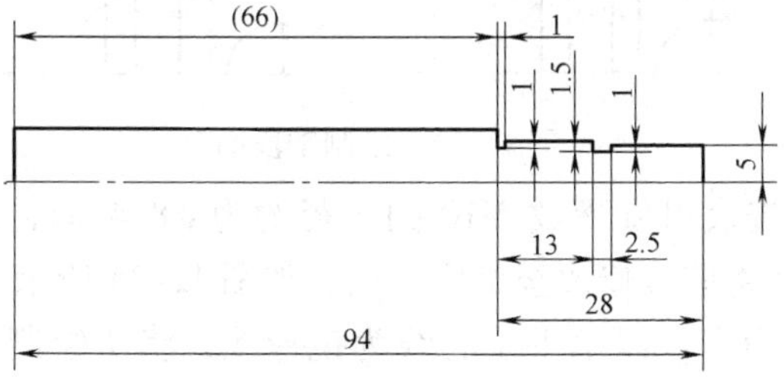

图 12-17　绘制轴段的主要轮廓线

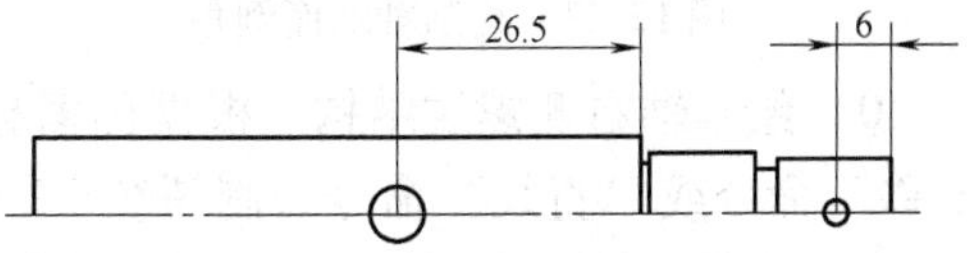

图 12-18　绘制轴段中的两通孔

5）绘制轴段右侧的键槽用“直线”命令绘制两圆孔中心线，再用“圆”命令分别绘制直径为 4mm 的两圆（因 A—A 断面图中键槽宽为 4mm，所以圆弧半径为 2mm）。作两小圆的公切线，如图 12-19 所示。

用“修剪”命令剪掉多余的图线，如图 12-20 所示。

6）绘制轴段左侧上、下贯通的通孔。由上部的断面图中 2 × ϕ5 可知通孔直径为 5mm。用“直线”命令绘制圆孔中心线，再用“偏移”命令，偏移距离设置为 2. 5mm，将中心线分别向左、右偏移。将图线改至相应图层，如图 12-21 所示。

绘制相贯线时，需在轴左侧绘出辅助图形，即通孔断面情况，以便找到相贯线最低点。

用三点方式绘制圆弧。剪掉弧线上部多余图线，结果如图 12-22 所示。

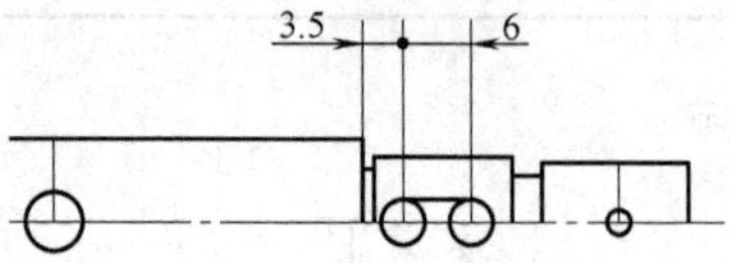

图 12-19　绘制键槽外形

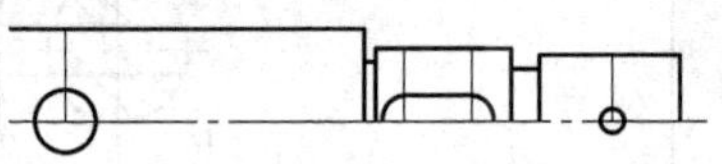

图 12-20　修剪后的键槽

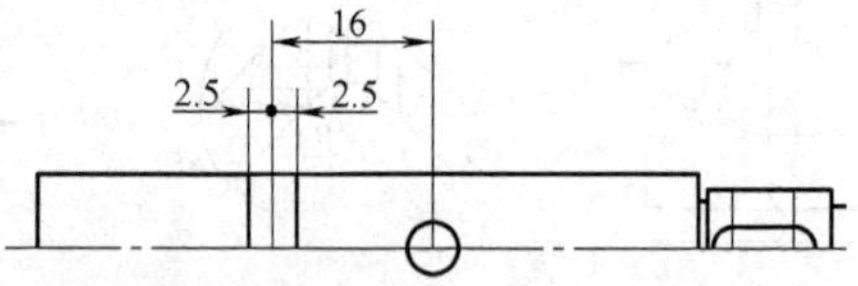

图 12-21　轴段左侧通孔轮廓

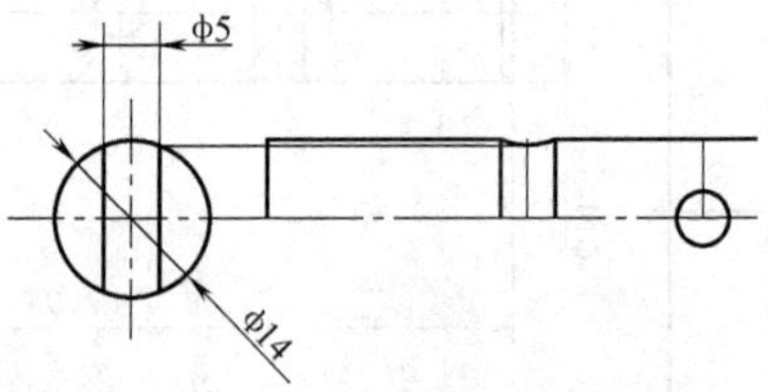

图 12-22　三点绘弧方式完成相贯线

7）绘制通孔两侧断裂线。可先用“样条曲线”命令绘制一侧断裂线，这里用波浪线表示，再用“镜像”命令，以孔的中心线为镜像线，得到另一侧波浪线。

8）绘制轴端面倒角。执行“倒角”命令，设置“修剪”模式，设置当前倒角距离为 1mm，分别绘制三处轴端面倒角，如图 12-23 所示。

9）绘制轴右侧细部结构。用“窗口缩放”命令放大所绘之处。设极轴增量角为 45°，用“直线”命令绘 45°斜线；用“修剪”命令剪掉多余图线，再补绘线 A。

执行“圆角”命令，设置模式为“修剪”，设置圆角半径为 1mm，以 B、C 为圆角对象绘制左侧圆角，以 B、D 为圆角对象绘制右侧圆角，整理图线后，如图 12-24 所示。

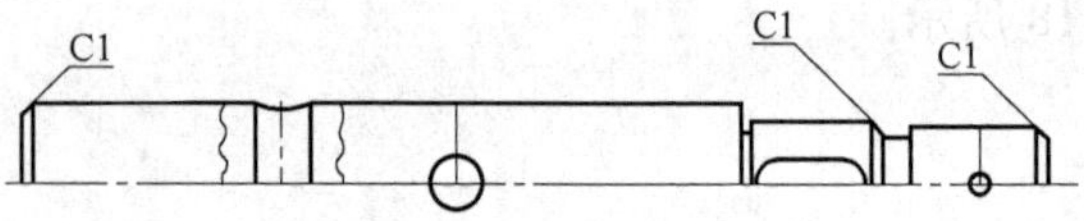

图 12-23　绘制轴端面倒角

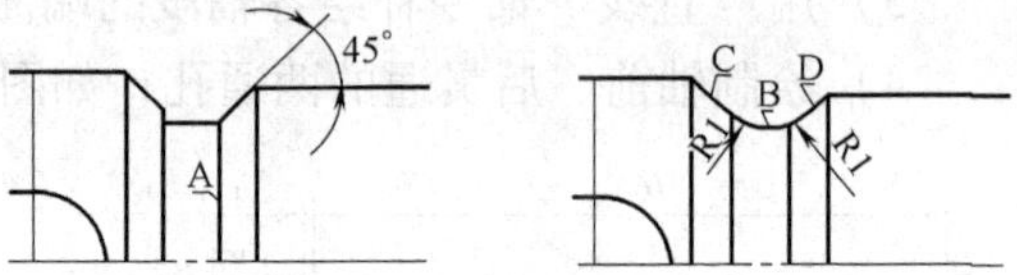

图 12-24　绘制轴段细节

10）绘制轴右侧螺纹结构。根据国家标准查表可知螺纹 M10 的小径约为 ϕ8. 4mm，用“偏移”命令或“直线”命令绘制螺纹小径，并将图线修改至细实线层，如图 12-25 所示。

11）镜像出轴的全部结构。执行“镜像”命令，以水平中心线为镜像线，将所绘制的轴上部所有结构向下镜像，得到轴的全部结构。

12）填充剖面线。用“图案填充”命令填充视图中的剖面线，图案比例可适当调整。整理图线，至此，轴的主视图全部绘制完成，如图 12-26 所示。

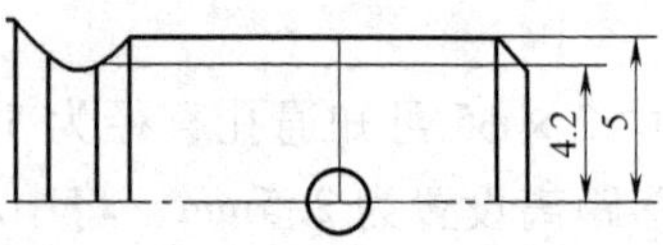

图 12-25　绘制轴段右侧螺纹结构

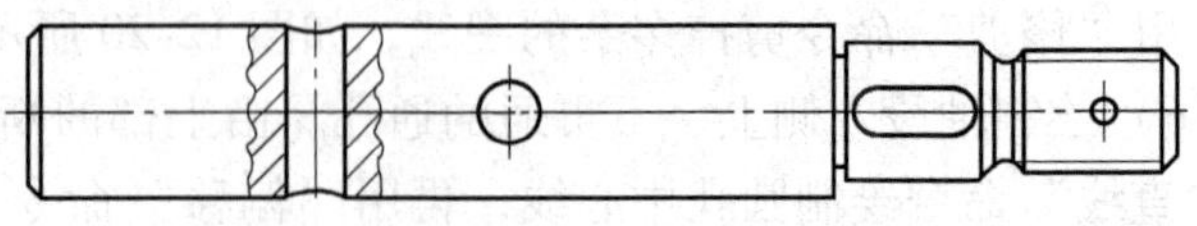

图 12-26　镜像出轴的全部结构

3. 绘制辅助视图

（1）断面图的绘制　先用“直线”命令和“圆”命令绘制中心线及 ϕ11mm 的外圆，再用“直线”命令或“偏移”命令绘制辅助线，然后修剪键槽部分多余轮廓线，最后添加剖面线，如图 12-27a 所示。通孔断面图的画法与此类似，绘后效果如图 12-27b 所示。

（2）局部放大图的绘制　复制主视图中所要放大部分图线到合适位置，用“样条曲线”命令绘制波浪线，再“修剪”多余图线后，用“比例缩放”命令放大两倍，如图 12-28 所示。

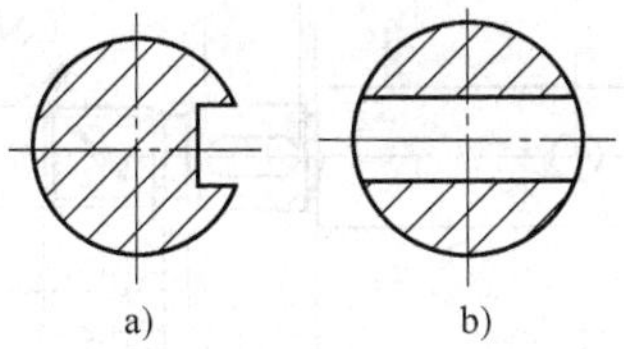

图 12-27　键槽和通孔的断面图

a）键槽断面图　b）通孔断面图

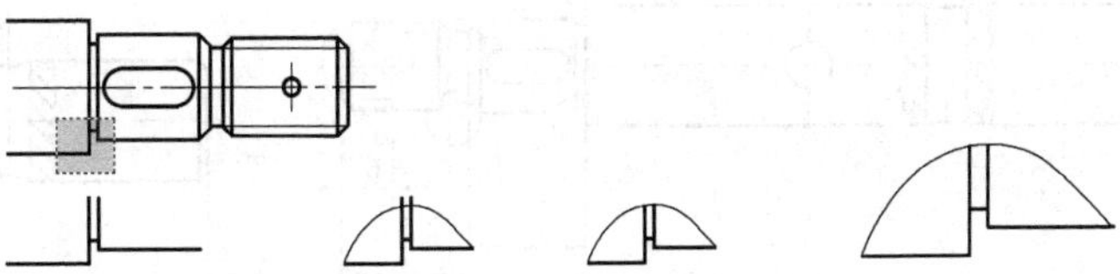

图 12-28　局部放大图 I 的绘制

最后在主视图中添加两处局部放大的细实线圆，整理图线。

至此，泵轴视图表达全部完成，如图 12-29 所示。

4. 布局

1）单击“Gb-A3 标题栏”选项卡，进入图纸空间。

2）单击状态栏的“图纸”按钮，使之变为“模型”按钮，即进入图纸空间的模型态。或者进入图纸空间后再双击内部区域，也可进入图纸空间的模型态。

3）单击状态栏的视口比例下拉按钮选取 2∶1（如未看到图形，可利用“缩放”命令的“全部”选项），利用“平移”、“移动”等命令将主视图及四个辅助视图合理布局到图纸中，如图 12-30 所示。

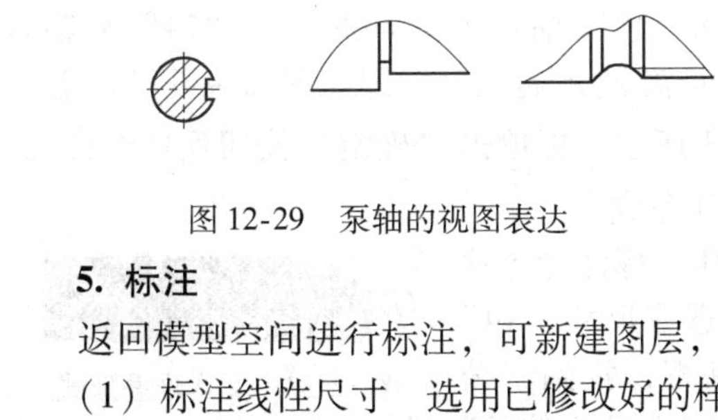

图 12-29　泵轴的视图表达

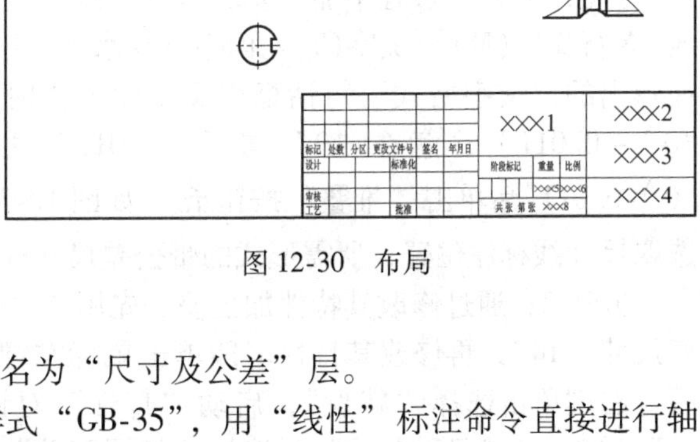

图 12-30　布局

5. 标注

返回模型空间进行标注，可新建图层，名为“尺寸及公差”层。

（1）标注线性尺寸　选用已修改好的样式“GB-35”，用“线性”标注命令直接进行轴向长度尺寸的标注，注释比例均为 2∶1，如图 12-31 所示。

（2）标注带有前缀和后缀的尺寸　包括 2 × ϕ5 配钻、开口销 ϕ2 配钻、M10，如图 12-32 所示。带有前后缀的尺寸标注可通过以下三种方法。

方法 1：标注过程中加前缀和后缀；方法 2：标注后通过修改对象特性加前缀和后缀；方法 3：标注后通过“编辑标注”命令修改尺寸，补充前缀和后缀。

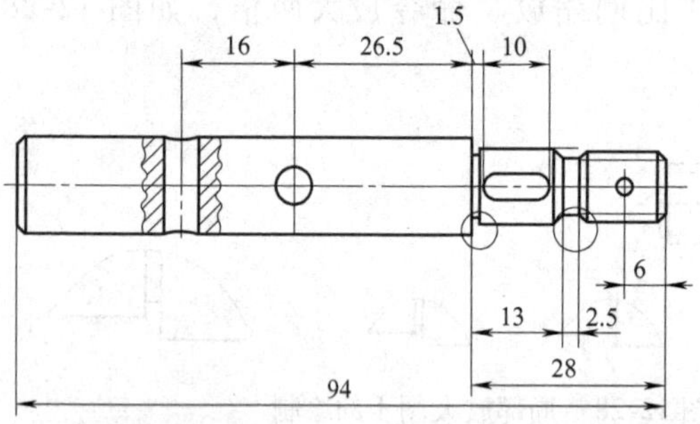

图 12-31　线性尺寸的标注

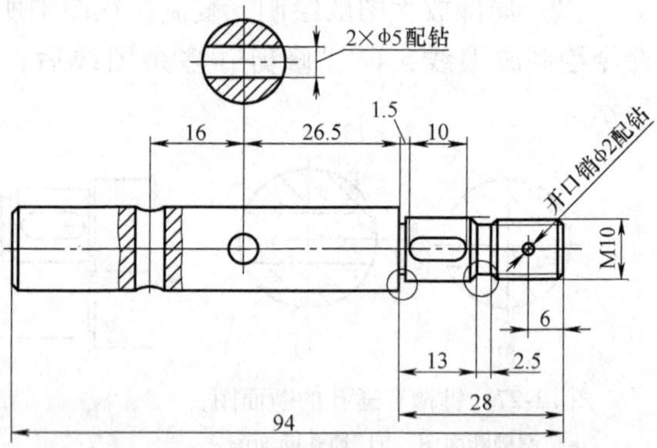

图 12-32　带有前缀和后缀的尺寸标注

以标注“2 × ϕ5 配钻”为例说明。

方法 1：执行“线性”标注命令，在标注过程中，当命令行提示“指定尺寸线位置或[多行文字(M)]/文字(T)/角度(A)/水平(H)/垂直(V)/旋转(R)：”时，输入“M↙”，在弹出的“多行文字”文本编辑器中的文字输入栏内“5”前输入“2x%%C”，“5”后输入“配钻”，单击“确定”按钮返回绘图区，选取尺寸线标注位置，完成尺寸标注。

方法 2：先标注好尺寸“5”，再修改其特性。启动“特性”对话框，选取要加后缀的尺寸“5”，找到“主单位”选项卡，在“前缀”栏输入“2x%%C”，“后缀”栏输入“配钻”。

方法 3：先标注好尺寸“5”，选择“编辑标注”命令中的“新建”选项，弹出“多行文字”文本编辑器，在默认文本前、后分别输入“2x%%C”和“配钻”，返回绘图区，选取尺寸“5”。

“开口销 ϕ2 配钻”和“M10”的标注与此类似。

（3）标注带有尺寸公差的轴段尺寸　包括尺寸 $8.5\,^{0}_{-0.1}$、$4\,^{0}_{-0.030}$、$\phi 11\,^{0}_{-0.011}$、$\phi 14\,^{0}_{-0.011}$。

下面以 $\phi 14\,^{0}_{-0.011}$ 尺寸标注为例说明。

方法 1：标注过程中加公差。执行“线性”命令标注过程中，当提示“指定尺寸线位置或[多行文字(M)]/文字(T)/角度(A)/水平(H)/垂直(V)/旋转(R)：”时，输入“M↙”，在弹出的“文字格式”对话框中文字输入栏内的“14”前输入“%%C”，“14”后输入“0^ - 0.011”注意在“0”与“ - 0.011”之间需键入符号^，即“Shift + 6”)，选中“0^-0.011”后单击“堆叠”按钮 a/b，如图 12-33 所示。再单击“确定”按钮返回绘图区，选取尺寸线标注位置，所需形式的带公差尺寸标注完成。

方法 2：通过修改其特性加公差。先用“线性”标注命令注好尺寸“14”，再修改其特性。即单击鼠标左键选取尺寸“14”后，右键单击选择“特性”，启动“特性”对话框，找到“公差”选项卡，“显示公差”栏选择“极限偏差”，“公差下偏差”

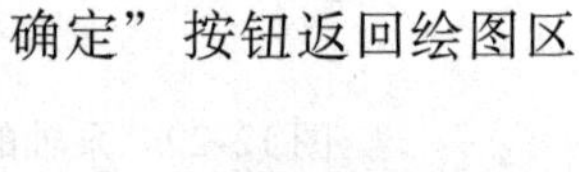

图 12-33　文本堆叠形式标注尺寸偏差

栏输入“0.011”，“公差上偏差”栏输入“0”，在“精度”栏选择“0.000”（也可在“消去后续零”栏选择“是”，消除小数点后面的零），如图 12-34 所示。单击绘图区以确认设置，再单击“Esc”键退出选择。

其他带极限偏差尺寸的标注方法与此类似。

（4）局部放大图中尺寸的标注　包括 1×ϕ10、R1、ϕ7.8。局部放大图图形虽然已放大 2 倍，但图中尺寸仍需按照原来的尺寸标注，如图 12-35 所示。

方法 1：执行“标注”命令过程中，在确定尺寸位置之前先输入“多行文本（M）”选项，将默认文本改为所需标注的内容。

方法 2：先按默认标注，再改变其“特性”的“文字”选项卡，在“文字替代”栏中输入标注的内容。

方法 3：按注释比例 2∶1 标注，在布局中添加 2∶1 视口。

（5）标注倒角（C1）　执行“多重引线”命令，分别指定标注位置点、转折点后，输入文本“C1”。

（6）标注几何公差　执行“快速引线”命令，在指定标注位置点后绘制引线。执行“形位公差”命令，打开“形位公差”对话框，单击“符号”选择下的黑块，选择特征符号中的⌯，“公差 1”栏输入“0.05”，“基准 1”栏输入“B”，如图 12-36 所示。

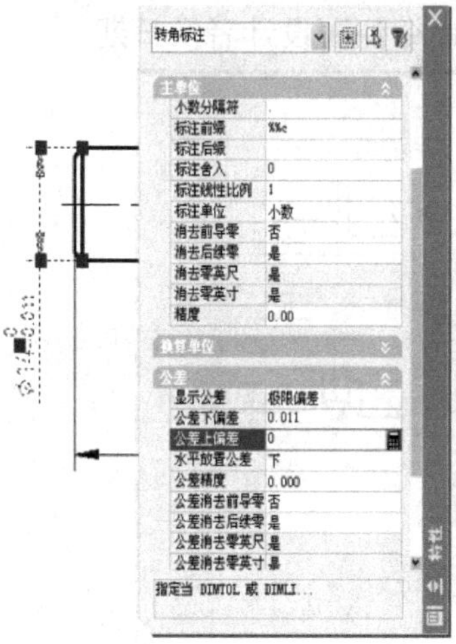

图 12-34　修改特性标注尺寸偏差

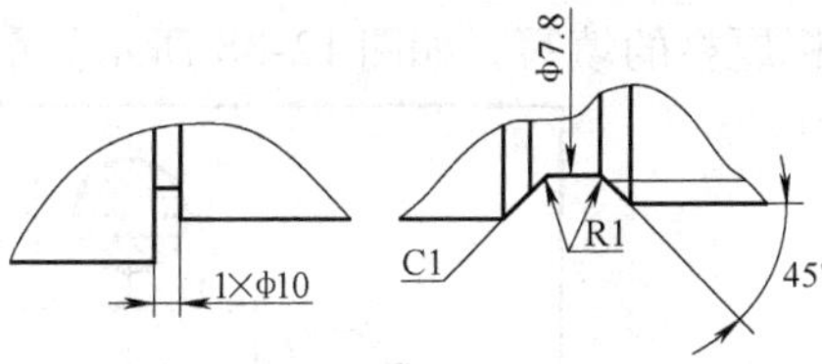

图 12-35　放大图中尺寸的标注

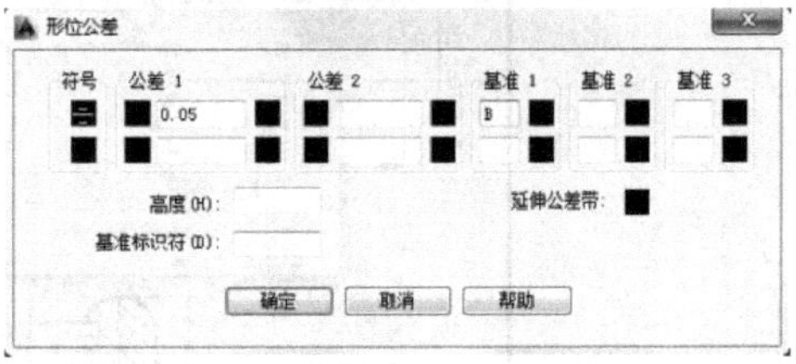

图 12-36　几何公差的标注

基准符号的标注可用“多段线”、“直线”、“圆”及“文本”等命令直接绘制。此外，也可将基准符号设置成“图块”的形式，以备其他图形调用。

（7）标注表面粗糙度　设置带属性的表粗糙度图块$\sqrt{\text{Ra CCD}}$，或插入在前面章节中已经存储好的表面粗糙度图块，插入时输入相应属性值，完成表面粗糙度的标注。

整理图线。至此，各视图尺寸标注完成，如图 12-37 所示。

（8）标注文字　用“文本”命令标注“A”文本、“A—A”文本等，表示投射方向的箭头时，可“分解”一个任意的尺寸标注，将箭头移至所需之处。

返回图纸空间的图纸态，注写“技术要求”等文本内容。即左键单击状态栏中的“模型”选项，使其变为“图纸”，用“多行文本”命令输入，字号为 7 号，技术要求中的文字内容为 5 号字。

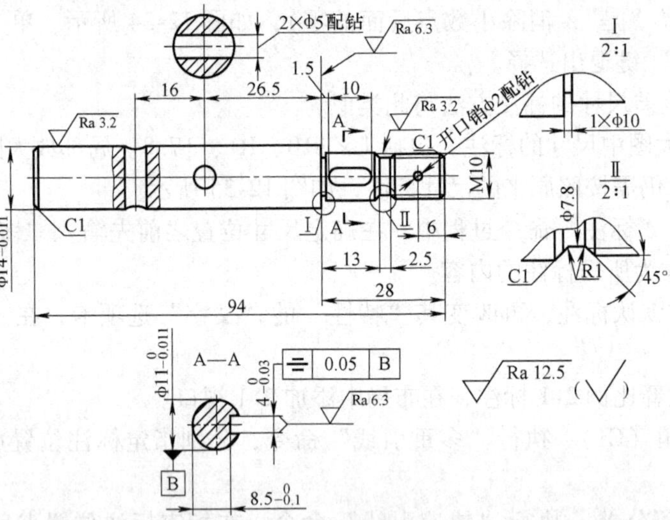

图 12-37 视图中的尺寸标注

(9) 填写标题栏 仍在图纸空间的图纸态。双击标题栏区域（或左键单击选择标题栏后，再右键单击选择“编辑属性”），在弹出的“增强属性编辑器”对话框中修改属性值，完成标题栏的填写，如图 12-38 所示。最后用“文字”命令注写设计者及日期。

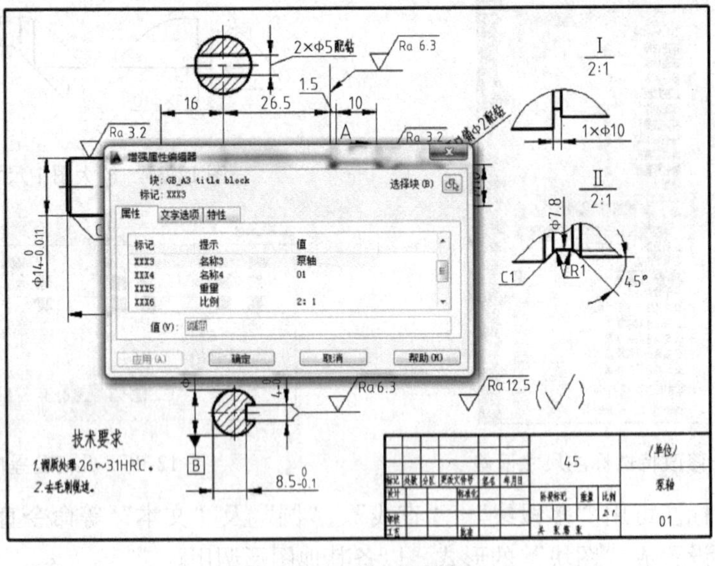

图 12-38 填写标题栏

12.4.2 盘盖类零件绘制实例

盘盖类零件的基本形状是扁平的盘状，在视图安排上，需要两个以上主要视图，且以非圆视图的剖视作为主视图，圆形的视图作为左视图或右视图。

【例 12-5】 图 12-39 所示为阀盖零件图，绘制步骤如下：

1. 设置绘图环境

如前面已经创建了一个自制的模板文件，则只需在此调用该文件即可，不需重新设定。

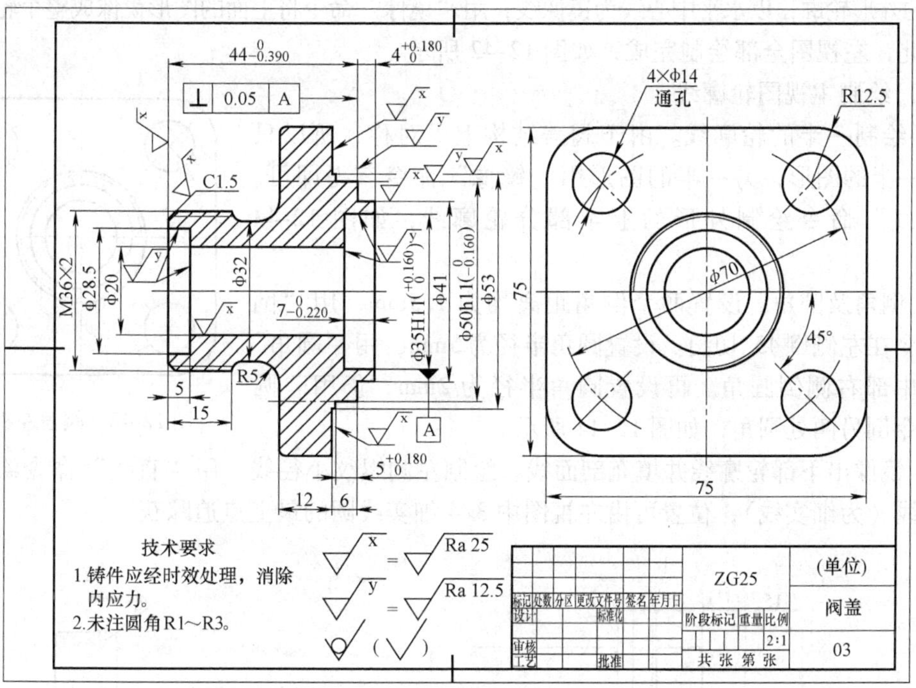

图 12-39　阀盖零件图

2. 绘制视图

（1）绘制左视图主要轮廓线

1）绘制多个同心圆。用“直线”命令绘制左视图中水平、竖直两条定位中心线，用“圆”命令绘制多个同心圆。由 M36×2 可知，该螺纹大径为 ϕ36mm，据国家标准查表可知其小径约为 ϕ33.8mm（3/4 细实线圆）。将各圆改至相应图层，用“修剪”命令、“删除”命令修剪并整理中心线圆和细实线圆，如图 12-40 所示。

2）绘制四分之一的阀盖外形。用“直线”命令绘制四分之一阀盖外形。设置圆角半径为 12.5mm，用“圆角”命令对外形轮廓倒圆角，如图 12-41 所示。

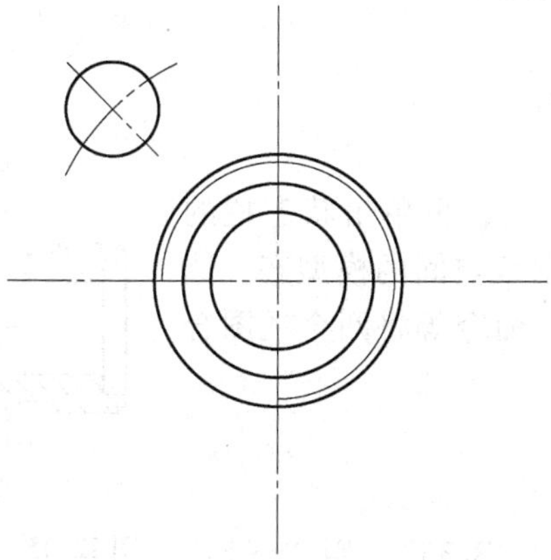

图 12-40　绘制多个同心圆

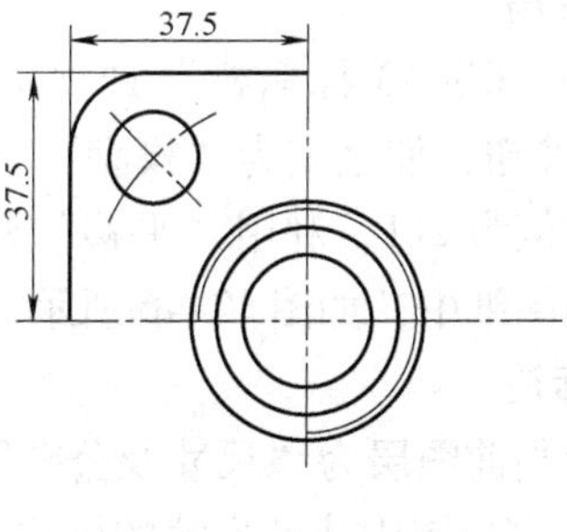

图 12-41　四分之一的阀盖外形

3）镜像为全部的外形轮廓。以竖直中心线为镜像线，用“镜像”命令将四分之一图形镜像为一半的外形轮廓，以水平中心线为镜像线，用“镜像”命令将上面的图形镜像成整个轮廓。

至此，左视图全部绘制完成，如图 12-42 所示。

（2）绘制主视图轮廓线

1）绘制一半的轮廓线。由于阀盖结构上下对称，所以只需绘制一半的图形，另一半的图形用“镜像”命令获得即可。用“直线”命令绘制外形的上半部分轮廓线，如图 12-43 所示。

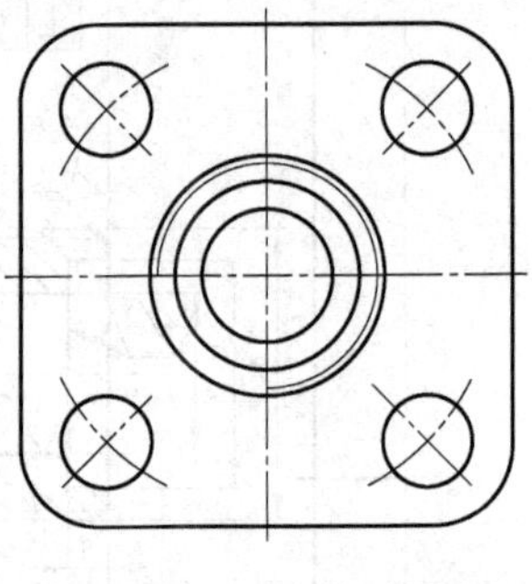

图 12-42 阀盖左视图

2）倒角及圆角。设置两个倒角距离均为 1.5mm，用“倒角”命令在左侧倒45°切角。设置圆角半径为5mm，用“圆角”命令对中部右侧倒圆角。再设置圆角半径为 2mm，仍用“圆角”命令倒另两处圆角，如图 12-44 所示。

3）镜像出下部轮廓线并填充剖面线。绘制左侧螺纹小径线。用“直线”命令绘制左侧的小径线（为细实线），位置可由左视图中 3/4 细实线圆的最上点追踪获得。

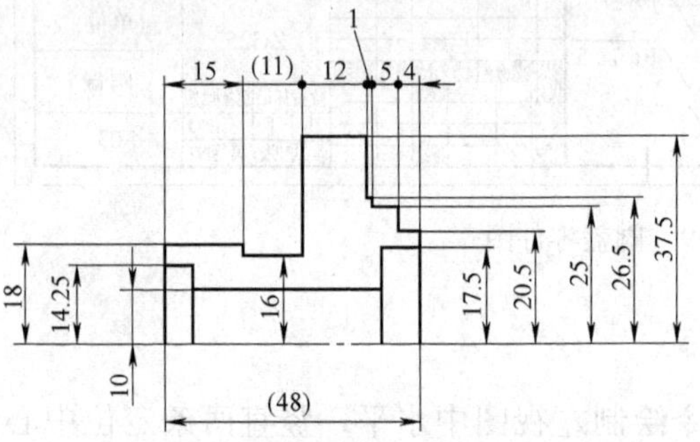

图 12-43 绘制一半的轮廓线

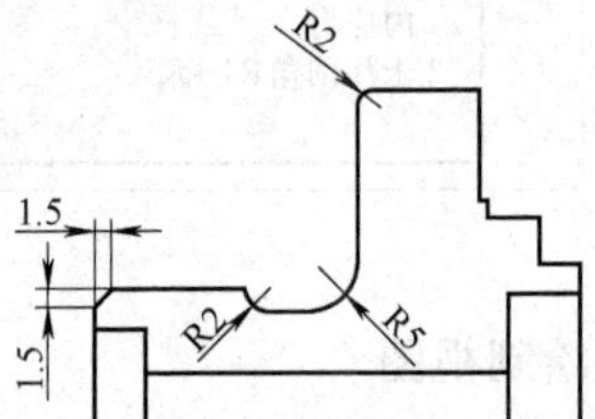

图 12-44 轮廓线倒角及圆角

以水平中心线为镜像线，用“镜像”命令得到另一侧轮廓线。

用“图案填充”命令进行剖面线的绘制，注意：剖面线需要绘制到轮廓线，即粗实线。也可先将细实线层“关闭”，执行“填充”命令后再打开细实线层。

由左视图通孔的中心用“对象追踪”补绘两条中心线。

整理图线，将图线改至相应图层。

至此，主视图全部绘制完成，如图 12-45 所示。

3. 布局

单击“Gb-A3 标题栏”选项卡，进入图纸空间，再单击状态栏的“图纸”按钮，使之变为“模型”按钮，即进入图纸空间的模型态。选取视口比例为 2∶1，利用“平移”命令、“移动”命令等将两个视图合理布局到图纸中，如图 12-46 所示。

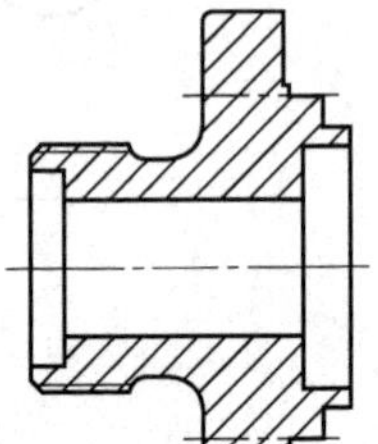

图 12-45 阀盖的主视图

4. 标注

设置当前图层为“尺寸及公差”层。

（1）主视图中线性尺寸的标注 先选择样式“GB-35”，用“线性”标注命令直接进行主视图中线性尺寸的标注，注释比例均为 2∶1，如图 12-47 所示。

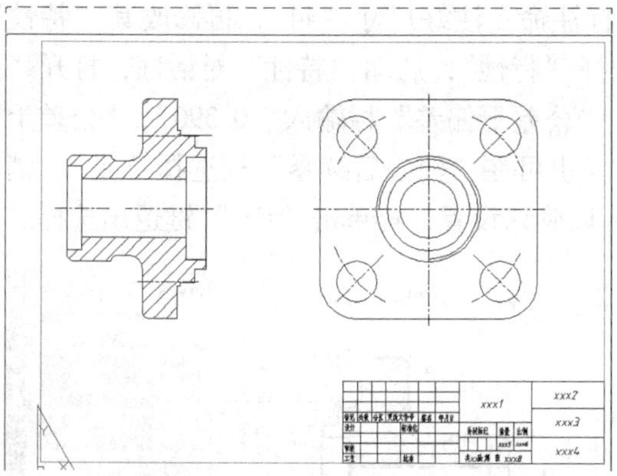

图 12-46　布局

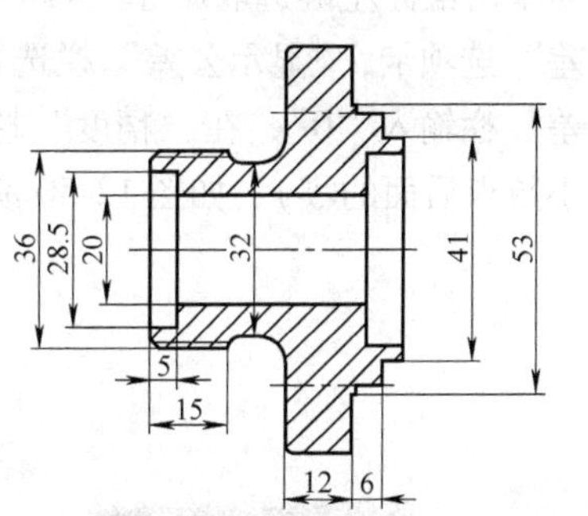

图 12-47　主视图中线性尺寸的标注

标注带 ϕ 的线性尺寸。先用鼠标左键选择该类型的所有尺寸（如 28.5、20、32、41、53 等），再单击鼠标右键选择“特性”，启动“特性”对话框，打开“主单位”选项卡，在“前缀”栏输入“%%C”，如图 12-48 所示。单击绘图区确认设置，单击键盘左上角“Esc”键退出选择。

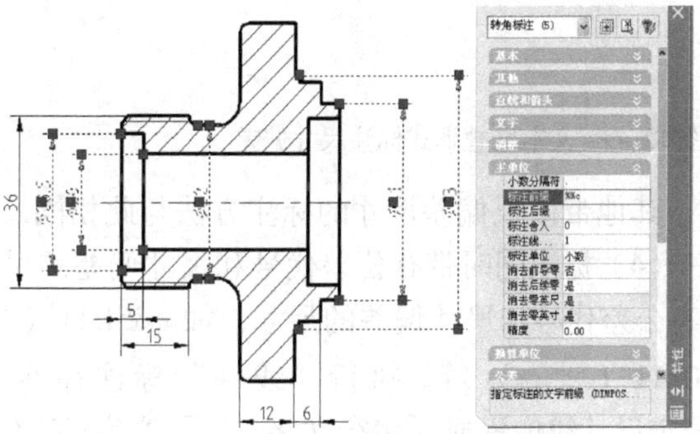

图 12-48　标注带 ϕ 的线性尺寸

（2）标注带有前缀和后缀的尺寸（如 M36×2）　带有前缀和后缀的尺寸标注方法同例 12-4。以下介绍两种标注方法：

1）标注过程中加前后缀。执行“线性”标注命令，当提示“指定尺寸线位置或［多行文字(M)］/文字(T)/角度(A)/水平(H)/垂直(V)/旋转(R)：”时，输入“M↙”，在弹出的“文字格式”对话框中文字输入栏内“36”前输入“M”，“36”后输入“x2”，即：M36x2。单击“确定”按钮返回绘图区，选取尺寸线标注位置，尺寸标注完成。

2）标注后修改其特性加前后缀。先用“线性”命令注好尺寸“36”，再修改其特性。即单击鼠标左键选取尺寸“36”后，右键单击选择“特性”，启动“特性”对话框，打开“主单位”选项卡，在“前缀”栏输入“M”，“后缀”栏输入“x2”。单击绘图区确认设置，再单击“Esc”键退出选择。

（3）标注只带有极限偏差的尺寸（如 $44^{\ 0}_{-0.390}$、$4^{+0.180}_{\ 0}$、$5^{+0.180}_{\ 0}$、$7^{\ 0}_{-0.220}$ 等）　以尺寸 $44^{\ 0}_{-0.390}$ 的标注为例加以说明两种标注方法。

1）标注过程中加公差。执行“线性”命令，当提示“指定尺寸线位置或［多行文字(M)］/文字(T)/角度(A)/水平(H)/垂直(V)/旋转(R)：”时，输入“M↙”，在弹出的“文字格式”对话框中文字输入栏内“44”后，输入“0^ −0.390”（注意，在“0”与“−0.390”之间需键入符号^，即“Shift+6”），选中“0^ −0.390”后单击“堆叠”按钮 $\frac{a}{b}$，如图12-49所示。再单击“确定”按钮返回绘图区，选取尺寸线标注位置，所需形式的带公差尺寸标注完成。

2）通过修改其特性加公差。先用“线性”标注命令注好尺寸“44”，再修改其“特性”。即单击鼠标左键选取尺寸“44”后，右键单击选择“特性”，启动“特性”对话框，打开“公差”选项卡，“显示公差”栏选择“极限偏差”，“公差下偏差”栏输入“0. 390”，“公差上偏差”栏输入“0”，在“精度”栏选择“0. 000”，（也可在“消去后续零”栏选择“是”，消除小数点后面的零），如图 12-50 所示。单击绘图区以确认设置，再单击“Esc”键退出选择。

图 12-49 文本堆叠形式标注尺寸偏差

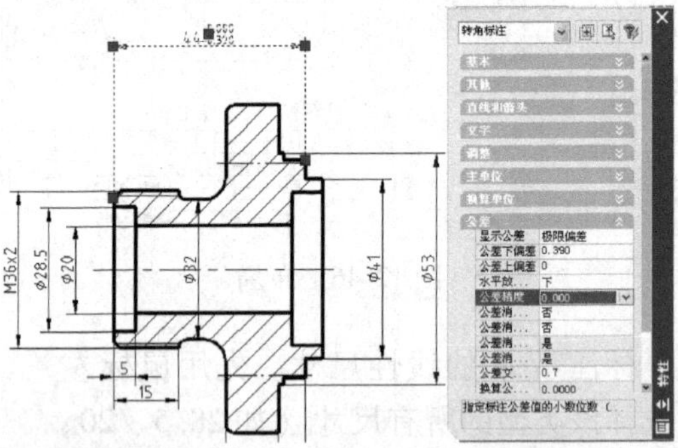

图 12-50 修改特性标注尺寸偏差

其他带极限偏差尺寸的标注方法与此相同。

（4）标注同时带有公差代号和尺寸偏差的尺寸 同时带有公差代号和尺寸偏差的尺寸，如 ϕ35H11（$^{+0.160}_{0}$）、ϕ（50h11（$^{0}_{-0.160}$）等。执行“线性”标注命令，当提示“指定尺寸线位置或［多行文字(M)］/文字(T)/角度(A)/水平(H)/垂直(V)/旋转(R)：”时，输入“M↙”，在弹出的“文字格式”对话框中文字输入栏内“35”的前、后分别输入所需内容，即：ϕ35H11(+0.160^0)。将“+0.160^0”选中后单击鼠标右键，选择菜单中的“堆叠”选项，如图 12-51 所示，则完成所需标注形式。返回绘图区，选取尺寸线标注位置，尺寸标注完成。

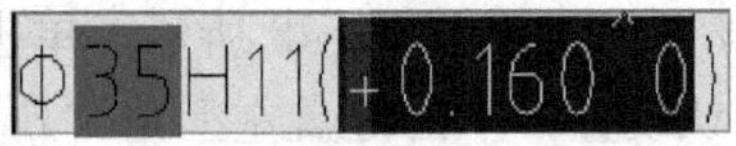

图 12-51 标注带有公差代号和尺寸偏差的尺寸

“ϕ50h11（$^{0}_{-0.160}$）”的标注方法与此相同。

（5）倒角、圆角的标注（如 C1. 5、R5） 执行“快速引线”命令，当提示“指定第一个引线点或［设置(S)］<设置>：”时，输入“S↙”，在弹出的“引线设置”对话框中，选取“注释”类型为“多行文字”，“箭头”为“无”，“附着”为“最后一行加下划线”。分别指定标注位置点、转折点及文字宽度后，当提示“输入注释文字的第一行<(M)>：”时输入“C1. 5”，提示“输入注释文字的下一行：”时，回车即可。

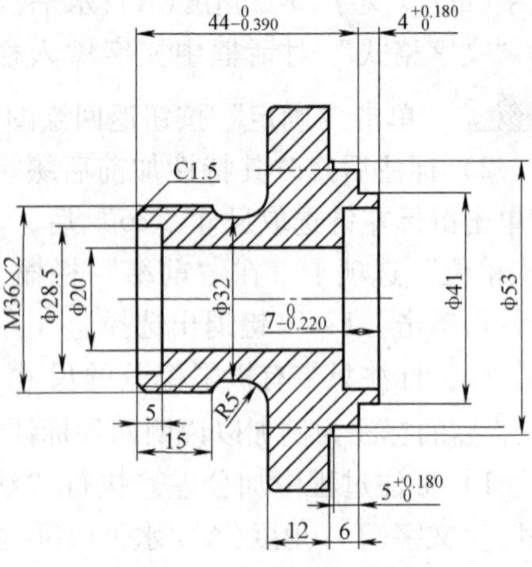

图 12-52 标注倒角和圆角

用“半径”命令标注圆角，如图 12-52 所示。

（6）标注几何公差 执行“快速引线”命令，当提示“指定第一个引线点或［设置(S)］<设置>：”时，键入“S↙”，在弹出的“引线设置”对话框中，选取“注释”类型为“公差”，“箭头”为“实心闭合”。

指定标注位置点后，弹出“形位公差”对话框，单击“符号”选择下的黑块，选择标准符号中的⊥，“公差1”栏输入“0.05”，“基准1”栏输入“A”。

可用“ 多段线”、“圆”、“文本” 命令直接绘制标注基准符号。也可将基准符号设置成图块的形式，以备其他图形调用。

（7）标注表面粗糙度　设置带属性的表面粗糙度图块，或插入在前面章节中已经存储好的表面粗糙度图块，插入时输入相应属性值，完成表面粗糙度的标注。整理图线，并将被遮挡的图线在所需的位置打断。

至此，主视图尺寸标注完成。

（8）左视图中的尺寸标注　选用样式“GB-35”，先用“线性” 命令、“角度” 标注命令进行视图中尺寸75、45°的标注。

图中出现两种标注样式：文字方向分别为“与尺寸线对齐”（ϕ70）和“水平”（R12.5、4×ϕ14）。ϕ70 尺寸可直接用“直径”标注命令，文字位置可作适当调整。“R12.5”尺寸和“4×ϕ14”尺寸的标注，可用“样式替代”的方式，以使其文本为水平方向。启动“标注样式管理器”，单击[替代(O)...]按钮，设置“文字”选项卡中“文字对齐”为“水平”，并将此样式置为当前样式。用“半径”标注命令标注“R12.5”。调用“直径”标注命令，当提示“指定尺寸线位置或［多行文字(M)/文字(T)/角度(A)/水平(H)/垂直(V)/旋转(R)：”时，输入“M↙”，在弹出的“文字格式”对话框中文字输入栏内“ϕ14”前键入“4x”即可。“通孔”可直接用“文本”命令添加。

（9）标注文字　用鼠标左键单击状态栏中的“模型”选项，使其变为“图纸”，即返回图纸空间的图纸态，用“多行文本” 命令在合适位置书写“技术要求”等文字。其中“技术要求”字号为7号；其余文字为5号。

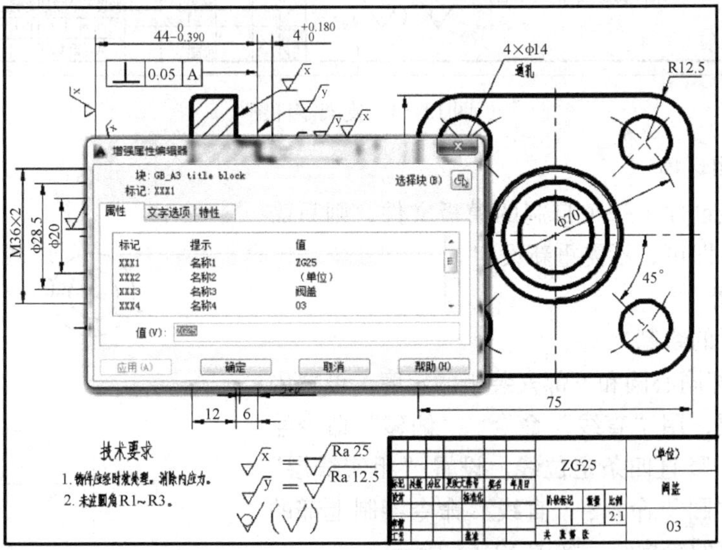

图12-53　填写阀盖零件图标题栏

（10）填写标题栏　在图纸空间的图纸态中，用鼠标左键单击标题栏后，再用鼠标右键单击选择“编辑属性”，在弹出的“增强属性编辑器”中修改属性值，完成标题栏的填写。

在图纸空间的模型态，选取视口比例为 2:1，调整各视图位置，完成阀盖零件图，如图 12-53 所示。

12.4.3 叉架类零件绘制实例

叉架类零件的形状一般较复杂，在视图安排上，需要两个或两个以上基本视图，且要用局部视图、断面图等表达零件的细部结构。

【例 12-6】 图 12-54 所示为支架零件图，绘制步骤如下：

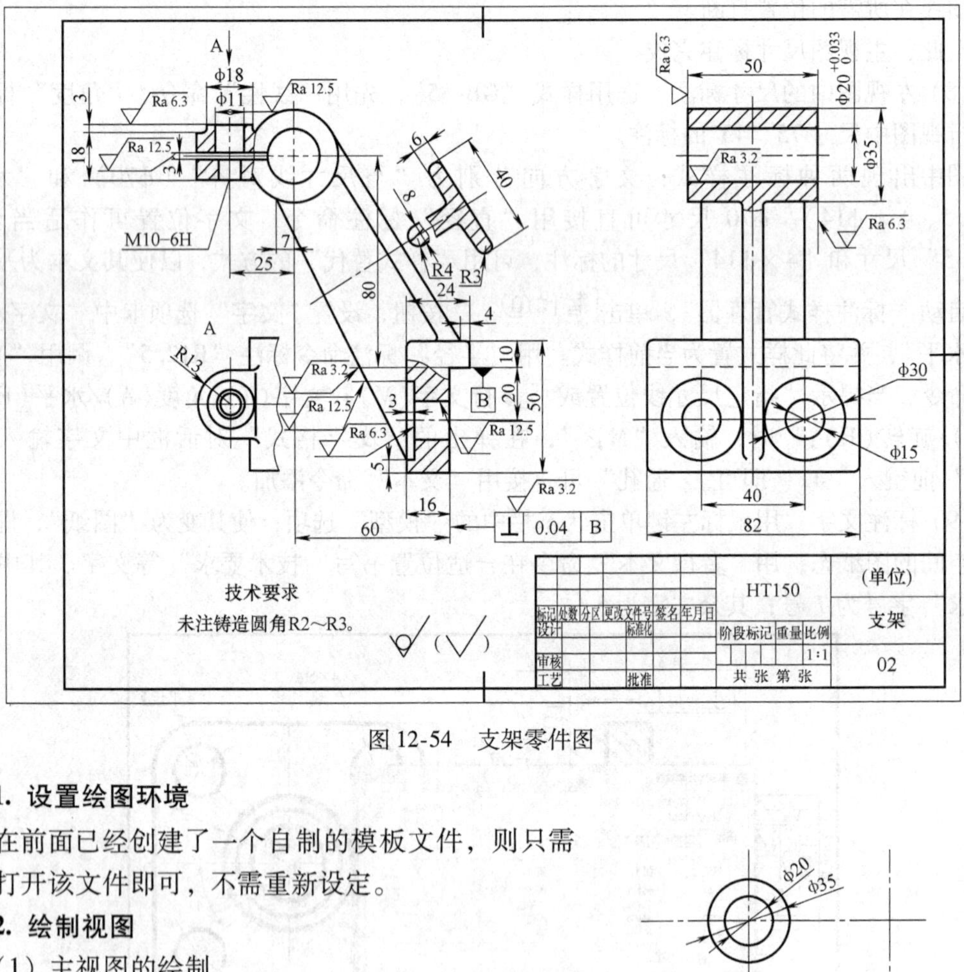

图 12-54　支架零件图

1. 设置绘图环境

在前面已经创建了一个自制的模板文件，则只需在此打开该文件即可，不需重新设定。

2. 绘制视图

（1）主视图的绘制

1）绘制上部同心圆和下部安装板的轮廓。设置中心线层为当前层，用“直线”命令、“偏移”命令绘制视图中水平、竖直四条定位线。设置“粗实线层”为当前层，用“圆”命令、“直线”命令绘制上部的两同心圆及下部的轮廓线，如图 12-55 所示。

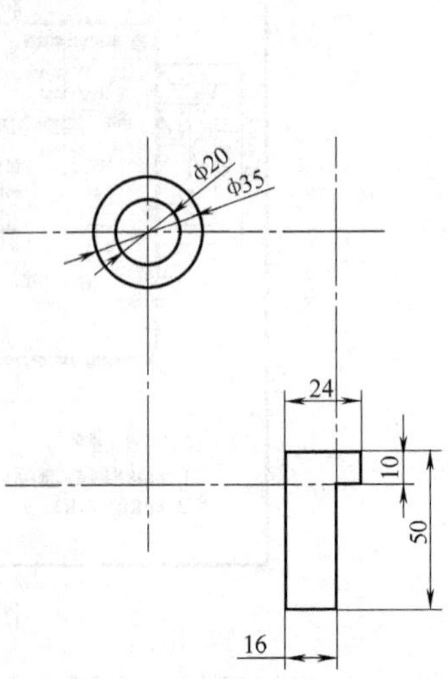

图 12-55　绘制支架上部和下部的轮廓

2）绘制安装板上的阶梯孔。用“直线”命令绘制安装板上的阶梯孔，可先绘制一侧的图线，再用“镜像”命令镜像出另一侧的图线，镜像前、后的图形如图 12-56 所示。

3）绘制肋板外形轮廓。用“直线”命令绘制肋板外形两直线，右侧直线与圆相切处需“捕捉切点”。用“偏移”命令将右侧直线向左偏移 6mm，再用“修剪”命令、“圆角”命令完成轮廓线，如图 12-57 所示。

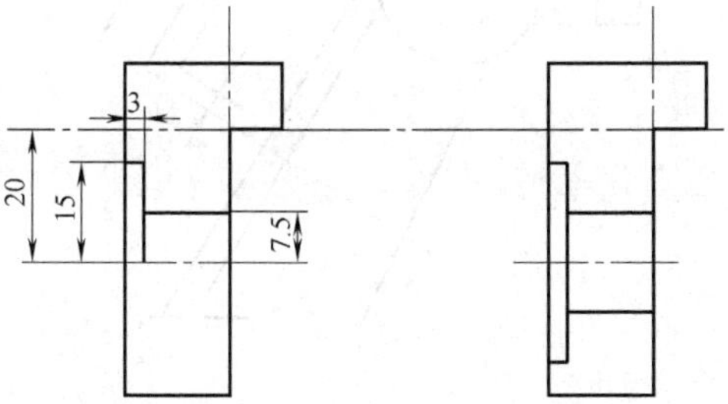

图 12-56　镜像前和镜像后的阶梯孔

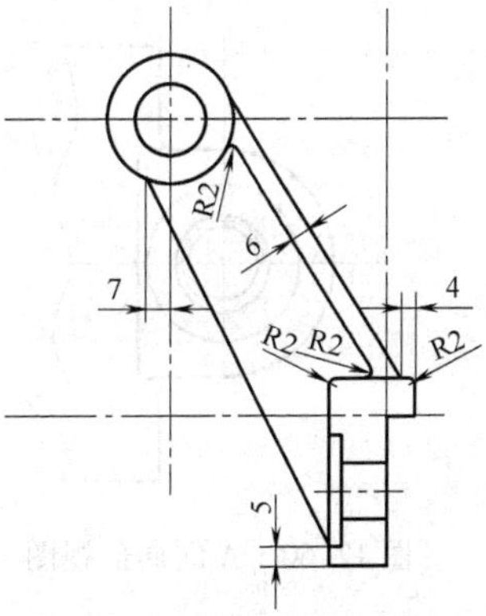

图 12-57　绘制肋板外形轮廓

4）绘制左上部结构。用“直线”命令绘制左上部的外形轮廓，用“修剪”命令对多余图线进行修剪，并倒圆角，半径为 2mm。

用“直线”命令绘制上边的通孔。对于下边 M10 的螺纹孔，根据国家标准其大径为 10mm，查表可知其小径约为 8. 38mm，且大径用细实线表示，如图 12-58 所示。

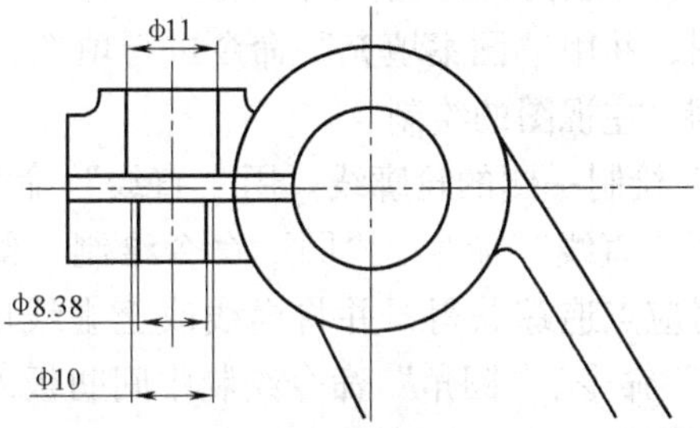

图 12-58　绘制左上部通孔和螺纹孔

5）绘制局部剖视。用“样条曲线”命令绘制两处断裂线（这里为波浪线），并改至细实线层，再修剪多余图线。

用“图案填充”命令进行填充。注意：剖面线需要绘制到粗实线。也可先将细实线层关闭，进行填充后再打开细实线层，如图 12-59 所示。

（2）A 向局部视图的绘制

1）绘制多个同心圆。用“圆”命令绘制多个同心圆，尺寸也可由主视图中相应结构尺寸“追踪”获得，其中螺纹大径圆为 3/4 细实线圆。

2）绘制其他的轮廓线。用“直线”命令绘制一侧外形轮廓，注意与主视图中结构的对应关系。

用“样条曲线”命令绘制断裂线（波浪线），并改至细实线层。用“修剪”命令、“删除”命令、“圆角”等命令整理轮廓线。

以孔水平中心线为镜像线，用“镜像”命令得到另一侧的轮廓线，A 向局部视图绘制完成，如图 12-60

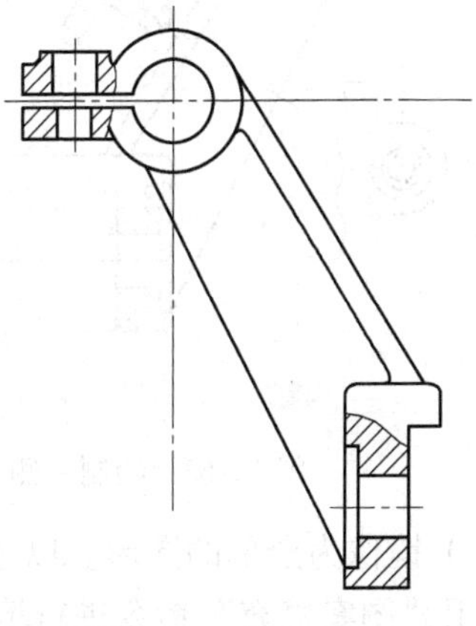

图 12-59　绘制两处局部剖视

所示。

(3) 移出断面图的绘制

1) 绘制断面一侧的轮廓。"对象捕捉" 模式增设 "垂足" 和 "平行" 两项，用 "直线" 命令绘制与肋板垂直的对称线及一侧的外形轮廓，如图 12-61 所示。

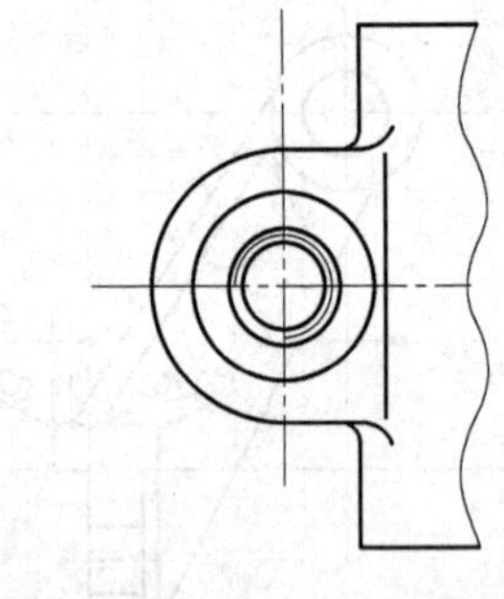

图 12-60 A 向局部视图

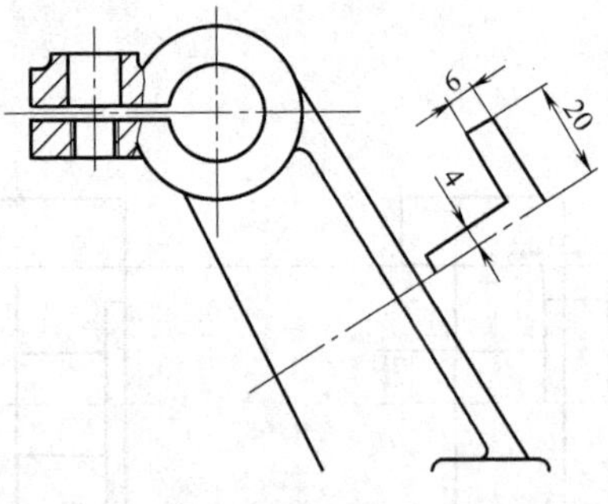

图 12-61 绘制断面一侧外形

2) 完成断面图。分别设置半径为 3mm 和 4mm，用 "圆角" 命令进行倒圆角。用 "样条曲线" 命令绘制波浪线，并改至细实线层。将多余图线修剪掉。

以对称线为镜像线，用 "镜像" 命令将一侧的图形镜像为整个断面图，并用 "图案填充" 命令进行填充，如图 12-62 所示。

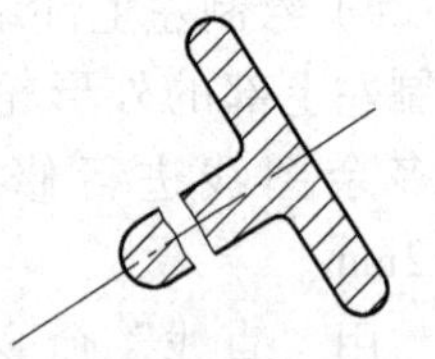

图 12-62 移出断面图

(4) 左视图的绘制

1) 绘制一侧的轮廓线。用 "直线" 命令绘制左视图中定位中心线。用 "直线" 命令、"圆" 命令绘制一侧的轮廓线，尺寸可由主视图对应点追踪获得，并将虚线改至虚线层，如图 12-63 所示。用 "直线" 命令、"圆角" 命令绘制中间肋板外形，并对肋板及安装板轮廓倒圆角。

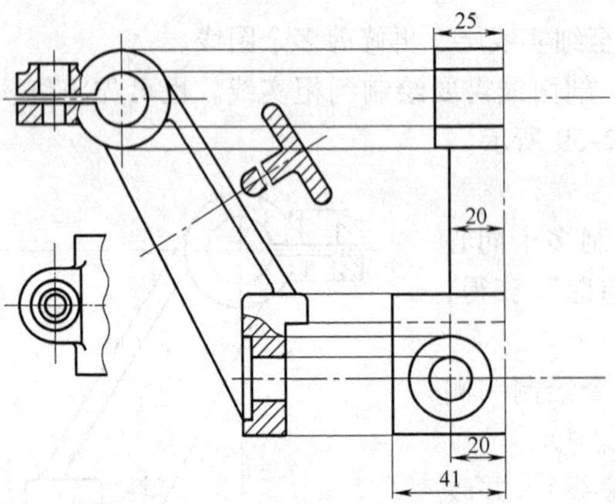

图 12-63 绘制一侧的轮廓线

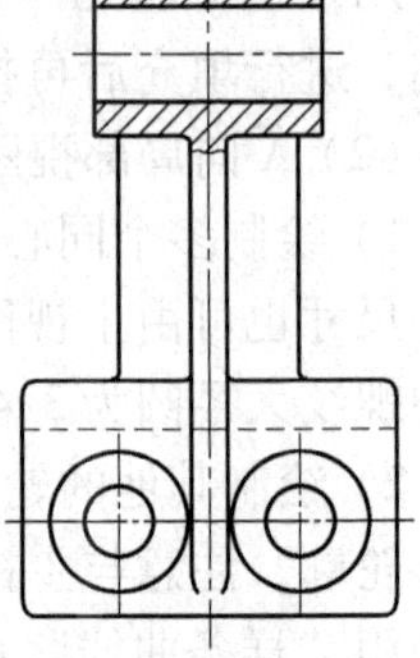

图 12-64 支架左视图

2) 镜像为全部的图形。以竖直对称线为镜像线，用 "镜像" 命令将一侧镜像为整个图形。用 "图案填充" 命令进行填充。整理图线，左视图全部绘制完成，如图 12-64 所示。

3. 布局

单击“Gb-A3 标题栏”选项卡，进入图纸空间，再双击内部区域，进入图纸空间的模型态。

选取视口比例为 1∶1，利用“平移”命令、“移动”命令等将视图合理布局到图纸中，如图 12-65 所示。

4. 标注

设置当前图层为“尺寸及公差”层。选用或新建文字样式、修改标注样式、各类尺寸标注方法同前例。

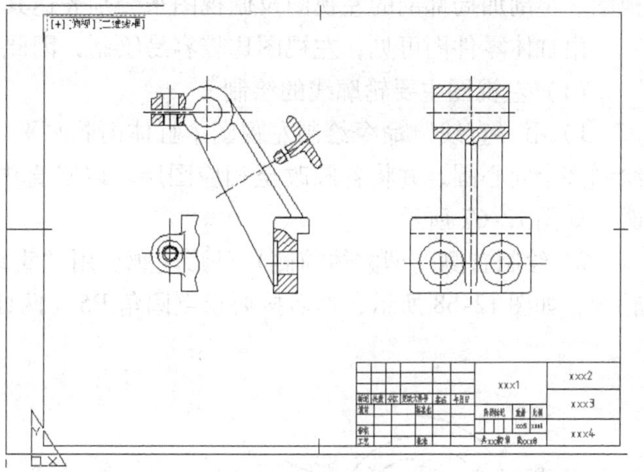

图 12-65 布局

12.4.4 箱体类零件绘制实例

在视图安排上，箱体类零件的特点决定了需要两个以上主要视图，还需要根据实际情况采取剖视图、断面图、局部视图、斜视图等多种形式，以清晰表达零件内外形状。

【例 12-7】 图 12-66 所示为缸体零件图，绘制步骤如下：

1. 设置绘图环境

前面已经创建了一个自制的模板文件，则只需在打开该文件即可，不需重新的设定。

2. 绘制视图

零件缸体的形状、结构比较复杂，以垂直于前后对称面为主视图投射方向，用全剖的主

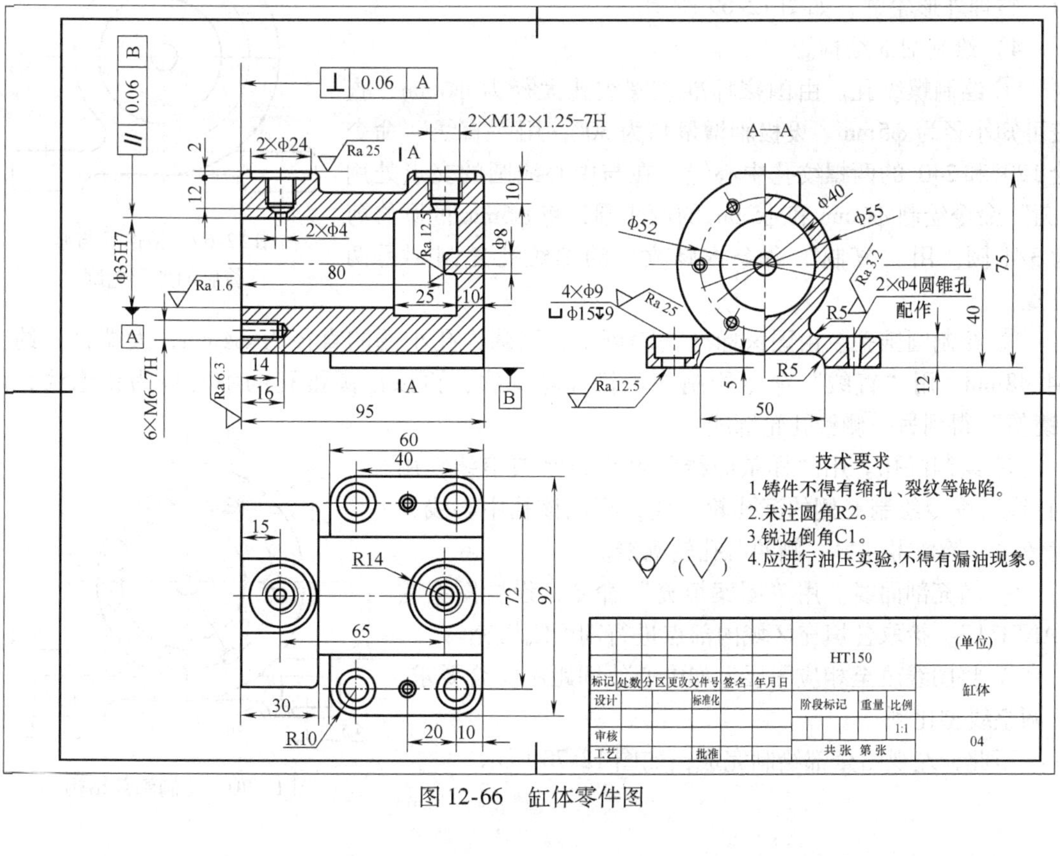

图 12-66 缸体零件图

视图、半剖加局部剖的左视图及俯视图来分别表达其内部结构和外部形状。

由缸体零件图可见，左视图比较容易绘制，因此，本例从左视图开始绘制。

（1）左视图主要轮廓线的绘制

1）用“直线”命令绘制左视图中缸体内腔水平、竖直两条定位中心线。用“圆”命令绘制多个同心圆，并将各圆改至相应图层。以竖直中心线为界限，用“修剪”命令修剪各圆，如图 12-67 所示。

2）绘制右侧（即缸体前侧）外形轮廓。用“直线”命令和“偏移”命令绘制右侧外形轮廓，如图 12-68 所示，然后按要求倒圆角 R5（两处），R2。

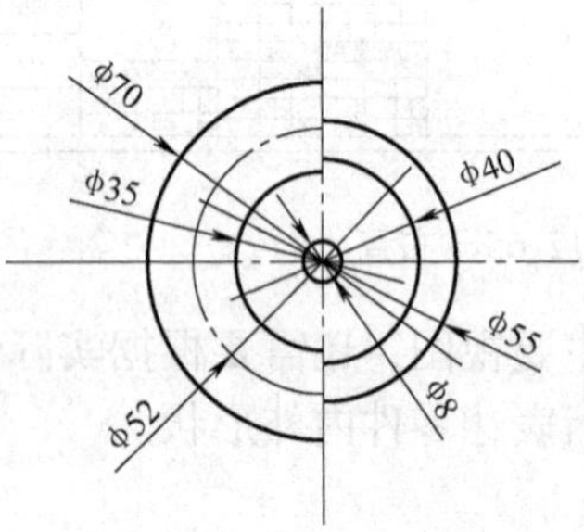

图 12-67　轮廓线

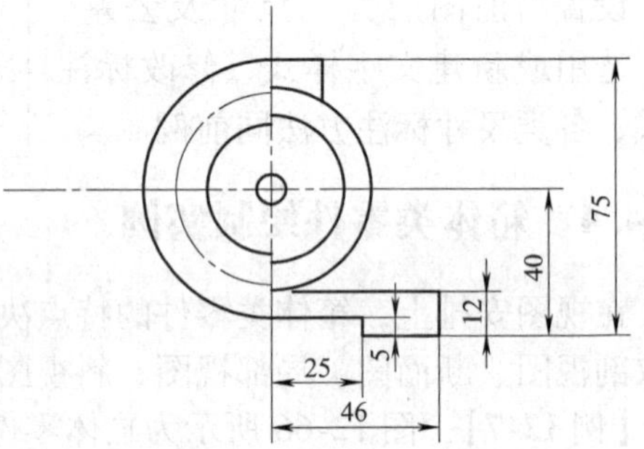

图 12-68　绘制右侧外形轮廓

3）镜像、整理为全部的外形轮廓。以竖直中心线为镜像线，用“镜像”命令将右侧图形镜像，用“修剪”命令修剪、整理外形轮廓，如图 12-69 所示。

4）绘制细部结构。

① 绘制螺纹孔。由国家标准该螺纹孔大径为 φ6mm，查表可知小径为 φ5mm。设极轴增量角为 30°，用“直线”命令绘 120°和 240°的两螺纹孔中心线，在与中心线圆的交点处用“圆”命令绘制 φ6mm 和 φ5mm 的两小圆，将 φ6mm 的圆修剪为 3/4 圆。用“复制”命令将修改后的螺纹孔复制到另两位置。

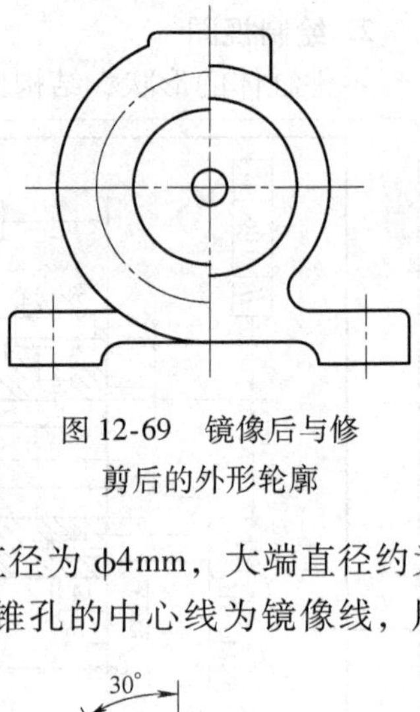

图 12-69　镜像后与修剪后的外形轮廓

② 绘制圆锥孔。由国家标准查表可知，该圆锥孔小端的直径为 φ4mm，大端直径约为 φ4.48mm。用“直线”命令绘制一侧锥孔轮廓线，再以该圆锥孔的中心线为镜像线，用“镜像”得到另一侧锥孔轮廓线。

③ 绘制沉孔。用“样条曲线”命令绘制波浪线，用“直线”命令绘制一侧的沉孔轮廓线，再以该孔中心线为镜像线，镜像得到另一侧的沉孔轮廓线。

④ 填充剖面线。用“图案填充”命令，设置图案为“ANSI31”，拾取各填充区域内部点进行剖面线填充。

⑤ 将图线改至相应图层。如中心线间距不符合要求，可调整线型比例。

至此，左视图全部绘制完成，如图 12-70 所示。

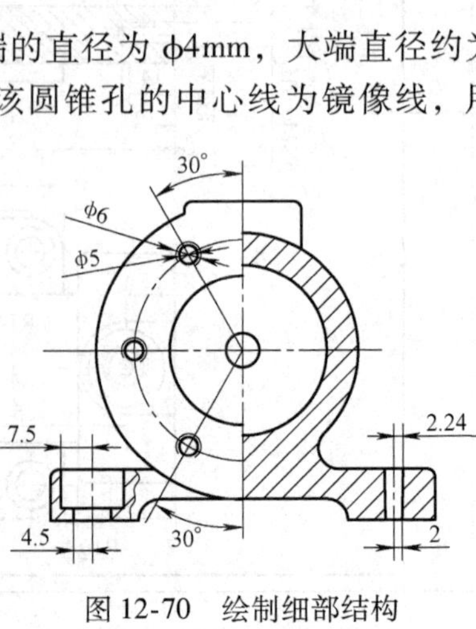

图 12-70　绘制细部结构

（2）主视图缸体外形主要轮廓线的绘制

1）绘制外形主要轮廓线。用“直线”命令绘制主视图中缸体外形轮廓线，尺寸可由左视图各对应点追踪获得，如图12-71所示。

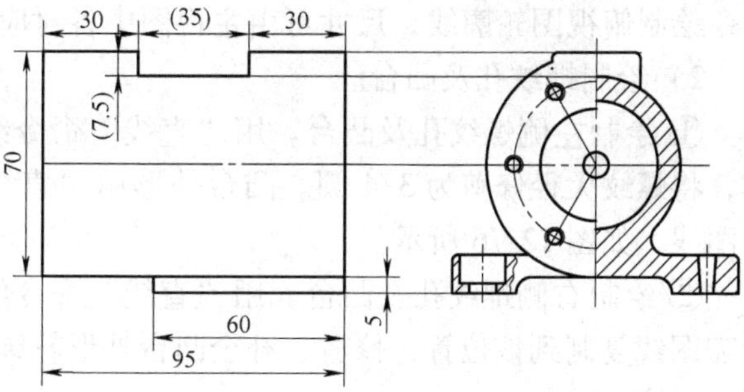

图12-71 绘制外形轮廓线

2）绘制内腔轮廓线。用“直线”命令绘制主视图中缸体内腔上部轮廓线，尺寸也可由左视图中各对应点追踪获得。用“镜像”命令镜像出内腔下部轮廓线，用“圆角”命令对内外腔轮廓进行倒圆角，如图12-72所示。

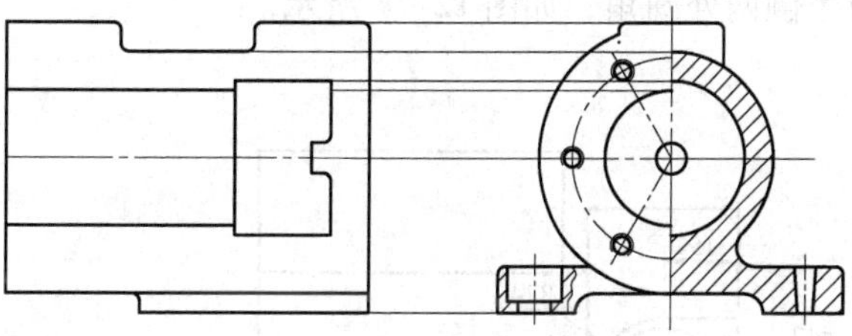

图12-72 缸体内外腔轮廓线

3）绘制主视图中各螺纹孔。

① 绘制左上部螺纹孔。由国家标准查表可知该螺纹大径为ϕ12mm，小径约为ϕ10.6mm。用“直线”命令绘制一侧的轮廓线（注意，大径为细实线）。再以该孔中心线为镜像线，如图12-73所示。用“镜像”命令得到孔的另一侧轮廓线。

② 绘制右上部螺纹孔。用“复制”命令将左上部螺纹孔复制到右上部，并执行“修剪”命令、“删除”去掉多余图线。

③ 绘制下部螺纹孔。由绘制左视图时已知该螺纹大径为ϕ6mm，小径约为ϕ5mm。方法同左上部螺纹孔的绘制，用“直线”命令绘制一侧的轮廓线（注意，大径为细实线），如图12-74所示。再以该孔中心线为镜像线，用“镜像”命令得到孔的另一侧轮廓线。

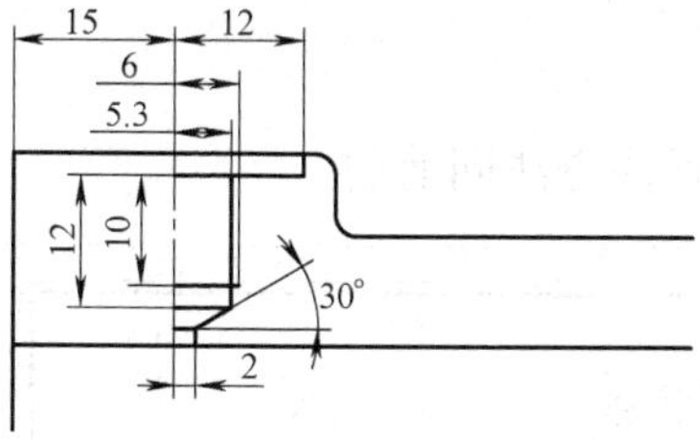

图12-73 左上部螺纹孔一侧的轮廓线

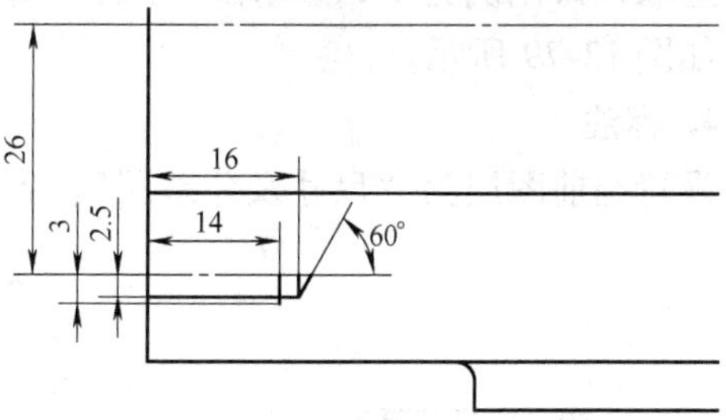

图12-74 左下部螺纹孔一侧轮廓线

④ 填充剖面线。注意，剖面线需绘制到粗实线。也可先将细实线层“关闭”，执行“填充”命令后再打开细实线层。

⑤ 整理图线，并将图线改至相应图层。至此，主视图全部绘制完成，如图12-75所示。

（3）俯视图的绘制　由于缸体前后对称，可只绘制一半，再通过“镜像”命令得到另一侧图形。

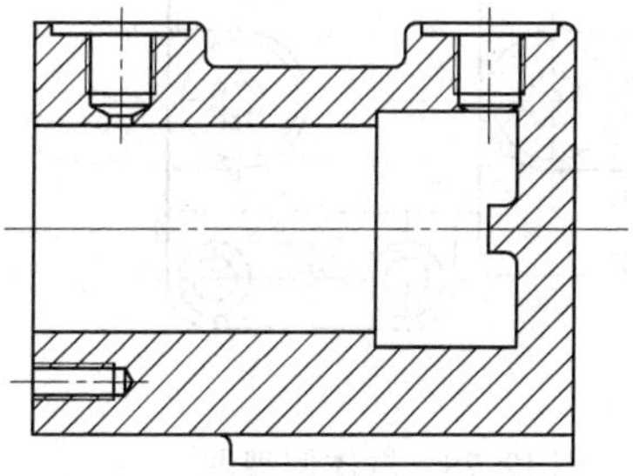

图12-75 缸体主视图

1）绘制俯视图中缸体一侧外形轮廓线。用“直线”

命令绘制俯视图轮廓线，尺寸可由主视图中各对应点追踪获得。

2）绘制螺纹孔及凸台。

① 绘制左侧螺纹孔及凸台。用“直线”命令绘制孔定位中心线，用“圆”命令绘制各圆，将螺纹大径修剪为3/4圆。凸台外形用“直线”命令和“圆”命令绘制，并修剪、补绘图线，如图12-76所示。

② 绘制右侧螺纹孔及凸台。用“直线”命令绘右螺孔定位中心线，用“复制”命令将所需图线复制到该位置，修剪、补全凸台外形轮廓。注意：内部最小圆需要与主视图中相应图线对应。

3）绘制底板沉孔及圆锥孔。用“直线”命令绘制各孔定位中心线，再用“圆”命令分别绘制各圆（参照左视图中各孔的直径）。分别设置圆角半径为2mm和10mm，用“圆角”命令倒两处圆角，如图12-77所示。

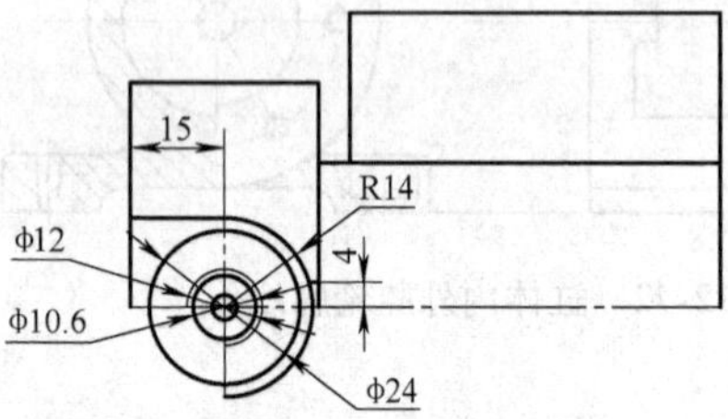

图12-76 绘制上部左侧螺纹孔及凸台

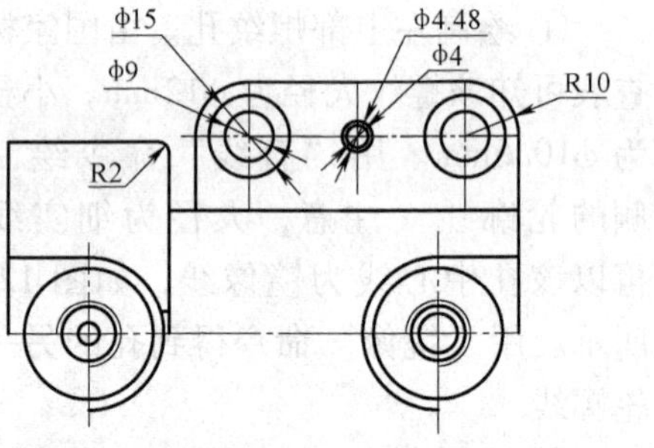

图12-77 底板沉孔及圆锥孔的绘制

4）执行“镜像”命令得到俯视图。以缸体前后对称面为镜像线，用“镜像”命令将所需图线镜像，俯视图的全部图形如图12-78所示。

3. 布局

选取视口比例为1:1，利用“平移”命令和“移动”命令等将三个视图合理布局到图纸中，如图12-79所示。

4. 标注

设置当前图层为“尺寸及公差层”。各类尺寸、文本标注方法同前例。

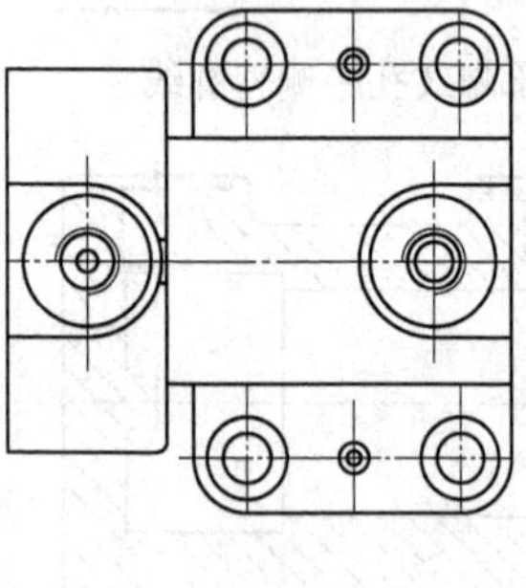

图12-78 缸体俯视图

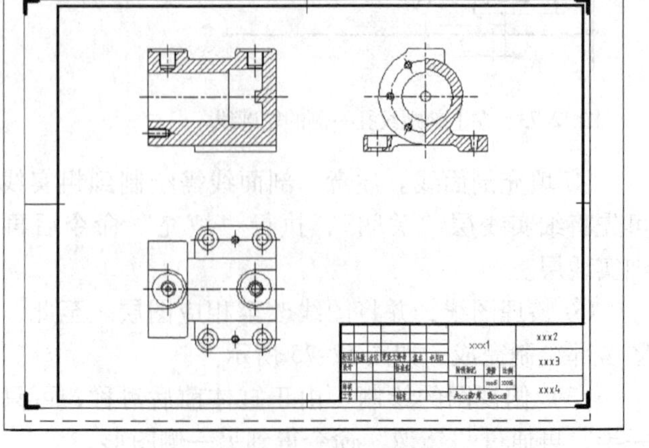

图12-79 布局

12.5 装配图绘制实例

装配图是表示机器及部件各组成部分的连接、装配关系的图样。在进行设计、装配、调整、检验、安装、使用和维修时都需要装配图。

【例 12-8】 绘制千斤顶各零件图，并根据零件图绘制千斤顶装配图。

1. 千斤顶装配示意图

千斤顶示意图：了解各组成零件的连接、装配关系，如图 12-80 所示。

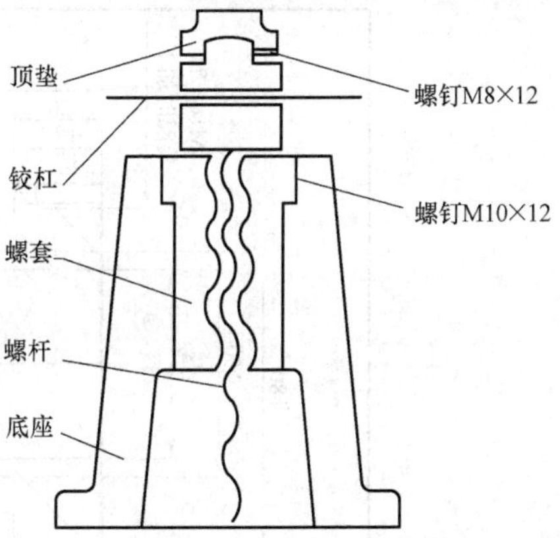

图 12-80 千斤顶装配示意图

2. 绘制千斤顶的各零件图

先绘制完成千斤顶各组成零件的零件图。按1:1绘制零件图，标题栏可简化，如图 12-81 ~ 图 12-85 所示。

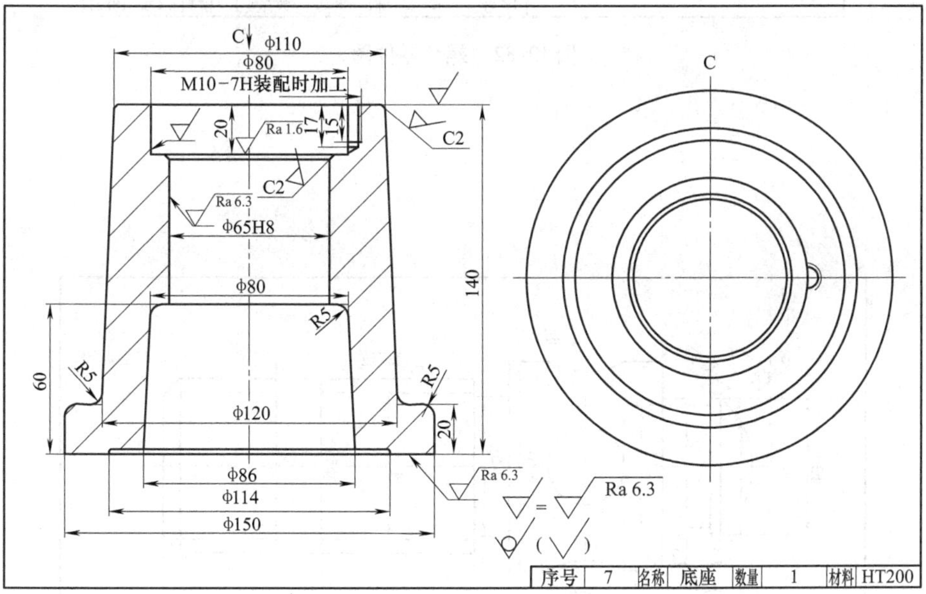

图 12-81 底座零件图

3. 绘制千斤顶装配图所需的标准件图

标准件可从工具选项板中调用，或重新绘制并存储为块，以备其他图形调用。

（1）绘制螺钉 M10 × 12 GB/T 73—1985 螺钉 M10 × 12 用于连接底座与螺套。根据国家标准查表绘出其零件图，如图 12-86 所示。

（2）绘制螺钉 M8 × 12 GB/T 75—1985 螺钉 M8 × 12 用于连接顶垫与螺杆。绘制方法同上，如图 12-87 所示。

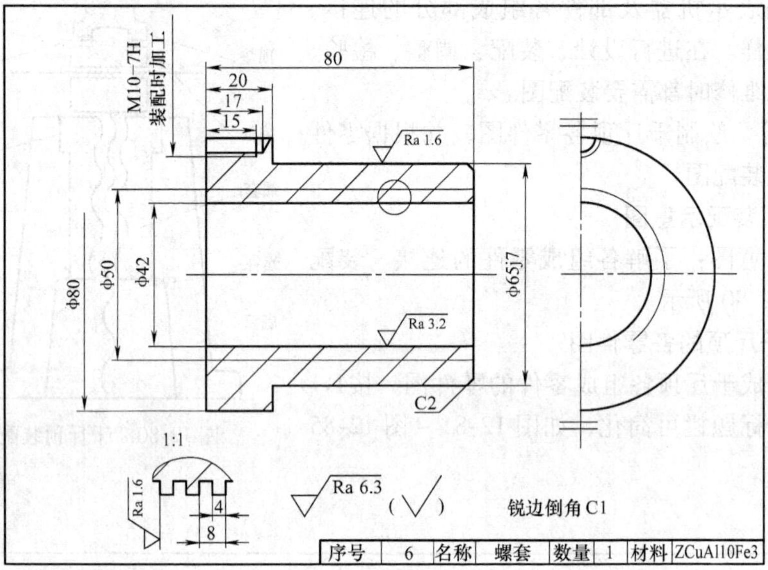

图 12-82　螺套零件图

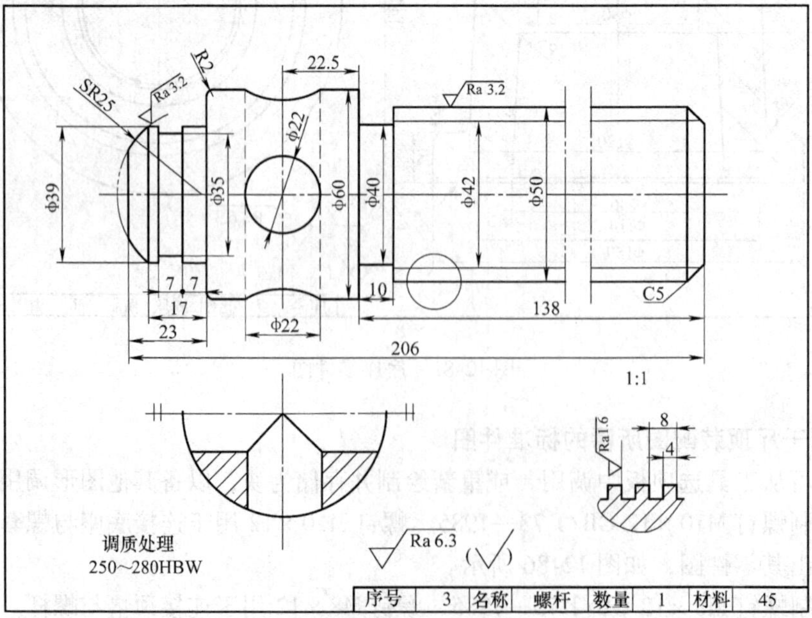

图 12-83　螺杆零件图

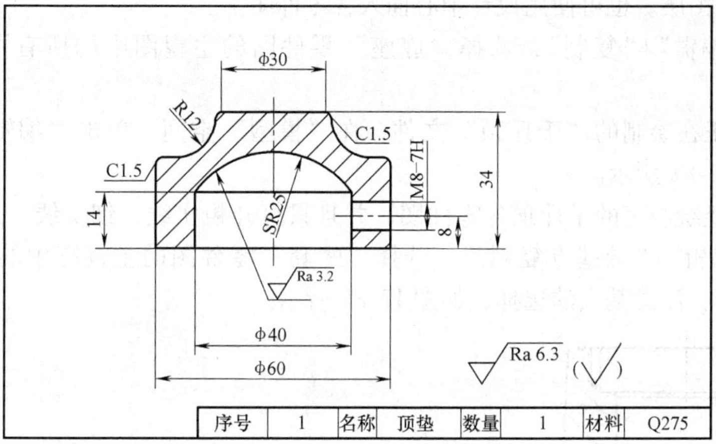

图 12-84　顶垫零件图

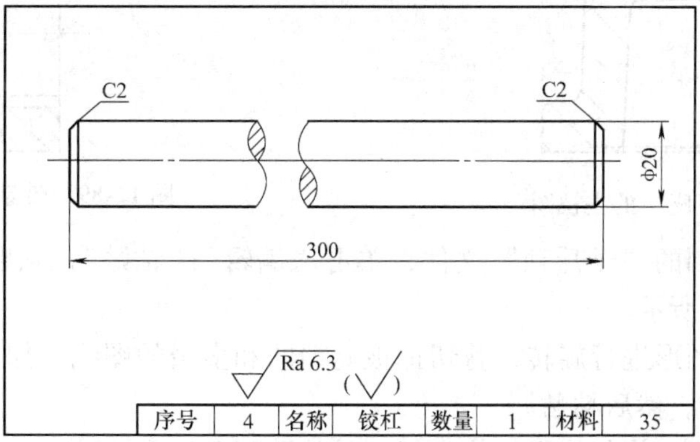

图 12-85　铰杠零件图

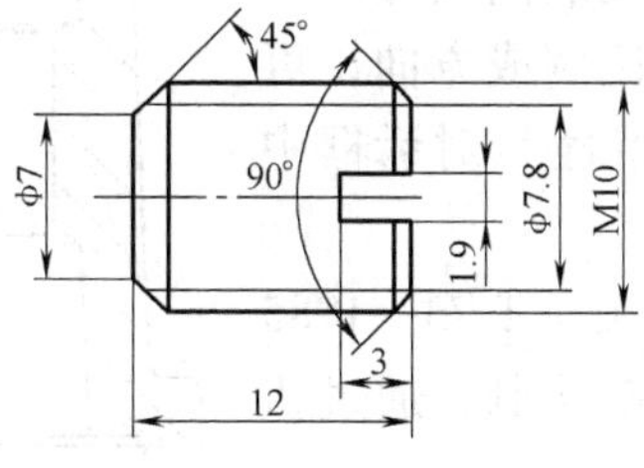

图 12-86　螺钉 M10×12　GB/T 73—1985

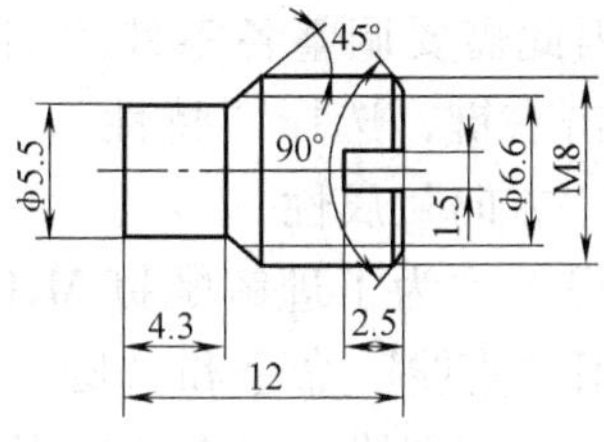

图 12-87　螺钉 M8×12　GB/T 75—1985

4. 绘制千斤顶装配图主要步骤

（1）选用模板　建立一个新的图形文件，选用模板“Gb-a3 named plot styles. dwt”，建立新图层、修改文字样式和修改尺寸标注样式等。也可直接调用在绘制零件图时建立的“GB-A3 样板图”，并将其命名为“千斤顶”。

（2）绘制主视图

1）切换到“模型”空间。

2）打开已经绘制完的千斤顶各零件图，并且只打开粗实线、细实线、点画线和剖面线图层，关闭其余图层。也可使用设计中心插入各零件图。

3）单击“编辑”|“复制”，选择“底座”零件图的主视图中的所有图形对象，进行复制。

4）切换到正在绘制的“千斤顶”文件，在“模型”空间，单击“编辑”|“粘贴”，进行粘贴，如图 12-88 所示。

5）打开已经绘制完的千斤顶各零件图，并且只打开粗实线、细实线、点画线和剖面线图层。单击“编辑”|“带基点复制:”，选择“螺套”零件图的主视图中的所有图形对象，进行带基点复制，注意基点的选择，如图 12-89 所示。

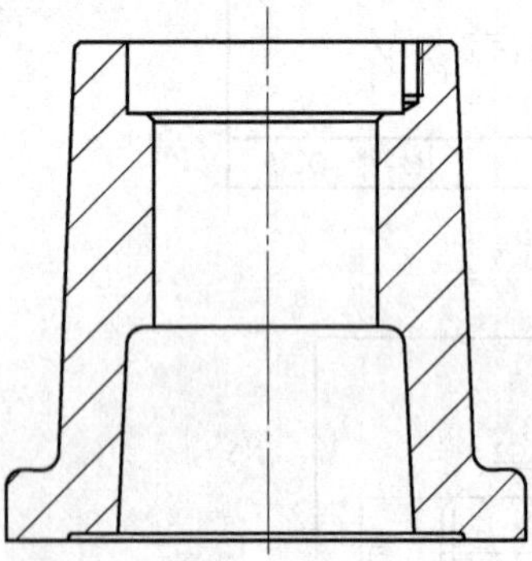

图 12-88　粘贴“底座”的主视图

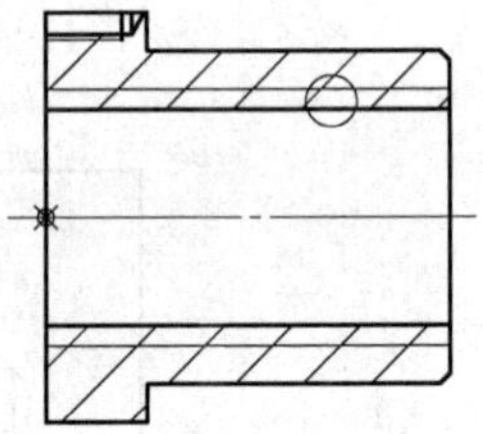

图 12-89　带基点复制“螺套”零件图

6）回到正在绘制的“千斤顶”文件，单击“编辑”|“粘贴”，粘贴“螺套”零件图的主视图，如图 12-90 所示。

7）将粘贴后的图形进行旋转，剪切掉被遮挡的和多余的图线，如图 12-91 所示。也可以先将图形进行旋转，然后粘贴。

8）按照上述方法，将其他零件依次复制并粘贴到千斤顶装配图的主视图中。

9）由于装配图中要求相邻金属零件的剖面线反向或方向一致但间隔不等，因此需要调整各零件的剖面线比例或方向，可选择剖面线后单击右键，选择“特性”，在“特性”对话框中修改“比例”或“方向”属性。

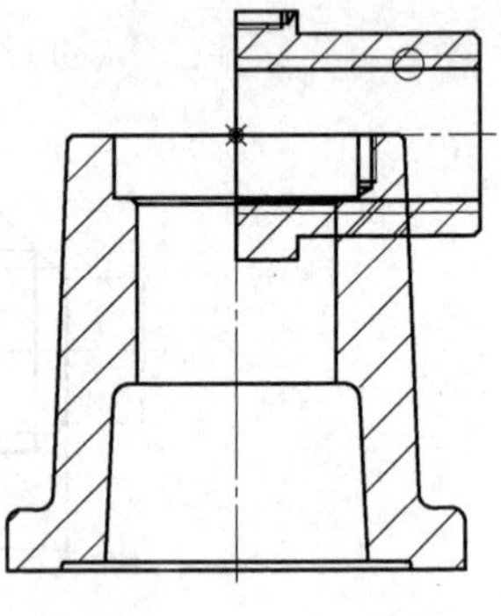

图 12-90　粘贴“螺套”零件图后的主视图

（3）绘制向视图　为了理解螺钉 M10 × 12 GB/T 73—1985 的作用，可以利用“直线”命令和“圆”命令等绘制，通过执行“修剪”命令，整理图线后完成 C 向视图。

（4）对装配图进行尺寸标注　利用“标注”命令，进行千斤顶装配图尺寸标注。

（5）编写零件序号　利用“标注”的“多重引线”命令，绘制序号指引线及注写序号。

（6）注写技术要求　利用“多行文字”命令，在图纸适当位置编写技术要求。

（7）填写标题栏　切换到“图纸”空间，利用“标题栏”块的右键快捷菜单的“编辑属性”，修改“标题栏”块的属性值，如图 12-92 所示。

（8）填写明细表　在“图纸”空间创建表格并填写明细表，或将表单元格定义为带属性的图块，如图 12-93 所示，使用时插入即可，这样可方便、美观、整齐地填写明细表。

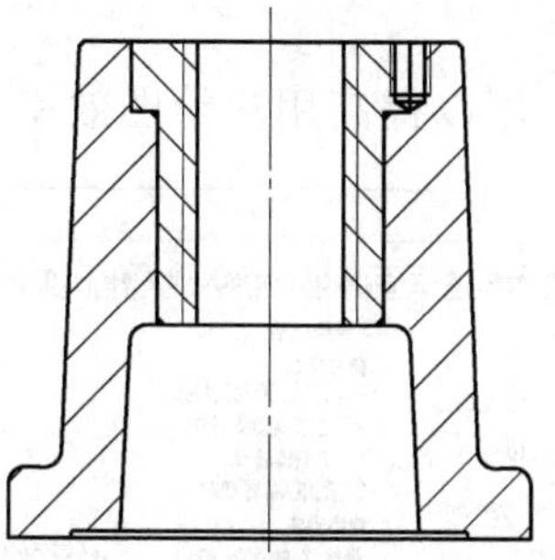

图 12-91 旋转并修剪后的主视图

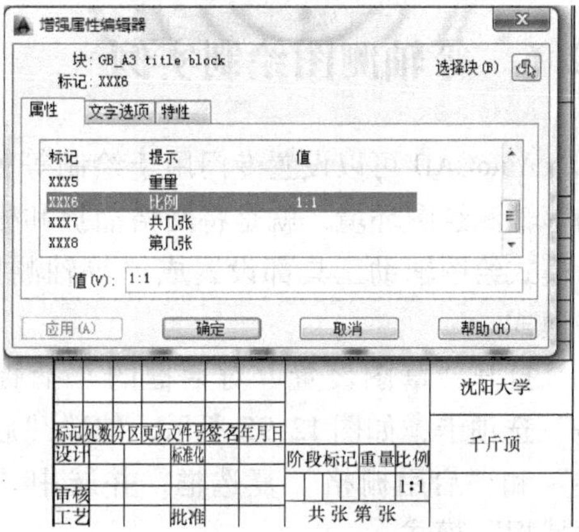

图 12-92 “标题栏”块属性值的修改

（9）保存图形文件　绘制完成千斤顶装配图，如图 12-94 所示，保存图形文件。

×××1	×××2	×××3	×××4	×××5

图 12-93 带属性的“明细表单元格”图块

注意：在绘制过程中应养成经常保存图形文件的习惯，以防操作不慎导致图形文件丢失。

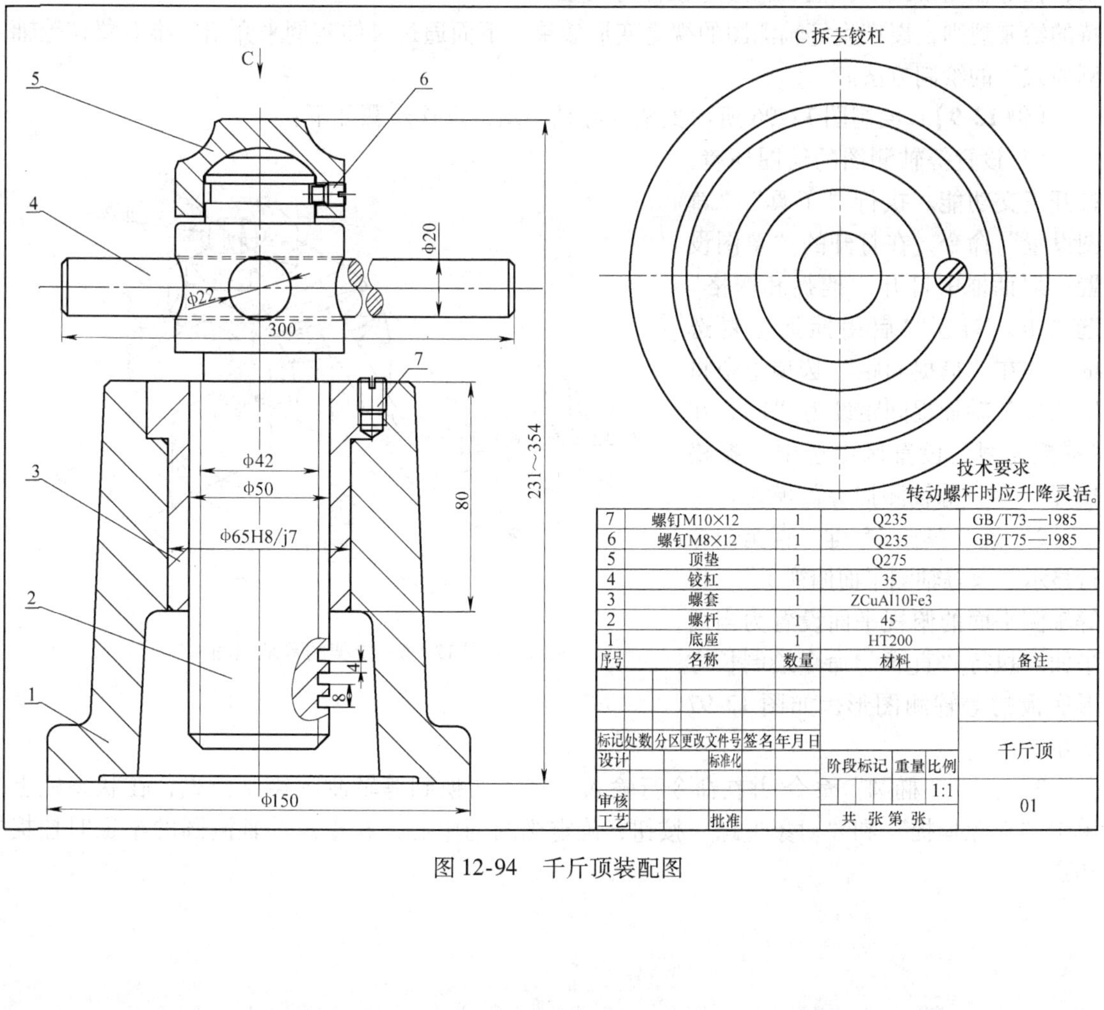

图 12-94 千斤顶装配图

12.6 等轴测图绘制实例

AutoCAD 可以设置专门用于绘制等轴测图的绘图环境，用以提高用户绘图效率。所谓的等轴测绘图环境，就是将网格捕捉和栅格显示模式绘图辅助工具都设置成“等轴测捕捉”的模式。

打开“草图设置”对话框的“捕捉和栅格”选项卡，如图 12-95 所示，勾选“启用捕捉”和“启用栅格”复选框，并选中“等轴测捕捉”模式。

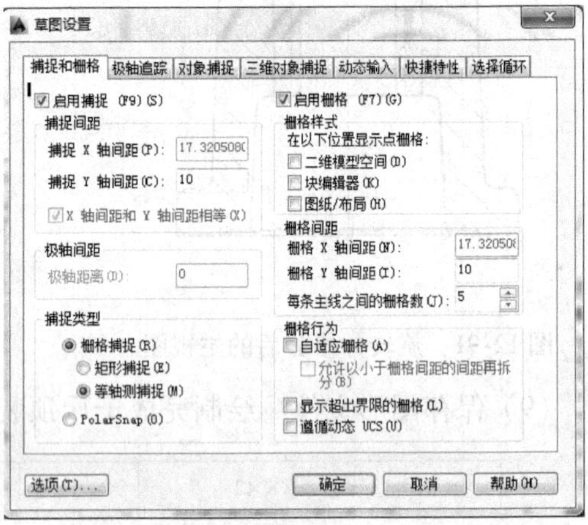

图 12-95 “草图设置”对话框的“捕捉和栅格”选项卡

选择“等轴测捕捉”模式后，点的捕捉和正交的方向都与水平方向成 30°角。如果此时打开正交模式，则画出来的直线也要么是垂直线，要么是 30°的斜线，这给绘制等轴测图带来了很大的方便。

等轴测图实际上是用平面图形模拟三维效果，在等轴测模式下，很多图形对象都有其独特的绘制规则，以产生等轴测图的视觉变形效果。下面通过具体实例来介绍三维对象在等轴测模式下的绘制方法。

【例 12-9】 绘制图 12-96 所示支架的等轴测图，操作步骤如下：

1）设置等轴测图的绘图环境，打开正交功能。执行“工具”|“草图设置”命令，在打开的“草图设置”对话框中打开“捕捉和栅格”选项卡。勾选“启用捕捉”复选框，并在“捕捉间距”选项组中将 X 轴和 Y 轴捕捉间距设为“1”，在“捕捉类型”设置区中选中“栅格捕捉”和“等轴测捕捉”模式。

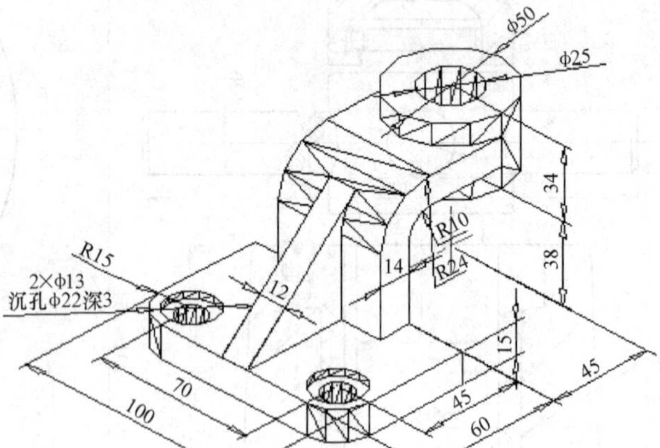

图 12-96 支架的等轴测图

2）连续单击 F5 键，直至命令行显示“<等轴测平面俯视>”，将等轴测平面的俯视平面设置为当前平面。执行“直线”命令绘制长方形底板的等轴测图形，如图 12-97 所示。

3）执行“椭圆”命令 并在命令行输入“I”，切换到等轴测图绘制模式，在状态栏上单击“对象捕捉”和“对象追踪”按钮，确定椭圆的中心，在指定等轴测圆的半径时捕捉切点。

4）执行“复制”命令，将椭圆进行复制，绘制结果如图 12-98 所示。

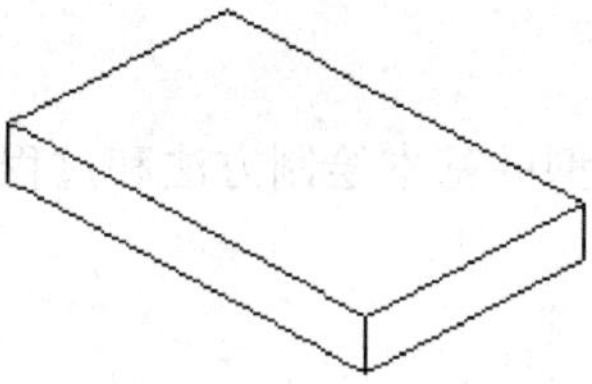

图 12-97 绘制长方体

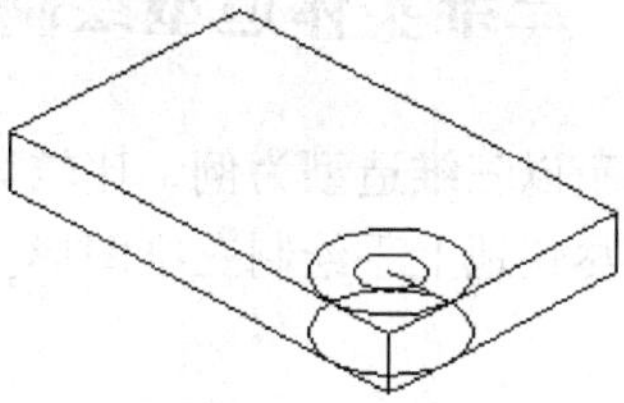

图 12-98 绘制椭圆

5）执行“修剪”命令，进行修剪。并绘制公切线，删除多余的线条。同时重复以上操作绘制底板的另一侧，绘制结果如图 12-99 所示。

6）继续单击 F5 键，直至命令行显示“<等轴测平面 右视>”，将等轴测面的右侧面设为当前平面。执行“绘图”|“直线”命令，绘制“L”形弯板的轴测图，绘制结果如图 12-100所示。

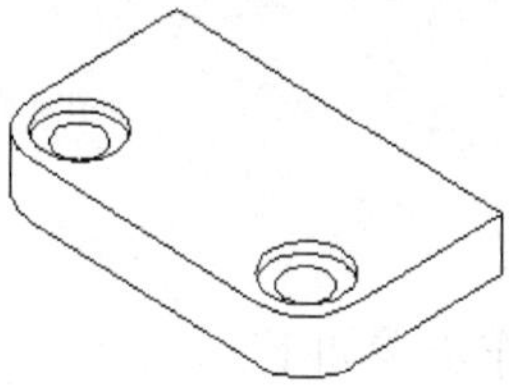

图 12-99 修剪后的结果

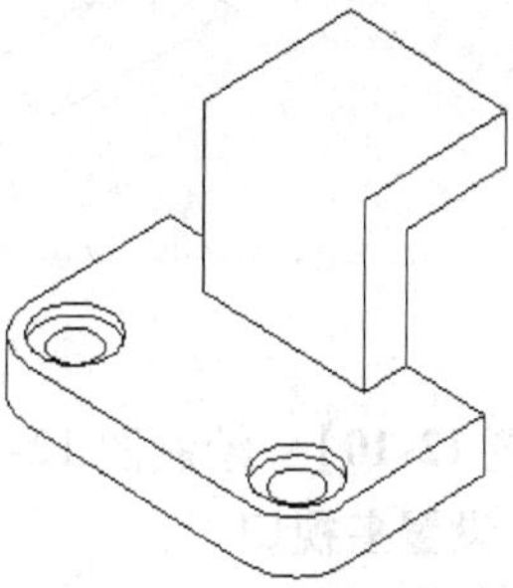

图 12-100 绘制“L”形弯板

7）连续单击 F5 键，使当前轴测平面在俯视面和右面之间进行切换，执行“绘图”|“椭圆”命令绘制椭圆，绘制结果如图 12-101 所示。

8）执行“复制”命令，将椭圆进行复制，绘制结果如图 12-102 所示。

9）执行“修剪”命令和“删除”命令，绘制结果如图 12-103 所示。

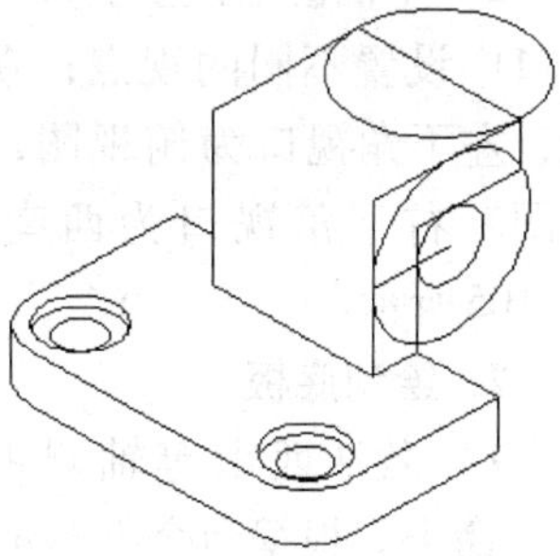

图 12-101 绘制椭圆

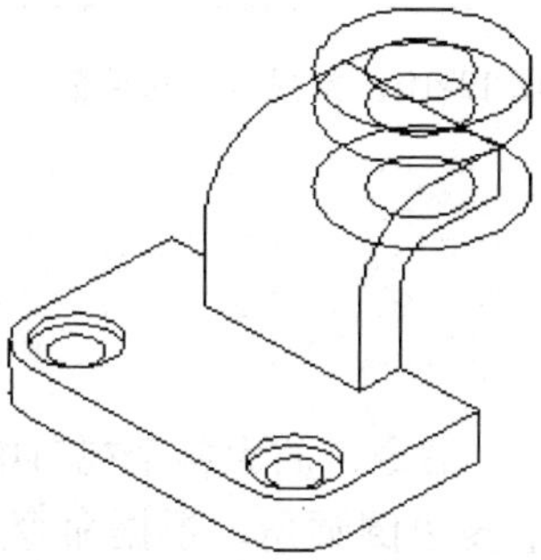

图 12-102 复制椭圆

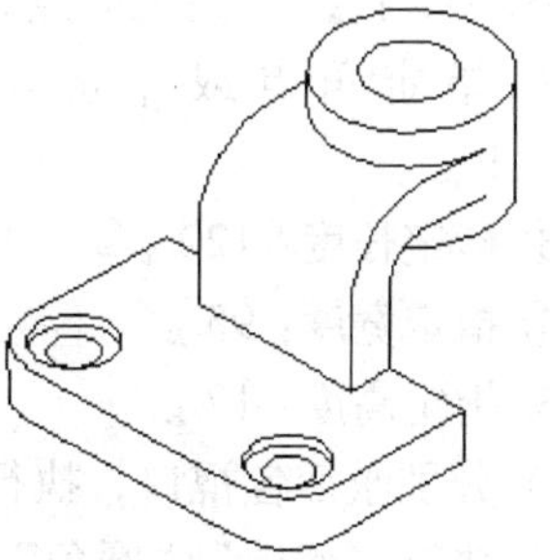

图 12-103 修剪后的结果

12.7 三维实体造型绘制实例

本节以三维造型为例，比较详细地介绍创建三维实体模型的基本绘制方法和过程，使用户能够尽快地上手绘制三维图形。

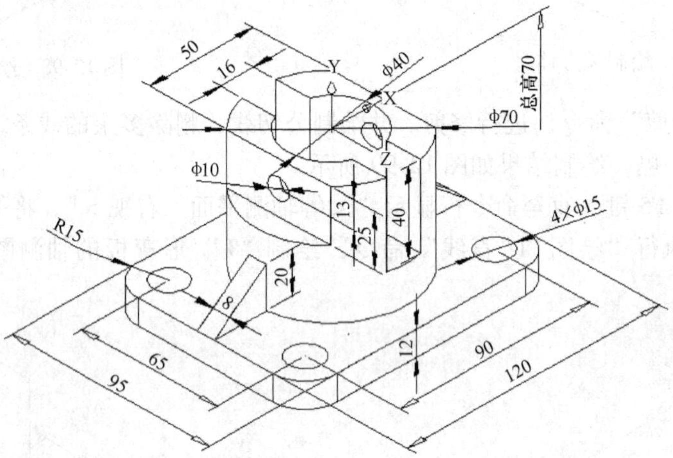

图 12-104 机件模型

【例 12-10】 绘制图 12-104 所示的三维实体模型，具体操作步骤如下：

1. 设置多视口

1）执行“视图”|“命名视口”|“新建视口”命令，打开“视口”对话框。

2）将视窗区设置为 4 个视口，并在每个视口中设置不同的视点；左上角视口为主视图，左下角视口为俯视图，右上角视口为左视图，右下角视口为西南等轴测图，如图 12-105所示。

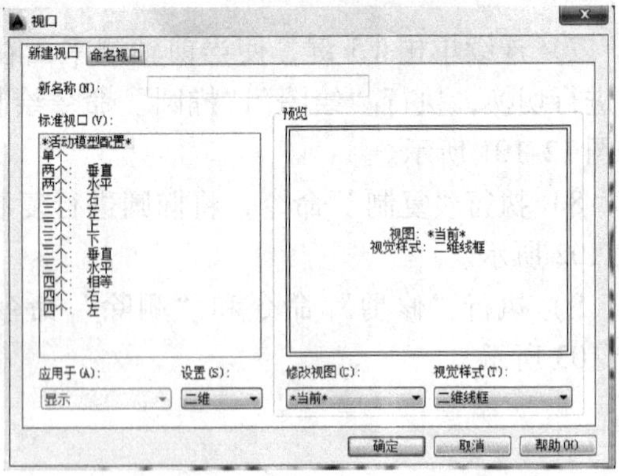

图 12-105 “视口”对话框

2. 绘制底板

1）激活西南等轴测视口，执行“长方体”命令。根据命令行提示执行操作如下：

① 指定长方体的角点或［中心点（CE）］<0，0，0>：↙（指定原点为长方体角点）。

② 指定角点或［立方体（C）/长度（L）］：L↙。

③ 指定长度：120↙。

④ 指定宽度：95↙。

⑤ 指定高度：12↙。

2）分别激活各视口，执行“缩放”|“全部”或“范围”命令，放大各个视口中的图形。

3）执行“修改”|“圆角”命令，分别对长方体的四个棱边倒圆角，根据命令行提示操作如下：

① 选择第一个对象或［放弃（U）/多段线（P）/半径（R）/修剪（T）/多个（M）］：（选择一个棱边）。

② 输入圆角半径：15↙。

③ 选择边或［链（C）/半径（R）］：... 选定 4 个边用于圆角，结果如图 12-106 所示。

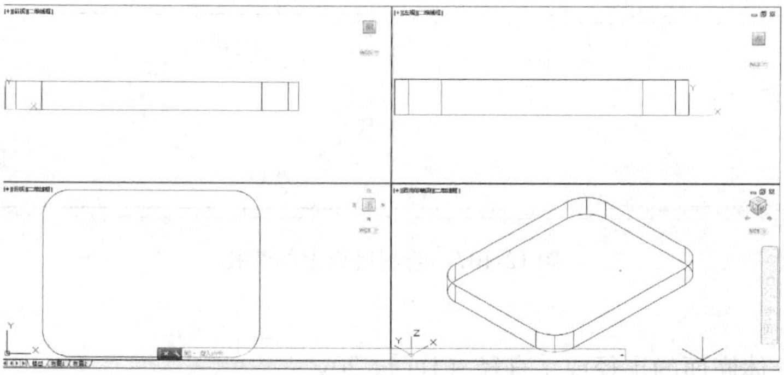

图 12-106　绘制底板

3. 绘制底板上的圆孔

1）执行"绘图"|"实体"|"圆柱"命令，绘制底板小圆柱，根据命令行提示操作如下：

① 指定圆柱体底面的中心点或［椭圆（E）］<0，0，0>：（选择点（7.5，7.5，0）为基面中心）

② 指定圆柱体底面的半径或［直径（D）］：d↙

③ 指定圆柱体底面的直径：15↙

④ 指定圆柱体高度或［另一个圆心（C）］：12↙

2）执行"修改"|"阵列"命令，打开"阵列"对话框，选择阵列类型为矩形阵列，设置阵列行数为 2，列数为 2，行偏移量为 65mm，列偏移量为 90mm，单击"确定"按钮，结果如图 12-107 所示。

3）执行"修改"|"实体编辑"|"差集"命令，在底板中减去四个小圆柱体。

4. 绘制大圆柱

1）执行"工具"|"移动 UCS"命令，并利用"对象追踪"和"极轴追踪"将 UCS 坐标原点移至底板顶面中心位置。

2）执行"绘图"|"实体"|"圆柱"命令，绘制大圆柱，根据命令行提示执行如下操作：

① 指定圆柱体底面的中心点或［椭圆（E）］<0，0，0>：↙（指定坐标原点为圆柱基面中心）

② 指定圆柱体底面的半径或［直径（D）］：35↙

③ 指定圆柱体高度或［另一个圆心（C）］：58↙

结果如图 12-108 所示。

5. 绘制大圆柱孔

1）执行"工具"|"移动 UCS"命令，将 UCS 坐标原点移至大圆柱顶面。

2）执行"绘图"|"实体"|"圆柱"命令，绘制大圆柱孔，根据命令行提示执行如下操作：

① 指定圆柱体底面的中心点或［椭圆（E）］<0，0，0>：↙（指定大圆柱孔基面中心

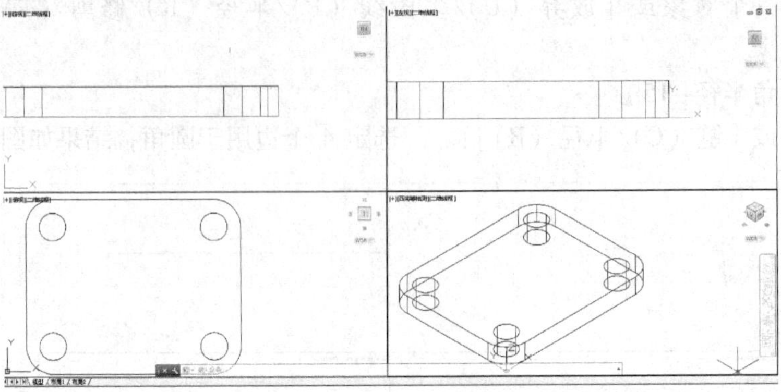

图 12-107　绘制底板上的圆孔

位置）

② 指定圆柱体底面的半径或［直径（D）］：20↙

③ 指定圆柱体高度或［另一个圆心（C）］：－70↙

3）执行“修改”|“实体编辑”|“并集”命令，将底板与大圆柱合并为一个实体。

4）再执行“修改”|“实体编辑”|“差集”命令，在实体中减去大圆柱孔，结果如图 12-109 所示。（西南等轴测图的视口视觉样式选择“概念视觉”样式）

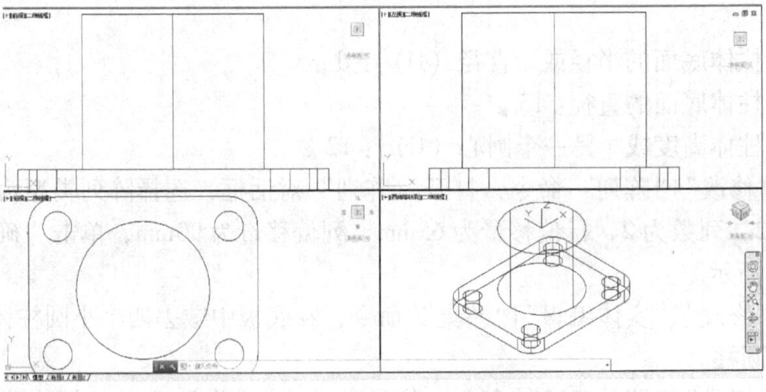

图 12-108　绘制大圆柱

6. 绘制肋板

1）执行“视图”|“视口”|“一个视口”命令，只显示西南等轴测视口。

2）执行“实体”|“截面”命令，过点（0,4,0）且平行 ZX 面创建一个截面。

① 指定截面上的第一个点，依照［对象（O）/Z 轴（Z）/视图（V）/XY 平面（XY）/YZ 平面（YZ）/ZX 平面（ZX）/三点（3）］<三点>：ZX↙（指定截面位置）

② 指定 ZX 平面上的点 <0，0，0>：0，4，0↙（指定截面上通过的点）

3）首先执行“工具”|“新建 UCS”|“X”命令，将 UCS 坐标绕 X 轴旋转 90°；再执行“绘图”|“多段线”命令，利用“对象捕捉”绘制肋板的轮廓，如图 12-110 所示。

4）执行“实体”|“拉伸”命令，将该多段线向 Z 轴正向拉伸厚度为 8mm 的肋板。

5）执行“修改”|“镜像”命令，以大圆柱轴线为对称轴，镜像复制肋板。

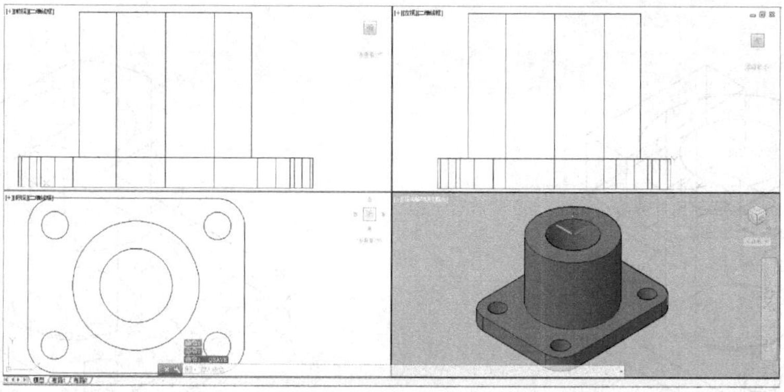

图 12-109　绘制大圆柱孔

6）执行“修改”|“实体编辑”|“并集”命令，将机体与两肋板合并为一个实体，结果如图 12-111 所示。

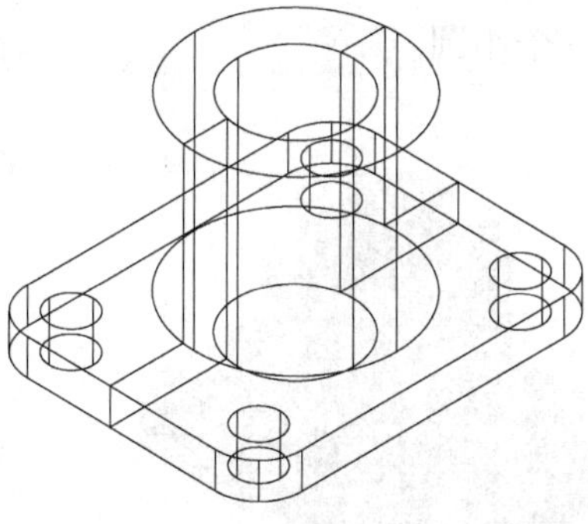

图 12-110　绘制肋板轮廓

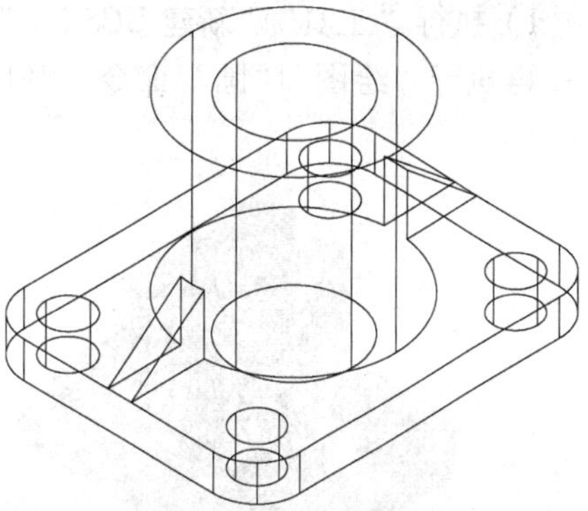

图 12-111　机体与肋板合并

7. 在大圆柱两侧切扁

1）执行“工具”|“新建 UCS”|“X”命令，将 UCS 坐标绕 X 轴旋转 90°。再执行“绘图”|“多段线”命令，利用“极轴追踪”绘制矩形轮廓。

2）执行“绘图”|“实体”|“拉伸”命令，将矩形 Z 轴反向拉伸厚度为 25mm 的长方体，再将长方体进行镜像，结果如图 12-112 所示。

3）执行“修改”|“实体编辑”|“差集”命令，在实体中减去两个长方体，相当于将大圆柱两边切扁，结果如图 12-113 所示。

8. 在大圆柱前后开槽

1）执行“工具”|“新建 UCS”|“原点”命令，将 UCS 坐标原点移至大圆柱前方象限点处，并将 UCS 绕 X 轴旋转 90°。再执行“绘图”|“多段线”命令，利用“极轴追踪”绘制矩形轮廓。

2）执行“绘图”|“实体”|“拉伸”命令，将矩形 Z 轴反向拉伸长度为 70mm 的长方体；再执行“修改”|“实体编辑”|“差集”命令，从机体中减去长方体，结果如图 12-114 所示。（此图选择“概念视觉”样式）

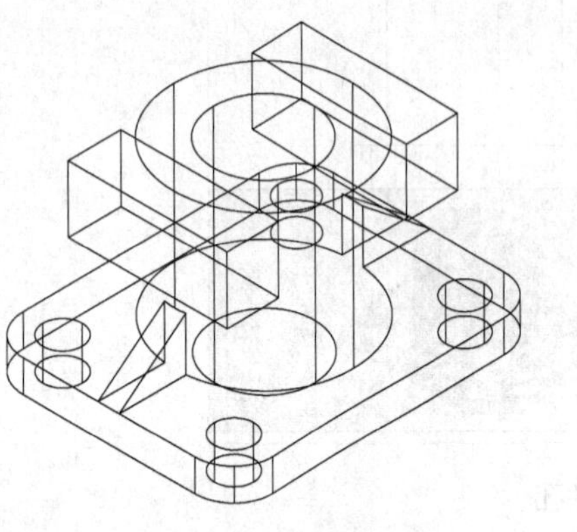

图 12-112 绘制大圆柱两侧的长方体

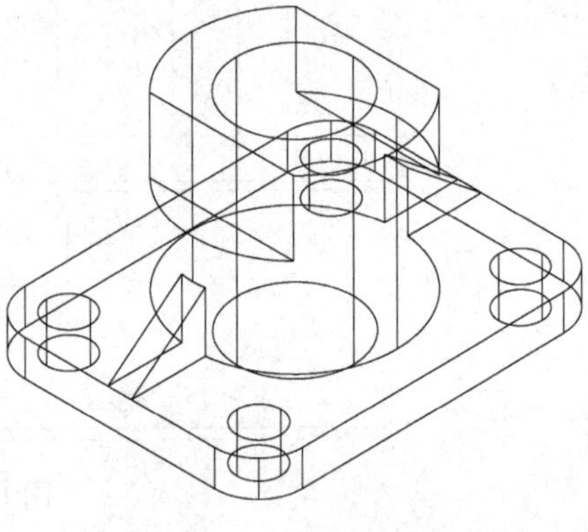

图 12-113 大圆柱两侧切扁

9. 在大圆柱左右打小圆孔

1）执行“工具”|“新建 UCS”|“三点”命令，将 UCS 坐标平面移至大圆柱左侧平面上；再执行“绘图”|“圆”命令，利用“对象追踪”绘制一个小圆。

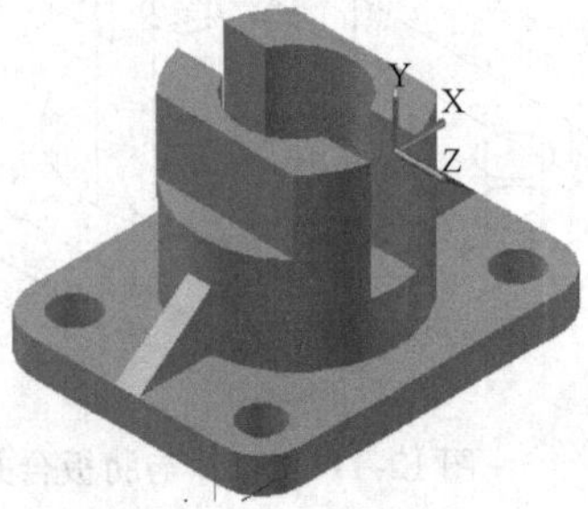

图 12-114 大圆柱开槽

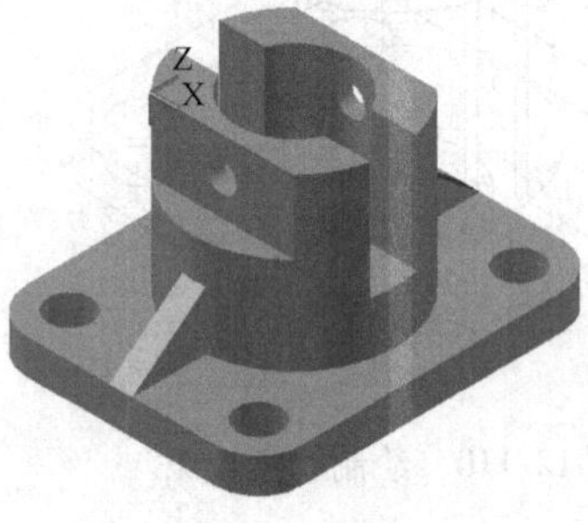

图 12-115 大圆柱左右打孔

2）执行“绘图”|“实体”|“拉伸”命令，将小圆沿 Z 轴正向拉伸 50mm 形成小圆柱体；再执行“修改”|“实体编辑”|“差集”命令，从机体中减去小圆柱体，结果如图 12-115 所示。（此图选择“概念视觉”样式）

10. 模型渲染

执行“视图”|“渲染”|“渲染”命令，可以在打开的“渲染”对话框中快速渲染当前视口中的图形，效果如图 12-116 所示。

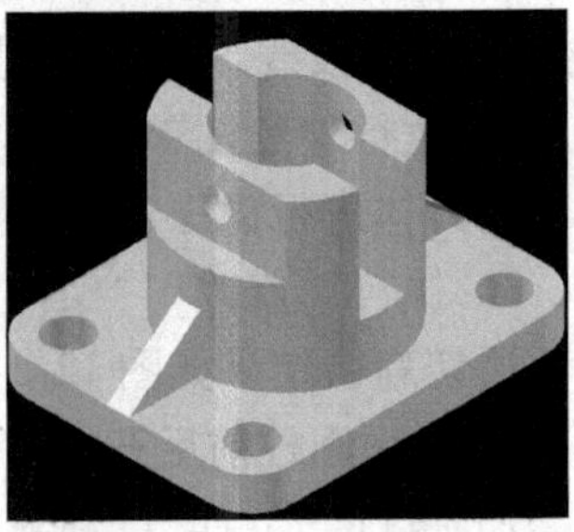

图 12-116 渲染效果

思考与练习

1. 练习绘制图 12-117 所示的平面图形。
2. 练习绘制图 12-118 所示的电路图。

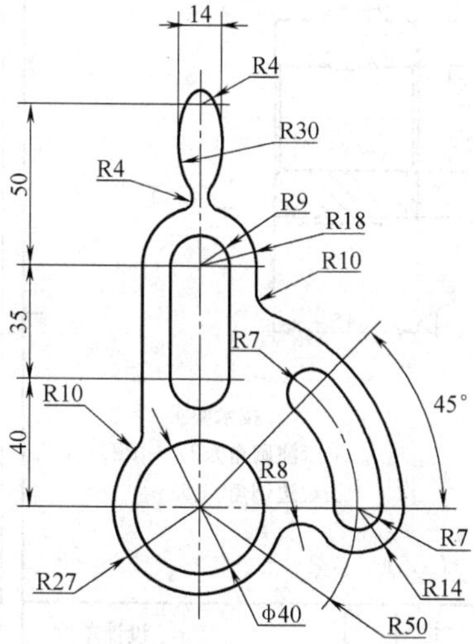

图 12-117　平面图形

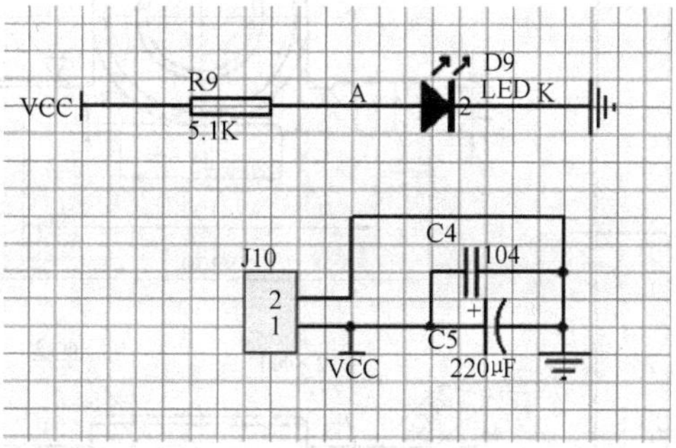

图 12-118　电路图

3. 练习绘制图 12-119 ~ 图 12-122 所示的零件图。

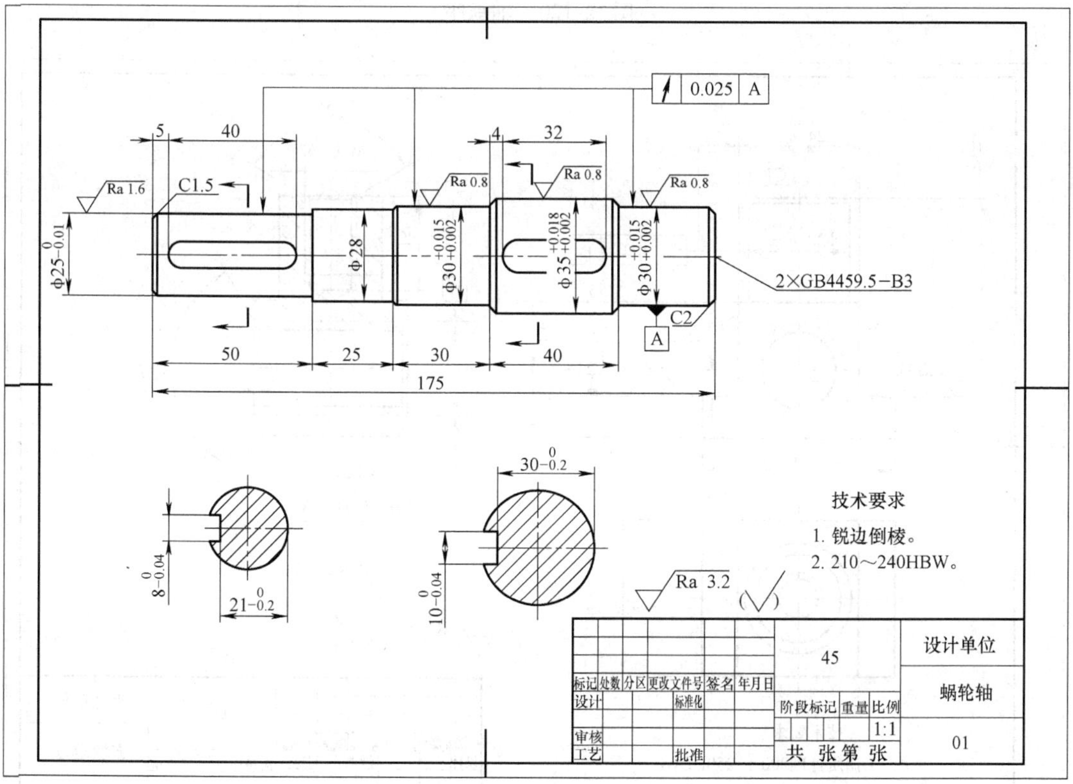

图 12-119　蜗轮轴

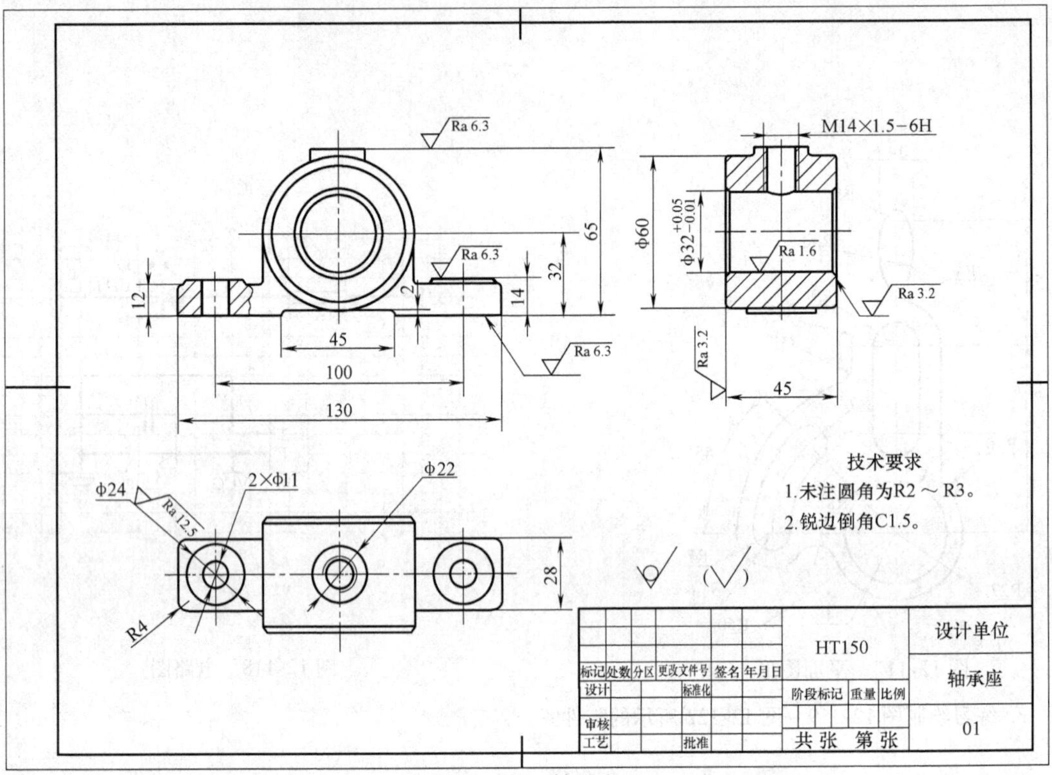

图 12-120　轴承座

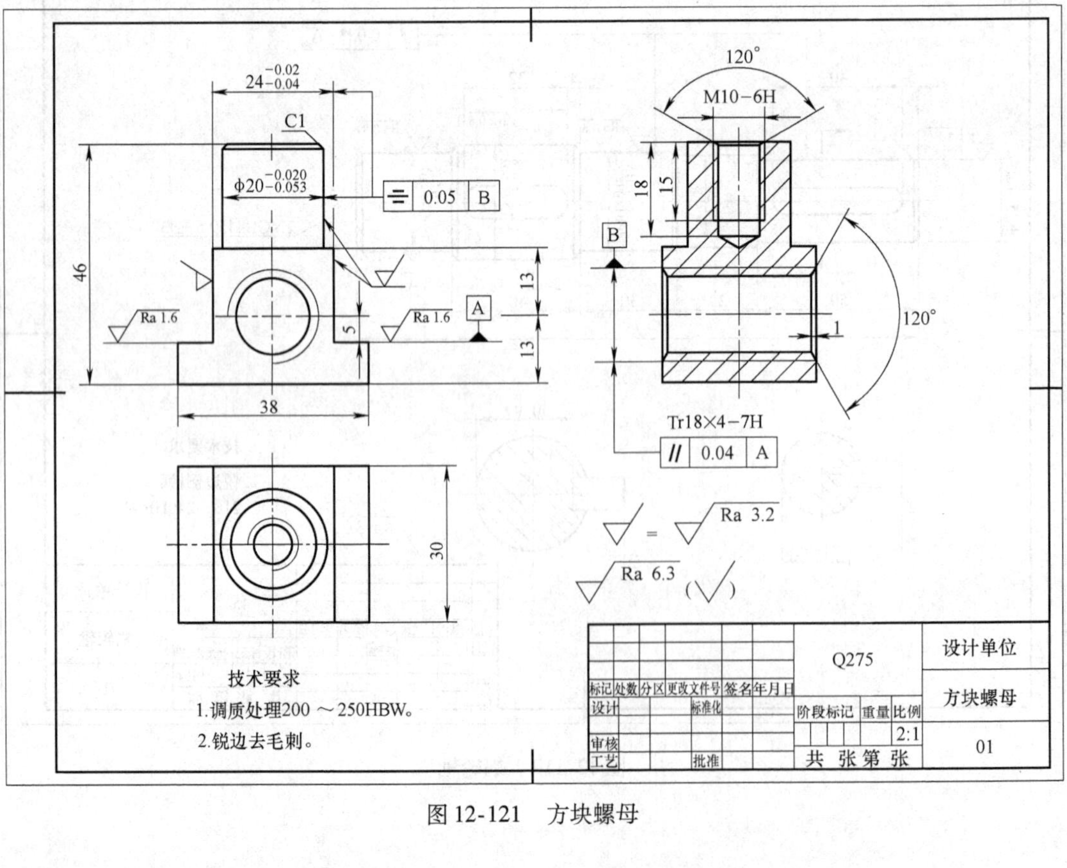

图 12-121　方块螺母

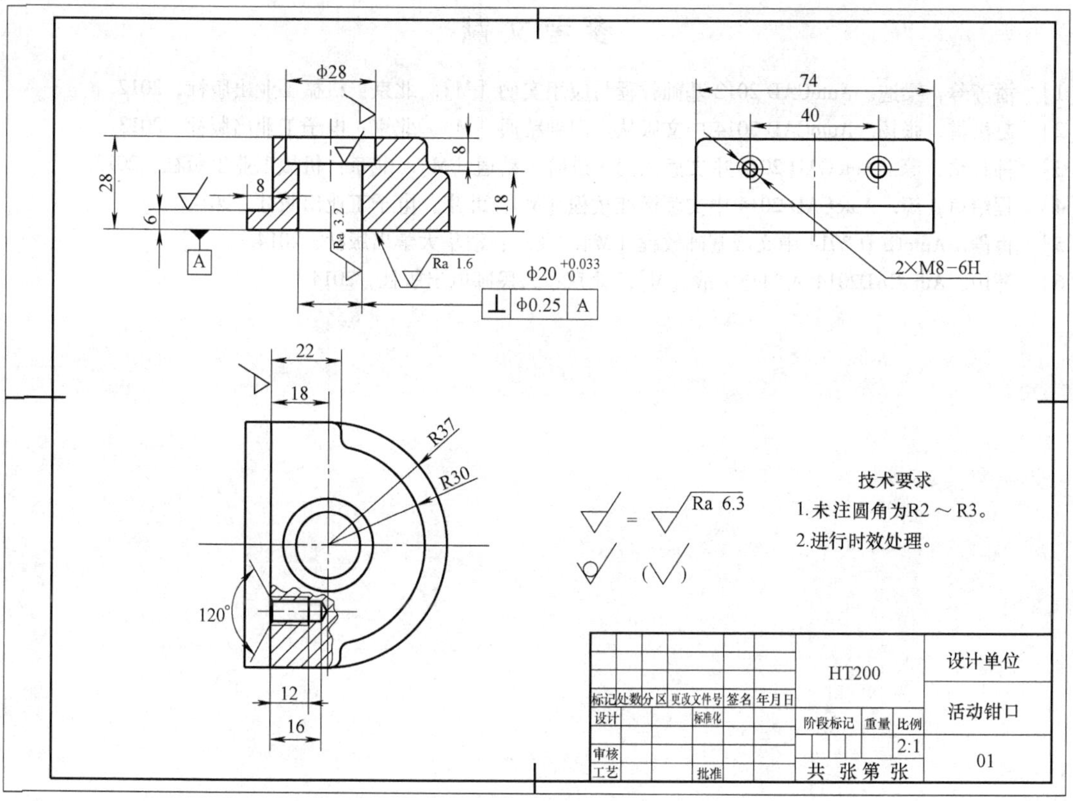

图 12-122 活动钳口

4. 绘制图 12-123 所示的三维实体模型。

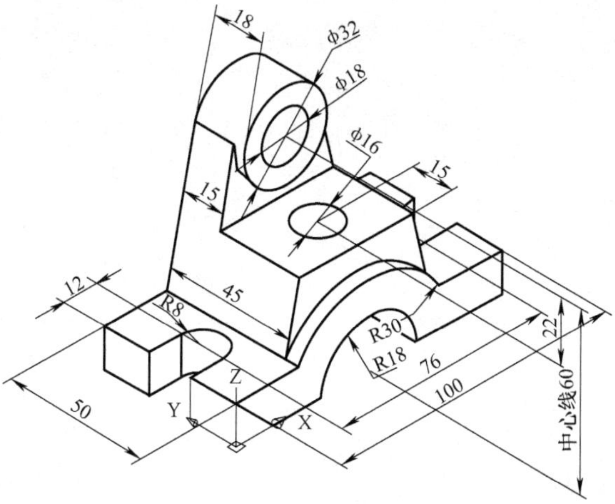

图 12-123 三维立体模型

参 考 文 献

[1] 潘苏蓉，梁迪．AutoCAD 2012 基础教程与应用实例［M］．北京：机械工业出版社，2012.
[2] 赵洪雷，张杨．AutoCAD 2014 中文版从入门到精通［M］．北京：电子工业出版社，2013.
[3] 钟日铭，等．AutoCAD 2014 中文版入门·进阶·精通［M］．北京：机械工业出版社，2013.
[4] 程绪琦，等．AutoCAD 2014 中文版标准教程［M］．北京：电子工业出版社，2014.
[5] 肖静．AutoCAD 2014 中文版基础教程［M］．北京：清华大学出版社，2014.
[6] 麓山．AutoCAD2014 入门与实战［M］．北京：人民邮电出版社，2014.